全国高职高专水利水电类精品规划教材

建筑结构

（第二版）

主　编　彭　明　王建伟
　　　　郑　睿　郑元锋
副主编　黎国胜　高剑飞　陈　莉
　　　　郭遂安　杨谈蜀
主　审　李平先

中国水利水电出版社
www.waterpub.com.cn

内 容 提 要

本书是根据我国现行的 SL 191—2008《水工混凝土结构设计规范》、GB 50003—2001《砌体结构设计规范》对建筑结构的规定和要求，结合《建筑结构》课程教学大纲，以实用为原则编写而成的。全书共11章，主要内容为水工钢筋混凝土结构、砌体结构的设计方法及其应用。每章配有工程设计实例、例题、习题和思考题，并附有完成作业和课程设计所需的常用图表。

本书可作为高职、高专和职大水利水电类专业的教材，亦可供水利水电工程技术人员参考。

图书在版编目（CIP）数据

建筑结构/彭明等主编．—2版．—北京：中国水利水电出版社，2010.10（2014.1重印）
全国高职高专水利水电类精品规划教材
ISBN 978-7-5084-7932-3

Ⅰ．①建… Ⅱ．①彭… Ⅲ．①建筑结构-高等学校：技术学校-教材 Ⅳ．①TU3

中国版本图书馆 CIP 数据核字（2010）第191196号

书 名	全国高职高专水利水电类精品规划教材 **建筑结构（第二版）**
作 者	主编 彭明 王建伟 郑睿 郑元峰
出版发行	中国水利水电出版社 （北京市海淀区玉渊潭南路1号D座 100038） 网址：www.waterpub.com.cn E-mail：sales@waterpub.com.cn 电话：（010）68367658（发行部）
经 售	北京科水图书销售中心（零售） 电话：（010）88383994、63202643、68545874 全国各地新华书店和相关出版物销售网点
排 版	中国水利水电出版社微机排版中心
印 刷	北京市北中印刷厂
规 格	184mm×260mm 16开本 18.25印张 433千字
版 次	2006年2月第1版 2010年10月第2版 2014年1月第7次印刷
印 数	19121—21120册
定 价	**32.00元**

教育部在《2003—2007年教育振兴行动计划》中提出要实施“职业教育与创新工程”，大力发展职业教育，大量培养高素质的技能型特别是高技能人才，并强调要以就业为导向，转变办学模式，大力推动职业教育。因此，高职高专教育的人才培养模式应体现以培养技术应用能力为主线和全面推进素质教育的要求。教材是体现教学内容和教学方法的知识载体，进行教学活动的基本工具；是深化教育教学改革，保障和提高教学质量的重要支柱和基础。所以，教材建设是高职高专教育的一项基础性工程，必须适应高职高专教育改革与发展的需要。

为贯彻这一思想，在继2004年8月成功推出《全国高职高专电气类精品规划教材》之后，2004年12月，在北京，中国水利水电出版社组织全国水利水电行业高职高专院校共同研讨水利水电行业高职高专教学的目前状况、特色及发展趋势，并决定编写一批符合当前水利水电行业高职高专教学特色的教材，于是就有了《全国高职高专水利水电类精品规划教材》。

《全国高职高专水利水电类精品规划教材》是为适应高职高专教育改革与发展的需要，以培养技术应用性的高技能人才的系列教材。为了确保教材的编写质量，参与编写人员都是经过院校推荐、编委会答辩并聘任的，有着丰富的教学和实践经验，其中主编都有编写教材的经历。教材较好地贯彻了水利水电行业新的法规、规程、规范精神，反映了当前新技术、新材料、新工艺、新方法和相应的岗位资格特点，体现了培养学生的技术应用能力和推进素质教育的要求，具有创新特色。同时，结合教育部两年制高职教育的试点推行，编委会也对各门教材提出了满足这一发展需要的内容编写要求，可以说，这套教材既能够适应三年制高职高专教育的要求，也适应了两年制高职高专教育培养目标的要求。

《全国高职高专水利水电类精品规划教材》的出版，是对高职高专教材建设的一次有益探讨，因为时间仓促，教材可能存在一些不妥之处，敬请读者批评指正。

《全国高职高专水利水电类精品规划教材》编委会

2005年6月

第二版前言

本书第一版于2006年出版，出版后受到广大读者的欢迎，并多次重印。2009年，SL 191—2008《水工混凝土结构设计规范》颁布实施。为了反映水工混凝土结构学科研究的新发展，同时结合高职学校水利学科专业规范的要求，我们在第一版的基础上编写了本书的第二版。

本书根据高等职业技术教育水利水电类《建筑结构》课程教学大纲编写，可作为高职、高专和职大水利水电类专业的课程教材，亦可供水利水电工程技术人员的参考。

全书共11章，分为钢筋混凝土结构、砌体结构两大部分，采用的计算公式、符号及基本数据，主要依据SL 191—2008《水工混凝土结构设计规范》、GB 50003—2001《砌体结构设计规范》编写。

本书在编写过程中，针对高等职业技术教育的特点，从实际出发，对教学内容进行重组和调整，注重实践能力的培养。精简了繁琐理论推导和实验过程的描述，不苛求学科的系统性和完整性，努力避免贪多和高度浓缩现象，充分体现高职教育的特色。在阐述方法上力求做到由浅入深，循序渐进，文字简练。为了便于教学和强化基本技能的训练，书中包含了类型丰富的例题、习题、思考题和工程设计实例，并附有完成作业和课程设计所需的常用图表。

参加本书编写的有（按章节顺序）：黄河水利职业技术学院彭明（绪论、第三章、第十章），四川水利职业技术学院高剑飞（第一章），四川水利职业技术学院陈莉（第二章），福建水利电力职业技术学院郑元锋（第四章），黄河水利职业技术学院郭遂安（第五章、第六章），河南洛阳理工学院杨谈蜀（第七章、附录），湖北水利水电职业技术学院黎国胜（第八章），黄河水利职业技术学院王建伟（第九章），长江工程职业技术学院郑睿（第十一章）。

本书由彭明、王建伟、郑睿、郑元锋任主编，黎国胜、高剑飞、陈莉、郭遂安、杨谈蜀任副主编；全书由彭明负责统稿，郑州大学李平先教授主审。

本书在编写过程中，参考、引用了国内同行的著作、教材及有关资料，为此，谨对所有文献的作者深表谢意。由于编者水平有限，不足之处在所难免，恳请读者批评指正。

编　者

2010年8月

第一版前言

本书是根据高等职业技术教育水利水电类专业《建筑结构》教学大纲编写。全书共11章，主要内容为钢筋混凝土结构和砌体结构基本构件的设计方法及其应用，并对预应力混凝土结构基本概念也作了简要论述。

本书中采用的计算公式、符号及基本数据，主要依据SL/T 191—96《水工混凝土结构设计规范》和GBJ 50003—2001《砌体结构设计规范》，并适当反映了GB 50010—2002《混凝土结构设计规范》的内容。

本书从高职教育的实际出发，在内容上加强了知识的针对性和实用性，注重了实践能力的培养，并注意反映技术发展的最新成果，开阔思路，理论与实践相结合。精简理论推导，以应用为主，够用为度，不苛求学科的系统性和完整性，充分体现高等职业教育的特色。在阐述方法上力求做到由浅入深，循序渐进。为了便于教学和强化基本技能的训练，书中包含了类型丰富的例题、习题、思考题和工程设计实例，并附有完成作业和课程设计所需的常用图表。

本书中打*的为选讲内容。

参加本书编写的有：黄河水利职业技术学院彭明（绪论、第三章），长江工程职业技术学院郑睿（第一、十一章），湖北水利水电职业技术学院张建华（第二、五章），福建水利电力职业技术学院郑元锋（第四、八章），黄河水利职业技术学院郭遂安（第六、七章），黄河水利职业技术学院王建伟（第九章），河南黄河河务局何金秀（第十章）。全书由彭明、郑元锋主编，王建伟任副主编，郑州大学李平先教授主审。

本书在编写过程中，参考并引用了国内的同行的著作、教材及有关资料，为此，谨对所有文献的作者深表谢意。由于编者水平有限，不足之处在所难免，恳请读者批评指正。

编　者

2006年1月

目录

绪 论

一、建筑结构的基本概念

在水利工程建筑中，由建筑材料制作的若干构件连接而组成的承重骨架称为建筑结构。按所用材料的不同，可分为钢筋混凝土结构、砌体结构和钢结构等类型。本书将着重介绍钢筋混凝土结构和砌体结构。

（一）钢筋混凝土结构

钢筋混凝土结构是由钢筋和混凝土两种材料组成的共同受力的结构。钢筋的抗拉和抗压强度都很高，具有良好的塑性。混凝土的抗压强度高而抗拉强度低，具有良好的耐久性能。为了充分利用两种材料的性能，把混凝土和钢筋结合在一起，使混凝土主要承受压力，钢筋主要承受拉力，充分发挥它们的材料特性，以满足工程结构的使用要求。

图 0-1 所示为两根截面尺寸、跨度和混凝土强度完全相同的简支梁。图 0-1（a）所示为纯混凝土梁，当跨中截面承受约 13.5kN 的集中力时，混凝土就会因受拉而断裂。图 0-1（b）所示的梁，在受拉区配置了 2 根直径 20mm 的 HRB335 级钢筋，用钢筋来代替混凝土承受拉力，则梁承受的集中力可增加到 72.3kN。由此说明，钢筋混凝土梁比纯混凝土梁的承载能力提高很多，这正是充分利用了钢筋和混凝土两种材料的力学性能。此外，配置钢筋还可以增强构件的延性，防止混凝土出现突然的脆性破坏。

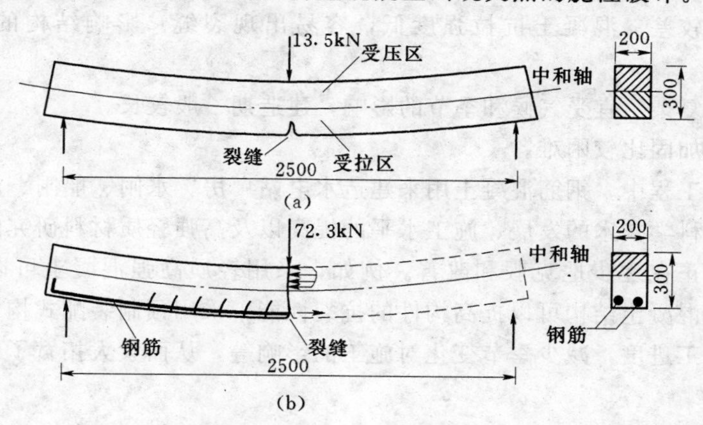

图 0-1　混凝土梁与钢筋混凝土梁的承载力的对比示意图❶

钢筋和混凝土这两种不同性能的材料能有效地结合在一起共同工作，主要的原因如下：

(1) 钢筋与混凝土之间存在良好的黏结力，混凝土硬化后可与钢筋牢固地黏结成整体，保证在荷载作用下钢筋和混凝土能够协调变形，相互传递应力。

---

❶ 本书图中尺寸单位除标注者外，均为 mm。

(2) 钢筋和混凝土的温度线膨胀系数相近，当温度变化时，两者之间不会产生较大的相对滑移而使黏结力破坏。

(3) 钢筋表面的混凝土保护层，防止钢筋锈蚀，保证结构的耐久性。

钢筋混凝土结构除了合理地利用了钢筋和混凝土两种材料的特性外，与其他材料的结构相比，还具有下列优点：

(1) 承载力高，节约钢材。与砌体结构相比，钢筋混凝土结构的承载力要高得多；与钢结构相比，用钢量少，在一定的条件下，可以代替钢结构，因而可节约钢材，降低工程造价。

(2) 耐久性、耐火性好。混凝土耐受自然侵蚀的能力较强，其强度也随着时间的增长有所提高，钢筋因混凝土的保护而不易锈蚀，不需要经常维护和保养；由传热性差的混凝土作为钢筋的保护层，在普通火灾情况下不致使钢筋达到软化温度而导致结构的整体破坏。

(3) 整体性、可模性好。现浇的整体式钢筋混凝土结构具有较好的整体刚度，有利于抗震和防爆；可根据使用需要浇筑制成各种形状和尺寸的结构，尤其适合建造外形复杂的大体积结构及空间薄壁结构。

(4) 取材方便。钢筋混凝土结构中所用的砂、石材料，一般可就地采取，减少运输费用，降低工程造价。

钢筋混凝土结构也存在着下列主要缺点：

(1) 自重大。钢筋混凝土结构的截面尺寸较大，重度也大，因而自重远远超过相应的钢结构的重量，不利于建造大跨度结构。

(2) 抗裂性较差。混凝土抗拉强度低，容易出现裂缝，影响结构的使用性能和耐久性。

(3) 施工较复杂，宜受气候和季节的影响，建造期一般较长。

(4) 修补和加固比较困难。

在水利水电工程中，钢筋混凝土用来建造水电站厂房、水闸、船闸、渡槽、涵洞、倒虹吸管等。随着科学技术的发展、施工水平的提高以及高强轻质材料研究的不断突破，钢筋混凝土的缺点正在逐步地克服和改善。例如，采用轻质高强混凝土可以减轻结构的自重；采用预应力混凝土结构可以提高构件的抗裂性能；采用预制装配式构件可以节约模板和支撑，加快施工进度，减少季节变化对施工的影响等，从而大大拓宽了钢筋混凝土结构的应用范围。

(二) 砌体结构

砌体结构是指以砖、石材或砌块等块材作为结构的主要材料，通过砂浆铺缝砌筑，黏结成整体共同承受外力的结构。砌体结构是最传统、最古老的结构，仍在不断发展和完善，其作为一种面广量大的结构形式应用极为广泛。

砌体结构具有下列优点：

(1) 因地制宜、就地取材。黏土、砂和石是天然材料，来源广泛，价格低廉；砌块种类多种多样，有的可以利用工业废料制作。

(2) 耐火性和耐久性好。砌体结构可承受400～500℃的高温，具有良好耐火性。在一般环境下，不需要像钢结构那样经常维护和保养，能保证在预计的耐久期限内使用，并具有良好保温和隔热性能。

(3) 施工简便。砌筑工艺简单方便，不需要特殊的施工设备，施工受季节影响较小，能进行连续施工操作。

砌体结构的主要缺点有：

(1) 强度低，材料用量大。与混凝土结构和钢结构相比，截面尺寸增大、材料用量多、自重大，运输量也随之增加。

(2) 劳动量大。砌筑施工基本上是手工方式，费工时，生产效率低。

(3) 抗渗性、抗冻性和抗震性差。砌体材料脆性显著，使其应用受到限制。

(4) 占用耕地。烧制黏土砖需要占用大量农田，消耗有限的能源和土地资源，不利于生态平衡和可持续发展。

砌体结构所用块材一般属于脆性材料，砌体结构的抗压强度高，抗剪和抗拉强度却很低，适用于受压的建筑结构。在水工建筑中除了用来修建小型拦河坝以外，普遍用于修筑挡土墙、渡槽、拱桥、溢洪道、涵洞、渠道护面、水电站厂房等。

二、建筑结构的应用

(一) 钢筋混凝土结构应用

钢筋混凝土结构从19世纪中叶开始采用以来，发展极为迅速。它已成为现代工程建设中应用非常广泛的建筑结构。随着预应力混凝土结构的使用，其抗裂性能好，充分利用了高强材料，可以用来建造大跨度承重结构，使其应用范围更加广泛。

钢筋混凝土结构在我国水利水电工程中的应用更是令人瞩目，如在水电建设中发挥较大作用的葛洲坝水利枢纽、乌江渡水电站、龙羊峡水电站等，都是规模宏伟的混凝土工程。已于2009年完工的具有防洪、发电、航运等综合利用效益的长江三峡水利枢纽工程，大坝为混凝土重力坝，大坝坝轴线长2309.5m，坝高181m，总库容393亿m^3，主体建筑土石方挖填量约1.348亿m^3，混凝土浇筑量2794万m^3，钢筋46.23万t，总装机容量2240万kW（已建成26台，装机容量1820万kW；后期扩机6台，装机容量420万kW）。三峡水电站是当今世界最大的水电站，是世界水利工程建筑史上的壮举。

钢筋混凝土结构的计算理论，已从将材料作为弹性体的容许应力古典理论发展为考虑材料塑性的极限强度理论，并迅速发展成较为完整的按极限状态设计的计算体系。新颁布实施的SL 191—2008《水工混凝土结构设计规范》（以下简称《规范》），采用极限状态设计法，在规定的材料强度和荷载取值条件下，采用多系数分析基础上以安全系数表达的方式进行设计。随着计算机技术的推广应用，钢筋混凝土的计算理论与设计方法正向更高的阶段发展，并日趋完善。

(二) 砌体结构应用

砌体结构在我国有着悠久的历史。大量的考古发掘资料表明，西周时期已有烧制的瓦，战国时期有了烧制的砖，人们广泛地使用砖瓦、石料修建房屋、桥梁、水利工程等。驰名中外的万里长城、都江堰、赵州桥等著名建筑，不仅造型艺术美观，在材料使用和结构受力方面都达到了极高的成就，是我国古代劳动人民勤劳、智慧的结晶。

新中国成立以来，砌体结构有了较快的发展，应用范围不断扩大。不但大量应用于一

般工业与民用建筑，而且在桥梁、小型渡槽、水塔、水池、挡土墙、涵洞、墩台等方面也得到了广泛应用。如福建的石砌体陈岱渡槽全长超过 4400m，高 20m，渡槽支墩共计 258 座，工程规模宏大；浙江临安的长 187m、高 47m 的青山殿浆砌块石重力坝；著名的河南红旗渠也大量采用了砌体结构。

根据近年来的科研成果和国内外工程经验，结合我国工程建设发展的需要，制定的 GB 50003—2001《砌体结构设计规范》(以下简称《砌体规范》)。它的实施促进我国砌体结构设计和水平的进一步提高，这标志着古老的砖石结构已经逐步走向现代砌体结构。随着新材料、新技术、新结构的不断研制和发展，加上计算方法和试验手段的进步，砌体结构必将在水利工程中发挥更大的作用。

三、本课程的任务及学习方法

建筑结构是水利水电工程专业重要的专业基础课程，又是一门实践性很强的应用型学科。学习本课程的目的是：掌握建筑结构的基本知识和理论，学会结构设计计算的基本方法、步骤，熟悉和运用相应的结构设计规范，为学习专业课程和从事水工结构的施工与设计打下良好的基础。

学习本课程应注意以下几个方面：

(1) 建筑结构是试验性学科。由于建筑材料的力学性能和强度理论异常复杂，难以用理论推导计算公式，建筑结构的计算公式通常是在大量的试验基础上建立起来的。学习时，既要重视这种通过试验建立的理论方法，理解经验系数的含义，又要注意公式的适用范围和条件，才能在实际工作中正确运用。

(2) 建筑结构的主要研究对象不是理想的弹性材料。钢筋混凝土、砌体材料都是不同材料构成的组合体，其应力状态随着荷载受力阶段而变化，这与研究弹性体的工程力学有着根本的区别，在学习中应注意它们的异同点。

(3) 正确应用构造规定。构造规定是长期科学试验和工程经验的总结，结构设计必须通过一定的构造规定加以规范和完善，因此，要充分重视对构造知识的学习，不必死记硬背构造的具体规定，应注意弄懂其中的道理。

(4) 理论联系实际。本课程的实践性较强，许多内容与我国现行的各类结构设计规范和工程实践联系密切。学习时应重视实践，通过作业、课程设计、生产实习等实践教学环节，进一步熟悉和运用规范，逐步培养综合分析的能力，学以致用，为今后的实际工作打下基础。

第一章 钢筋混凝土结构的材料

【学习提要】 本章主要讲述钢筋、混凝土的材料性能。钢筋混凝土结构是由两种力学性能不同的材料——钢筋和混凝土组成，钢筋混凝土结构的计算和构造问题与材料的性能密切相关。学习本章，应掌握钢筋和混凝土材料各自的力学性能以及共同工作的原理，理解钢筋的锚固长度和钢筋接长的相关规定，这是掌握混凝土结构构件的受力性能、结构的计算理论和设计方法的基础。并注意与建筑材料课程的联系。

第一节 混 凝 土

混凝土是由水泥、砂、石等材料按一定配合比加水搅拌后能硬化成型的人造石材。水泥和水在凝结硬化过程中形成水泥胶块，把骨料黏结在一起。水泥结晶体和砂石骨料组成混凝土的弹性骨架起着承受外力的主要作用，并使混凝土具有弹性变形的特点。水泥凝胶体则起着调整和扩散混凝土应力的作用，并使混凝土具有塑性变形的性质。由于混凝土的内部结构复杂，因此其力学性能极为复杂。

一、混凝土的强度

混凝土的强度指标主要有立方体抗压强度标准值、轴心抗压强度标准值和轴心抗拉强度标准值。

（一）立方体抗压强度标准值 $f_{cu,k}$

混凝土在结构中主要承受压力，抗压强度是混凝土的重要力学指标。由于混凝土受许多因素影响，因此必须有一个标准的强度测定方法和相应的强度评定标准。

《规范》规定：用边长为150mm的立方体试件，在标准条件下（温度为20℃±3℃，相对湿度不小于90%）养护28天，用标准试验方法［加荷速度为0.15～0.25N/(mm²·s)，试件表面不涂润滑剂、全截面受力］测得的具有95%保证率的抗压强度称为立方体抗压强度标准值，用符号 $f_{cu,k}$ 表示。它是混凝土其他力学指标的基本代表值。

混凝土的强度等级按混凝土立方体抗压强度标准值 $f_{cu,k}$ 确定，单位为 N/mm^2。水利工程中采用的混凝土强度等级分为10级，即C15、C20、C25、C30、C35、C40、C45、C50、C55、C60。其中C表示混凝土，后面的数字表示混凝土立方体抗压强度标准值的大小，如C20表示混凝土立方体抗压强度标准值为 $20N/mm^2$（即20MPa）。

在钢筋混凝土结构构件中，混凝土的强度等级不宜低于C15；当采用HRB335级钢筋时，混凝土强度等级不得低于C20；当采用HRB400和RRB400级钢筋或承受重复荷载时，混凝土强度等级不得低于C20；预应力混凝土结构的混凝土强度等级不宜低于C30；当采用钢绞线、钢丝作预应力钢筋时，混凝土的强度等级不宜低于C40。

（二）轴心抗压强度标准值 f_{ck}

在实际工程中，钢筋混凝土受压构件大多数是棱柱体而不是立方体，工作条件与立方

体试块的工作条件有很大差别，采用棱柱体试件比立方体试件更能反映混凝土的实际抗压能力。

我国采用150mm×150mm×300mm的棱柱体试件为标准试件，测得的混凝土棱柱体抗压强度即为混凝土的轴心抗压强度。随着试件高宽比h/b增大，端部摩擦力对中间截面约束减弱，混凝土抗压强度降低。

根据试验结果对比得出，混凝土棱柱体试件的轴心抗压强度f_{ck}与立方体抗压强度$f_{cu,k}$之间大致呈线性关系，平均比值为0.76，考虑到实际结构构件与试件在尺寸、制作、养护条件的差异、加荷速度等因素的影响，偏安全地取用关系式：

$$f_{ck}=0.67\alpha_c f_{cu,k} \tag{1-1}$$

式中　α_c——高强混凝土脆性的折减系数，对于C45以下，$\alpha_c=1.0$；对于C45，$\alpha_c=0.98$；对于C60，$\alpha_c=0.96$；中间按线性规律变化。

（三）轴心抗拉强度标准值f_{tk}

混凝土的轴心抗拉强度是确定混凝土抗裂度的重要指标。常用轴心抗拉试验或劈裂试验来测得混凝土的轴心抗拉强度，其值远小于混凝土的抗压强度。一般为其抗压强度的1/18～1/8，且不与抗压强度成正比。

根据试验结果对比得知，混凝土试件的轴心抗拉强度f_{tk}与立方体抗压强度$f_{cu,k}$之间存在一定关系，考虑实际构件与试件各种情况的差异，对试件强度进行修正，偏安全地取用关系式：

$$f_{tk}=0.23f_{cu,k}^{2/3}(1-1.645\delta_{fcu})^{1/3} \tag{1-2}$$

式中　δ_{fcu}—混凝土立方体抗压强度的变异系数，δ_{fcu}的取值见相关规定。

为了便于实际应用，混凝土强度标准值取整时采用与GB 50010—2002《混凝土结构设计规范》相同的指标。轴心抗压强度标准值和轴心抗拉强度标准值见附表2-1。

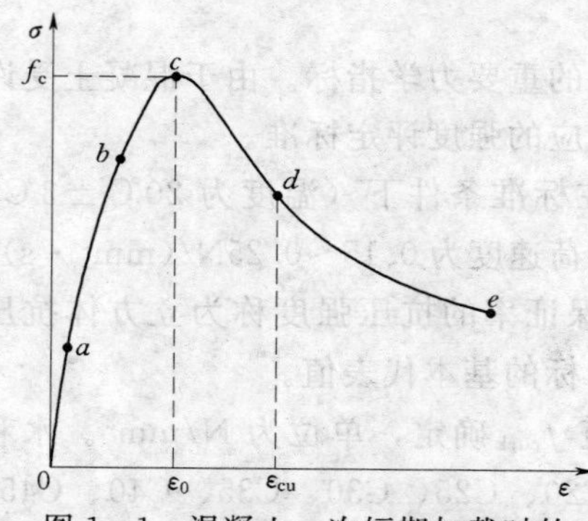

图1-1　混凝土一次短期加载时的应力—应变曲线

二、混凝土的变形

混凝土的变形可以分为两类：一类是由外荷载作用引起的变形；另一类是温度、湿度的变化引起的体积变形。由外荷载产生的变形与加载的方式及荷载作用持续时间有关。

（一）混凝土在一次短期荷载作用下的变形

混凝土在一次加载下的应力—应变关系是混凝土最基本的力学性能之一，是对混凝土结构进行理论分析的基本依据，可较全面地反映混凝土的强度和变形的特点。其应力—应变关系曲线如图1-1所示。

(1) 上升段（0c段）：在0a段（σ_c小于$0.3f_c$），应力较小时，混凝土处于弹性工作阶段，应力—应变曲线接近于直线；在ab段（σ_c约为$0.3f_c$～$0.8f_c$之间），当应力继续增大，其应变增长加快，混凝土塑性变形增大，应力—应变曲线越来越偏离直线；在bc段（σ_c约为$0.8f_c$～f_c之间），随着应力的进一步增大，且接近f_c时，混凝土塑性变形急剧增大，c点的应力达到峰值应力f_c，试件开始破坏。c点应力值为混凝土的轴心抗压强

度 f_c，与其相应的压应变为 ε_0，ε_0 一般为 0.002。

（2）下降段（ce 段）：当应力超过 f_c 后，试件承载能力下降，随着应变的增加，应力一应变曲线在 d 点出现反弯。试件在宏观上已破坏，此时，混凝土已达到极限压应变 ε_{cu}，ε_{cu} 值大多在 0.003～0.004 范围内，一般为 0.0033 左右。d 点以后，通过骨料间的咬合力及摩擦力与块体还能承受一定的荷载。混凝土的极限压应变 ε_{cu} 越大，表示混凝土的塑性变形能力越大，即延性越好。

混凝土受拉时的应力一应变曲线与受压时相似，但其峰值时的应力、应变都比受压时小得多。计算时，一般取混凝土的最大拉应变为 0.0001。由于混凝土的极限拉应变太小，所以处于受拉区的混凝土极易开裂，钢筋混凝土构件通常都是带裂缝工作。

（二）混凝土在重复荷载作用下的变形

混凝土在多次重复荷载作用下的应力一应变曲线，如图 1-2 所示。从图中可看出，它的变形性质有着显著变化。

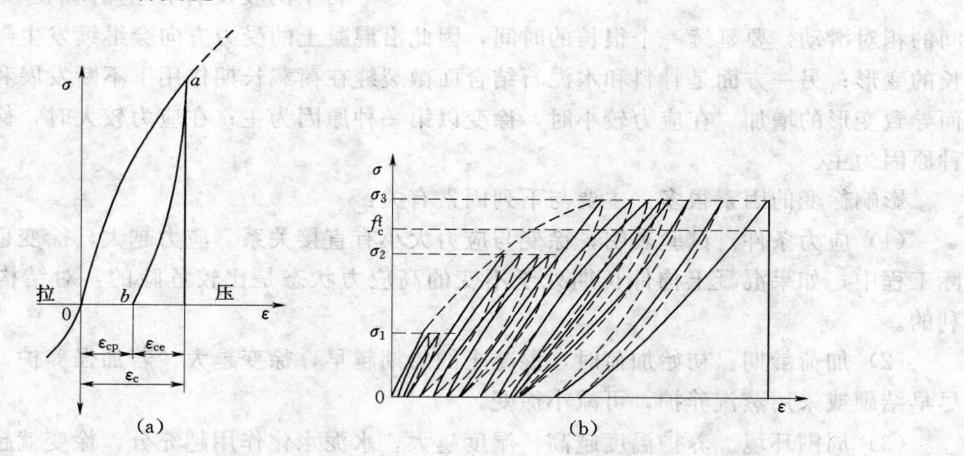

图 1-2 混凝土在重复荷载作用下的应力一应变曲线

图 1-2（a）表示混凝土棱柱体试件在一次短期加荷后的应力一应变曲线。因为混凝土是弹塑性材料，初次卸荷至应力为零时，应变不能全部恢复。可恢复的那一部分称为弹性应变 ε_{ce}，不可恢复的残余部分称为塑性应变 ε_{cp}。因此，在一次加载卸载过程中，当每次加荷时的最大应力小于某一限值时，混凝土的应力一应变曲线形成一个环状。随着加载卸载重复次数的增加，残余应变会逐渐减小，一般重复 5～10 次后，加载和卸载的应力一应变曲线越来越闭合接近直线，如图 1-2（b）所示，此时混凝土就像弹性体一样工作。试验表明，这条直线与一次短期加荷时的应力一应变曲线在原点的切线基本平行。

当应力超过某一限值时，则经过多次循环，应力一应变曲线成直线后，又能很快重新变弯且应变越来越大，试件很快就会破坏。这种破坏就称为混凝土的“疲劳破坏”。这个限值也就是材料能够抵抗周期重复荷载的疲劳强度 f_c^f。混凝土的疲劳强度与混凝土的强度等级、荷载的重复次数及重复作用应力的变化幅度有关，其值大约为 $0.5f_c$。

（三）混凝土在长期荷载作用下的变形——徐变

混凝土在长期荷载作用下，应力不变，应变随时间的增加而增长的现象，称为混凝土的徐变。混凝土在持续荷载作用下，应变与时间的关系曲线如图 1-3 所示。徐变在前期

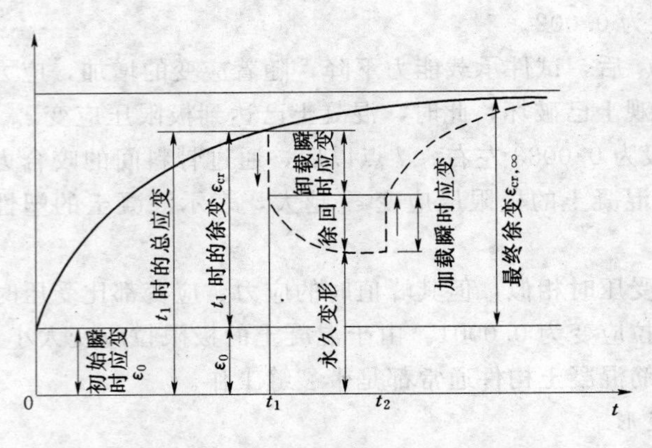

图 1-3　混凝土的徐变与时间的关系

增长较快，随后逐渐减慢，经过较长时间而趋于稳定。一般 6 个月可达最终徐变的 70%～80%，2 年以后，徐变基本完成。

徐变与塑性变形的不同之处在于：徐变在较小应力下就可产生，当卸掉荷载后可部分恢复；塑性变形只有在应力超过其弹性极限后才会产生，当卸掉荷载后不可恢复。

混凝土产生徐变的原因主要有两方面：一方面是混凝土受力后，水泥石中的胶凝体产生的黏性流动（颗粒间的相对滑动）要延续一个很长的时间，因此沿混凝土的受力方向会继续发生随时间而增长的变形；另一方面是骨料和水泥石结合面微裂缝在荷载长期作用下不断发展和增加，从而导致变形的增加。在应力较小时，徐变以第一种原因为主；在应力较大时，徐变以第二种原因为主。

影响徐变的因素很多，主要与下列因素有关：

（1）应力条件。试验表明，徐变与应力大小有直接关系。应力越大，徐变也越大。实际工程中，如果混凝土构件长期处于不变的高应力状态是比较危险的，对结构安全是不利的。

（2）加荷龄期。初始加荷时，混凝土的龄期越早，徐变越大。若加强养护，使混凝土尽早结硬或采用蒸汽养护，可减小徐变。

（3）周围环境。养护温度越高，湿度越大，水泥水化作用越充分，徐变就越小。

（4）混凝土中水泥用量越多，徐变越大；水灰比越大，徐变越大。

（5）材料质量和级配好，弹性模量大，徐变小。

混凝土的徐变会显著影响结构或构件的受力性能。如局部应力集中可因徐变得到缓和，支座沉陷引起的应力及温度湿度应力，也可由于徐变得到松弛，这对水工混凝土结构是有利的。但徐变使结构变形增大对结构不利的方面也不可忽视，徐变可使受弯构件的挠度、细长柱的附加偏心距增大，还会导致预应力构件的预应力的大量损失。

与混凝土的徐变相对应的另一种现象——混凝土松弛。所谓松弛是指在应变不变的情况下，混凝土中的应力会随时间的增加而逐渐降低的现象。混凝土的徐变和松弛实际是一个事物的两种不同的表现形式。

（四）混凝土的非荷载作用变形

1. 温度变形

与其他材料一样，混凝土也会随着温度的变化产生热胀冷缩变形。尤其是对水工建筑物中的大体积混凝土结构，当变形受到约束时，常常因温度应力就可能形成贯穿性裂缝而影响正常使用，使结构承载力和混凝土的耐久性大大降低。混凝土的温度线膨胀系数随集料的性质和配合比的不同而变化，一般计算时可取为 $1\times10^{-5}/℃$。

2. 干湿变形

混凝土在空气中结硬时体积减小的现象，称为干缩变形或称收缩。引起混凝土干缩的主要原因：一是干燥失水；二是因为结硬初期水泥和水的水化作用，形成水泥结晶体，而水泥结晶体化合物比原材料的体积小。已经干燥的混凝土再置于水中，混凝土就会重新发生膨胀（或湿胀）。当外界湿度变化时，混凝土就会产生干缩和湿胀。湿胀系数比干缩系数小得多，而且湿胀往往是有利的，故一般不予考虑。但干缩对于结构有着不利影响，必须引起足够重视。如果构件是能够自由伸缩的，则混凝土的干缩只是引起构件的缩短而不会导致混凝土的干缩裂缝；当构件受到边界的约束时，混凝土因收缩产生拉应力，会导致结构产生干缩裂缝，造成有害的影响。在预应力混凝土结构中，干缩变形会导致预应力的损失。

外界相对湿度是影响干缩的主要因素，此外，水泥用量越多，水灰比越大，干缩也越大。混凝土集料弹性模量越小，干缩越大。因此，尽可能加强养护使其干燥不要过快，并增加混凝土密实度，减小水泥用量及水灰比。通常情况，混凝土干缩应变一般在$(2\sim6)\times10^{-4}$范围内。具体计算混凝土干缩应变的经验公式，可参考相关规定。

（五）混凝土的弹性模量、变形模量

1. 弹性模量

弹性模量在工程力学中是联系应力和应变的重要参数。混凝土是弹塑性材料，联系应力和应变的材料模量是一个变数。从图1-4可以看出，混凝土的应力与应变的比值随着应力的变化而变化，即应力与应变的比值不是常数，所以它的弹性模量取值要复杂一些。

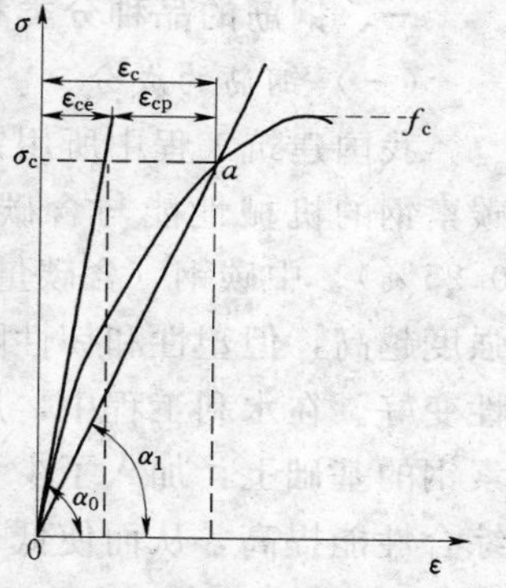

图1-4 混凝土弹性模量、变形模量的表示方法

试验结果表明，混凝土的弹性模量与立方体抗压强度有关。《规范》采用的弹性模量E_c的经验公式为

$$E_c=\frac{10^5}{2.2+\dfrac{34.7}{f_{cu,k}}}\ (\mathrm{N/mm^2}) \tag{1-3}$$

按上式计算的混凝土各种强度等级的弹性模量E_c，列于附表2-3。

2. 变形模量

当应力较大时，混凝土的塑性变形比较显著，就不能用E_c表达混凝土的应力与应变之间的关系，可用变形模量E'_c表示。E'_c与弹性模量E_c关系可用弹性系数ν表示：

$$E'_c=\frac{\sigma_c}{\varepsilon_c}=\frac{\varepsilon_{ce}}{\varepsilon_c}\frac{\sigma_c}{\varepsilon_{ce}}=\nu E_c \tag{1-4}$$

弹性系数是不超过1.0的变数，与应力值有关，随应力增大而减小。通常，当$\sigma\leqslant0.3f_c$时，混凝土基本处于弹性阶段，$\nu=1.0$，即混凝土的变形模量等于混凝土的弹性模量；当$\sigma=0.5f_c$时，$\nu=0.8\sim0.9$；当$\sigma=0.8f_c$时，$\nu=0.4\sim0.7$。

三、混凝土的耐久性

混凝土的耐久性在一般环境条件下是较好的。但如果混凝土抵抗渗透能力差，或受冻

融循环的作用、侵蚀介质的作用，都会使混凝土可能遭受碳化、冻害、腐蚀等，耐久性受到严重影响。

水工混凝土的耐久性，与其抗渗、抗冻、抗冲刷、抗碳化和抗腐蚀等性能有密切关系。为了保证混凝土的耐久性，根据水工建筑物所处环境条件的类别，满足不同的控制要求。环境条件划分为五个类别，详见附表1-1。

结构的耐久性与结构所处环境条件、结构使用条件、结构形式和细部构造、结构表层保护措施以及施工质量等均有关系，在一般情况下，可按结构所处的环境条件提出相应的耐久性要求。

第二节　钢　筋

一、钢筋的品种分类和级别

（一）钢筋的成分

我国建筑工程中所用钢筋按其化学成分的不同，分为碳素钢和普通低合金钢两大类。碳素钢的机械性能与含碳量的多少有关。碳素钢根据含碳量分为低碳钢（含碳量小于0.25%）、中碳钢（含碳量0.25%～0.6%）和高碳钢（含碳量大于0.6%）。含碳量越高，强度越高，但塑性和韧性降低，可焊性能也会变差；反之则强度越低，塑性、韧性和可焊性变好。在水利工程中，用作钢筋的碳素钢主要是低碳钢和中碳钢。普通低合金钢是在碳素钢的基础上，加入了少量的合金元素，如锰、硅、矾、钛等，可使钢材的强度、塑性等综合性能提高，从而使低合金钢钢筋具有强度高、塑性及可焊性好的特点。

（二）钢筋品种和级别

混凝土结构中所采用的钢筋可分为热轧钢筋、钢绞线、钢丝、钢棒和螺纹钢筋。下面分别对各种钢筋作一简介。

1. 热轧钢筋

工程中所用的热轧钢筋，按外形分为光圆钢筋和带肋钢筋两类，如图1-5所示。光圆钢筋表面是光滑无花纹，俗称“圆钢”。带肋钢筋表面有两条纵向凸缘（纵肋），在纵肋凸缘两侧有许多等距离和等高度的斜向凸缘（斜肋），凸缘斜向相同的表面形成螺旋纹，凸缘斜向不同的表面形成人字纹。螺旋纹和人字纹钢筋又称为等高肋钢筋。斜向凸缘和纵向凸缘不相交，剖面几何形状呈月牙形的钢筋称为月牙肋钢筋，与同样公称直径的等高肋钢筋相比，强度稍有提高，凸缘处应力集中也得到改善，但与混凝土之间的黏结强度略低于等高肋钢筋。

热轧钢筋是碳素钢和普通低合金钢在高温状态下轧制而成，按照其强度的高低，分为HPB235、HRB335、HRB400、RRB400四个级别，由冶金工厂直接热轧成型。符号中的H表示热轧（hot rolled），P表示光圆的（plain），R表示带肋的（ribbed），B表示钢筋（bar），数字235、335等则表示该级别钢筋的屈服强度值（N/mm^2）。可以看出，HPB235钢筋为光圆钢筋，HRB335和HRB400为带肋钢筋。在图纸与计算书中，钢筋分别用符号Φ、Φ、Φ、$Φ^R$表示。

（1）HPB235级钢筋，符号用Φ表示。热轧光圆钢筋，直径为6～22mm，低碳钢，

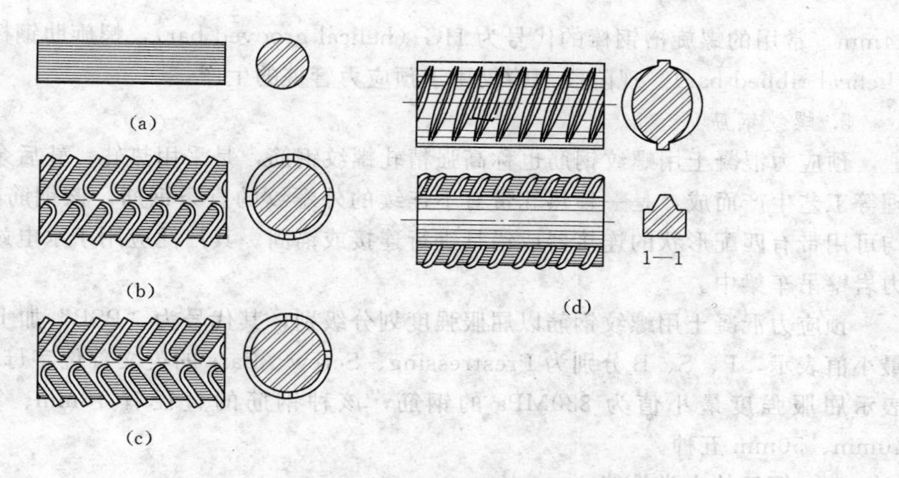

图 1-5　各种钢筋的表面形状

(a) 光圆钢筋；(b) 螺旋纹钢筋；(c) 人字纹钢筋；(d) 月牙肋钢筋

质量稳定，塑性及焊接性能很好，但强度稍低，而且与混凝土的黏结稍差。因此，HPB235 级钢筋主要用作厚度不大的混凝土板、小型构件的受力钢筋和构件的构造钢筋。

(2) HRB335 级钢筋，符号用Φ表示。热轧月牙肋钢筋，直径为 6～50mm，低合金钢，强度、塑性及可焊性较好，强度比较高，钢筋表面轧制成的月牙肋，可增加钢筋与混凝土之间的黏结力，并保证两者能共同工作。HRB335 级钢筋主要用作大中型钢筋混凝土结构中的受力钢筋、预应力混凝土结构中的非预应力钢筋。

(3) HRB400 级钢筋，符号用Φ表示。热轧月牙肋钢筋，直径为 6～50mm，低合金钢，它的强度高，并保持足够的塑性和良好的焊接性能，与混凝土的黏结性能较好，应用十分广泛。HRB400 级钢筋主要用作大中型钢筋混凝土结构和高强混凝土结构中的受力钢筋。

(4) RRB400 级钢筋，符号用$Φ^R$表示。热轧等高肋（螺纹形）钢筋，直径为 8～40mm，钢筋热轧后，让其穿过高压水流管进行冷却，再利用钢筋芯部的余热自行回火处理。其强度大幅度提高，而塑性降低并不多，但焊接时因受热回火，强度会有所降低。RRB400 级钢筋主要用作预应力混凝土结构中的预应力钢筋。

2. 钢绞线

钢绞线是由多根高强光圆钢丝及刻痕钢丝捻制在一起经过低温回火处理清除内应力后而制成，分为 2 股、3 股和 7 股三种。钢绞线直径 d 系指钢绞线外接圆直径，钢绞线按结构分为 5 类（见附表 2-6、附表 2-7）。钢绞线主要用于预应力混凝土结构。

3. 钢丝

钢丝包括光面、螺旋肋和三面刻痕的消除应力的高强度钢丝。消除应力钢丝是将钢筋拉拔后，经中温回火消除应力并进行稳定化处理的钢丝，直径为 4～9mm，强度在 1000MPa 以上。广泛应用于预应力混凝土结构。

4. 钢棒

钢棒表面形状分为光圆钢棒、螺旋槽钢棒、螺旋肋钢棒、带肋钢棒四种。直径为 6～

14mm，常用的螺旋槽钢棒的代号为 HG（helical grooved bar），螺旋肋钢棒的代号为 HR（helical ribbed bar）。现阶段钢棒仅用于预应力管桩的生产。

5. 螺纹钢筋

预应力混凝土用螺纹钢筋也称高强精轧螺纹钢筋，是采用热轧、轧后余热处理或热处理等工艺生产而成，是一种热轧带有不连续的外螺纹的直条钢筋，该钢筋在任意截面处，均可用带有匹配形状的连接器或锚具进行连接或锚固。其广泛应用于水电站地下厂房预应力岩壁吊车梁中。

预应力混凝土用螺纹钢筋以屈服强度划分级别，其代号为“PSB”加上规定屈服强度最小值表示，P、S、B 分别为 Prestressing、Screw、Bars 的英文首位字母，例如 PSB830 表示屈服强度最小值为 830MPa 的钢筋，该种钢筋的直径有 18mm、25mm、32mm、40mm、50mm 五种。

二、钢筋的力学性能

（一）钢筋的强度

钢筋混凝土中所用的钢筋，按其应力—应变曲线特性的不同分为两类：一类是有明显屈服点的钢筋，习惯上称为软钢，在工程上常用的热轧钢筋就属于这类；另一类是无明显屈服点的钢筋，习惯上称为硬钢，预应力钢丝、钢绞线、螺纹钢及钢棒就属于这类。

1. 有明显屈服点的钢筋

有明显屈服点的钢筋在单向拉伸时的应力—应变曲线如图 1-6 所示。a 点以前应力与应变呈直线关系，符合虎克定律，a 点对应的应力称为比例极限，$0a$ 段属于弹性工作阶段；a 点以后应变比应力增加要快，应力与应变不成正比；到达 b 点后，钢筋进入屈服阶段，产生很大的塑性变形，在应力—应变曲线中呈现一水平段 bc，称为屈服阶段或流幅，b 点的应力称为屈服强度。过 c 点后，应力与应变继续增加，应力—应变曲线为上升的曲线，进入强化阶段，曲线到达最高点 d，对应于 d 点的应力称为抗拉极限强度。过了 d 点以后，试件内部某一薄弱部位应变急剧增加，应力下降，应力—应变曲线为下降曲线，产生“颈缩”现象，到达 e 点钢筋被拉断，此阶段称为破坏阶段。由图 1-6 可知，有明显屈服点的钢筋的应力—应变曲线可分为四个阶段：弹性阶段、屈服阶段、强化阶段和破坏阶段。

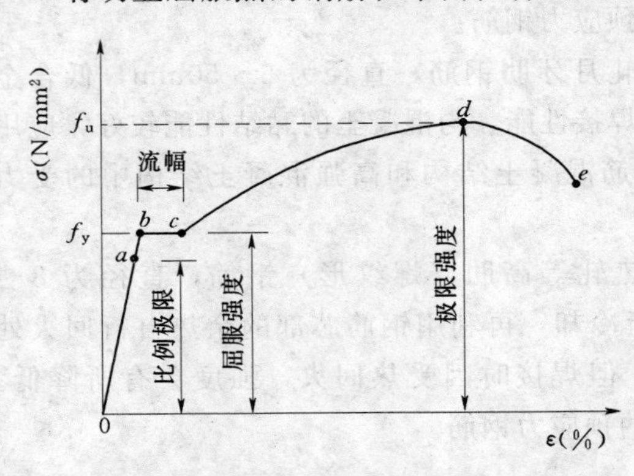

图 1-6 有明显屈服点钢筋的应力—应变曲线

有明显屈服点的钢筋有两个强度指标：一是 b 点的屈服强度，它是钢筋混凝土构件设计时钢筋强度取值的依据，即采用钢筋国家标准规定的屈服点作为标准值。因为钢筋屈服后要产生较大的塑性变形，这将使构件的变形和裂缝宽度大大增加，以致影响构件的正常使用，故设计中采用屈服强度作为钢筋的强度限值。另一个强度指标是 d 点的极限强度，一般用作钢筋的实际破坏强度。

钢材中含碳量越高，屈服强度和抗拉强度就越高，延伸率就越小，流幅也相应缩短。图1-7表示了不同强度软钢的应力—应变曲线的差异。

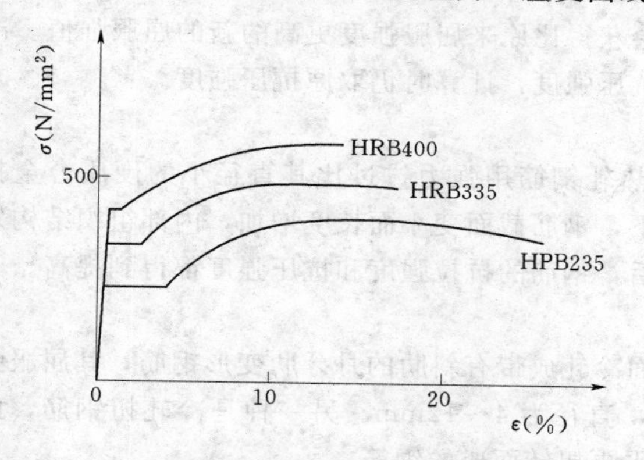

图1-7　不同强度软钢的应力—应变曲线的差异

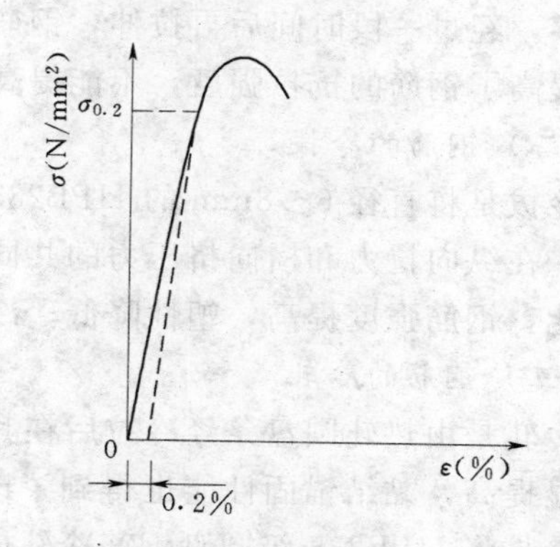

图1-8　无明显屈服点钢筋的应力—应变曲线

2. 无明显屈服点的钢筋

无明显屈服点的钢筋的应力—应变曲线如图1-8所示。由图可看出，从加载到拉断无明显的屈服点，没有屈服阶段，钢筋的抗拉强度较高，但变形很小。通常取相应于残余应变为0.2%的应力$\sigma_{0.2}$作为假定屈服点，称为条件屈服强度，其值约为0.85倍的极限抗拉强度。

无明显屈服点的钢筋塑性差，伸长率小，采用其配筋的钢筋混凝土构件，受拉破坏时，往往突然断裂，不像用软钢配筋构件在破坏前有明显的预兆。

各种钢筋的强度值见附表2-4～附表2-7。

3. 钢筋的弹性模量

钢筋弹性阶段的应力与应变的比值称为钢筋的弹性模量，用符号E_s表示。由于钢筋在弹性阶段的受压性能与受拉性能类同，所以同一种钢筋的受拉和受压弹性模量相同，各类钢筋的弹性模量见附表2-8。

（二）钢筋的塑性性能

钢筋除需要足够的强度外，还应具有一定的塑性变形能力。伸长率和冷弯性能是反映钢筋塑性性能的基本指标。伸长率是钢筋拉断后的伸长值与原长的比率，钢筋伸长率越大，钢筋塑性越好，拉断前有足够的伸长，使构件的破坏有明显预兆；反之伸长率越小的钢筋塑性差，其破坏具有突发性，呈脆性特征。

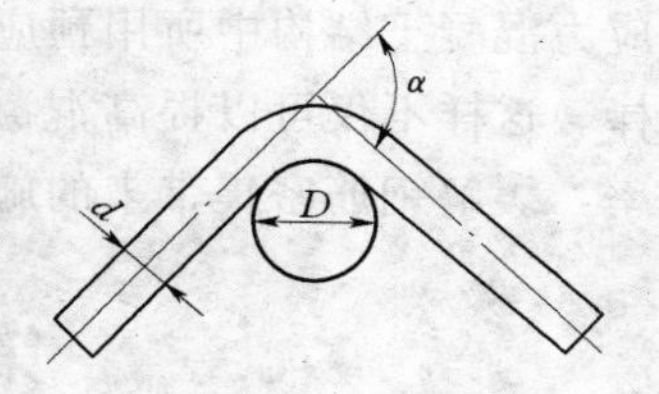

图1-9　钢筋的冷弯

冷弯是在常温下将钢筋绕某一规定直径的辊轴进行弯曲，如图1-9所示。在达到规定的冷弯角度时，钢筋不发生裂纹、分层或断裂，钢筋的冷弯性能符合要求。常用冷弯角度α和弯心直径D反映冷弯性能。弯心直径越小，冷弯角度越大，钢筋的冷弯性能越好。

三、钢筋的冷加工

对热轧钢筋进行机械冷加工后，可提高钢筋的屈服强度，达到节约钢材的目的。常用的冷加工方法有冷拉、冷拔和冷轧。

（一）钢筋的冷拉

冷拉是指在常温下，用张拉设备（如卷扬机）将钢筋拉伸超过它的屈服强度，然后卸载为零，经过一段时间后再拉伸，钢筋就会获得比原来屈服强度更高的新的屈服强值。冷拉只提高了钢筋的抗拉强度，不能提高其抗压强度，计算时仍取原抗压强度。

（二）钢筋的冷拔

冷拔是将直径 6～8mm 的 HPB235 级热轧钢筋用强力拔过比其直径小的硬质合金拔丝模。在纵向拉力和横向挤压力的共同作下，钢筋截面变小而长度增加，内部组织结构发生变化，钢筋强度提高，塑性降低。冷拔后，钢筋的抗拉强度和抗压强度都得到提高。

（三）钢筋的冷轧

冷轧是由热轧圆盘条经冷拉后在其表面冷轧成带有斜肋的月牙肋变形钢筋，其屈服强度明显提高，黏结锚固性能也得到了改善，直径为 4～12mm。另一种是冷轧扭钢筋，此类钢筋是将 HPB235 级圆盘钢筋冷轧成扁平再扭转而成的钢筋。

由于冷加工钢筋的质量不易严格控制，且性质较脆，黏结性能及延性较差，因此，在使用时应符合专门的规程的规定，而且其逐渐由强度高且性能好的预应力钢筋（钢丝、钢绞线）取代。

四、钢筋混凝土结构对钢筋性能的要求

（1）钢筋应具有一定的强度（屈服强度和抗拉极限强度）。采用强度较高的钢筋可以节约钢材，获得很好的经济效益。

（2）钢筋应具有足够的塑性（伸长率和冷弯性能）。要求钢筋在断裂前有足够的变形，能给人以破坏的预兆。

（3）钢筋与混凝土应具有良好的黏结力。黏结力是保证钢筋和混凝土能够共同工作的基础。钢筋表面形状及表面积对黏结力很重要。

（4）钢筋应具有良好的焊接性能。要求焊接后钢筋在接头处不产生裂纹及过大变形。

综上所述，钢筋混凝土结构中的受力钢筋和预应力混凝土结构中的非预应力钢筋，宜优先采用 HRB400 级和 HRB335 级的钢筋，也可采用 HPB235 级及 RRB400 级钢筋。预应力混凝土结构中所用预应力钢筋，宜采用高强的钢绞线、钢丝，也可采用螺纹钢筋或钢棒。这样不仅可以提高混凝土结构的安全度水平，降低工程造价，而且还可以降低配筋率，缓解钢筋密集带来的施工困难。

第三节　钢筋与混凝土的黏结

一、钢筋与混凝土的黏结力与影响因素

（一）黏结力的组成

钢筋与混凝土之间的黏结力，是这两种力学性能不同材料能够共同工作的基础。在钢筋与混凝土之间有足够的黏结强度，才能承受相对滑移。它们之间通过黏结力，使得内力得以传递。钢筋与混凝土之间的黏结力，主要由以下三个部分组成：

（1）化学胶着力。混凝土中水泥浆凝结时产生化学作用，水泥胶体与钢筋之间产生胶着力。

(2) 摩阻力。混凝土收缩将钢筋紧紧握固，当两者出现相对滑移时，在接触面上产生摩擦阻力。

(3) 机械咬合力。机械咬合力是凸凹不平的钢筋表面与混凝土之间产生的机械咬合作用。

以上三种黏结力中，机械咬合力作用最大，约占总黏结力的一半以上，带肋钢筋比光圆钢筋的机械咬合力更大。

（二）黏结力的测定

钢筋与混凝土之间的黏结力，是通过钢筋的拔出试验来测定的，如图 1-10 所示。黏结力是分布在钢筋和混凝土接触面上的抵抗两者相对滑移的剪应力，即黏结应力。将钢筋一端埋入混凝土内，在另一端加荷拉拔钢筋，沿钢筋长度上的黏结应力不是均匀分布，而是曲线分布，最大黏结应力产生在离端头某一距离处。若其平均黏结应力用 τ 表示，则在钢筋拉拔力达到极限时的平均黏结应力可由下式确定：

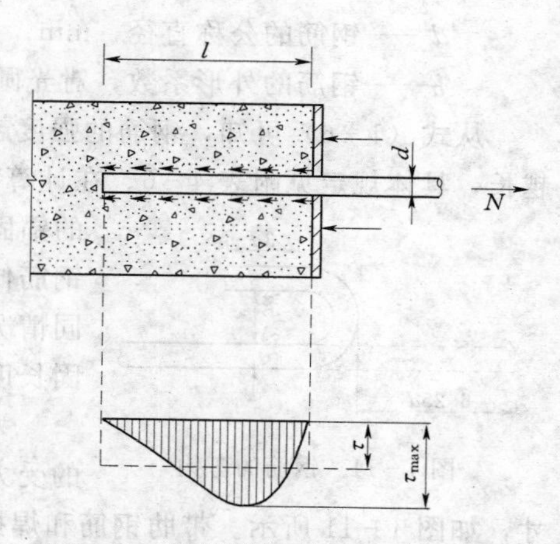

图 1-10　钢筋拔出试验的黏结应力图

$$\tau=\frac{N}{\pi ld} \tag{1-5}$$

式中　N——极限拉拔力，N；

l——钢筋埋入混凝土的长度，mm；

d——钢筋直径，mm。

（三）影响黏结强度的因素

影响钢筋与混凝土之间黏结强度的因素很多，除钢筋的表面形状以外，钢筋与混凝土之间黏结强度随混凝土强度等级的提高而增大，还与混凝土的抗拉强度成正比。浇筑混凝土时钢筋所处的位置不同，钢筋周围混凝土的厚度等对黏结强度都有影响。

二、保证钢筋与混凝土黏结的措施

为使钢筋与混凝土之间有足够的黏结作用，保证黏结力的可靠传递，采用规定钢筋锚固长度和搭接长度等构造措施来保证，设计和施工时必须严格遵守相应的规定。

（一）钢筋的锚固长度

钢筋的锚固是指通过混凝土中钢筋埋置段将钢筋所受的力传给混凝土，使钢筋锚固于混凝土而不滑出，包括直钢筋的锚固、带弯钩或弯折钢筋的锚固。

为了保证钢筋在混凝土中锚固可靠，设计时应使钢筋在混凝土中有足够的锚固长度 l_a。它可根据钢筋应力达到屈服强度 f_y 时，钢筋才被拔动的条件确定，即

$$l_a=\alpha\frac{f_y}{f_t}d \tag{1-6}$$

式中　l_a——受拉钢筋的最小锚固长度，mm；

f_y——普通钢筋的抗拉强度设计值，N/mm^2；

f_t——混凝土轴心抗拉强度设计值，N/mm^2，当混凝土强度等级高于 C40 时，应按 C40 取值；

d——钢筋的公称直径，mm；

α——钢筋的外形系数，对光圆钢筋取 0.16，对带肋钢筋取 0.14。

从式（1-6）可知，钢筋的强度越高，直径越大，混凝土强度越低，则锚固长度要求越长，具体规定见附表 4-6。在计算中充分利用钢筋的抗拉强度时，受拉钢筋伸入支座的锚固长度应满足《规范》规定的最小锚固长度 l_a。受压钢筋伸入支座的锚固长度应满足 $0.7l_a$。对于施工中的不同情况，其锚固长度还应乘以修正系数，修正后的最小锚固长度不应小于 $0.7l_a$，且不应小于 250mm。

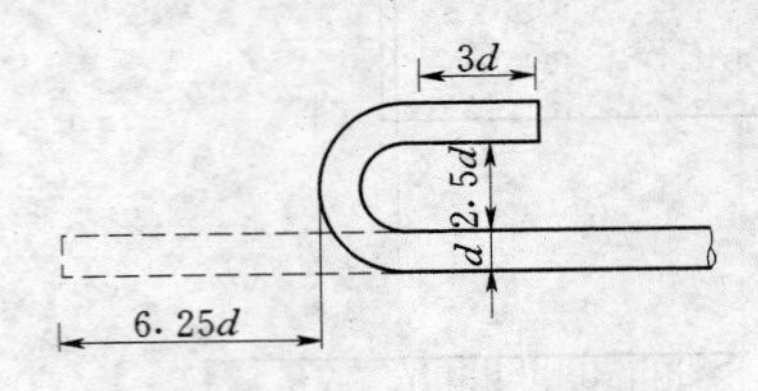

图 1-11　钢筋的弯钩

为了保证光圆钢筋的黏结强度的可靠性，绑扎骨架中的受力光圆钢筋末端必须做成 180°弯钩。弯钩的形式与尺寸，如图 1-11 所示。带肋钢筋和焊接骨架、焊接网以及作为受压钢筋时的光圆钢筋可不做弯钩。轴心受压构件中的光圆钢筋也可不做弯钩。当板厚小于 120mm 时，板的上层钢筋可做成直抵板底的直钩。

（二）钢筋的连接

钢筋在构件中往往因长度不够需要进行连接，是通过混凝土中两根钢筋的连接接头，将一根钢筋所受的力传给另一根钢筋，连接的方法主要有以下几种：

（1）绑扎搭接。在钢筋搭接处用铁丝绑扎而成，如图 1-12 所示。绑扎搭接接头是通过钢筋与混凝土之间的黏结应力来传递钢筋之间的内力，必须有足够的搭接长度。

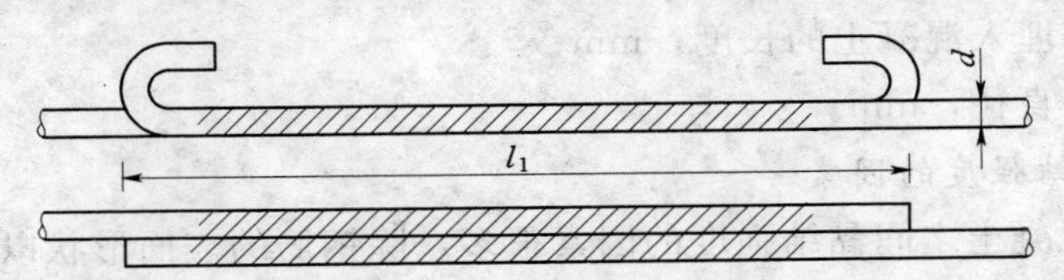

图 1-12　钢筋绑扎搭接接头

钢筋的接头位置宜设置在构件的受力较小处，同一构件中相邻纵向受力钢筋的绑扎搭接接头宜相互错开；纵向受拉钢筋绑扎搭接接头的搭接长度应根据位于同一搭接长度范围内的钢筋搭接接头面积百分率按式（1-7）确定，任何情况下，纵向受拉钢筋绑扎搭接接头的搭接长度均不应小于 300mm；纵向受压钢筋的搭接长度不应小于按式（1-7）设计值的 0.7 倍，且不应小于 200mm。

$$l_1=\zeta l_a \tag{1-7}$$

式中　l_1——纵向受拉钢筋的最小搭接长度，mm；

l_a——纵向受拉钢筋的最小锚固长度，mm，见附表 4-6；

ζ——纵向受拉钢筋搭接长度修正系数，按表 1-1 取用。

表 1-1　纵向受拉钢筋搭接长度修正系数 ζ

纵向受拉钢筋搭接接头面积百分率（%）	≤25	50	100
ζ	1.2	1.4	1.6

轴心受拉及小偏心受拉构件以及承受振动荷载的构件的纵向受拉钢筋不得采用绑扎搭

接接头。受拉钢筋直径 $d>28$mm，或受压钢筋直径 $d>32$mm 时，不宜采用绑扎搭接接头。

(2) 焊接。焊接是在两根钢筋接头处采用闪光对焊或电弧焊接连接，如图 1－13 所示。焊接质量有保证时，此法较可靠。

(3) 机械连接。在钢筋接头采用螺旋或挤压套筒连接，如图 1－14 所示。机械连接具有节省钢材，连接速度快，施工安全等特点，主要用于竖向钢筋连接，宜优先选用。

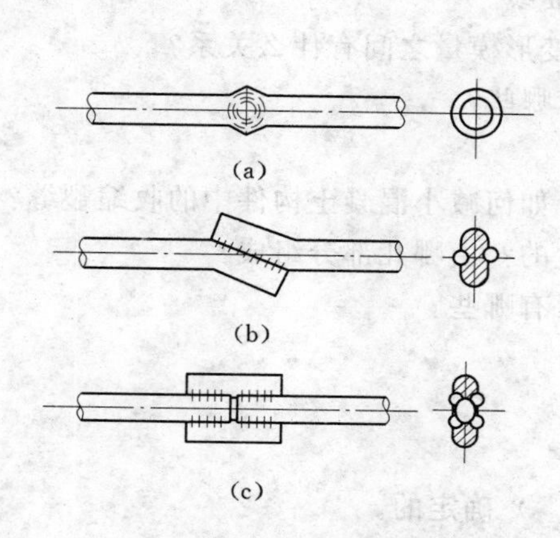

图 1－13 钢筋焊接接头示意图
(a) 闪光对焊；(b)、(c) 电弧焊搭接

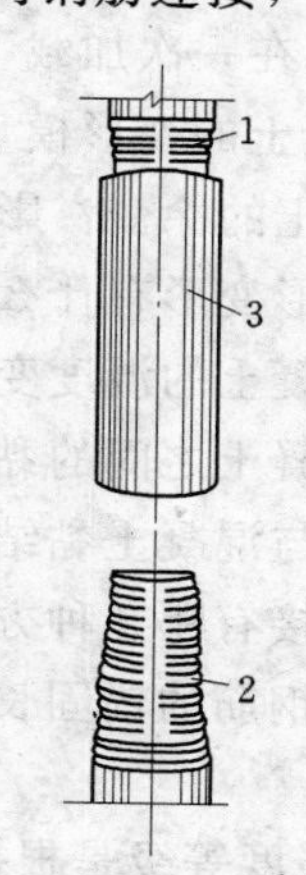

图 1－14 钢筋机械连接示意图
1—上钢筋；2—下钢筋；3—套筒（内螺纹）

焊接接头或机械连接接头的类型及质量应符合有关规范规定。

复习指导

1. 混凝土的强度等级依据立方体抗压强度标准值划分。混凝土的轴心抗压强度和轴心抗拉强度均可由混凝土的立方体抗压强度换算得到。

2. 要分清混凝土在一次短期荷载作用下应力—应变关系曲线、重复荷载作用下的应力—应变关系曲线、在长期荷载作用下的徐变曲线所反映的三种变形的不同性质。

3. 有明显流幅的钢筋（软钢）和无明显流幅的钢筋（硬钢）的应力—应变的关系曲线不同。在钢筋混凝土结构中，软钢的设计强度取屈服强度，硬钢则以条件屈服强度（$\sigma_{0.2}$）作为强度的取值标准。

4. 常用钢筋的级别名称、代号以及在钢筋混凝土结构中对钢筋性能的要求：高强、易于加工、焊接性和与混凝土之间具有良好的黏结性能。

5. 钢筋与混凝土之间的黏结力是两者能共同工作的主要原因，应采取各种必要的措施加以保证。

习 题

一、思考题

1. 钢筋混凝土结构中常用钢筋有几种？并说明各种钢筋的应用范围。

2. 钢筋按力学的基本性能可分为几种类型？其应力—应变曲线各有什么特征？

3. 什么是屈服强度？为什么钢筋混凝土结构设计时把钢筋的屈服强度作为钢筋强度的计算指标？

4. 什么叫钢筋的伸长率？

5. 什么是假定屈服点？如何取值？

6. 钢筋的选用原则是什么？

7. 混凝土的强度等级是依据什么划分的？

8. 画出混凝土在一次加载下的应力—应变曲线。

9. 什么是混凝土的变形模量？弹性模量与变形模量之间有什么关系？

10. 何谓混凝土的徐变？影响徐变的因素有哪些？

11. 徐变与塑形变形有什么不同？

12. 什么是混凝土的温度变形和干缩变形？如何减小混凝土构件中的收缩裂缝？

13. 钢筋和混凝土之间的黏结力是如何产生的？由哪几部分组成？

14. 影响钢筋与混凝土黏结性能的主要因素有哪些？

15. 钢筋的连接有哪几种方式？

16. 如何确定钢筋的锚固长度？

二、选择题

1. 混凝土的强度等级是根据混凝土的（　　）确定的。

A 立方体抗压强度设计值　　B 立方体抗压强度标准值

C 立方体抗压强度平均值　　D 具有 90%保证率的立方体抗压强度

2. 混凝土的水灰比越大，水泥用量越多，则徐变值（　　）。

A 越大　　B 越小　　C 基本不变　　D 不变

3. 混凝土的弹性模量随强度的增大而（　　）。

A 增大　　B 减小　　C 不变　　D 无关

4. 在水利工程中，对于遭受剧烈温湿度变化作用的混凝土结构表面，常设置一定数量的（　　）。

A 钢筋束　　B 钢丝束　　C 钢筋网　　D 预应力钢筋

5. 当混凝土强度等级由 C20 变为 C30 时，受拉钢筋的最小锚固长度 l_a（　　）。

A 增大　　B 减小　　C 不变　　D 基本不变

6. HRB335 中的 335 是指（　　）。

A 钢筋强度的标准值　　B 钢筋强度的设计值

C 钢筋强度的平均值　　D 钢筋强度的最大值

第二章 钢筋混凝土结构设计原理

【学习提要】 本章主要讲述结构的功能和极限状态，结构上的作用与结构构件的抗力，荷载与材料强度取值，结构的可靠度，以及水工混凝土结构极限状态设计表达式等，为以后各章结构构件的计算打下基础。学习本章，应理解混凝土结构的设计计算原理，掌握采用多系数分析的基础上，以安全系数表达的水工混凝土结构极限状态设计表达式。

第一节 结构设计的极限状态

一、结构设计的功能要求

工程结构设计应贯彻执行国家的技术经济政策，做到安全适用、技术先进、经济合理、确保质量。设计的目的是在现有的技术基础上，用最经济的手段，使得所设计的结构满足以下三个方面的功能要求：

(1) 安全性。要求结构在正常施工和正常使用时能承受可能出现的各种作用而不发生破坏，并且在设计规定的偶然事件发生时及发生后，仍能保持必需的整体稳定性，如遇到地震、爆炸、撞击等，建筑结构虽有局部损伤但不发生倒塌。

(2) 适用性。要求结构在正常使用时能满足正常的使用要求，具有良好的工作性能，不发生影响正常使用的过大变形和振幅，不产生过宽的裂缝。

(3) 耐久性。在正常使用和正常维护条件下，结构在规定的使用期限内满足安全和使用功能要求，不出现钢筋严重锈蚀和混凝土严重碳化。

安全性、适用性、耐久性统称为结构的可靠性，也称为结构的基本功能要求。结构的可靠性与结构的经济性是相互矛盾的。比如，在外荷载不增加的情况下，给结构增加受力钢筋数量或者提高材料强度，可以提高结构的可靠性，但同时也增加了结构的造价。科学设计就是在结构的可靠性与经济性之间寻求一种合理方案，使之既经济又可靠。

二、结构设计的极限状态

结构或结构的一部分超过某一特定状态就不能满足设计规定的某一功能要求，此特定状态称为该功能的极限状态。一旦超过这种状态，结构就将丧失某一功能，即结构失效。结构的极限状态可分为承载能力极限状态和正常使用极限状态两大类。

(一) 承载能力极限状态

结构或构件达到最大承载能力，或达到不适于继续承载的过大变形的极限状态，称为承载能力极限状态。当结构或构件出现下列状态之一时，即认为超过了承载能力极限状态：

(1) 整个结构或结构的一部分失去刚体平衡。

(2) 结构构件因超过材料强度而破坏（包括疲劳破坏），或因过大的塑性变形而不适

于继续承载。

（3）结构或结构构件丧失稳定。

（4）整个结构或结构的一部分转变为机动体系。

承载能力极限状态是判别结构或构件是否满足安全性功能要求的标准，是结构设计的头等任务，因此，所有结构构件必须按承载能力极限状态进行计算，并保证有足够的可靠度。必要时尚应进行结构的抗倾、抗滑及抗浮验算。对需要抗震设防的结构，尚应进行结构构件的抗震承载能力验算或采用抗震构造设防措施。

（二）正常使用极限状态

结构或构件达到使用功能上允许的某一规定限值的极限状态，称为正常使用极限状态。当结构或构件出现下列状态之一时，即认为超过了正常使用极限状态：

（1）影响结构正常使用或外观的变形。

（2）对运行人员、设备、仪表等有不良影响的振动。

（3）对结构外形、耐久性以及防渗结构抗渗能力有不良影响的局部损坏。

（4）影响正常使用的其他特定状态。

当结构或构件达到正常使用极限状态时，虽然会影响结构的耐久性或使人们的心里感觉无法承受，但一般不会造成生命财产的重大损失，所以正常使用极限状态设计的可靠度水平允许比承载能力极限状态的可靠度适当降低。结构设计的一般程序是先按承载能力极限状态设计结构构件，然后再按正常使用极限状态进行验算。

使用上要求不出现裂缝的结构构件，应进行抗裂验算。使用上需要控制裂缝宽度的结构构件，应进行裂缝宽度验算。使用上需控制变形值的结构构件，应进行变形验算。

第二节　作用效应与结构抗力

一、作用及作用效应

结构的作用是指能使结构产生内力、变形、位移、裂缝等各种因素的总称。施加在结构上的集中力和分布力，如结构自重、风荷载、水压力、土压力等，称为直接作用。引起结构约束变形、外加变形的原因，如混凝土收缩、环境温度变化以及由于基础不均匀沉陷等原因使结构产生的变形，称为间接作用。

施加在结构上的各种作用使结构产生内力、变形和裂缝。内力的种类有弯矩、轴力、剪力和扭矩；变形有挠度、侧移和转角等。它们统称为“作用效应”，为适应工程的习惯，统称为“荷载效应”，用符号 S 表示。S 是各种作用、结构参数等随机变量的函数，需根据结构上的作用进行结构计算求得。

荷载按随时间的变异性和出现的可能性分为以下三类：

（1）永久荷载：在设计使用年限内量值不随时间变化，或其变化与平均值相比可以忽略不计的荷载，也称为恒载，常用符号 G（集中荷载）、g（分布荷载），如结构自重、土压力、固定设备产生的重力等。

（2）可变荷载：在设计使用年限内量值随时间变化，且其变化与平均值相比不可忽略的荷载，也称为活荷载，常用符号 Q（集中荷载）、q（分布荷载），如楼面活荷载、浪压力、风荷载等。

(3) 偶然荷载：在设计使用年限内出现的概率很小，而一旦出现，其量值很大，且持续时间很短的荷载，常用符号 A，如校核洪水位时的静水压力、爆炸产生的冲击力等。

二、荷载与材料强度取值

(一) 荷载标准值

荷载标准值是指结构或构件设计时，采用的各种荷载的基本代表值。按设计基准期内荷载最大值的概率分布的某一分位值确定。

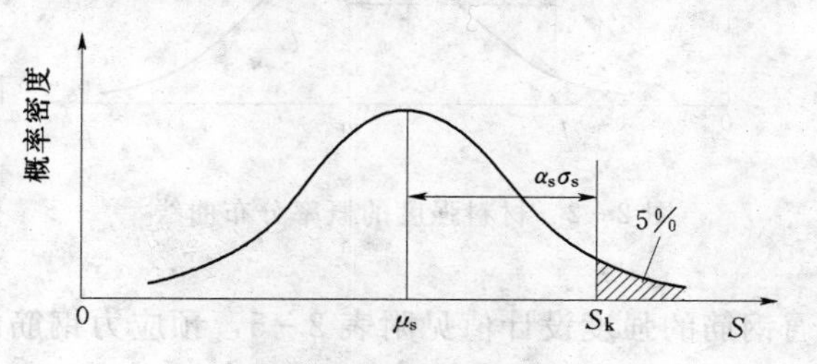

图 2-1 荷载的概率分布曲线

由于荷载本身具有随机性，因而最大荷载也是随机变量，用荷载的概率分布来描述。荷载的概率分布曲线如图 2-1 所示，荷载的标准值为

$$S_k = \mu_s + \alpha_s\sigma_s = \mu_s + 1.645\sigma_s \quad (2-1)$$

式中 μ_s——荷载的统计平均值；

σ_s——荷载的统计标准差；

α_s——荷载标准值的取值保证率系数，一般取 $\alpha_s = 1.645$。

(1) 永久荷载标准值（G_k 或 g_k）：可按结构构件的设计尺寸与材料重度值计算。

(2) 可变荷载标准值（Q_k 或 q_k）：根据设计使用年限内最大荷载概率分布的某一分位值确定。

当 $\alpha_s = 1.645$ 时，荷载标准值相当于具有 95%保证率的 0.95 分位值。作用在结构构件上的实际荷载超过荷载标准值的可能性只有 5%。此标准值为荷载的代表值。

水工建筑物的荷载标准值可根据 DL 5077—1997《水工建筑物荷载设计规范》确定。

(二) 材料强度

1. 材料强度标准值

材料强度标准值是指结构或构件设计时，采用的材料强度的基本代表值。按符合规定质量的材料强度的概率分布的某一分位值确定。由于材料非匀质、生产工艺等因素导致材料强度的变异性，材料强度也是随机变量。

当材料强度服从正态分布时（见图 2-2），材料标准值可按下式计算：

$$f_k = \mu_f - \alpha_f\sigma_f = \mu_s - 1.645\sigma_f \quad (2-2)$$

式中 μ_f——材料强度的统计平均值；

σ_f——材料强度的统计标准差；

α_f——材料强度的取值保证率系数，一般取 $\alpha_f = 1.645$。

钢筋和混凝土的强度标准值采用概率分布的 0.05 分位值。钢筋和混凝土实际强度小于强度标准值的可能性只有 5%，即强度标准值具有 95%的保证率。

混凝土立方体抗压强度标准值见附表 2-1、普通钢筋强度标准值见附表 2-4、预应力钢筋标准值见附表 2-6。

2. 材料强度设计值

由于材料的离散性及不可避免的施工误差等因素可能造成材料的实际强度低于其强度

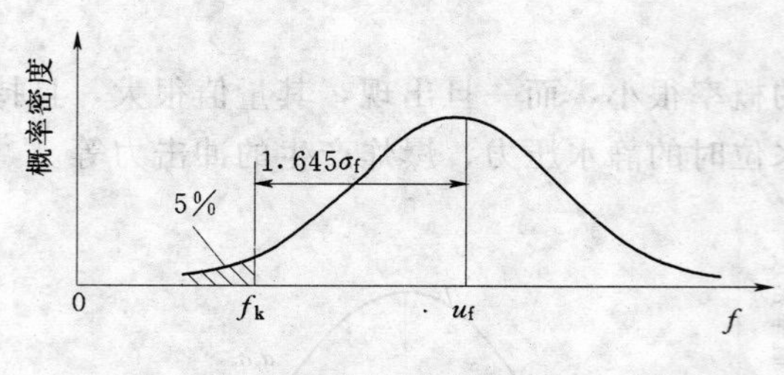

图 2-2　材料强度的概率分布曲线

标准值，因此，在承载能力极限状态计算中引入混凝土强度分项系数 γ_c 及钢筋的强度分项系数 γ_s 来考虑这一不利影响。

材料强度设计值等于材料强度标准值除以相应的材料强度分项系数，即 $f_c = f_{ck}/\gamma_c$，$f_y = f_{yk}/\gamma_s$。γ_c、γ_s 按材料强度的有关规定取值。

混凝土的强度设计值见附表 2-2，普通钢筋的强度设计值见附表 2-5，预应力钢筋的强度设计值见附表 2-7。

三、结构的抗力

结构或结构构件承受荷载效应的能力称抗力，用符号 R 表示。抗力包括构件承载能力和抵抗变形的能力。

抗力与材料的性能、结构的几何参数等有关。结构构件的几何参数包括截面尺寸、面积、惯性矩、混凝土保护层厚度，以及构件的长度、跨度、偏心距等。由于构件制作尺寸偏差和安装误差等原因，导致结构构件实际几何尺寸与设计规定的几何尺寸有差异。由于材料非匀质、生产工艺等因素导致材料性能有差异。另外，对结构构件的抗力进行分析计算时，采用了近似的基本假设和计算公式不精确，导致按公式计算的抗力值与实际结构构件的抗力有差异。由此可知，结构的抗力具有不定性。

第三节　结构的可靠度

结构的可靠度是指结构在规定的时间内，规定的条件下，完成预定功能的概率。可靠度是对结构可靠性的定量描述，结构可靠度的评价指标有可靠概率、失效概率、可靠指标。

一、可靠概率和失效概率

影响结构可靠性的主要因素是荷载效应 S 和抗力 R。荷载效应 S 和抗力 R 都是随机变量。假定 S 和 R 相互独立，且都服从正态分布，取

$$Z = R - S \tag{2-3}$$

Z 称为结构的功能函数，功能函数 Z 也是随机变量，并且服从正态分布（见图 2-3），功能函数的结果有三种可能：

（1）$Z>0$ 时，结构完成功能要求，处于可靠状态。

（2）$Z<0$ 时，结构没有完成功能要求，处于不可靠状态。

（3）$Z=0$ 时，结构达到功能要求的限值，处于极限状态。

图 2-3 中，μ_z、σ_z 分别表示结构的功能函数的平均值和标准差，则 $Z\geqslant 0$ 的概率为可靠概率 P_s，即结构在规定的时间内，在规定条件下，完成预定功能的概率。

$$P_s = \int_0^{\infty} f(z)\,\mathrm{d}z \tag{2-4}$$

$Z<0$ 的概率为失效概率 P_f，P_f 等于图中阴影部分的面积。

$$P_f = \int_{-\infty}^{0} f(z)\,\mathrm{d}z \tag{2-5}$$

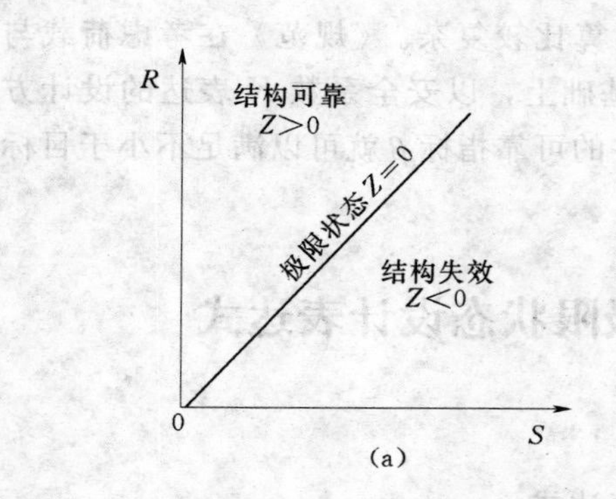

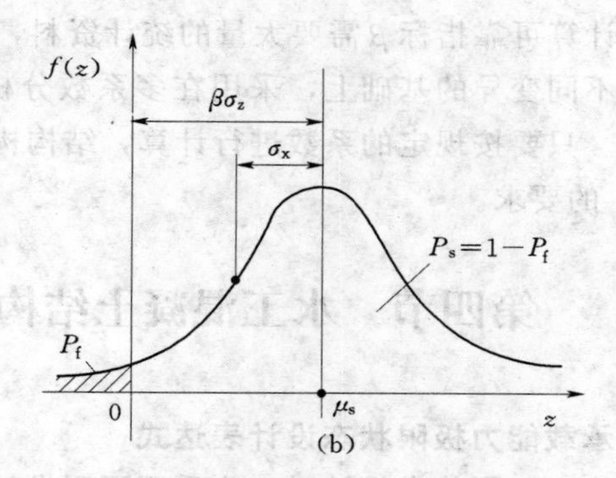

图 2-3　功能函数 Z 及其概率分布曲线

(a) 结构所处的状态；(b) 功能函数 Z 的概率分布曲线

$$P_f+P_s=1 \tag{2-6}$$

用概率论的观点来研究结构的可靠性，失效概率 P_f 愈小，结构的可靠性愈高。但绝对可靠的结构（$P_f=0$）是不存在的，这样做也是不经济的。综合考虑结构所具有的风险和经济效益，只要失效概率 P_f 小到人们可以接受的程度，就可认为该结构是可靠的。

二、可靠指标

计算失效概率 P_f 需要进行积分运算，求解过程复杂，而且失效概率 P_f 数值极小，表达不便，因此，引入可靠指标 β 替代失效概率 P_f 来度量结构的可靠性。可靠指标 β 为结构功能函数 Z 的平均值 μ_z 与标准差 σ_z 的比值，即

$$\beta=\mu_z/\sigma_z \tag{2-7}$$

可靠指标 β 与失效概率 P_f 存在对应关系（见表 2-1）。β 值大，对应的 P_f 值小；反之，β 值小，对应的 P_f 值大，因此，β 与 P_f 一样，可以作为度量结构可靠性的一个指标。

表 2-1　可靠指标 β 与可靠概率 P_s、失效概率 P_f 的对照表

P_s	0.8413	0.9495	0.97725	0.99865	0.9998964	0.99996833	0.99999660
P_f	1.59×10^{-1}	5.05×10^{-2}	2.27×10^{-2}	1.35×10^{-2}	1.04×10^{-4}	3.17×10^{-5}	3.40×10^{-5}
β	1.00	1.64	2.00	3.00	3.71	4.00	4.50

结构设计应把失效概率控制在某一个能够接受的限值以下，即把可靠指标控制在某一个能够接受的水平上，则

$$\beta\geqslant\beta_T \tag{2-8}$$

式中　β_T——目标可靠指标。

水工混凝土结构承载能力极限状态设计时的目标可靠指标 β_T 如表 2-2 所示。

表 2-2　结构承载能力极限状态目标可靠指标 β_T

破坏类型	水工建筑物级别		
	1	2、3	4、5
延性破坏	3.7	3.2	2.7
脆性破坏	4.2	3.7	3.2

由于计算可靠指标β需要大量的统计资料，计算比较复杂。《规范》在考虑荷载与材料强度的不同变异的基础上，采用在多系数分析基础上，以安全系数K表达的设计方式进行设计。只要按规定的系数进行计算，结构构件的可靠指标β就可以满足不小于目标可靠指标β_T的要求。

第四节　水工混凝土结构极限状态设计表达式

一、承载能力极限状态设计表达式

承载能力极限状态设计时，应采用下列设计表达式：

$$KS \leqslant R \tag{2-9}$$

式中　K——承载力安全系数，按附表1-2采用；

S——荷载效应组合设计值；

R——结构抗力，即结构构件的截面承载力设计值，由材料的强度设计值及截面尺寸等因素计算得出。

承载能力极限状态计算时，要考虑荷载效应的基本组合和偶然组合。结构构件计算截面上的荷载效应组合设计值S应按下列规定计算。

（一）基本组合

基本组合是按承载能力极限状态设计时，使用或施工阶段的永久荷载效应与可变荷载效应的组合。

当永久荷载对结构起不利作用时：

$$S=1.05S_{G1k}+1.20S_{G2k}+1.20S_{Q1k}+1.10S_{Q2k} \tag{2-10}$$

当永久荷载对结构起有利作用时：

$$S=0.95S_{G1k}+0.95S_{G2k}+1.20S_{Q1k}+1.10S_{Q2k} \tag{2-11}$$

上二式中　S_{G1k}——自重、设备等永久荷载标准值产生的荷载效应；

S_{G2k}——土压力、淤沙压力及围岩压力等永久荷载标准值产生的荷载效应；

S_{Q1k}——一般可变荷载标准值产生的荷载效应；

S_{Q2k}——可控制其不超出规定限值的可变荷载标准值产生的荷载效应。

荷载的标准值按DL 5077—1997《水工建筑物荷载设计规范》的规定取用，地震荷载标准值按SL 203—97《水工建筑物抗震设计规范》的规定取用。混凝土及钢筋的强度应取为强度设计值。结构构件计算截面上的荷载效应组合设计值S即为截面内力设计值（M、V、N、T等）。

（二）偶然组合

偶然组合是按承载能力极限状态设计时，永久荷载、可变荷载效应与一种偶然荷载效应的组合。

$$S=1.05S_{G1k}+1.20S_{G2k}+1.20S_{Q1k}+1.10S_{Q2k}+1.0S_{Ak} \tag{2-12}$$

式中　S_{Ak}——偶然荷载标准值产生的荷载效应。

参与组合的某些可变荷载标准值，可根据有关标准作适当折减。

二、正常使用极限状态设计表达式

正常使用极限状态验算的目的是保证结构构件在正常使用条件下，其抗裂能力、裂缝宽度和变形不超过相应的结构功能限值。

正常使用极限状态验算时，应按荷载效应的标准组合进行，即永久荷载与可变荷载均采用标准值的荷载效应组合，并采用下列设计表达式：

$$S_k(G_k, Q_k, f_k, a_k) \leqslant c \tag{2-13}$$

式中　S_k（·）——正常使用极限状态的荷载效应标准组合值函数；

c——结构构件达到正常使用要求所规定的限值，如变形、裂缝宽度等限值，按附表 4－3、附表 4－5 采用；

G_k、Q_k——永久荷载、可变荷载标准值，按 DL 5077—1997 的规定取用；

f_k——材料强度标准值，按附表 2－1、附表 2－4、附表 2－6 确定；

a_k——结构构件几何参数的标准值。

【例 2－1】 有一钢筋混凝土简支梁（4 级水工建筑物），如图 2－4 所示。其净跨 $l_n=5.5$m，计算跨度 $l_0=5.87$m；截面尺寸 $b\times h=250\text{mm}\times 550\text{mm}$；梁的永久荷载标准值 $g_{1k}=9$kN/m，可变荷载标准值 $q_k=16$kN/m；设备的集中力荷载标准值为 $G_k=25$kN，钢筋混凝土重度取 25kN/m³。求基本组合下的跨中截面弯矩设计值、支座边缘截面剪力设计值。

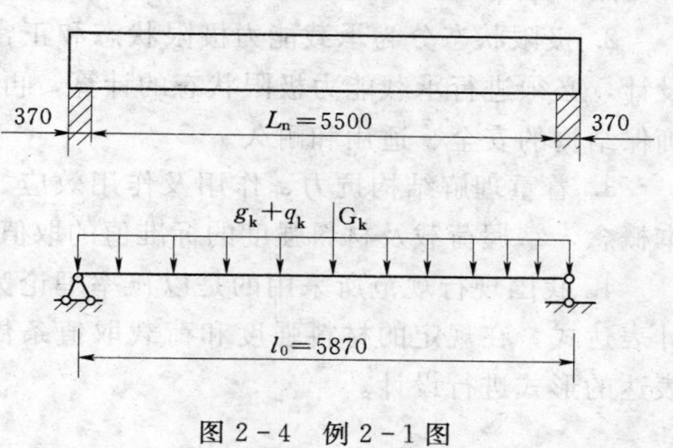

图 2－4　例 2－1 图

解：

(1) 荷载计算

永久荷载标准值　　$g_{1k}=9\text{kN/m}$

梁的自重标准值　　$g_{2k}=0.25\times0.55\times25=3.44\text{kN/m}$

永久荷载标准值合计　　$g_k=g_{1k}+g_{2k}=9+3.44=12.44\text{kN/m}$

集中力荷载标准值　　$G_k=25\text{kN}$

可变荷载标准值　　$q_k=16\text{kN/m}$

(2) 内力计算

跨中截面弯矩设计值

$$\begin{aligned}M&=1.05S_{G1k}+1.20S_{Q1k}=1.05(g_k l_0^2/8+G_k l_0/4)+1.20(q_k l_0^2/8)\\&=1.05\times(12.44\times5.87^2/8+25\times5.87/4)+1.20\times16\times5.87^2/8\\&=177.48\text{kN}\cdot\text{m}\end{aligned}$$

支座边缘截面剪力设计值

$$\begin{aligned}V&=1.05S_{G1k}+1.20S_{Q1k}=1.05(g_k l_n/2+G_k/2)+1.20q_k l_n/2\\&=1.05\times(12.44\times5.5/2+25/2)+1.20\times16\times5.5/2\\&=101.85\text{kN}\end{aligned}$$

【例 2－2】 其他条件同例 2－1。求正常使用极限状态下跨中截面弯矩标准组合值。

解：

正常使用极限状态下跨中截面弯矩标准组合值：

$$
\begin{aligned}
M &= S_{G1k} + S_{Q1k} \\
&= (g_k l_0^2/8 + G_k l_0/4) + q_k l_0^2/8 \\
&= (12.13\times5.87^2/8 + 25\times5.87/4) + 16\times5.87^2/8 \\
&= 157.84\text{kN}\cdot\text{m}
\end{aligned}
$$

复习指导

1. 建筑结构的功能要求主要包括安全性、适用性和耐久性三个方面，统称为结构的可靠性，也就是结构在规定的设计使用年限，在规定的条件下（正常设计、正常施工、正常使用、正常维护）完成预定功能的能力。

2. 极限状态分为承载能力极限状态和正常使用极限状态两大类。钢筋混凝土结构的设计，必须进行承载能力极限状态的计算，再根据需要对正常使用极限状态进行验算，以确保结构的安全、适用和耐久。

3. 着重理解结构抗力、作用及作用效应、失效概率、可靠指标、目标可靠指标等基本概念，掌握荷载及材料强度的标准值的取值方法。

4. 我国现行规范所采用的是以概率理论为基础的极限状态设计方法，采用实用的设计表达式，在规定的材料强度和荷载取值条件下，采用多系数分析基础上以安全系数 K 表达的形式进行设计。

习　题

一、思考题

1. 结构的极限状态分为哪两类？

2. 什么是结构抗力、作用效应？结构的抗力与哪些因素有关？

3. 什么是荷载标准值？什么是材料强度标准值？

4. 承载能力极限状态设计表达式采用何种形式？说明式中各符号的物理意义。

二、选择题

1. 荷载效应 S、结构抗力 R 作为两个独立的随机变量，其功能函数 $Z=R-S$，则（　　）。

A $Z>0$，结构安全　　B $Z=0$，结构安全

C $Z<0$，结构安全　　D $Z>0$，结构失效

2. 可靠指标 β 与失效概率 P_f 之间的关系为（　　）。

A 可靠指标 β 愈小，失效概率 P_f 愈大　　B 可靠指标 β 愈小，失效概率 P_f 愈小

C 可靠指标 β 愈大，失效概率 P_f 愈大　　D 可靠指标 β 愈大，失效概率 P_f 不变

3.（　　）不是结构或构件超过承载能力对应的状态。

A 整个结构或结构的一部分失去刚体平衡　　B 结构构件因超过材料强度而破坏

C 影响结构正常使用或外观的变形　　D 结构或结构构件丧失稳定

4. 结构的目标可靠指标取值与（　　）无关。

A 建筑物级别　　B 极限状态　　C 破坏性质　　D 结构种类

三、计算题

1. 某钢筋混凝土简支梁，2 级水工建筑物。经计算，已知其净跨 $l_n=6\text{m}$，计算跨度 $l_0=6.24\text{m}$，截面尺寸 $b\times h=250\text{mm}\times 600\text{mm}$；梁承受板传来的永久荷载标准值（包括自重）$g_{1k}=7.5\text{kN/m}$，可变荷载标准值 $q_k=9.6\text{kN/m}$。求基本组合下跨中截面弯矩设计值、支座边缘截面剪力设计值。

2. 其他条件同计算题 1，求正常使用极限状态下跨中截面弯矩标准组合值。

3. 一现浇钢筋混凝土轴心受压柱，2 级水工建筑物，柱高 $l_0=6.5\text{m}$，截面尺寸 $b\times h=400\text{mm}\times 400\text{mm}$；永久荷载产生的轴向力 $G_k=300\text{kN}$（不包括自重），可变荷载产生的轴向力 $Q_k=350\text{kN}$。求基本组合下柱底的轴向压力设计值。

第三章 钢筋混凝土受弯构件正截面承载力计算

【学习提要】 本章主要讲述钢筋混凝土梁的受弯试验结果，梁与板的截面尺寸及配筋构造，单筋矩形、双筋矩形、T形截面的配筋计算与承载力复核。学习本章，应熟练掌握受弯构件的正截面承载力计算方法、步骤，理解梁板的相关构造规定等。

受弯构件是指截面上承受弯矩和剪力作用的构件。梁和板是水工钢筋混凝土结构中典型的受弯构件，是水利工程中应用最广泛的构件。如水闸的底板，挡土墙的立板和底板，水电站厂房的梁、板等。梁和板二者的区别仅在于，梁的截面高度一般大于截面宽度，而板的截面高度则远小于截面宽度。

受弯构件的破坏形态有两种：一种是由弯矩作用引起的，破坏面与构件的纵轴线垂直，称为正截面破坏［见图 3-1 (a)］；另一种是由弯矩和剪力共同作用引起的，破坏面与构件的纵轴线斜交，称为斜截面破坏［见图 3-1 (b)］。本章主要讲述钢筋混凝土受弯构件的正截面承载力计算和有关构造规定。

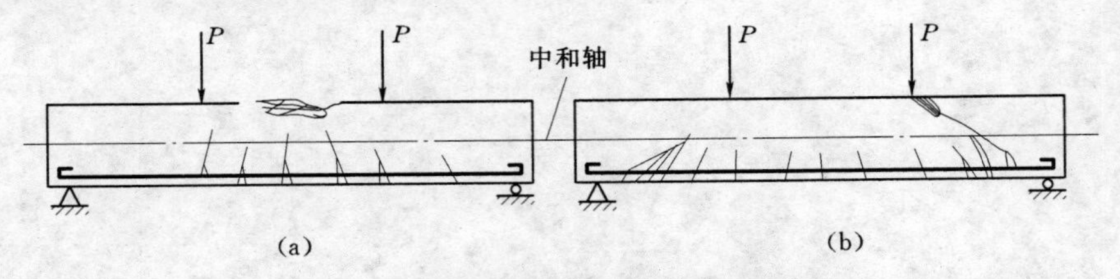

图 3-1 钢筋混凝土梁板构件的破坏形态

(a) 正截面破坏；(b) 斜截面破坏

第一节 受弯构件的一般构造规定

钢筋混凝土受弯构件的截面尺寸和受力钢筋面积是由结构计算确定的，但为了施工的便利及考虑计算中无法反映到的因素，同时还要满足相应的构造规定。在学习过程中，不必死记硬背有关规定，应掌握其中的道理，通过逐步的练习，做到运用自如。下面结合本章内容对受弯构件的有关构造规定分别作介绍。

一、截面形式和尺寸

梁的截面形式有：矩形、T形、I形、Ⅱ形、箱形等。为了施工方便，梁的截面常采用矩形截面和T形截面。板的截面一般为矩形，根据使用要求，也可以采用空心板和槽形板等。常见梁、板的截面形式如图 3-2 所示。

受弯构件中，仅在受拉区配置纵向受力钢筋的截面，称为单筋截面。在受拉区与受压区同时配置纵向受力钢筋的截面，称为双筋截面。

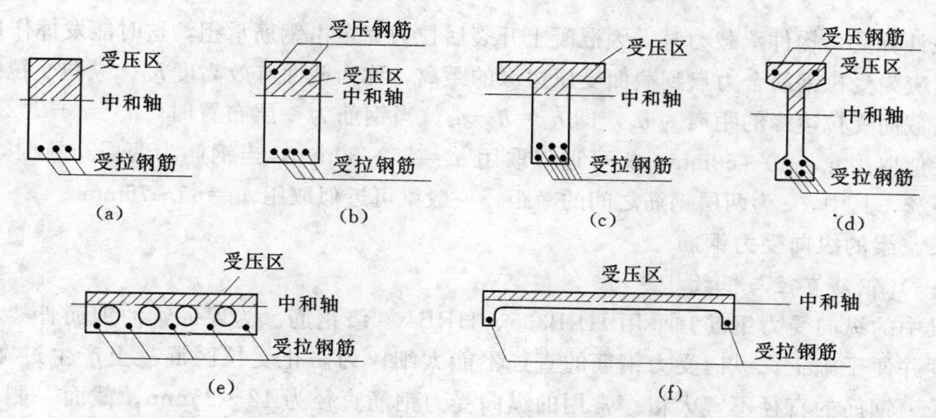

图 3-2 受弯构件的截面形状

梁的高度 h 可根据梁的跨度 l_0 拟定，一般取 $h=(1/8\sim1/12)l_0$。梁的宽度 b 可根据梁的高度 h 拟定。对矩形截面梁，取梁宽 $b=(1/2\sim1/3)h$；对 T 形截面梁，取梁宽 $b=(1/2.5\sim1/4)h$。为了能够重复利用模板，方便施工，梁的截面尺寸应在以下数据中选用：梁宽 $b=120$、150、180、200、220、250mm，250mm 以上按 50mm 的模数递增；梁高 $h=250$、300、350、400、…、800mm，以 50mm 的模数递增，800mm 以上按 100mm 的模数递增。

水工建筑物中，由于板在工程中所处部位及受力条件不同，板的厚度 h 变化范围很大，一般由计算确定。考虑施工方便和使用要求，一般建筑物中板厚不宜小于 60mm；水工建筑物中的板厚不宜小于 100mm。板厚 250mm 以下按 10mm 递增；板厚在 250mm 以上时按 50mm 递增；板厚超过 800mm 时，则以 100mm 递增。

二、混凝土保护层

纵向受力钢筋外边缘到混凝土近表面的距离，称混凝土保护层（用符号 c 表示），如图 3-3 所示。其作用是防止钢筋受空气的氧化和其他侵蚀性介质的侵蚀，并保证钢筋与混凝土间有足够的黏结力。梁板的混凝土保护层厚度不应小于最大钢筋直径，同时也不应小于粗骨料最大粒径 1.25 倍，并符合附表 3-1 的规定。

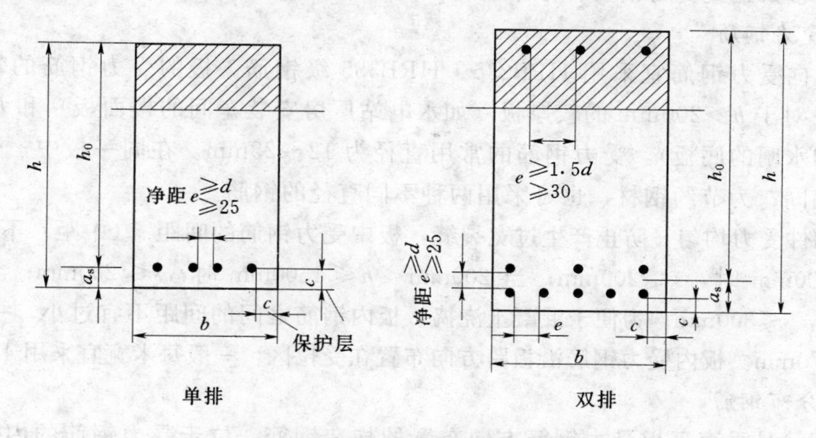

图 3-3 梁内纵向钢筋布置图

在计算受弯构件承载力时，因混凝土开裂后拉力完全由钢筋承担，这时能发挥作用的截面高度应为受拉钢筋合力点到截面受压边缘的距离，称为截面有效高度 h_0，纵向受拉钢筋合力点到截面受拉边缘的距离为 a_s，即 $h_0=h-a_s$。当钢筋为一层布置时，$a_s=c+d/2$，一般梁可近似取用 $a_s=40\sim50$mm，板可近似取用 $a_s=25\sim30$mm；当钢筋为两层布置时，$a_s=c+d+e/2$，其中，e 为两层钢筋之间的净距，一般梁可近似取用 $a_s=65\sim75$mm。

三、梁的纵向受力钢筋

（一）钢筋直径与根数

梁中的纵向受力钢筋宜采用 HRB335、HRB400 级钢筋。为保证梁的钢筋骨架具有较好刚度并便于施工，纵向受力钢筋的直径不能太细；为防止受拉区混凝土产生过宽裂缝，纵向受力钢筋的直径不宜太粗。常用的纵向受力钢筋直径为 12～25mm。截面一侧（受拉或受压）钢筋的直径最好相同，为节约钢材，也可选用两种不同直径的钢筋，其直径相差宜在 2～6mm 范围内。

梁内纵向受力钢筋至少为 2 根，以满足形成钢筋骨架的需要，钢筋总数根据承载力计算确定，一排钢筋宜用 3～4 根，两排钢筋宜用 5～8 根。纵向受力钢筋的根数也不宜太多，否则会增大钢筋加工的工作量，给混凝土浇捣带来困难。

（二）钢筋间距和布置

为方便混凝土浇捣，保证钢筋在混凝土内得到有效锚固，梁内纵向钢筋之间的水平净距 e 在下部不应小于纵筋的最大直径 d，同时不应小于 25mm。在上部不应小于 $1.5d$，同时不应小于 30mm 和最大骨料粒径的 1.5 倍。各层钢筋之间的净距不应小于 25mm 和钢筋的最大直径 d。

梁内纵向钢筋应尽可能布置为一层。当纵筋根数较多，若布置一层不能满足钢筋的间距、混凝土保护层厚度的构造规定时，则应布置两层甚至三层。其中，靠外侧钢筋的根数宜多一些，直径宜粗一些。当梁下部纵筋配置多于两层时，两层以上纵筋之间的净距应比下面两层的净距增大一倍。上、下两层钢筋应对齐布置，以免影响混凝土浇筑。

四、板的钢筋

板内通常只配置受力钢筋和分布钢筋。

（一）受力钢筋

板的纵向受力钢筋宜采用 HPB235、HRB335 级钢筋。板的受力钢筋的常用直径为 6～12mm；对于 $h>200$mm 的较厚板（如水电站厂房安装车间的楼面板）和 $h>1500$mm 的厚板（如水闸的底板），受力钢筋的常用直径为 12～25mm。在同一板中，受力钢筋的直径最好相同；为节约钢材，也可采用两种不同直径的钢筋。

为使构件受力均匀，防止产生过宽裂缝，板中受力钢筋的间距 s（中距）不能过大。当板厚 $h\leqslant200$mm 时，$s\leqslant200$mm；当 $200\text{mm}<h\leqslant1500$mm 时，$s\leqslant250$mm；当板厚 $h>1500$mm 时，$s\leqslant300$mm。为便于混凝土浇捣，板内钢筋之间的间距不宜过小，一般情况下，其间距 $s\geqslant70$mm。板内受力钢筋沿板跨方向布置在受拉区，一般每米宽宜采用 4～10 根。

（二）分布钢筋

分布钢筋是垂直于板受力钢筋方向布置的构造钢筋，位于受力钢筋的内侧，其作用是：①将板面荷载均匀地传递给受力钢筋；②防止因温度变化或混凝土收缩等原因，沿板跨方向产生裂缝；③固定受力钢筋处于正确位置。板的分布钢筋宜采用 HPB235 级钢筋。每米板宽内分布钢筋的截面面积不小于受力钢筋截面面积的 15%（集中荷载时为 25%）；分布钢筋的间距不宜大于 250mm，其直径不宜小于 6mm；当集中荷载较大时，分布钢筋的间距不宜大于 200mm。承受分布荷载的厚板，分布钢筋的直径应适当加大，可采用 10～16mm，钢筋的间距可为 200～400mm。板的钢筋布置如图 3-4 所示。

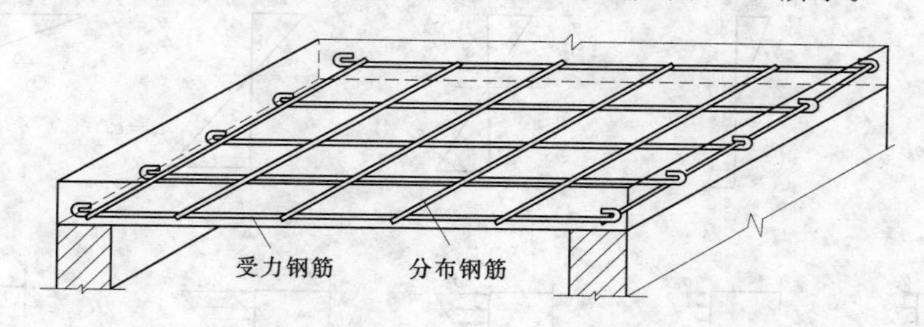

图 3-4　板内钢筋布置图

如在板的两个方向均配置受力钢筋，则两方向的钢筋均可兼作分布钢筋。

第二节　梁的正截面受弯性能试验分析

由于钢筋混凝土材料本身的弹塑性特点，如仍按材料力学的方法进行计算，则结果肯定与实际不符。目前，钢筋混凝土构件的计算公式一般是在大量试验的基础上结合理论分析建立起来的。因此，在学习受弯构件设计时，必须掌握适筋梁的正截面破坏过程及特征。

一、适筋梁正截面的受力过程

由于所研究的是梁正截面承载力计算问题，因此，在试验中应该避免剪力的影响，通常在简支梁上加两个对称的集中荷载，如图 3-5 所示，两个荷载之间就形成了不考虑自重的纯弯段。借助仪表的测量，可以充分了解适筋梁在纯弯段从开始加载直到破坏为止的正截面上应力、应变的变化规律。

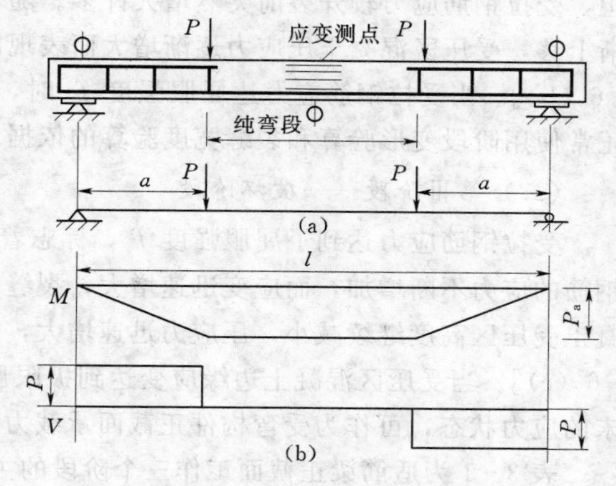

图 3-5　适筋梁正截面试验

(a) 试验梁；(b) 计算简图与内力图

根据试验结果分析，钢筋混凝土梁正截面的受力过程可分为三个阶段。

(一) 第Ⅰ阶段——未裂阶段

从梁开始加荷至梁受拉区即将出现第一条裂缝时的整个受力过程，称为第Ⅰ阶段。当荷载很小时，梁截面上各点的应力及应变均很小，混凝土处于弹性工作阶段，应力与应变成正比，受拉区与受压区混凝土应力图均为三角形，此时，受拉区拉力由钢筋和混凝土共同承担。随着荷载增加，受拉区混凝土表现出塑性性质，应变增长速度比应

力增长速度快，受拉区应力图形呈曲线变化。当受拉区最外缘混凝土应变将达到极限拉应变时，相应的混凝土应力接近混凝土抗拉强度 f_t。而受压区混凝土仍处于弹性阶段，应力图形仍呈三角形［见图 3-6（a)］。此时，梁处于即将开裂的极限状态，即第Ⅰ阶段末，这一阶段可作为受弯构件抗裂验算的依据。

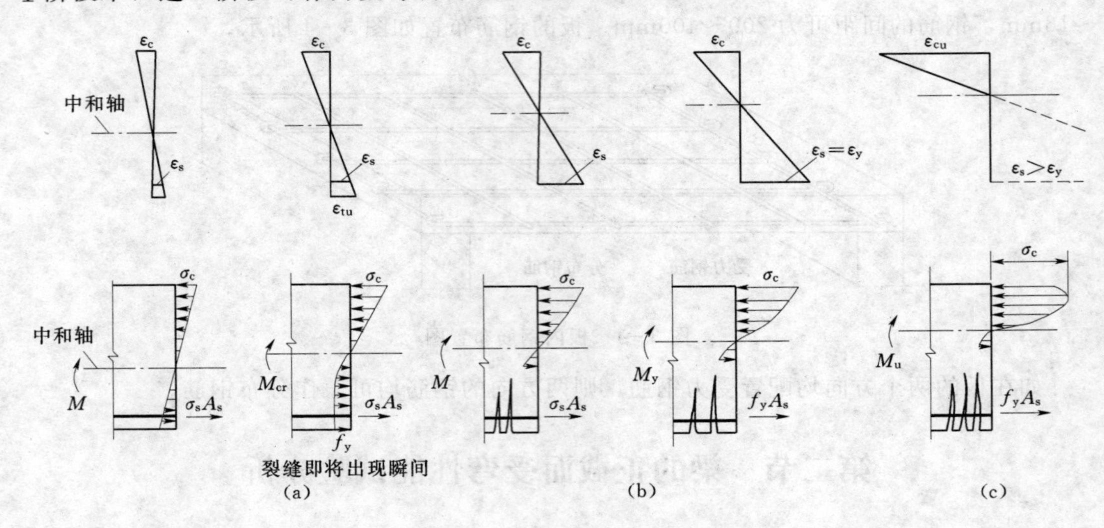

图 3-6 适筋梁在各阶段的应力、应变图

(a) 第Ⅰ阶段；(b) 第Ⅱ阶段；(c) 第Ⅲ阶段

（二）第Ⅱ阶段——裂缝阶段

从梁受拉区混凝土出现第一条裂缝开始，到梁受拉区钢筋屈服时的整个工作阶段，称为第Ⅱ阶段。当第Ⅰ阶段末的荷载继续增加，受拉区混凝土开裂，拉力几乎全部由钢筋承担，受拉钢筋应力较开裂前突然增大许多。随着荷载增加，裂缝向上发展，中和轴位置逐渐上移，受压区混凝土压应力逐渐增大而表现出塑性性质，应力图形呈曲线变化［见图 3-6（b)］。当受拉钢筋应力达屈服强度 f_y 时，即第Ⅱ阶段末，这一阶段可作为受弯构件正常使用阶段变形验算和裂缝宽度验算的依据。

（三）第Ⅲ阶段——破坏阶段

受拉钢筋应力达到了屈服强度 f_y，标志着梁已进入破坏阶段。随着荷载的继续增加，钢筋的应力不断增加，而应变迅速增大，裂缝宽度不断扩展且向上延伸，中和轴上移，混凝土受压区高度继续减小，压应力迅速增大，受压区混凝土的塑性性质更加明显［见图 3-6（c)］。当受压区混凝土边缘应变达到极限压应变时，混凝土被压碎而破坏。第Ⅲ阶段末的应力状态，可作为受弯构件正截面承载力计算的依据。

表 3-1 为适筋梁正截面工作三个阶段的主要特征。

二、正截面破坏特征

试验表明，钢筋混凝土受弯构件正截面的破坏特征主要与纵向受力钢筋的配筋数量有关。截面尺寸和混凝土强度等级相同的受弯构件，因其正截面上配置纵向受拉钢筋的数量不同可分为三种破坏，如图 3-7 所示。

表 3-1　　适筋梁正截面工作三个阶段的主要特征

受力阶段		第Ⅰ阶段（未裂阶段）	第Ⅱ阶段（裂缝阶段）	第Ⅲ阶段（破坏阶段）
外表现象		无裂缝、挠度很小	有裂缝、挠度还不明显	裂缝明显、挠度增大、混凝土压碎
混凝土应力图形	压区	呈直线分布	呈曲线分布，最大值在受压区边缘处	受压区高度更为减小，曲线丰满，最大值不在压区边缘
	拉区	前期为直线，后期呈近似矩形的曲线	大部分混凝土退出工作	混凝土退出工作
纵向受拉钢筋应力 σ_s		$\sigma_s \leqslant 20 \sim 30\text{N/mm}^2$	$20 \sim 30\text{N/mm}^2 \leqslant \sigma_s \leqslant f_y$	$\sigma_s = f_y$
计算依据		抗裂	裂缝宽度和变形验算	正截面受弯承载力

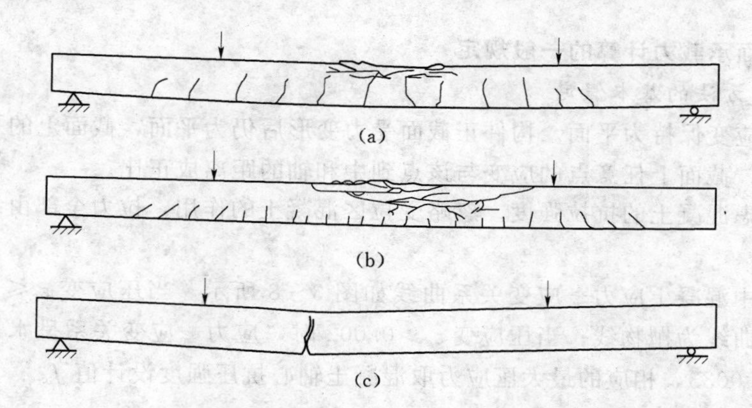

图 3-7　钢筋混凝土梁正截面破坏的三种情况

(a) 适筋破坏；(b) 超筋破坏；(c) 少筋破坏

（一）适筋破坏

当截面配置受拉钢筋数量适宜时，即发生适筋破坏。适筋破坏的特征是：受拉钢筋应力先达到屈服强度，受压区混凝土达到极限压应变被压碎。破坏前构件上有明显主裂缝和较大挠度，给人以明显的破坏预兆，属于塑性破坏，也称延性破坏。因这种情况既安全可靠又可以充分发挥材料强度，所以是受弯构件正截面计算的依据。

（二）超筋破坏

当截面配置受拉钢筋数量过多时，即发生超筋破坏。超筋破坏的特征是：受拉钢筋达到屈服强度之前，受压区混凝土达到极限压应变被压碎。破坏前构件的裂缝宽度和挠度都很小，破坏无明显的预兆，这种破坏属于脆性破坏。超筋破坏不仅破坏突然，而且钢筋用量大，不经济。因此，设计中不允许采用超筋截面。

（三）少筋破坏

当截面配置受拉钢筋数量过少时，即发生少筋破坏。少筋破坏的特征是：破坏时的极限弯矩等于开裂弯矩，一裂即断。构件一旦开裂，裂缝截面混凝土即退出工作，拉力由钢筋承担而使钢筋应力突增，并很快达到并超过屈服强度进入强化阶段，导致较宽裂缝和较大变形而使构件破坏。因少筋破坏是突然发生的，也属于脆性破坏。所以，设计中不允许

采用少筋截面。

综上所述，当受弯构件的截面尺寸、混凝土强度等级相同时，正截面破坏的特征随配筋量多少而变化，其规律是：①配筋量太少时，破坏弯矩等于开裂弯矩，其大小取决于混凝土的抗拉强度及截面尺寸大小；②配筋量过多时，配筋不能充分发挥作用，构件的破坏弯矩取决于混凝土的抗压强度及截面尺寸大小；③配筋量适中时，构件的破坏弯矩取决于配筋量、钢筋的强度等级及截面尺寸。钢筋混凝土受弯构件设计必须采用适筋截面。因此，以适筋截面的破坏为基础，建立受弯构件正截面受弯承载力的计算公式，再配以公式的适用条件，以限制超筋和少筋破坏的发生。

第三节　单筋矩形截面的受弯承载力计算

一、正截面承载力计算的一般规定

（一）计算方法的基本假定

（1）截面应变保持为平面。构件正截面受力变形后仍为平面，截面上的平均应变均保持为直线分布，截面上任意点的应变与该点到中和轴的距离成正比。

（2）不考虑混凝土的抗拉强度。忽略受拉区混凝土的作用，拉力全部由纵向受力钢筋来承担。

（3）计算中混凝土应力—应变关系曲线如图 3-8 所示。当压应变 $\varepsilon_c \leqslant 0.002$ 时，应力与应变关系曲线为抛物线；当压应变 $\varepsilon_c > 0.002$ 时，应力—应变关系呈水平线，其极限压应变 ε_{cu} 取 0.0033，相应的最大压应力取混凝土轴心抗压强度设计值 f_c。

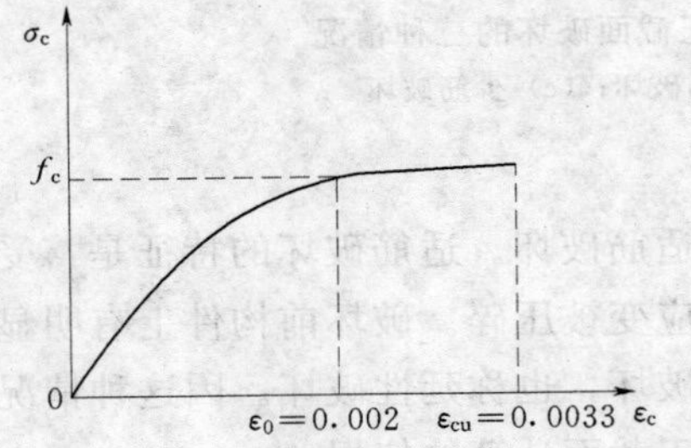

图 3-8　混凝土应力—应变关系曲线

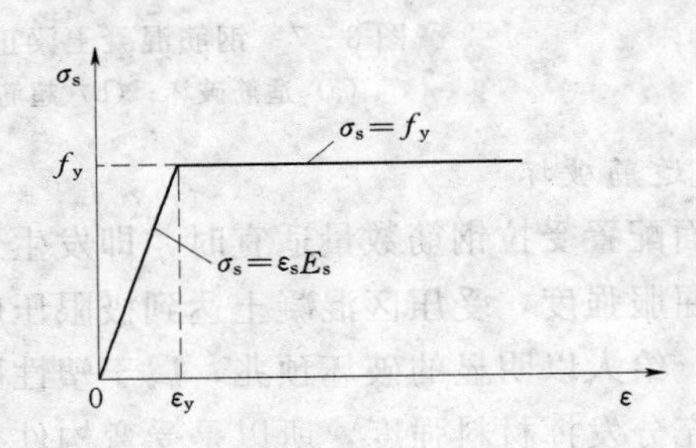

图 3-9　钢筋应力—应变关系曲线

（4）计算中软钢钢筋的应力—应变关系曲线如图 3-9 所示。钢筋应力取等于钢筋应变与其弹性模量的乘积，但不应大于其相应的强度设计值。即钢筋屈服前，应力按 $\sigma_s = E_s\varepsilon_s$；钢筋屈服后，其应力一律取强度设计值 f_y。

（二）受压区混凝土的等效应力图形

根据平截面假定和混凝土应力—应变关系曲线，可绘制出受压区混凝土的应力—应变图形。由于得到的应力图形为二次抛物线，不便于计算，采用等效的矩形应力图形代替曲线应力图形，即两者应力图形面积相等，总压力值不变，两者面积的形心重和。根据混凝土压应力的合力相等和合力作用点位置不变的原则，近似取 $x=0.8x_0$，将其简化为等效矩形应力图形，如图 3-10 所示。

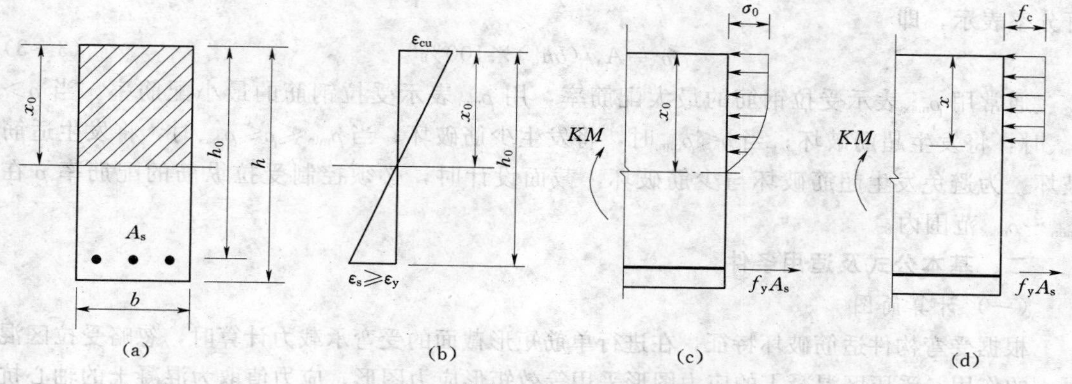

图 3-10　等效矩形应力图形的换算

（三）相对界限受压区计算高度

等效代换后矩形混凝土受压区计算高度 x 与截面有效高度 h_0 的比值，称为相对受压区计算高度，即

$$\xi = x/h_0 \tag{3-1}$$

当截面中的受拉钢筋达到屈服，受压区混凝土也同时达到其抗压强度（受压区边缘混凝土的压应变达到其极限压应变 ε_{cu}）时，称这种破坏为界限破坏。这种临界破坏状态，就是适筋梁与超筋梁的界限。这时混凝土受压区计算高度 x_b 与截面有效高度 h_0 的比值，称为相对界限受压区计算高度，如图 3-11 所示，即

$$\xi_b = x_b/h_0 \tag{3-2}$$

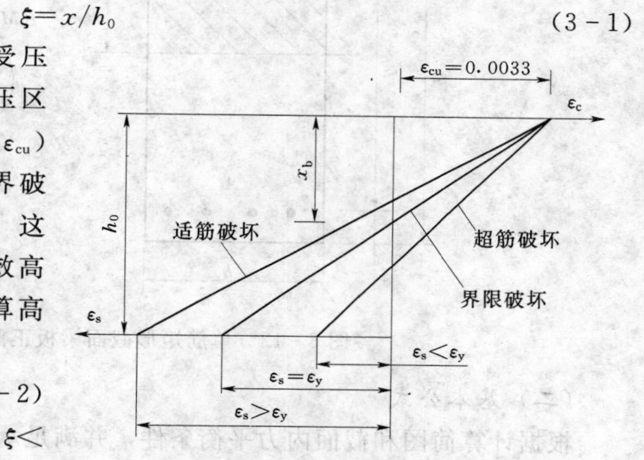

图 3-11　适筋、超筋、界限破坏时的截面应变图

若实际混凝土相对受压区计算高度 $\xi<\xi_b$，即 $x<x_b$、$\varepsilon_s>\varepsilon_y$，受拉钢筋可以达到屈服强度，因此为适筋破坏；当 $\xi>\xi_b$，即 $x>x_b$、$\varepsilon_s<\varepsilon_y$，受拉钢筋达不到屈服强度，因此为超筋破坏。

热轧钢筋 ξ_b 值的计算与钢筋种类及其强度等级有关。为了计算方便，将水工结构中常用钢筋 ξ_b 值列于表 3-2。

表 3-2　钢筋混凝土构件常用钢筋的 ξ_b 值及 α_{sb}

钢筋级别	ξ_b	$\alpha_{sb}=\xi_b(1-0.5\xi_b)$	$0.85\xi_b$	$\alpha_{smax}=0.85\xi_b(1-0.5\times0.85\xi_b)$
HPB235	0.614	0.426	0.522	0.386
HRB335	0.550	0.399	0.468	0.358
HRB400 RRB400	0.518	0.384	0.440	0.343

（四）受拉钢筋配筋率

受拉钢筋的配筋率 ρ 是指受拉钢筋截面面积 A_s 与截面有效截面面积 bh_0 的比值，以

百分率表示，即

$$\rho = A_s/(bh_0)\times 100\% \tag{3-3}$$

通常用ρ_{max}表示受拉钢筋的最大配筋率，用ρ_{min}表示受拉钢筋的最小配筋率。当$\rho>\rho_{max}$时，将发生超筋破坏；当$\rho<\rho_{min}$时，将发生少筋破坏；当$\rho_{min}\leqslant\rho\leqslant\rho_{max}$时，将发生适筋破坏。为避免发生超筋破坏与少筋破坏，截面设计时，必须控制受拉纵筋的配筋率ρ在$\rho_{min}\sim\rho_{max}$范围内。

二、基本公式及适用条件

（一）计算简图

根据受弯构件适筋破坏特征，在进行单筋矩形截面的受弯承载力计算时，忽略受拉区混凝土的作用；受压区混凝土的应力图形采用等效矩形应力图形，应力值取为混凝土的轴心抗压强度设计值f_c；受拉钢筋应力达到钢筋的强度设计值f_y。计算简图如图3-12所示。

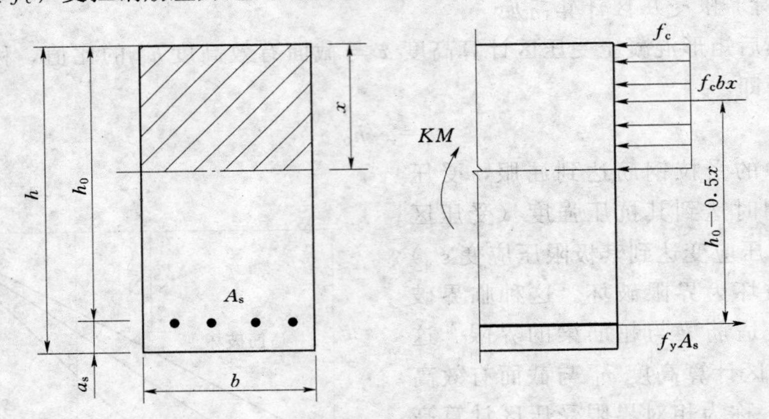

图3-12　单筋矩形截面梁板正截面承载力计算简图

（二）基本公式

根据计算简图和截面内力平衡条件，并满足承载能力极限状态计算表达式的要求，可得出如下基本计算公式：

$$\sum X=0 \qquad f_cbx=f_yA_s \tag{3-4}$$

$$\sum M=0 \qquad KM\leqslant f_cbx(h_0-0.5x) \tag{3-5}$$

上二式中　M——弯矩设计值，按荷载效应基本组合或偶然组合计算，N·mm；

f_c——混凝土轴心抗压强度设计值，N/mm^2，按附表2-2取用；

b——矩形截面宽度，mm；

x——混凝土受压区计算高度，mm；

h_0——截面有效高度，mm；

f_y——受拉钢筋的强度设计值，N/mm^2，按附表2-5取用；

A_s——受拉钢筋的截面面积，mm^2；

K——承载力安全系数，按附表1-2取用。

利用基本公式进行截面计算时，必须求解方程组，比较麻烦。为简化计算，将式（3-4）和式（3-5）改写如下：

将 $\xi = x/h_0$ 代入式（3-4）和式（3-5），并引入截面抵抗矩系数 α_s，令

$$\alpha_s = \xi(1-0.5\xi) \tag{3-6}$$

则基本公式改写为

$$KM \leqslant \alpha_s f_c b h_0^2 \tag{3-7}$$

$$f_c b \xi h_0 = f_y A_s \tag{3-8}$$

由式（3-8）可得

$$\rho = \xi f_c / f_y \tag{3-9}$$

（三）适用条件

1. 防止超筋破坏

基本公式是依据适筋构件破坏时的应力图形情况推导的，仅适用适筋截面。当超筋截面破坏时，受拉钢筋应力达不到其设计强度 f_y，受压区混凝土达到了极限压应变 ε_{cu}。为了结构的安全，更有效地防止发生超筋破坏。应用基本公式和由它派生出来的计算公式计算时，必须符合下列条件：

$$\xi \leqslant 0.85\xi_b \tag{3-10}$$

$$x \leqslant 0.85\xi_b h_0 \tag{3-11}$$

$$\rho \leqslant \rho_{max} = 0.85\xi_b f_c / f_y \tag{3-12}$$

式（3-10）、式（3-11）和式（3-12）的意义相同，可用于不同场合，满足其中之一，则必满足其余两式。

2. 防止少筋破坏

钢筋混凝土构件破坏时承担的弯矩等于同截面素混凝土受弯构件所能承担的弯矩时的受力状态，为适筋破坏与少筋破坏的分界。这时梁的配筋率应是适筋受弯构件的最小配筋率。《规范》不仅考虑了这种"等承载力"原则，而且还考虑了混凝土的性质和工程经验。因此，计算公式应满足

$$\rho \geqslant \rho_{min} \tag{3-13}$$

式中　ρ_{min}——最小配筋率，按附表 4-2 取用。

三、公式应用

钢筋混凝土受弯构件的正截面承载力计算包括截面设计和承载力复核两类问题。

（一）截面设计

在进行截面设计时，通常是根据受弯构件的使用要求、外荷载大小、建筑物的级别和选用的材料强度等级，确定截面尺寸以及钢筋数量。

1. 确定截面尺寸

根据设计经验或已建类似结构，并考虑构造及施工方面的特殊要求，拟定截面高度 h 和截面宽度 b。衡量截面尺寸是否合理的标准是：拟定截面尺寸应使计算出的实际配筋率 ρ 处于常用配筋率范围内。一般梁、板的常用配筋率范围如下：

现浇实心板：0.4%～0.8%；

矩形截面梁：0.6%～1.5%；

T 形截面梁：0.9%～1.8%（相对于梁肋而言）。

2. 内力计算

（1）确定合理的计算简图。计算简图中应包括计算跨度、支座条件、荷载形式等的确

定。简支梁与板的计算跨度 l_0，取下列各值中的较小者：

简支梁、空心板： $l_0=l_n+a$ 或 $l_0=1.05l_n$

简支实心板： $l_0=l_n+a$，$l_0=l_n+h$ 或 $l_0=1.1l_n$

式中 l_n——梁或板的净跨；

a——梁或板的支承长度；

h——板的厚度。

现浇板的宽度一般都比较大，其计算宽度 b 可取单位宽度（1000mm）。

(2) 确定弯矩设计值 M。按照荷载的最不利组合，计算出跨中最大正弯矩和支座最大负弯矩的设计值。

3. 配筋计算

(1) 计算 $\alpha_s=\dfrac{KM}{f_cbh_0^2}$。

(2) 计算 $\xi=1-\sqrt{1-2\alpha_s}$；验算 $\xi\leqslant 0.85\xi_b$，若不满足，将会发生超筋破坏，则应加大截面尺寸，提高混凝土强度等级或采用双筋截面。

(3) 计算 $A_s=f_cb\xi h_0/f_y$。

(4) 计算 $\rho=A_s/(bh_0)$；验算 $\rho\geqslant\rho_{min}$，若 $\rho<\rho_{min}$，将会发生少筋破坏，这时需要按 $\rho=\rho_{min}$ 进行配筋。截面的实际配筋率 ρ 应满足：$\rho_{min}\leqslant\rho\leqslant\rho_{max}$，最好处于梁或板的常用配筋率范围内。

4. 选配钢筋，绘制配筋图

根据附表 3-1、附表 3-2 钢筋表，选出符合构造规定的钢筋直径、间距和根数。实际采用的 $A_{s实}$ 一般等于或略大于计算所需要的 $A_{s计}$；若小于计算所需要的 $A_{s计}$，则应符合 $|A_{s实}-A_{s计}|/A_{s计}\leqslant 5\%$ 的规定。配筋图应表示出截面尺寸和钢筋的布置，按适当比例绘制。

单筋矩形受弯构件正截面设计步骤见图 3-13。

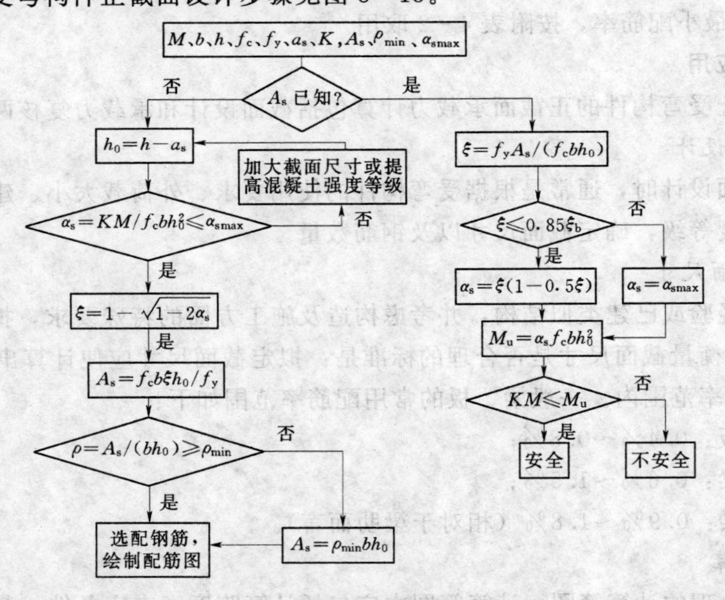

图 3-13 单筋矩形截面设计流程图

（二）承载力复核

承载力复核是在已知截面尺寸，受拉钢筋截面面积，钢筋级别和混凝土强度等级的条件下，验算构件正截面的承载能力。

1. 确定受压区高度

$$x=f_yA_s/(f_cb) \text{或} \xi=f_yA_s/(f_cbh_0)$$

2. 确定构件的承载力

若 $x\leqslant 0.85\xi_bh_0$ 或 $\xi\leqslant 0.85\xi_b$，说明不会发生超筋破坏，此时，如满足式（3－5），则构件的正截面安全，否则不安全。

若 $x>0.85\xi_bh_0$ 或 $\xi>0.85\xi_b$，说明将会发生超筋破坏，应取 $x=0.85\xi_bh_0$ 或 $\xi=0.85\xi_b$、$\alpha_s=\alpha_{smax}=0.85\xi_b(1-0.425\xi_b)$，如满足式（3－7），则构件的正截面安全，否则不安全。

【例3－1】 某水电站厂房（2级水工建筑物）的钢筋混凝土简支梁，如图3－14所示。一类环境，净跨 $l_n=6$m，计算跨度 $l_0=6.24$m，承受均布永久荷载（包括梁自重）$g_k=12$kN/m，均布可变荷载 $q_k=9$kN/m，采用混凝土强度等级为C20，HRB335级钢筋，试确定该梁的截面尺寸和纵向受拉钢筋面积 A_s。

解：

查附表2－2、附表2－5、附表1－2得：$f_c=9.6\text{N/mm}^2$，$f_y=300\text{N/mm}^2$，$K=1.20$。

（1）确定截面尺寸

由构造要求取：

$h=(1/8\sim1/12)l_0=(1/8\sim1/12)\times6240=780\sim520$，取 $h=550$mm

$b=(1/2\sim1/3)\ h=(1/2\sim1/3)\times550=275\sim183$，取 $b=250$mm

（2）内力计算

$M=(1.05g_k+1.20q_k)l_0^2/8=(1.05\times12+1.20\times9)\times6.24^2/8=113.89\text{kN}\cdot\text{m}$

（3）配筋计算

取 $a_s=45$mm，则 $h_0=h-a_s=550-45=505$mm。

$$\alpha_s=\frac{KM}{f_cbh_0^2}=\frac{1.20\times113.89\times10^6}{9.6\times250\times505^2}=0.223$$

$$\xi=1-\sqrt{1-2\alpha_s}=1-\sqrt{1-2\times0.223}=0.256<0.85\xi_b=0.85\times0.55=0.468$$

$$A_s=f_cb\xi h_0/f_y=9.6\times250\times0.256\times505/300=1034\text{mm}^2$$

$$\rho=1034/(250\times505)=0.82\%>\rho_{min}=0.2\%$$

（4）选配钢筋，绘制配筋图

选受拉纵筋为3⌀22（$A_s=1140\text{mm}^2$），需要最小梁宽 $b_{min}=2c+3d+2e=2\times30+3\times22+2\times25=176$（mm）<200mm，符合构造要求。配筋图如图3－14所示。

【例3－2】 某工作机房（3级水工建筑物）中的现浇钢筋混凝土实心板，一类环境，计算跨度 $l_0=2360$mm，板上作用均布可变荷载标准值 $q_k=2.87$kN/m，水磨石地面及细

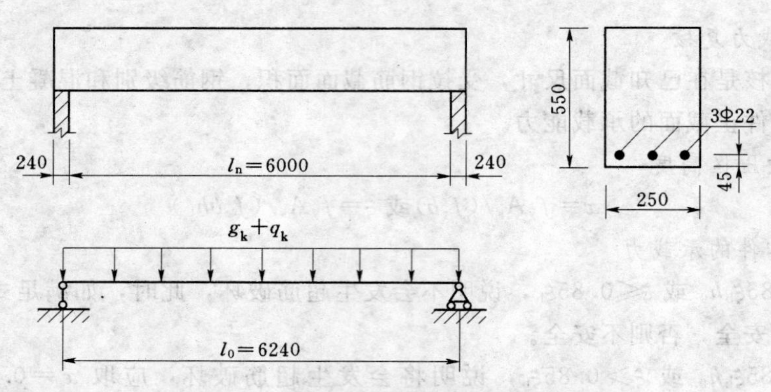

图 3-14 梁的内力计算图及截面配筋图

石混凝土垫层厚度为 30mm，重度为 22kN/m³，板底粉刷砂浆厚度为 12mm，重度为 17kN/m³，混凝土强度等级为 C20，HPB235 级钢筋，钢筋混凝土的重度为 25kN/m³。试确定板厚 h 和受拉钢筋截面面积 A_s。

解：

查附表 2-2、附表 2-5、附表 1-2 得：$f_c=9.6\text{N/mm}^2$，$f_y=210\text{N/mm}^2$，$K=1.20$。

(1) 尺寸拟定

取 $b=1000$mm，根据梁式板构造规定（$h\geqslant l_0/35$），假定板厚 $h=100$mm。

(2) 内力计算

水磨石地面自重标准值 $30\times10^{-3}\times1\times22=0.66\text{kN/m}$

板的自重标准值 $100\times10^{-3}\times1\times25=2.5\text{kN/m}$

砂浆自重标准值 $12\times10^{-3}\times1\times17=0.2\text{kN/m}$

总的自重标准值 $g_k=0.66+2.5+0.2=3.36\text{kN/m}$

可变荷载标准值 $q_k=2.87\text{kN/m}$

弯矩设计值 $M=(1.05g_k+1.20q_k)l_0{}^2/8=(1.05\times3.36+1.20\times2.87)\times2.36^2/8$

$=4.85\text{kN}\cdot\text{m}$

(3) 配筋计算

取 $a_s=25$mm，$h=100$mm，则 $h_0=100-25=75$mm。

$$\alpha_s=\frac{KM}{f_cbh_0{}^2}=\frac{1.20\times4.85\times10^6}{9.6\times1000\times75^2}=0.108$$

$$\xi=1-\sqrt{1-2\alpha_s}=1-\sqrt{1-2\times0.108}=0.115<0.85\xi_b=0.386$$

说明不会发生超筋破坏。

$$A_s=\xi bh_0f_c/f_y=0.115\times1000\times75\times9.6/210=394\text{mm}^2$$

$$\rho=A_s/(bh_0)=394/(1000\times75)\approx0.53\%>\rho_{min}=0.2\%$$

说明不会发生少筋破坏，并且配筋率在板的常用配筋率 0.4%～0.8%的范围内，所以拟定板厚 $h=100$mm 合理。

(4) 选配钢筋，绘配筋图

选受拉钢筋为ϕ8@125（$A_s=402\text{mm}^2$），分布钢筋为ϕ6@250（$A_s=113\text{mm}^2$）。正截

面配筋如图 3－15 所示。

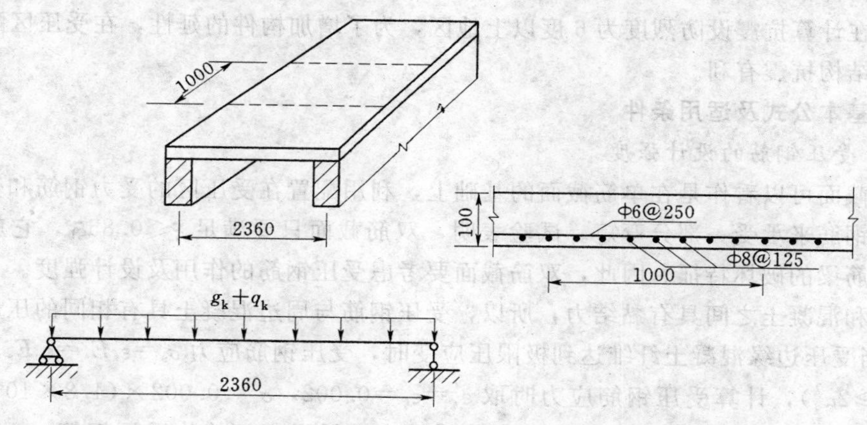

图 3－15　板的配筋图

【例 3－3】 某泵站泵房矩形截面梁（3 级水工建筑物），一类环境，截面尺寸 $b\times h=250\text{mm}\times600\text{mm}$，配置受拉钢筋为 4 Φ 22，采用混凝土强度等级为 C20，HRB335 级钢筋。计算该梁所能承受的弯矩设计值。

解：

查附表 2－2、附表 2－5、附表 3－1、附表 1－2 得：$f_c=9.6\text{N/mm}^2$，$f_y=300\text{N/mm}^2$，$A_s=1520\text{mm}^2$，$K=1.20$。

（1）确定相对受压区计算高度 x

$$h_0=h-a_s=600-(30+22/2)=559\text{mm}$$

$$x=\frac{f_yA_s}{f_cb}=\frac{300\times1520}{9.6\times250}=190\text{mm}<0.85\xi_bh_0=0.85\times0.550\times559=261\text{mm}$$

不会发生超筋破坏。

（2）计算梁的承载力

$$\begin{aligned}M&=f_cbx(h_0-0.5x)/K\\&=9.6\times250\times190\times(559-0.5\times190)/1.20\\&=211.58\times10^6/1.20\\&=176.32\text{kN}\cdot\text{m}\end{aligned}$$

所以，该梁正截面承受最大弯矩设计值为 176.32kN·m。

第四节　双筋矩形截面的受弯承载力计算

一、双筋截面及应用条件

在受拉区和受压区同时配置纵向受力钢筋的截面，称为双筋截面。由于混凝土抗压性能好，价格比钢筋低，用钢筋协助混凝土承受压力是不经济的，但对构件的延性有利。双筋截面通常在下列情况下采用：

（1）截面承受的弯矩很大，按单筋截面计算则 $\xi>0.85\xi_b$，同时截面尺寸及混凝土强度等级因条件限制不能加大或提高。

（2）构件在不同的荷载组合下，同一截面既承受正弯矩，又承受负弯矩。

（3）在计算抗震设防烈度为6度以上地区，为了增加构件的延性，在受压区配置普通钢筋，对结构抗震有利。

二、基本公式及适用条件

（一）受压钢筋的设计强度

双筋截面可以看作是在单筋截面的基础上，利用配置在受压区的受力钢筋和受拉区的部分受拉钢筋来承受一部分弯矩。试验表明，双筋截面只要满足 $\xi \leqslant 0.85\xi_b$，它就具有单筋截面适筋梁的破坏特征。因此，双筋截面要考虑受压钢筋的作用及设计强度。

钢筋和混凝土之间具有黏结力，所以，受压钢筋与周边混凝土具有相同的压应变，即 $\varepsilon_s'=\varepsilon_c$。当受压边缘混凝土纤维达到极限压应变时，受压钢筋应力 $\sigma_s'=\varepsilon_s'E_s=\varepsilon_c E_s$。正常情况下（$x\geqslant 2a_s'$），计算受压钢筋应力时取 $\varepsilon_s'=\varepsilon_c=0.002$，$\sigma_s'=0.002\times(1.8\times10^5\sim2.0\times10^5)=(360\sim400)\text{N/mm}^2$。由此可见，若采用中、低强度钢筋作受压钢筋（$f_y'\leqslant 400\text{N/mm}^2$），且混凝土受压区计算高度 $x\geqslant 2a_s'$，构件破坏时受压钢筋应力均能达到屈服强度 f_y'；若采用高强度钢筋作为受压钢筋，由于受到受压混凝土极限压应变的限制，钢筋的强度不能充分利用，则其抗压强度设计值不应大于 400N/mm^2。

（二）计算简图和基本公式

根据图3-16和截面内力平衡条件，并满足承载能力极限状态计算表达式的要求，可得如下基本计算公式：

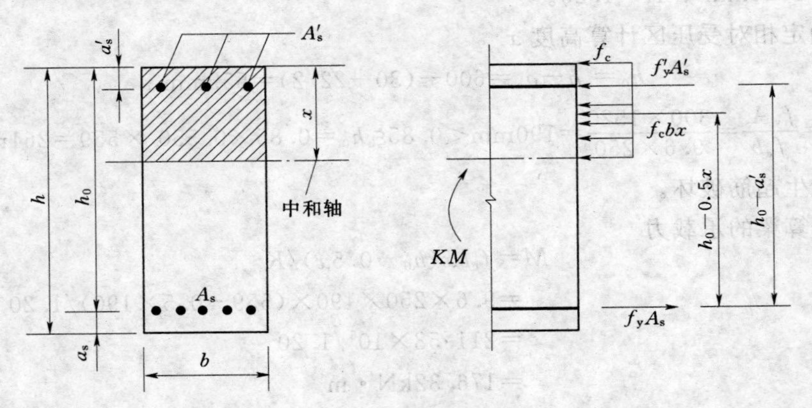

图3-16　双筋矩形截面梁正截面承载力计算简图

$$\sum X=0 \qquad f_cbx+f_y'A_s'=f_yA_s \tag{3-14}$$

$$\sum M=0 \qquad KM\leqslant f_cbx(h_0-0.5x)+f_y'A_s'(h_0-a_s') \tag{3-15}$$

为简化计算，将 $x=\xi h_0$ 及 $\alpha_s=\xi(1-0.5\xi)$ 代入上式得

$$f_cb\xi h_0+f_y'A_s'=f_yA_s \tag{3-16}$$

$$KM\leqslant \alpha_s f_c bh_0{}^2+f_y'A_s'(h_0-a_s') \tag{3-17}$$

式中　f_y'——受压钢筋的抗压强度设计值，N/mm^2，按附表2-5取用；

A_s'——受压钢筋的截面面积，mm^2；

a_s'——受压区钢筋合力点至截面受压边缘的距离，mm。

（三）适用条件

(1) $x \leqslant 0.85\xi_b h_0$ 或 $\xi \leqslant 0.85\xi_b$；避免发生超筋破坏，保证受拉钢筋应力达到抗拉强度设计值 f_y。

(2) $x \geqslant 2a'_s$；保证受压钢筋应力达到抗压强度设计值 f'_y。因为受压钢筋如太靠近中和轴，将得不到足够的变形，应力无法达到抗压强度设计值，基本公式（3-14）及式（3-15）便不能成立。

若 $x < 2a'_s$，纵向受压钢筋应力尚未达到 f'_y。截面设计时，可偏安全地取受压纵筋合力点 D_s 与受压混凝土合力点 D_c 重合，如图 3-17 所示。以受压钢筋合力点为力矩中心，可得

$$KM \leqslant f_y A_s (h_0 - a'_s) \quad (3-18)$$

上式为双筋截面 $x < 2a'_s$ 时，确定纵向受拉钢筋数量的唯一计算公式。若计算中不考虑受压钢筋的作用，则条件 $x \geqslant 2a'_s$ 即可取消。

双筋截面承受的弯矩较大，相应的受拉钢筋配置较多，一般均能满足最小配筋率的要求，无需验算 ρ_{min} 的条件。

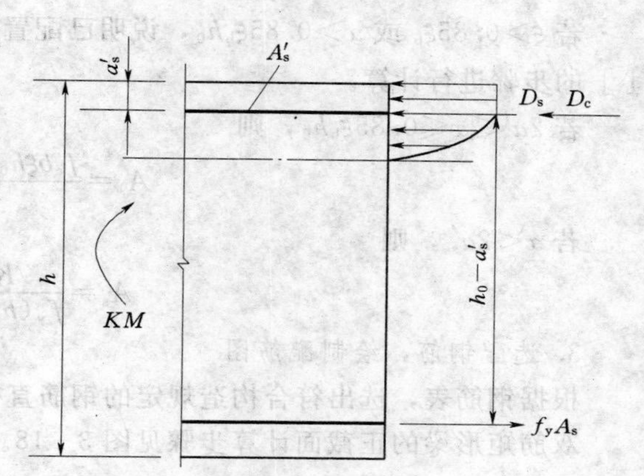

图 3-17　$x < 2a'_s$ 时双筋截面计算图形

三、公式应用

（一）截面设计

设计双筋截面时，根据已知条件的不同，可能遇到两种情况。

【类型Ⅰ】 已知弯矩设计值 M，截面尺寸 b、h，钢筋级别，混凝土强度等级，承载力安全系数 K。需计算受压钢筋截面面积 A'_s和受拉钢筋截面面积 A_s。

1. 判断是否应采用双筋截面进行设计

根据弯矩计算值 M 及截面宽度 b 的大小，估计受拉钢筋布置的层数，选定 a_s 并计算出 h_0，按式（3-6）计算出 α_s 值，并与 α_{smax} 值进行比较。若 $\alpha_s \leqslant \alpha_{smax}$，说明应采用单筋截面；否则应采用双筋截面。

2. 配筋计算

基本公式只有 2 个，而此时共有 3 个未知数（A_s、A'_s、x），不能直接求解，需补充一个条件，方程组才能有定解。为充分利用混凝土承受压力，使钢筋的总用量最小，应取 $x = 0.85\xi_b h_0$，即 $\xi = 0.85\xi_b$、$\alpha_s = \alpha_{smax}$ 作为补充条件。

由式（3-16）和式（3-17）可得

$$A'_s = \frac{KM - \alpha_{smax} f_c b h_0^2}{f'_y (h_0 - a'_s)} \quad (3-19)$$

$$A_s = \frac{0.85 f_c b \xi_b h_0 + f'_y A'_s}{f_y} \quad (3-20)$$

3. 选配钢筋，绘制配筋图

根据钢筋表，选出符合构造规定的钢筋直径、间距和根数，绘制正截面配筋图。

【类型Ⅱ】 已知弯矩设计值 M，截面尺寸 b、h，钢筋级别，混凝土强度等级，承载力安全系数 K，受压钢筋截面面积 A_s'。计算受拉钢筋截面面积 A_s。

1. 计算截面抵抗矩系数 α_s

$$\alpha_s=\frac{KM-f_y'A_s'(h_0-a_s')}{f_c bh_0^2} \tag{3-21}$$

2. 计算 ξ、x，求 A_s

若 $\xi>0.85\xi_b$ 或 $x>0.85\xi_b h_0$，说明已配置受压钢筋 A_s' 的数量不足，此时应按［类型Ⅰ］的步骤进行计算。

若 $2a_s'\leqslant x\leqslant 0.85\xi_b h_0$，则

$$A_s=\frac{f_c b\xi h_0+f_y'A_s'}{f_y} \tag{3-22}$$

若 $x<2a_s'$，则

$$A_s=\frac{KM}{f_y(h_0-a_s')} \tag{3-23}$$

3. 选配钢筋，绘制配筋图

根据钢筋表，选出符合构造规定的钢筋直径、间距和根数，绘制正截面配筋图。

双筋矩形梁的正截面计算步骤见图 3-18。

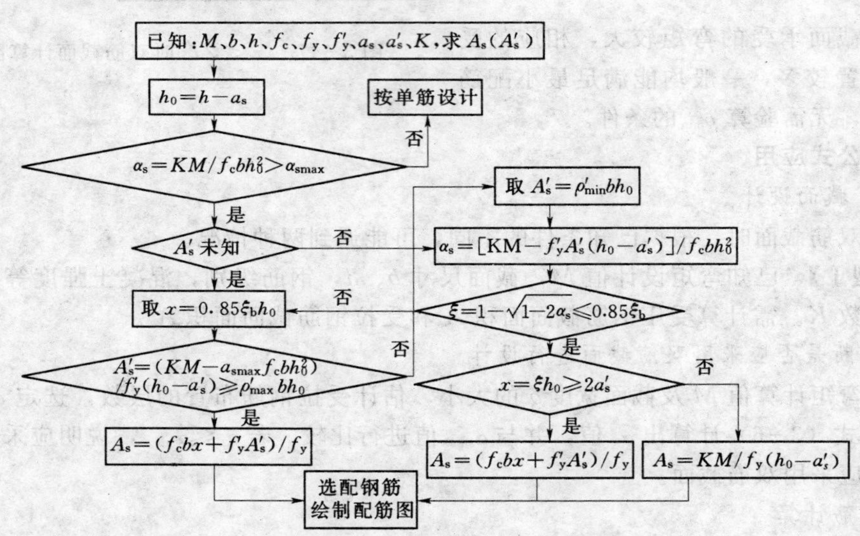

图 3-18 双筋矩形梁正截面设计流程图

（二）承载力复核

在已知截面尺寸、受拉钢筋和受压钢筋截面面积、钢筋级别、混凝土强度等级的条件下，验算构件正截面的承载能力，可按下列步骤进行：

1. 确定混凝土受压区计算高度 x

$$x=\frac{f_yA_s-f_y'A_s'}{f_c b} \tag{3-24}$$

2. 确定梁的承载力

若 $x>0.85\xi_b h_0$，取 $x=0.85\xi_b h_0$，则 $\xi=0.85\xi_b$、$\alpha_s=\alpha_{smax}$，代入式（3-17），如满足

公式，则梁的正截面安全，否则不安全，即要求：

$$KM \leqslant \alpha_{smax} f_c b h_0^2 + f_y' A_s' (h_0 - a_s') \qquad (3-25)$$

若 $2a_s' \leqslant x \leqslant 0.85\xi_b h_0$，此时，如满足式（3-15），则构件的正截面安全，否则不安全。

若 $x < 2a_s'$，此时，如满足式（3-18），则构件的正截面安全，否则不安全。

【例 3-4】 已知某矩形截面简支梁（2 级水工建筑物），$b \times h = 250\text{mm} \times 500\text{mm}$，一类环境条件，计算跨度 $l_0 = 6500\text{mm}$，在使用期间承受均布荷载标准值 $g_k = 20\text{kN/m}$（包括自重），$q_k = 13.8\text{kN/m}$，混凝土强度等级为 C20，钢筋为 HRB335 级。试计算受力钢筋截面面积（假定截面尺寸、混凝土强度等级因条件限制不能增大或提高）。

解：

查附表 2-2、附表 2-5、附表 1-2 得：$f_c = 9.6\text{N/mm}^2$，$f_y = f_y' = 300\text{N/mm}^2$，$K = 1.20$。

（1）确定弯矩设计值 M

$$M = \frac{1}{8}(1.05g_k + 1.20q_k)l_0^2 = \frac{1}{8}(1.05 \times 20 + 1.20 \times 13.8) \times 6.5^2 = 198.36\text{kN} \cdot \text{m}$$

（2）验算是否应采用双筋截面

因弯矩较大，初估钢筋布置为两层，取 $a_s = 75\text{mm}$，则 $h_0 = h - a_s = 500 - 75 = 425\text{mm}$。

$$\alpha_s = \frac{KM}{f_c b h_0^2} = \frac{1.20 \times 198.36 \times 10^6}{9.6 \times 250 \times 425^2} = 0.549 > \alpha_{smax} = 0.358$$

属于超筋破坏，应采用双筋截面进行计算。

（3）配筋计算

设受压钢筋为一层，取 $a_s' = 45\text{mm}$；为节约钢筋，充分利用混凝土抗压，取 $x = 0.85\xi_b h_0$，则 $\alpha_s = \alpha_{smax}$，由式（3-11）和式（3-12）得

$$A_s' = \frac{KM - \alpha_{smax} f_c b h_0{}^2}{f_y'(h_0 - a_s')} = \frac{1.20 \times 198.36 \times 10^6 - 0.358 \times 9.6 \times 250 \times 425^2}{300 \times (425 - 45)} = 727\text{mm}^2$$

$$A_s = \frac{0.85 f_c b \xi_b h_0 + f_y' A_s'}{f_y} = \frac{0.85 \times 9.6 \times 250 \times 0.550 \times 425 + 300 \times 727}{300} = 2317\text{mm}^2$$

（4）选配钢筋，绘制配筋图

选受压钢筋为 2 ⌀ 22（$A_s' = 760\text{mm}^2$），受拉钢筋为 5 ⌀ 25（$A_s = 2454\text{mm}^2$），截面配筋如图 3-19 所示。

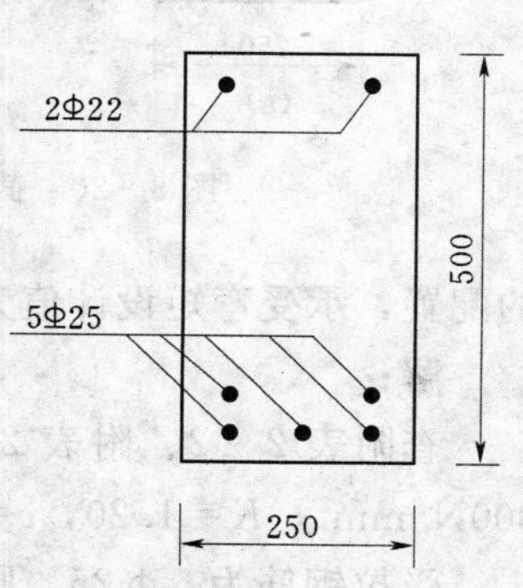

图 3-19　截面配筋图

【例 3-5】 已知同例 3-4，若受压区已采用两种情况配置钢筋：①配置 3 ⌀ 18 钢筋（$A_s' = 763\text{mm}^2$）；②配置 3 ⌀ 25 钢筋（$A_s' = 1473\text{mm}^2$）。试分别计算两种情况受拉钢筋截面面积 A_s。

解：

第一种情况，配置 3 ⌀ 18 钢筋，$A_s' = 763\text{mm}^2$，$a_s' = 45\text{mm}$。

(1) 计算截面抵抗矩系数 α_s

$$\alpha_s=\frac{KM-f'_yA'_s(h_0-a'_s)}{f_cbh_0^2}=\frac{1.20\times198.36\times10^6-300\times763\times(425-45)}{9.6\times250\times425^2}$$

$$=0.348<\alpha_{smax}=0.358$$

说明受压区配置的钢筋数量已经足够。

(2) 计算 ξ、x，求 A_s

$$\xi=1-\sqrt{1-2\times0.348}=0.449$$

$$x=\xi h_0=0.449\times425=191\text{mm}>2a'_s=2\times45=90\text{mm}$$

$$A_s=\frac{f_cbx+f'_ya'_s}{f_y}=\frac{9.6\times250\times191+300\times763}{300}=2291\text{mm}^2$$

(3) 选配钢筋，绘制配筋图

选受拉钢筋为 6 ⌀ 22 ($A_s=2281\text{mm}^2$)，截面配筋如图 3-20 (a) 所示。

第二种情况，配置 3 ⌀ 25 钢筋，$A'_s=1473\text{mm}^2$，$a'_s=45\text{mm}$。

(1) 计算截面抵抗矩系数 α_s

$$\alpha_s=\frac{KM-f'_yA'_s(h_0-a'_s)}{f_cbh_0^2}=\frac{1.20\times198.36\times10^6-300\times1473\times(425-45)}{9.6\times250\times425^2}$$

$$=0.162<\alpha_{smax}=0.358$$

说明受压区配置的钢筋数量已经足够。

(2) 计算 ξ、x，求 A_s

$$\xi=1-\sqrt{1-2\times0.162}=0.178$$

$$x=\xi h_0=0.178\times425=76\text{mm}<2a'_s=2\times45=90\text{mm}$$

$$A_s=\frac{KM}{f_y\ (h_0-a'_s)}=\frac{1.20\times198.36\times10^6}{300\ (425-45)}=2088\text{mm}^2$$

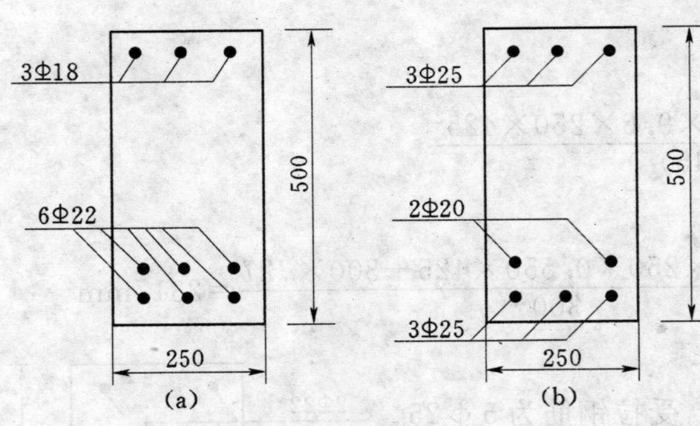

图 3-20　截面配筋图

(3) 选配钢筋，绘制配筋图

选受拉钢筋为 3 ⌀ 25+2 ⌀ 20 ($A_s=2101\text{mm}^2$)，截面配筋如图 3-20 (b) 所示。

【例 3-6】 某水电站厂房（3 级水工建筑物）中的简支梁，截面尺寸为 200mm×500mm。混凝土强度等级为 C20，受压钢筋 3 ⌀ 22 ($A'_s=1140\text{mm}^2$，$a'_s=45\text{mm}$)，一类环境条件，受拉钢筋采用 5 ⌀ 25 ($A_s=2454\text{mm}^2$，$a_s=75\text{mm}$) 的配置，承受弯矩设计值为 $M=215\text{kN}\cdot\text{m}$，试复核此截面是否安全。

解：

查附表 2-2、附表 2-5、附表 1-2、附表 4-1 得：$f_c=9.6\text{N/mm}^2$，$f_y=f'_y=300\text{N/mm}^2$，$K=1.20$，$c=35\text{mm}$。

受拉钢筋为 5 ⌀ 25，则

$$h_0=500-75=425\text{mm}$$

$$x=\frac{f_yA_s-f_y'A_s'}{f_cb}=\frac{300\times(2454-1140)}{9.6\times200}=205\text{mm}>0.85\xi_bh_0=0.85\times0.55\times425=199\text{mm}$$

代入式（3-17）计算承载力：

$$\alpha_{smax}f_cbh_0^2+f_y'A_s'(h_0-a_s')=0.358\times9.6\times200\times425^2+300\times1140\times(425-45)$$
$$=254.11\text{kN}\cdot\text{m}$$

$$KM=210\times1.20=258>\alpha_{smax}f_cbh_0^2+f_y'A_s'(h_0-a_s')$$

该构件的正截面不安全。

第五节　T形截面的受弯承载力计算

一、T形截面的概念

钢筋混凝土受弯构件发生正截面破坏时，受拉区混凝土已经开裂。根据正截面承载力计算的基本假定，受拉区拉力全部由受拉钢筋来承担。若将矩形截面的受拉区混凝土去掉一部分，纵向受拉钢筋集中布置在受拉区中部，便成为T形截面，如图3-21所示。它与原矩形截面相比较，承载能力相同，但节省混凝土，减轻了构件自重。

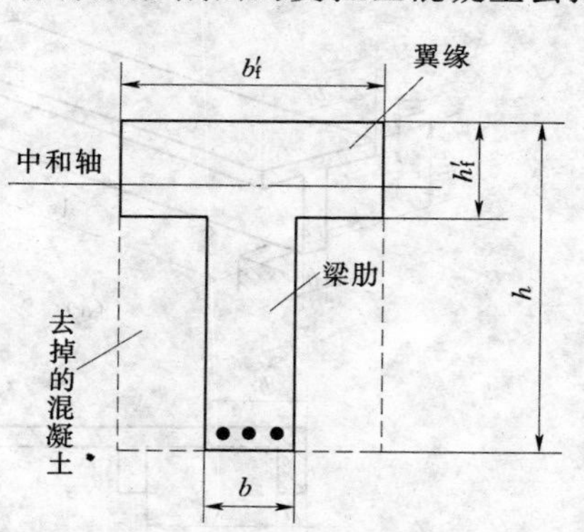

图3-21　T形截面的形成

在实际工程中，T形截面广泛采用。例如水闸启闭机的工作平台、渡槽槽身、房屋楼盖等结构都是板和梁浇筑在一起形成的整体式肋形结构，对梁进行设计时，板作为梁的翼缘，在纵向共同受力。独立T形截面亦常采用，例如厂房中的吊车梁、空心板等。一般T形截面由梁肋和翼缘两部分组成，梁板构件是否属于T形截面，关键是由受压区混凝土的形状而定。对于翼缘位于受拉区的⊥形截面（即倒T形截面），因受拉后翼缘混凝土开裂，不再承受拉力，所以仍应按矩形截面（$b\times h$）计算。对Ⅰ形、Ⅱ形、空心形等截面，受压区与T形截面相同，均可按T形截面进行计算，如图3-22所示。

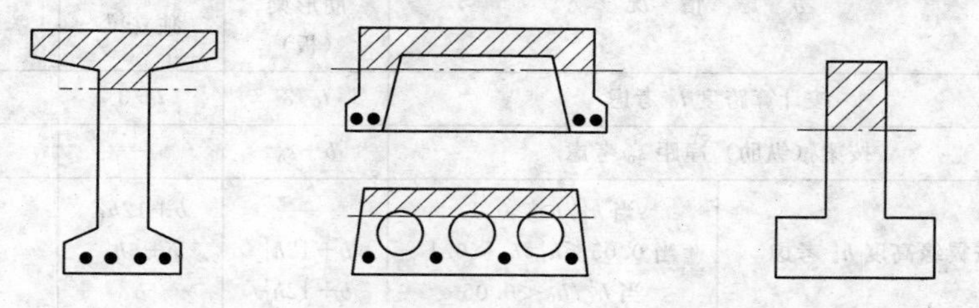

图3-22　Ⅰ形、Ⅱ形、空心形、⊥形截面

理论上讲，T形截面翼缘宽度b_f'越大，截面就越经济。因为在一定弯矩M作用下，b_f'越大，则混凝土受压区计算高度x就越小，所需配置的受拉钢筋面积就越小。但试验研究表明，T形截面梁板沿翼缘宽度方向压应力的分布特点是：梁肋部应力为最大，离肋部

越远则应力越小。为简化计算，规定在一定范围内翼缘压应力呈均匀分布，范围之外翼缘不起作用。这一限定宽度，称为翼缘计算宽度 b_f'，如图 3-23 所示。翼缘计算宽度 b_f'列于表 3-3，表中符号如图 3-24 所示。计算时，将实际的翼缘宽度与表中各项 b_f'值进行比较，取其中最小值作为计算值。

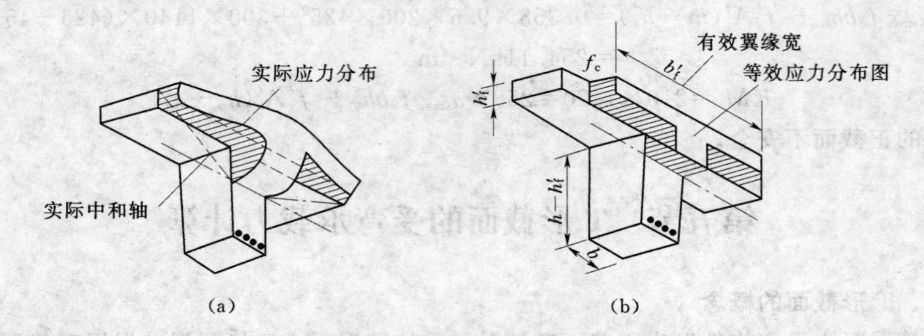

图 3-23 T形截面梁受压区实际应力和计算应力图

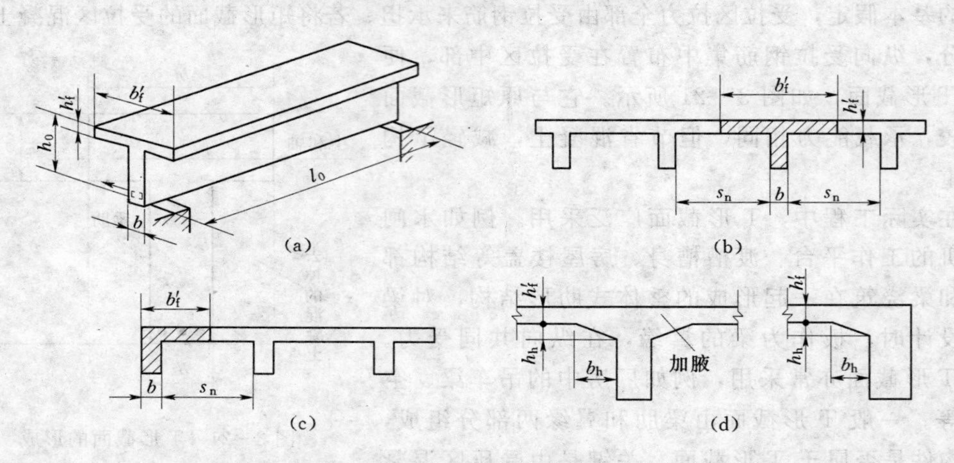

图 3-24 T形、倒L形截面梁翼缘计算宽度 b_f'

表 3-3 T形、I形及倒L形截面受弯构件翼缘计算宽度 b_f'

项次	考虑情况		T形、I形截面 肋形梁（板）	T形、I形截面 独立梁	倒L形截面 肋形梁（板）
1	按计算跨度 l_0 考虑		$l_0/3$	$l_0/3$	$l_0/6$
2	按梁（纵肋）净距 s_n 考虑		$b+s_n$	—	$b+0.5s_n$
3	按翼缘高度 h_f' 考虑	当 $h_f'/h_0\geqslant0.1$	—	$b+12h_f'$	—
		当 $0.05\leqslant h_f'/h_0<0.1$	$b+12h_f'$	$b+6h_f'$	$b+5h_f'$
		当 $h_f'/h_0<0.05$	$b+12h_f'$	b	$b+5h_f'$

注 1. 表中 b 为腹板宽度。

2. 如肋形梁在梁跨内设有间距小于纵肋间距的横肋时，则可不遵守表中项次 3 的规定。

3. 对有加腋的 T形、I形和倒L形截面，当受压区加腋的高度 $h_h\geqslant h_f'$ 且加腋的宽度 $b_h\leqslant3h_h$ 时，其翼缘计算宽度可按表中项次 3 的规定分别增加 $2b_h$（T形、I形截面）和 b_h（倒L形截面）。

4. 独立梁受压区的翼缘板在荷载作用下经验算沿纵肋方向可能产生裂缝时，计算宽度应取用腹板宽度 b。

二、计算公式及适用条件

（一）T形截面梁的类型及其判别

根据中和轴位置的不同，T形截面梁可分为两种类型。

第一类T形截面：中和轴位于翼缘内，即 $x \leqslant h_f'$。

第二类T形截面：中和轴位于梁肋内，即 $x > h_f'$。

为了建立T形截面类型的判别公式，首先建立中和轴恰好通过翼缘与梁肋分界线（即 $x > h_f'$）时的计算公式，如图3-25所示。

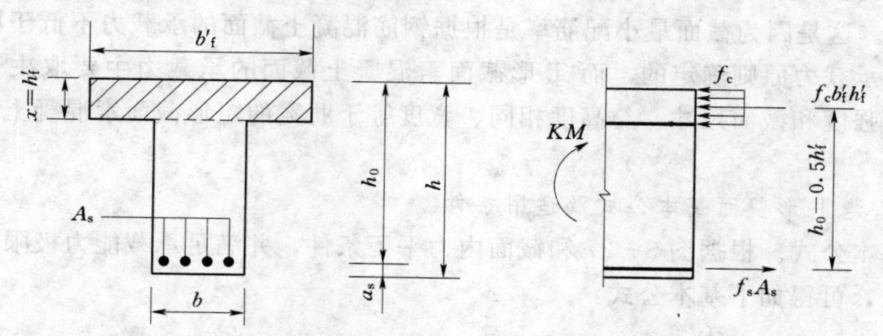

图3-25　$x = h_f'$ 时T形截面的计算简图

由力的平衡条件得

$$\sum X = 0 \qquad f_c b_f' h_f' = f_y A_s \tag{3-26}$$

$$\sum M = 0 \qquad KM = f_c b_f' h_f' (h_0 - 0.5\, h_f') \tag{3-27}$$

截面设计时，用已知弯矩 M 与式（3-19）比较，若符合公式

$$KM \leqslant f_c b_f' h_f' (h_0 - 0.5 h_f') \tag{3-28}$$

则属于第一类T形截面；否则属于第二类T形截面。

承载力复核时，f_y、A_s 已知，用式（3-26）比较，若符合公式

$$f_y A_s \leqslant f_c b_f' h_f' \tag{3-29}$$

则属于第一类T形截面；否则属于第二类T形截面。

（二）第一类T形截面基本公式及适用条件

1. 基本公式

根据图3-26和截面内力平衡条件，并满足承载能力极限状态计算表达式的要求，可得如下基本公式：

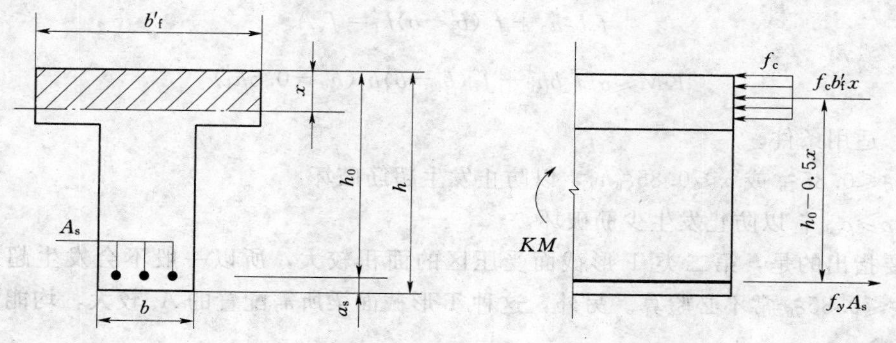

图3-26　第一类T形截面正截面承载力计算图

$$\sum X=0 \qquad f_c b_f' x = f_y A_s \tag{3-30}$$

$$\sum M=0 \qquad KM \leqslant f_c b_f' x(h_0-0.5x) \tag{3-31}$$

2. 适用条件

(1) $\xi \leqslant 0.85\xi_b$；以防止发生超筋破坏，对第一类T形梁，此项不必验算。

(2) $\rho \geqslant \rho_{min}$；以防止发生少筋破坏，对第一类T形梁，此项需要验算。

第一类T形截面下，受压区呈矩形（宽度为 b_f'），所以把单筋矩形截面计算公式中的 b 用 b_f' 代替后在此均可使用。在验算式 $\rho \geqslant \rho_{min}$ 时，T形截面的配筋率仍用公式 $\rho = A_s/(bh_0)$ 计算。这是因为截面最小配筋率是根据钢筋混凝土截面的承载力不低于同样截面的素混凝土的承载力原则确定的，而T形截面素混凝土截面的承载力主要取决于受拉区混凝土的抗拉强度和截面尺寸，与高度相同、宽度等于肋宽的矩形截面素混凝土梁的承载力基本相同。

3. 第二类T形截面基本公式及适用条件

(1) 基本公式。根据图3-27和截面内力平衡条件，并满足承载能力极限状态计算表达式的要求，可得如下基本公式：

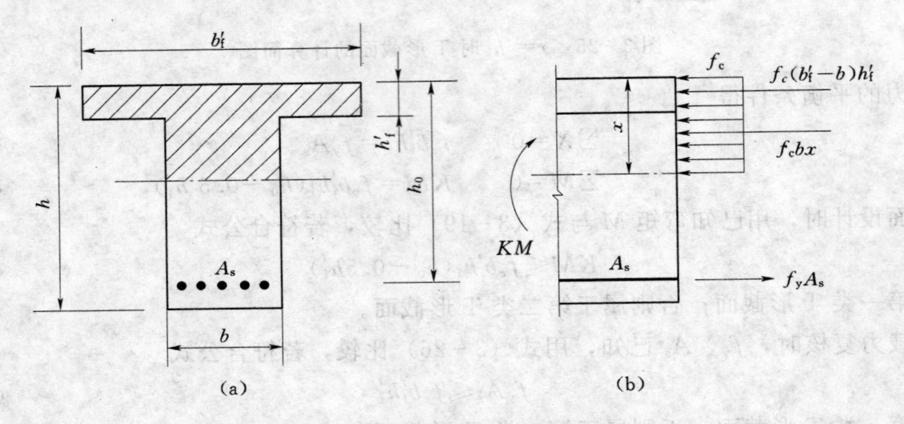

图3-27　第二类T形截面承载力计算图

$$f_c bx + f_c(b_f'-b)h_f' = f_y A_s \tag{3-32}$$

$$KM \leqslant f_c bx(h_0-0.5x) + f_c(b_f'-b)h_f'(h_0-0.5h_f') \tag{3-33}$$

将 $x=\xi h_0$ 及 $\alpha_s=\xi(1-0.5\xi)$ 代入上式得

$$f_c b\xi h_0 + f_c(b_f'-b)h_f' = f_y A_s \tag{3-34}$$

$$KM \leqslant \alpha_s f_c bh_0^2 + f_c(b_f'-b)h_f'(h_0-0.5h_f') \tag{3-35}$$

(2) 适用条件。

1) $\xi \leqslant 0.85\xi_b$ 或 $x \leqslant 0.85\xi_b h_0$，以防止发生超筋破坏。

2) $\rho \geqslant \rho_{min}$，以防止发生少筋破坏。

需要指出的是，第二类T形截面受压区的面积较大，所以一般不会发生超筋破坏，故条件 $\xi \leqslant 0.85\xi_b$ 常不必验算。另外，这种T形截面梁所需配置的 A_s 较大，均能满足 $\rho \geqslant \rho_{min}$ 的要求。

三、公式应用

（一）截面设计

T形梁截面尺寸，一般是预先假定或参考同类结构取用，也可按高跨比 $h/l_0=1/8\sim1/12$ 拟定梁高 h，按高宽比 $h/b=2.5\sim4.0$ 拟定梁宽 b 的思路进行设计。截面设计时，截面尺寸（b、h、b_f'、h_f'），材料及其强度设计值（f_c、f_y），截面弯矩计算值 M 均为已知；只有纵向受拉钢筋截面面积 A_s需计算。计算步骤如下：

（1）确定翼缘计算宽度 b_f'。将实际翼缘宽度与表 3-3 所列各项的计算值进行比较后，取其中最小者作为翼缘计算宽度 b_f'。

（2）判别T形截面的类型。若式（3-28）成立，则属于第一类T形截面；否则，属于第二类T形截面。

（3）配筋计算。

若为第一类T形截面，则按 $b_f'\times h$ 的矩形截面进行计算。

若为第二类T形截面，由式（3-34）或式（3-35）得

$$\alpha_s=\frac{KM-f_c\ (b_f'-b)\ h_f'(h_0-0.5h_f')}{f_cbh_0^2} \tag{3-36}$$

$$\xi=1-\sqrt{1-2\alpha_s}$$

则

$$A_s=\frac{f_cb\xi h_0+f_c\ (b_f'-b)\ h_f'}{f_y} \tag{3-37}$$

验算适用条件：$\xi\leqslant0.85\xi_b$；$\rho\geqslant\rho_{min}$。

（4）选配钢筋并绘图。在独立T形梁中，除受拉区配置纵向受力钢筋以外，为保证受压区翼缘与梁肋的整体性，一般在翼缘板的顶面配置横向构造钢筋，其直径不小于8mm，其每米跨长内不少于5根钢筋（见图3-28），当翼缘板外伸较长而厚度又较薄时，则应按悬臂板计算翼缘的承载力，板顶面的钢筋数量由计算决定。

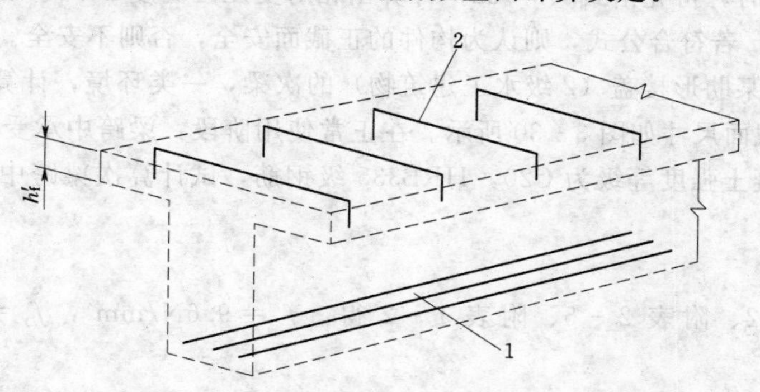

图3-28　翼缘顶面构造钢筋

1—纵向受力钢筋；2—翼缘板横向钢筋

T形截面正截面设计步骤见图3-29。

（二）承载力复核

承载力复核时，截面尺寸（b、b_f'、h、h_f'），材料强度（f_y、f_c），受拉钢筋截面面积 A_s 及 a_s 均已知。需要验算的是，在给定承受的外力，构件的正截面是否安全。步骤如下：

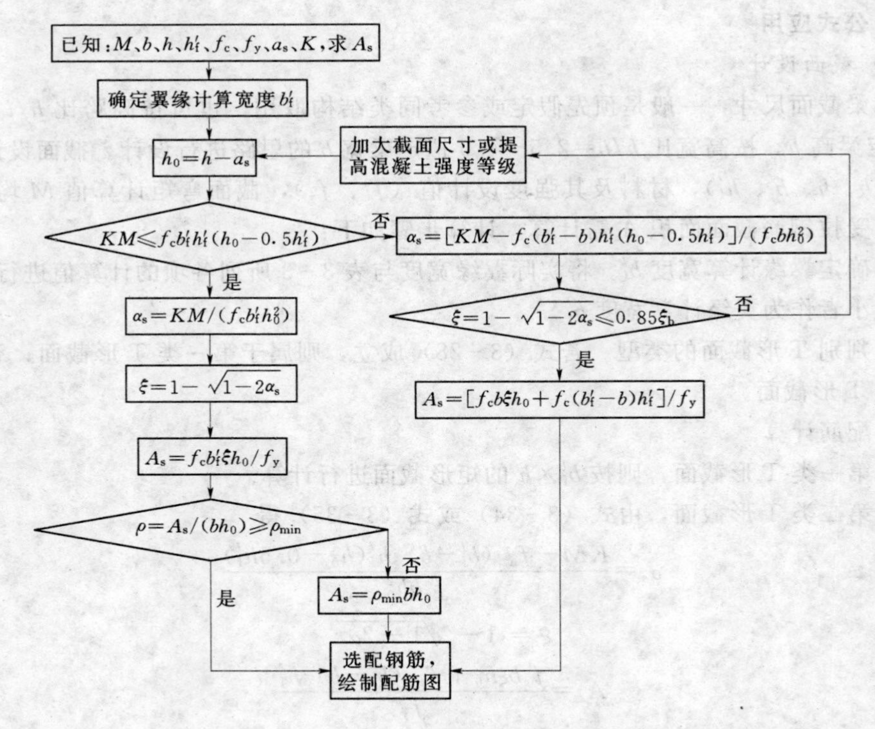

图 3-29　T 形截面设计流程图

（1）确定翼缘的计算宽度 b_f'。

（2）判别 T 形截面的类型，确定构件的承载能力。若式（3-29）成立，则属于第一类 T 形截面，此时，可参照宽度为 b_f'的单筋矩形截面进行承载力复核。否则，属于第二类 T 形截面，此时，可先由式（3-32）计算出相对受压区高度 x，代入式（3-33）确定构件的承载能力，若符合公式，则认为构件的正截面安全，否则不安全。

【例 3-7】 某肋形楼盖（2 级水工建筑物）的次梁，一类环境，计算跨度 $l_0=6.0$m，间距为 2.5m，截面尺寸如图 3-30 所示。在正常使用阶段，梁跨中承受弯矩设计值 $M=$ 125kN·m，混凝土强度等级为 C20，HRB335 级钢筋，试计算次梁跨中截面受拉钢筋面积 A_s。

解：

查附表 2-2、附表 2-5、附表 1-2 得：$f_c=9.6\text{N/mm}^2$，$f_y=300\text{N/mm}^2$，$K=1.20$。

（1）确定翼缘计算宽度 b_f'

估计受拉钢筋需要布置为一层，取 $a_s=45$mm，则 $h_0=500-45=455$mm。

按梁跨 l_0 考虑　　　　$l_0/3=6000/3=2000$mm

按翼缘高度 h_f'考虑　　　　$h_f'/h_0=100/455=0.247>0.1$　翼缘不受限制

按梁净距 s_n 考虑　　　　$b_f'=b+s_n=200+2300=2500$mm

翼缘计算宽度 b_f'取三者中的较小值，即 $b_f'=2000$mm。

（2）判别 T 形截面的类型

$$KM=1.20\times125=150\text{kN}\cdot\text{m}$$

$$f_c b_f' h_f'(h_0-0.5h_f')=9.6\times2000\times100\times(455-0.5\times100)=777.6\text{kN}\cdot\text{m}>KM=150\text{kN}\cdot\text{m}$$

属于第一类 T 形截面，按 2000mm×500mm 的单筋矩形截面梁进行计算。

（3）配筋计算

$$\alpha_s=\frac{KM}{f_c b_f' h_0^2}=\frac{1.20\times125\times10^6}{9.6\times2000\times455^2}=0.038$$

$$\xi=1-\sqrt{1-2\alpha_s}=1-\sqrt{1-2\times0.038}=0.039$$

$$A_s=\frac{f_c b_f' \xi h_0}{f_y}=\frac{9.6\times2000\times0.039\times455}{300}=1136\text{mm}^2$$

$$\rho=A_s/(bh_0)=1136/(200\times455)=1.24\%>0.2\%$$

（4）选配钢筋，绘配筋图

选受拉钢筋为 3 ⌀ 22（$A_s=1140\text{mm}^2$）；正截面配筋如图 3－30 所示。

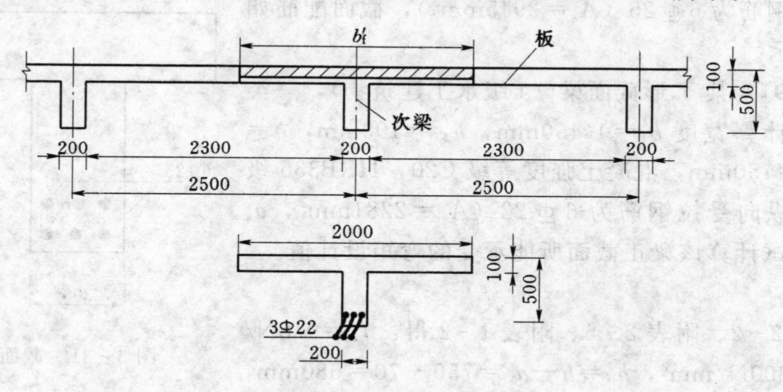

图 3－30　截面配筋图

【例 3－8】　某 T 形截面吊车梁（3 级水工建筑物），一类环境，计算跨度 l_0＝8000mm，截面尺寸如图 3－31 所示；承受弯矩设计值 M＝570kN·m；混凝土强度等级为 C25，HRB400 级钢筋。试计算所需要的受拉钢筋面面积。

解：

查附表 2－2、附表 2－5、附表 1－2 得：$f_c=11.9\text{N/mm}^2$，$f_y=360\text{N/mm}^2$，$K=1.20$。

（1）确定翼缘计算宽度 b_f'

因弯矩较大，设受拉钢筋要布置为两层，取 $a_s=70\text{mm}$，则 $h_0=800-70=730\text{mm}$。

按梁跨 l_0 考虑　　　　$l_0/3=8000/3=2667\text{mm}$

按翼缘高度考虑　　　　$h_f'/h_0=120/730=0.164>0.1$

$$b+12h_f'=300+12\times120=1740\text{mm}$$

取翼缘计算宽度 b_f'为实际宽度，$b_f'=600\text{mm}$。

（2）判别 T 形截面梁的类型

$$KM=1.20\times570=684\text{kN}\cdot\text{m}$$

$$f_c b_f' h_f'(h_0-0.5h_f')=11.9\times600\times120\times(730-0.5\times120)=574.06\text{kN}\cdot\text{m}<KM$$

属于第二类 T 形截面。

(3) 配筋计算

$$\alpha_s=\frac{KM-f_c(b_f'-b)h_f'(h_0-0.5h_f')}{f_c bh_0^2}$$

$$=\frac{1.20\times570\times10^6-11.9\times(600-300)\times120\times(730-0.5\times120)}{11.9\times300\times730^2}=0.209$$

$$\xi=1-\sqrt{1-2\alpha_s}=1-\sqrt{1-2\times0.209}=0.237$$

$$A_s=\frac{f_c b\xi h_0+f_c(b_f'-b)h_f'}{f_y}$$

$$=\frac{11.9\times300\times0.237\times730+11.9\times(600-300)\times120}{360}$$

$$=2906\text{mm}^2$$

(4) 选配钢筋，绘制配筋图

选受拉钢筋为 6 ⌀ 25（$A_s=2945\text{mm}^2$），截面配筋如图 3-31 所示。

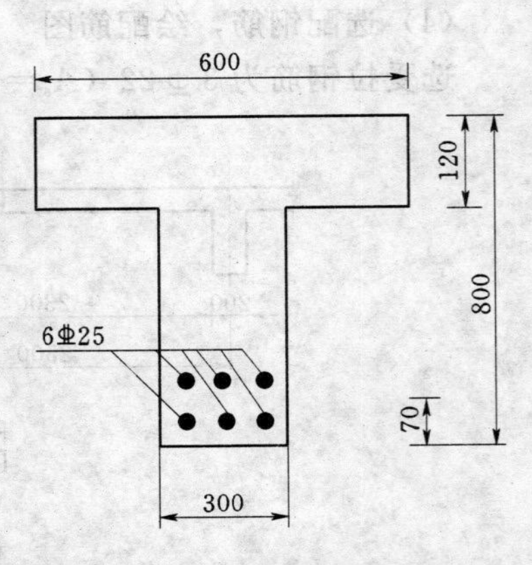

图 3-31　截面配筋图

【例 3-9】 某 T 形截面梁（4 级水工建筑物），一类环境，翼缘计算宽度 $b_f'=1\ 450\text{mm}$，$h_f'=100\text{mm}$，$b=250\text{mm}$，$h=750\text{mm}$，混凝土强度等级 C20，HRB335 级钢筋，配置纵向受拉钢筋为 6 ⌀ 22（$A_s=2281\text{mm}^2$，$a_s=70\text{mm}$）。试计算该梁正截面所能承受的弯矩设计值。

解：

查附表 2-2、附表 2-5、附表 1-2 得：$f_c=9.6\text{N/mm}^2$，$f_y=300\text{N/mm}^2$，$h_0=h-a_s=750-70=680\text{mm}$，$K=1.15$。

(1) 判别 T 形截面梁类型

$$f_yA_s=300\times2281=684300\text{N}$$
$$f_cb_f'h_f'=9.6\times1450\times100=1392000\text{N}$$
$$f_yA_s<f_cb_f'h_f'$$

故属于第一类 T 形截面。

(2) 弯矩设计值

$$x=\frac{f_yA_s}{f_cb_f'}=\frac{684300}{9.6\times1450}=49.16\text{mm}$$

$$KM\leqslant f_cb_f'x\ (h_0-0.5x)\ =9.6\times1450\times49.16\times(680-0.5\times49.16)\ =448.51\text{kN}\cdot\text{m}$$

取

$$M=448.51/1.15=390.01\text{kN}\cdot\text{m}$$

故该梁正截面所能承受的弯矩设计值为 390.01kN·m。

复习指导

1. 钢筋混凝土受弯构件需要理论计算也需要合理的构造措施，才能满足设计和使用要求。本章所述受弯构件截面的基本尺寸、保护层、配筋率、钢筋的直径、根数、间距、选用、布置等应予熟知。

2. 深刻理解钢筋混凝土梁的正截面性能试验，重点掌握钢筋混凝土受弯构件正截面的破坏特征、适筋梁三个阶段的应力情况及破坏特征。

3. 四个基本假设和等效应力图形是建立基本公式的基础，应予很好理解。基本计算公式是根据等效应力图形求平衡列出的。注意 $\xi \leqslant 0.85\xi_b$、$\rho \geqslant \rho_{min}$ 及双筋的 $x < 2a_s'$ 等公式适用条件的意义和应用。

4. 正截面承载力计算包括截面设计和承载力复核。单筋矩形截面的截面设计和承载力复核时可以直接利用基本公式求解；双筋矩形截面的截面设计时要考虑 A_s' 是否已知，如 A_s' 未知，则应补充条件 $x = 0.85\xi_b h_0$；T 形截面则应首先确定受压翼缘的计算宽度 b_f'，并判断属于第一类或第二类后再行设计。

习　题

一、思考题

1. 简述钢筋混凝土适筋梁三个工作阶段的主要特征。

2. 适筋梁、超筋梁及少筋梁的破坏特征有什么不同？

3. 何为单筋截面？何为双筋截面？两者区别的关键是什么？

4. 混凝土保护层的主要作用有哪些？梁和板的保护层如何确定？

5. 复核单筋截面承载力时，若 $x > 0.85\xi_b h_0$，如何计算其承载力？

6. 何为受拉钢筋配筋率？现浇实心板、矩形及 T 形截面梁的常用配筋率范围各是多少？

7. 何为相对界限受压区计算高度 ξ_b，它在承载力计算中的作用是什么？

8. 单筋矩形截面公式（3－4）是如何推导的？

9. ξ 值定义是什么？写出其公式，并推出 ξ 与配筋率 ρ 之间的关系式。

10. 计算双筋截面，A_s、A_s' 均未知时，x 如何取值？当 A_s' 已知时，应当如何求 A_s。

11. 截面设计时，为什么要限制 $x \leqslant 0.85\xi_b h_0$？在受压区配置钢筋时，为什么要求 $x > 2a_s'$？

12. 提高梁板构件正截面承载能力的措施有哪些？

13. 截面计算时，如何判别 T 形截面梁的类型？承载力复核时，如何判别 T 形截面梁的类型？

14. 某 T 形梁截面尺寸已定，钢筋数量不限，试列出其最大承载力表达式。

15. 梁中配置的钢筋共有哪几类？

16. 图 3－32 为截面尺寸相同，材料相同（即 f_c、f_y 相同），但配筋率不同的四种梁

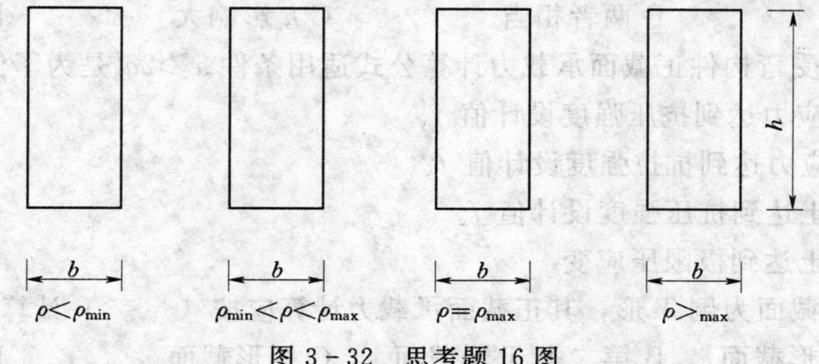

图 3－32　思考题 16 图

板构件的正截面，分别回答下列问题：

（1）截面的破坏类型是什么？

（2）截面破坏时钢筋应力达到多大值？

（3）截面破坏时钢筋和混凝土强度否得到了充分利用？

（4）受压区高度大小是多少？

二、选择题

1. 钢筋混凝土梁抗裂验算时截面的应力阶段是（　）。

A 第Ⅱ阶段　　B 第Ⅰ阶段末尾

C 第Ⅱ阶段开始　　D 第Ⅱ阶段末尾

2. 甲、乙两人设计同一根屋面大梁。甲设计的大梁出现了多条裂缝，最大裂缝宽度约为0.15mm；乙设计的大梁只出现一条裂缝，但最大裂缝宽度达到0.43mm。你认为（　）。

A 甲的设计比较差　　B 甲的设计比较好

C 两人的设计各有优劣　　D 两人的设计都不好

3. 进行受弯构件截面设计时，若按初选截面计算的配筋率大于最大配筋率，说明（　）。

A 配筋过少　　B 初选截面过小

C 初选截面过大　　D 钢筋强度过高

4. 截面尺寸与材料品种确定后，梁的正截面抗弯承载力与受拉纵向钢筋配筋率 ρ 之间的关系是（　）。

A ρ 愈大，正截面抗弯承载力也愈大

B ρ 愈小，正截面抗弯承载力也愈大

C 当 $\rho_{\min} \leqslant \rho \leqslant \rho_{\max}$ 时，ρ 愈大，正截面抗弯承载力也愈大

D 正截面抗弯承载力与 ρ 无关

5. 钢筋混凝土梁实际配筋率等于最大配筋率时发生的破坏，称为（　）。

A 适筋破坏　B 超筋破坏　C 少筋破坏　D 界限破坏

6. 提高受弯构件正截面受弯能力最有效的方法是（　）。

A 提高混凝土强度等级　　B 增加保护层厚度

C 增加截面高度　　D 增加截面宽度

7. 在梁的配筋率不变的条件下，梁高 h 与梁宽 b 相比，对 KM 的影响（　）。

A h 影响小　　B 两者相当　　C h 影响大　　D 不一定

8. 双筋截面受弯构件正截面承载力计算公式适用条件 $x \geqslant 2a_s'$ 是为了保证（　）。

A 受压钢筋应力达到抗压强度设计值 f_y'

B 受拉钢筋应力达到抗拉强度设计值 f_y

C 受压混凝土达到抗压强度设计值 f_c

D 受压混凝土达到极限压应变

9. 某简支梁截面为倒T形，其正截面承载力计算应按（　）计算。

A 第一类T形截面　　B 第二类T形截面　　C 矩形截面　　D T形截面

10. T形截面梁配筋率的计算公式应为（ ）。

A $\rho=A_s/(bh_0)$　　B $\rho=A_s/(bh)$　　C $\rho=A_s/(b'_f h_0)$　　D $\rho=A_s/(b'_{fh})$

三、计算题

1. 某2级水工建筑物的矩形截面梁，二类环境条件，计算跨度 $l_0=6000$mm，承受弯矩设计值 $M=156$kN·m，采用混凝土强度等级C25，HRB335级钢筋。试确定梁的截面尺寸并计算受拉钢筋截面面积 A_s。

2. 某3级水工建筑物的现浇钢筋混凝土板，一类环境条件，计算跨度 $l_0=2760$mm，板上作用均布可变荷载标准值 $q_k=2.6$kN/m，水磨石地面及细石混凝土垫层厚度为25mm（重度为22kN/m^3），板底粉刷白灰浆厚度为12mm（重度为17kN/m^3），混凝土强度等级为C20，HRB335级钢筋。试确定板厚 h（必须满足 $h\geqslant l_0/35$）和受拉钢筋截面面积 A_s。

3. 已知矩形截面简支梁（2级水工建筑物），截面尺寸 $b\times h=250\text{mm}\times550\text{mm}$，二类环境，混凝土强度等级C25，HRB335级钢筋，跨中承受弯矩设计值 $M=135$kN·m。试求钢筋截面面积 A_s。

4. 某2级水工建筑物的矩形梁，一类环境条件，截面尺寸 $b\times h=250\text{mm}\times600\text{mm}$，混凝土强度等级为C20，HRB335级钢筋，配置一排受拉钢筋为4 Φ 25，试求该梁实际能承受的弯矩设计值。

5. 试按下列情况，列表计算各截面的受弯承载力（一类环境），并分析混凝土强度等级、钢筋级别、截面的尺寸（高度、宽度）等因素对受弯承载力的影响。

（1）截面尺寸 $b\times h=250\text{mm}\times500\text{mm}$，混凝土强度等级为C20，4 Φ 20钢筋。

（2）截面尺寸 $b\times h=250\text{mm}\times500\text{mm}$，混凝土强度等级为C20，6 Φ 20钢筋。

（3）截面尺寸 $b\times h=250\text{mm}\times500\text{mm}$，混凝土强度等级为C30，4 Φ 20钢筋。

（4）截面尺寸 $b\times h=250\text{mm}\times500\text{mm}$，混凝土强度等级为C20，4 Φ 20钢筋。

（5）截面尺寸 $b\times h=250\text{mm}\times550\text{mm}$，混凝土强度等级为C20，4 Φ 20钢筋。

（6）截面尺寸 $b\times h=220\text{mm}\times500\text{mm}$，混凝土强度等级为C20，4 Φ 20钢筋。

6. 已知3级水工建筑物的矩形截面简支梁，截面尺寸 $b\times h=250\text{mm}\times550\text{mm}$，一类环境条件，混凝土强度等级为C20，HRB335级钢筋。承受弯矩设计值为 $M=205$kN·m。试计算：

（1）该正截面所需要的受力钢筋截面面积。

（2）在受压区已配置3 Φ 22时，计算受拉钢筋截面面积。

7. 某2级水工建筑物的矩形梁，截面尺寸 $b\times h=250\text{mm}\times600\text{mm}$，二类环境条件，计算跨度 $l_0=6500$mm，在使用期间承受均布荷载标准值 $g_k=25$kN/m（包括自重），$q_k=20$kN/m。混凝土强度等级为C25，HRB335级钢筋。试计算受力钢筋截面面积。

8. 某电站厂房（2级水工建筑物）的简支梁的计算跨度 $l_0=5800$mm，截面尺寸 $b\times h=250\text{mm}\times550\text{mm}$，配置受拉钢筋6 Φ 22（$a_s=75$mm）及受压钢筋3 Φ 18（$a'_s=45$mm），采用混凝土强度等级C25，HRB335级钢筋。现因为检修设备需临时在跨中承受一集中荷载 $Q_k=70$kN，同时承受梁与铺板自重产生的均布荷载值 $g_k=15$ kN/m。试复核此梁正截面在检修期间是否安全。

9. 某2级水工建筑物的双筋截面梁截面尺寸 $b\times h=250\text{mm}\times500\text{mm}$，承受弯矩设计

值 M=160kN·m，采用混凝土强度等级为 C20，受压纵筋为 2⌀16；受拉纵筋采用 4⌀20 和 3⌀25 两种配置。试复核在上述两种配筋情况下，此梁正截面是否安全。

10. 某 3 级水工建筑物的矩形截面梁截面尺寸为 $b \times h$=300mm×600mm，承受弯矩设计值双筋截面 M=180kN·m，采用混凝土强度等级为 C30，受压区已配置 2⌀18 受压钢筋。试配置该截面受拉钢筋面积。

11. 某 2 级水工建筑物的独立 T 形梁，计算跨度 l_0=8000mm，b'_f=750mm，h'_f=120mm，b=250mm，h=750mm；正常情况下跨中承受弯矩设计值 M=200kN·m；采用混凝土强度等级 C30，HRB400 级钢筋。试计算跨中截面所需的受拉钢筋截面面积。

12. 现浇混凝土肋形楼盖的次梁，如图 3-33 所示。2 级水工建筑物，一类环境，计算跨度 l_0=7.5m，间距为 2.4m，现浇板厚 100mm，梁高 550mm，梁肋宽 200mm。在使用阶段，梁跨中承受弯矩设计值 M=109kN·m，混凝土强度等级为 C20，HRB335 级钢筋。试计算次梁跨中截面受拉钢筋面积 A_s。

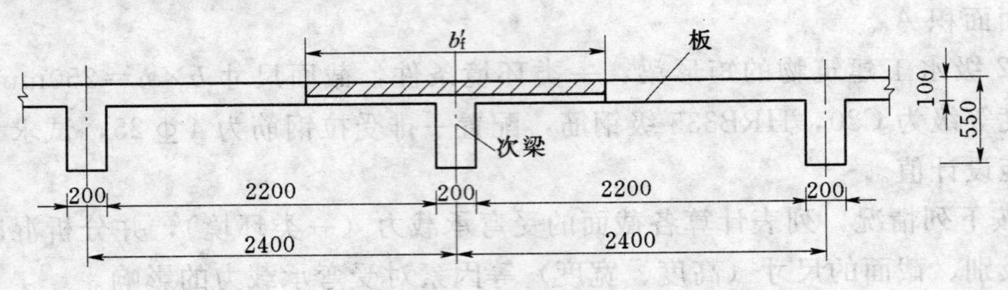

图 3-33　计算题 12 图

13. 某 2 级水工建筑物的吊车梁，翼缘计算宽度 b'_f=650mm，h'_f=110mm，b=250mm，h=750mm，计算跨度 l_0=6000mm，在使用阶段跨中承受弯矩设计值 M=420kN·m，混凝土强度等级为 C25，HRB400 级钢筋。试计算跨中截面所需要的受拉钢筋截面面积。

14. 某 T 形截面梁，2 级水工建筑物，翼缘计算宽度 b'_f=1400mm，h'_f=120mm，b=250mm，h=700mm，混凝土强度等级为 C25，HRB335 级钢筋，配置受拉钢筋为 6⌀22，承受弯矩设计值 M=450kN·m。试复核该梁正截面是否安全。

15. 某 2 级水工建筑物的吊车梁，一类环境，翼缘计算宽度 b'_f=800mm，h'_f=110mm，b=200mm，h=600 mm，计算跨度 l_0=6000mm，在使用阶段跨中承受弯矩设计值 M=250kN·m，混凝土强度等级为 C25，HRB335 级钢筋。试配置该截面钢筋。

第四章　钢筋混凝土受弯构件斜截面承载力计算

【学习提要】 本章主要讲述受弯构件在弯矩和剪力共同作用下斜截面的受力特点、破坏形态和破坏过程，影响斜截面受剪承载力的因素，受弯构件的受剪承载力计算与复核，以及相关构造规定等。学习本章，应熟练掌握受弯构件斜截面承载力的计算方法、步骤，理解相关构造规定及其应用。

钢筋混凝土受弯构件在弯矩 M 和剪力 V 共同作用的剪弯区段内，构件常会出现斜裂缝（见图 4-1），甚至沿斜裂缝发生斜截面破坏，通常破坏较为突然，具有脆性性质，其危险性极大。为了防止发生斜截面破坏，设计时应保证梁有足够的截面尺寸，并配置适量的箍筋和弯起钢筋（箍筋和弯起钢筋通常称为腹筋）。腹筋与纵向钢筋组成了构件的钢筋骨架，与混凝土共同承受截面的弯矩和剪力，防止截面破坏，如图 4-2 所示。

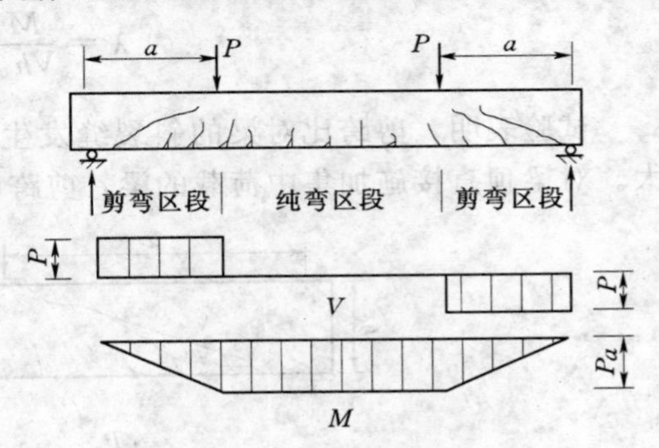

图 4-1　剪弯区段及斜裂缝

受弯构件的斜截面承载能力包括斜截面受剪承载力和斜截面受弯承载力。受弯构件除保证弯矩作用下的正截面承载力外，还必须保证构件的斜截面承载力。在实际工程设计中，斜截面受剪承载力通过计算配置腹筋来保证，而斜截面受弯承载力则通过构造措施来保证。

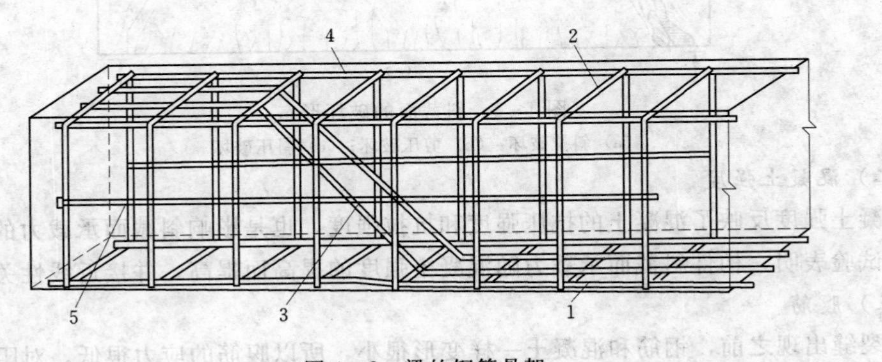

图 4-2　梁的钢筋骨架

1—纵向钢筋；2—箍筋；3—弯起钢筋（斜筋）；4—架立筋；5—腰筋

一般来说，板的跨高比较大，具有足够的斜截面承载力，故受弯构件斜截面承载能力计算主要是对梁和厚板。

第一节　斜截面受剪破坏分析

一、影响斜截面受剪承载力的主要因素

（一）剪跨比 λ

剪跨比反映了梁中弯矩和剪力的相对大小。对承受分布荷载或其他多种荷载的梁，截面的弯矩 M 与剪力 V 和有效高度 h_0 乘积的比值称为广义剪跨比，即

$$\lambda = \frac{M}{Vh_0} \tag{4-1}$$

对承受集中荷载的梁（见图 4-3），集中荷载作用点到支座之间的距离 a，称为剪跨，这时梁的剪跨比可表示为

$$\lambda = \frac{M}{Vh_0} = \frac{Pa}{Ph_0} = \frac{a}{h_0} \tag{4-2}$$

试验表明，剪跨比对梁的斜裂缝发生和发展状况、破坏形态及斜截面承载力影响很大。对梁顶直接施加集中荷载的梁，剪跨比 λ 是影响受剪承载力的主要因素。

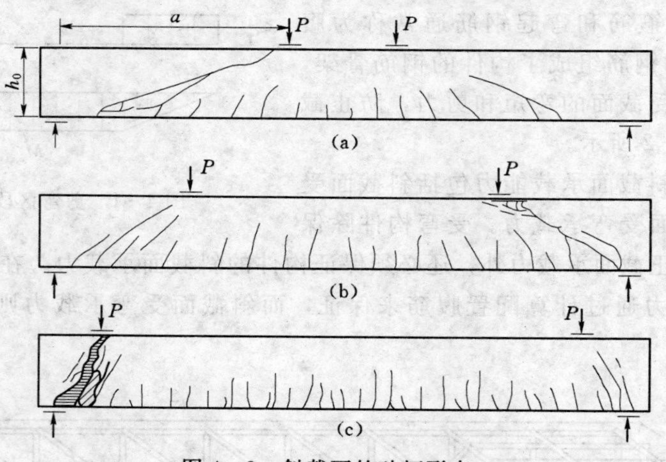

图 4-3　斜截面的破坏形态

(a) 斜拉破坏；(b) 剪压破坏；(c) 斜压破坏

（二）混凝土强度

混凝土强度反映了混凝土的抗压强度和抗拉强度，也是影响斜截面承载力的一个重要因素，试验表明，构件斜截面承载力随混凝土强度的提高而提高，并接近线性关系。

（三）腹筋

斜裂缝出现之前，钢筋和混凝土一样变形很小，所以腹筋的应力很低，对阻止斜裂缝开裂的作用甚微。斜裂缝出现后，与斜裂缝相交的腹筋，不仅可以直接承受部分剪力，还能阻止斜裂缝开展过宽，延缓斜裂缝的开展，提高斜截面上集料的咬合力及混凝土的受剪承载力。另外，箍筋可限制纵筋的竖向位移，能有效阻止混凝土沿纵向的撕裂，从而提高纵筋在抗剪中的销栓作用。

（四）纵向钢筋

增加纵向钢筋可抑制斜裂缝向受压区的伸展，从而提高骨料咬合力，并加大了剪压区高度，使混凝土的抗剪能力提高。总之，随着纵向钢筋的增加，梁的受剪承载力有所提高，但增幅不大。

除了上述几个主要影响因素外，影响斜截面承载力的因素还有截面形式、截面尺寸和加载方式等。

二、斜截面的破坏形态

试验表明，梁斜截面破坏的主要形态有斜拉破坏、剪压破坏及斜压破坏三种。

（一）斜拉破坏

如图 4－3（a）所示，这种破坏常发生在剪跨比 λ 较大（$\lambda>3$），且腹筋数量配得过少的情况下。其破坏过程是，随着荷载的增加，一旦出现斜裂缝，上下延伸形成临界斜裂缝，并迅速向受压边缘发展，直至将整个截面裂通，使梁劈裂为两部分而破坏，往往伴随产生沿纵筋的撕裂裂缝。破坏荷载与开裂荷载很接近。

（二）剪压破坏

如图 4－3（b）所示，这种破坏常发生在剪跨比 λ 适中（$1<\lambda\leqslant3$），且腹筋配置数量适当的情况下，是最典型的斜截面破坏。其破坏过程是，随着荷载的增加，首先在受拉区出现一些垂直裂缝和几条细微的斜裂缝，然后斜向延伸，形成较宽的主裂缝——临界斜裂缝，随着荷载的增大，斜裂缝向荷载作用点缓慢发展，剪压区高度不断减小，斜裂缝的宽度逐渐加宽，与斜裂缝相交的箍筋应力也随之增大，破坏时，受压区混凝土在剪应力和压应力共同作用下被压碎，此时箍筋的应力达到屈服强度。

（三）斜压破坏

如图 4－3（c）所示，这种破坏常发生当梁的剪跨比 λ 较小（$\lambda\leqslant1$），且腹筋配置过多的情况下。其破坏过程是，在荷载作用下，斜裂缝出现后，在裂缝中间形成倾斜的混凝土短柱，随着荷载的增加，这些短柱因混凝土达到轴心抗压强度而被压碎，此时箍筋的应力一般达不到屈服强度。

对于上述三种不同的破坏形态，设计时可以采用不同的方法进行处理，以保证构件具有足够的抗剪安全度。一般用限制截面梁的最小尺寸来防止发生斜压破坏，用满足腹筋的间距及限制箍筋的配箍率来防止斜拉破坏，剪压破坏是斜截面受剪承载力计算公式建立的依据。

第二节　斜截面受剪承载力计算

一、斜截面受剪承载力计算的基本公式

斜截面受剪承载力计算，是以剪压破坏特征建立的计算公式。图 4－4 为配置适量腹筋的简支梁，在主要斜裂缝 AB 出现（临界破坏）时，取 AB 到支座的一段梁作为脱离体，与斜裂缝相交的箍筋和弯起钢筋均可屈服，余留截面混凝土的应力也达到抗压极限强度，斜截面的内力如图 4－4 所示。

根据承载力极限状态计算原则和脱离体竖向力的平衡条件可得

$$KV \leqslant V_c + V_{sv} + V_{sb} \quad (4-3)$$

式中　V——斜截面的剪力设计值，N；

V_c——混凝土的受剪承载力，N；

V_{sv}——箍筋的受剪承载力，N；

V_{sb}——弯起钢筋的受剪承载力，N；

K——承载力安全系数。

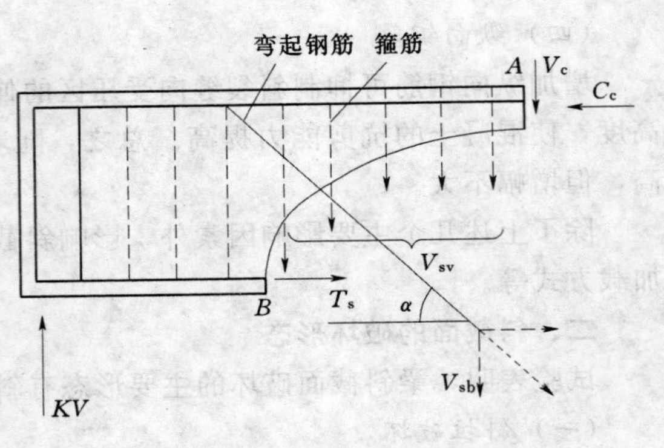

图 4-4　斜截面承载力的组成

若梁不配置弯起钢筋，仅配箍筋时梁的受剪承载力，则由混凝土的受剪承载力 V_c 和箍筋的受剪承载力 V_{sv} 两部分组成，并用 V_{cs} 表示，即 $V_{cs}=V_c+V_{sv}$。

由于影响斜截面受剪承载力的因素很多，目前《规范》采用的受弯构件斜截面承载力计算公式仍为半理论半经验公式。

（一）仅配箍筋的梁

对于承受一般荷载的矩形、T 形和 I 形截面梁，其受剪承载力计算基本公式为

$$V_{cs} = V_c + V_{sv} = 0.7 f_t b h_0 + 1.25 f_{yv} \frac{A_{sv}}{s} h_0 \quad (4-4)$$

对承受集中力为主的重要的独立梁，其受剪承载力计算基本公式为

$$V_{cs} = V_c + V_{sv} = 0.5 f_t b h_0 + f_{yv} \frac{A_{sv}}{s} h_0 \quad (4-5)$$

式中　f_t——混凝土轴心抗拉强度设计值，N/mm²，按附表 2-2 采用；

b——矩形截面的宽度或 T 形、I 形截面的腹板宽度，mm；

h_0——截面有效高度，mm；

f_{yv}——箍筋抗拉强度设计值，N/mm²，按附表 2-5 采用；

A_{sv}——配置在同一截面内箍筋各肢的全部截面面积，mm²；

s——箍筋间距，mm。

（二）弯起钢筋的受剪承载力 V_{sb}

弯起钢筋的受剪承载力是指通过破坏斜裂缝的斜筋所能承担的最大剪力，其值等于弯起钢筋所承受的拉力在垂直于梁轴线方向的分力（见图 4-4），即

$$V_{sb} = f_y A_{sb} \sin\alpha_s \quad (4-6)$$

式中　A_{sb}——同一弯起平面内弯起钢筋的截面面积，mm²；

α_s——斜截面上弯起钢筋与构件纵向轴线的夹角（°）。

（三）受剪承载力计算表达式

在计算中一般是先配箍筋，必要时再配置弯起钢筋。因此，受剪承载力计算公式又可分为两种情况：

1. 仅配箍筋的梁

$$KV \leqslant V_{cs} \quad (4-7)$$

2. 同时配箍筋和弯起钢筋的梁

$$KV \leqslant V_{cs} + V_{sb} \tag{4-8}$$

二、计算公式的适用条件

斜截面受剪承载力计算公式，是根据有腹筋梁的剪压破坏建立的，因此，公式的适用条件必须防止发生斜压破坏和斜拉破坏。

（一）防止斜压破坏的条件——最小截面尺寸

当梁截面尺寸过小，配置的腹筋过多，剪力较大时，梁可能发生斜压破坏，这种破坏形态的构件受剪承载力主要取决于混凝土的抗压强度及构件的截面尺寸，腹筋的应力达不到屈服强度而不能充分发挥作用。为了避免发生斜压破坏，构件的最小截面尺寸必须符合下列条件：

当 $h_w/b \leqslant 4.0$ 时
$$KV \leqslant 0.25 f_c b h_0 \tag{4-9}$$

当 $h_w/b \geqslant 6.0$ 时
$$KV \leqslant 0.2 f_c b h_0 \tag{4-10}$$

当 $4.0 < h_w/b < 6.0$ 时，按直线内插法取用。

式中　V——构件斜截面上最大剪力设计值，N；

b——矩形截面的宽度，T 形截面或 I 形截面的腹板宽度，mm；

h_w——截面的腹板高度，mm，矩形截面取截面的有效高度，T 形截面取截面有效高度减去翼缘高度，I 形截面取腹板净高。

对截面高度较大，控制裂缝开展宽度要求较严的水工结构构件（例如混凝土渡槽槽身），即使 $h_w/b < 6.0$，其截面仍应符合式（4-10）的要求。对 T 形或 I 形的简支受弯构件，当有实践经验时，式（4-9）中的系数 0.25 可改为 0.3。

在设计中，若不满足最小截面尺寸要求，应加大截面尺寸或提高混凝土强度等级。

（二）防止斜拉破坏的条件——最小配箍率和腹筋的最大间距

试验表明，若腹筋配置得过少过稀，一旦斜裂缝出现，由于腹筋的抗剪作用不足以替代斜裂缝发生前混凝土原有的作用，就会发生突然性的斜拉破坏。为了防止发生斜拉破坏，必须满足箍筋配箍率及腹筋间距的要求。

1. 配箍率

箍筋配置的数量可用配箍率 ρ_{sv} 来反映，ρ_{sv} 是箍筋截面面积与相邻箍筋之间腹板水平截面面积的比值（见图 4-5）。箍筋配置过少，一旦斜裂缝出现，由于箍筋的抗剪作用不足以替代斜裂缝发生前混凝土原有的作用，就会发生突然性的斜拉破坏。为了防止发生这种破坏，当 $KV > V_c$ 时，箍筋的配置应满足它的最小配箍率 ρ_{svmin} 要求：

对 HPB235 级钢筋
$$\rho_{sv} = A_{sv}/(bs) \geqslant \rho_{svmin} = 0.15\% \tag{4-11}$$

对 HRB335 级钢筋
$$\rho_{sv} = A_{sv}/(bs) \geqslant \rho_{svmin} = 0.10\% \tag{4-12}$$

2. 腹筋间距

腹筋间距过大，有可能在两根腹筋之间出现不与腹筋相交的斜裂缝，这时腹筋便无从发挥作用（见图 4-6）。同时箍筋分布的疏密对斜裂缝开展宽度也有影响。因此，对腹筋的最大间距 s_{max} 作了规定，在任何情况下，腹筋的间距 s 或 s_1 不得大于表 4-1 中的 s_{max} 数值。

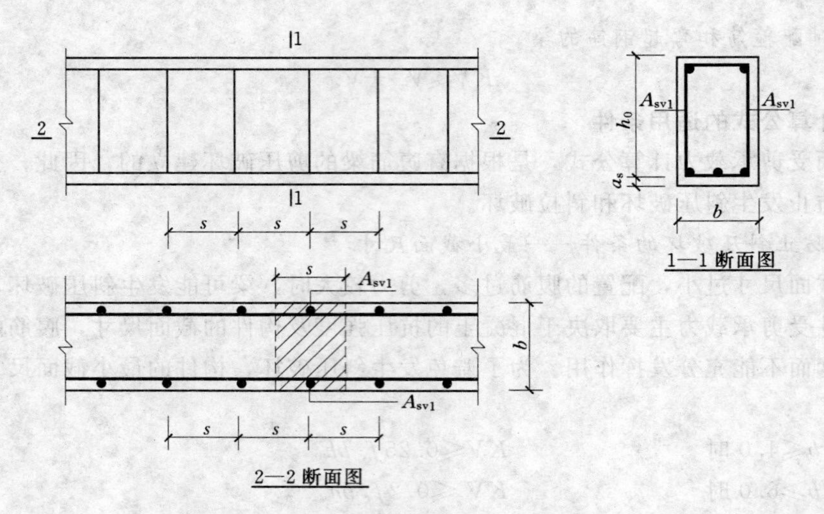

图 4-5　梁的纵、横、水平剖面

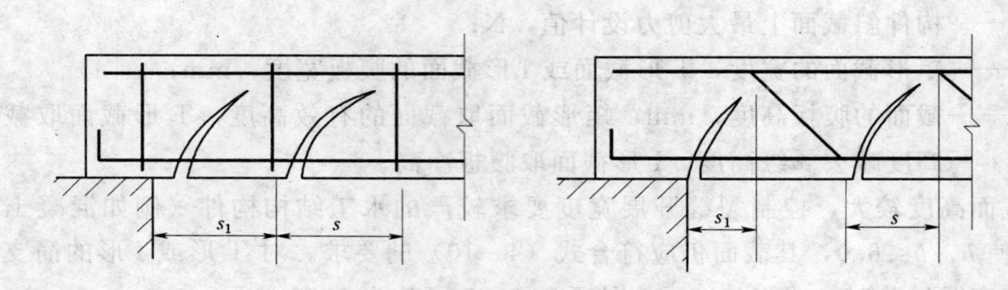

图 4-6　腹筋间距过大时产生的影响

s_1—支座边缘第一根斜筋或箍筋的距离；s—斜筋或箍筋的间距

表 4-1　　**梁中箍筋的最大间距 s_{max}**　　单位：mm

项　次	梁高 h	$KV>V_c$	$KV\leqslant V_c$
1	$h\leqslant300$	150	200
2	$300<h\leqslant500$	200	300
3	$500<h\leqslant800$	250	350
4	$h>800$	300	400

注　薄腹梁的箍筋间距宜适当减小。

三、受剪承载力计算位置

在进行受剪承载力计算时，应先根据危险截面确定受剪承载力的计算位置，对于矩形、T形和I形截面构件受剪承载力的计算位置（见图 4-7），应按下列规定采用：

（1）支座边缘处的截面 1—1。

（2）受拉区弯起钢筋弯起点处的截面 2—2、3—3。

（3）箍筋截面面积或间距改变处的截面 4—4。

（4）腹板宽度改变处的截面。

当计算梁的抗剪钢筋时，剪力设计值 V 按下列方法采用：当计算支座截面的箍筋和

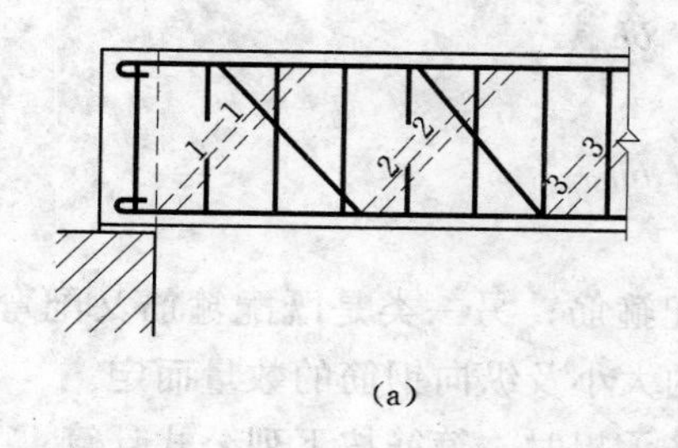

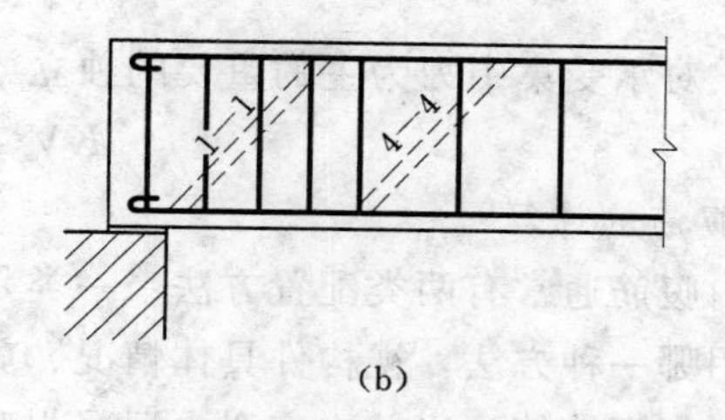

图 4-7　斜截面受剪承载力计算位置

(a) 配箍筋和弯起钢筋的梁；(b) 只配箍筋的梁

第一排（对支座而言）弯起钢筋时，取用支座边缘的剪力设计值，对于仅承受直接作用在构件顶面的分布荷载的梁，可取距离支座边缘为 $0.5h_0$ 处的剪力设计值；当计算以后的每一排弯起钢筋时，取前一排（对支座而言）弯起钢筋弯起点处的剪力设计值。弯起钢筋设置的排数，与剪力图形及 V_{cs}/K 值的大小有关。弯起钢筋的计算一直要进行到最后一排弯起钢筋的弯起点，进入 V_{cs}/K 所能控制区之内，如图 4-8 所示。

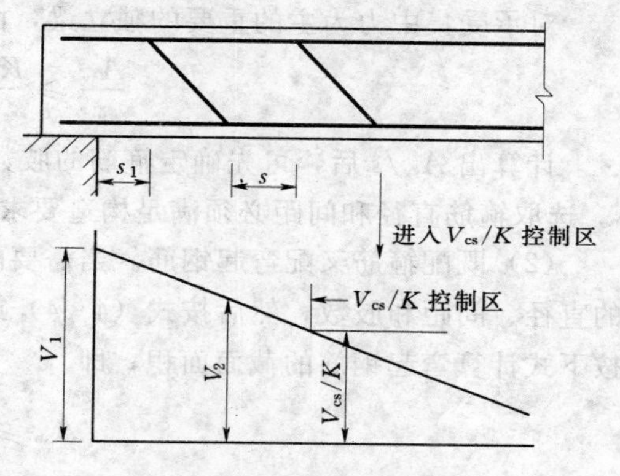

图 4-8　弯起钢筋的剪力计算值

在设计构件时，如能满足 $V \leqslant V_{cs}/K$，则表示构件所配的箍筋足以抵抗荷载引起的剪力。如果 $V > V_{cs}/K$，说明所配的箍筋不能满足抗剪要求，可以采取如下解决办法：①将箍筋加密或加粗；②增大构件截面尺寸；③提高混凝土强度等级；④将纵向钢筋弯起成为斜筋或加焊斜筋以增加斜截面受剪承载力。在纵向钢筋有可能弯起的情况下，利用弯起的纵筋来抗剪可收到较好的经济效果。

四、斜截面受剪承载力计算步骤和方法

斜截面受剪承载力计算，包括截面设计和承载力复核两个方面。截面设计是在正截面承载力计算完成之后，即在截面尺寸、材料强度、纵向受力钢筋已知的条件下，计算梁内腹筋。承载力复核是在已知截面尺寸和梁内腹筋的条件下，验算梁的受剪承载力是否满足要求。

（一）斜截面受剪承载力计算步骤

1. 作梁的剪力图并确定受剪承载力的计算位置

剪力设计值的计算跨度取构件的净跨度，即 $l_0 = l_n$，并按规定选取计算位置。

2. 截面尺寸验算

按式（4-9）或式（4-10）验算构件的截面尺寸，如不满足，则应加大截面尺寸或提高混凝土强度等级。

3. 验算是否按计算配置腹筋

当梁满足下列条件时，可不必进行抗剪计算，只需满足构造要求。

(1) 对一般荷载作用下的矩形、T 形及 I 形截面的受弯构件：

$$KV \leqslant 0.7 f_t b h_0 \tag{4-13}$$

（2）对承受集中力为主的重要的独立梁：

$$KV \leqslant 0.5 f_t b h_0 \tag{4-14}$$

4. 腹筋的计算

梁内腹筋通常有两类配置方法：一类是仅配箍筋；另一类是既配箍筋又配弯起钢筋。至于采用哪一种方法，视构件具体情况、剪力的大小及纵向钢筋的数量而定。

（1）仅配箍筋。当剪力完全由混凝土和箍筋承担时，箍筋按下列公式计算：

对矩形、T形或I形截面的梁，由式（4-4）和式（4-7）可得

$$\frac{A_{sv}}{s} \geqslant \frac{KV - 0.7 f_t b h_0}{1.25 f_{yv} h_0} \tag{4-15}$$

对承受集中力为主的重要的独立梁，由式（4-5）和式（4-7）可得

$$\frac{A_{sv}}{s} \geqslant \frac{KV - 0.5 f_t b h_0}{f_{yv} h_0} \tag{4-16}$$

计算出 A_{sv}/s 后，可先确定箍筋的肢数（通常是双肢箍筋）和直径，再求出箍筋间距 s。选取箍筋直径和间距必须满足构造要求。

（2）既配箍筋又配弯起钢筋。当需要配置弯起钢筋参与承受剪力时，一般先选定箍筋的直径、间距和肢数，然后按式（4-4）或式（4-5）计算出 V_{cs}，如果 $KV > V_{cs}$，则需按下式计算弯起钢筋的截面面积，即

$$A_{sb} \geqslant \frac{KV - V_{cs}}{f_y \sin\alpha_s} \tag{4-17}$$

第一排弯起钢筋上弯点距支座边缘的距离应满足 $50\text{mm} \leqslant s_1 \leqslant s_{max}$，习惯上一般取 $s_1 = 50\text{mm}$ 或 $s_1 = 100\text{mm}$。弯起钢筋一般由梁中纵向受拉钢筋弯起而成。当纵向钢筋弯起不能满足正截面和斜截面受弯承载力要求时，可设置单独的仅作为受剪的弯起钢筋，这时，弯起钢筋应采用“吊筋”的形式（见图4-21）。

5. 配箍率验算

验算配箍率是否满足最小配箍率的要求，以防止发生斜拉破坏。

（二）斜截面受剪承载力复核步骤

（1）按式（4-11）和式（4-12）复核构件截面尺寸。

（2）验算箍筋最小直径、箍筋间距等是否满足构造要求，复核配箍率 ρ_{sv}。

（3）复核受剪承载力满足 $KV \leqslant V_{cs} + V_{sb}$。

受弯构件斜截面抗剪计算流程见图4-9。

【例4-1】 某水电厂房（2级水工建筑物）的钢筋混凝土简支梁（见图4-10），两端支承在240mm厚的砖墙上，该梁处于室内正常环境，梁净距 $l_n = 3.56\text{m}$，梁截面尺寸 $b \times h = 200\text{mm} \times 500\text{mm}$，在正常使用期间承受永久荷载标准值 $g_k = 20\text{kN/m}$（包括自重），可变均布荷载标准值 $q_k = 29.8\text{kN/m}$，采用C25混凝土，箍筋为HPB235级。试配置抗剪箍筋（$a_s = 40\text{mm}$）。

解：

查附表1-2、附表2-2、附表2-5得：$K = 1.20$，$f_c = 11.9\text{N/mm}^2$，$f_t = 1.27\text{N/}$

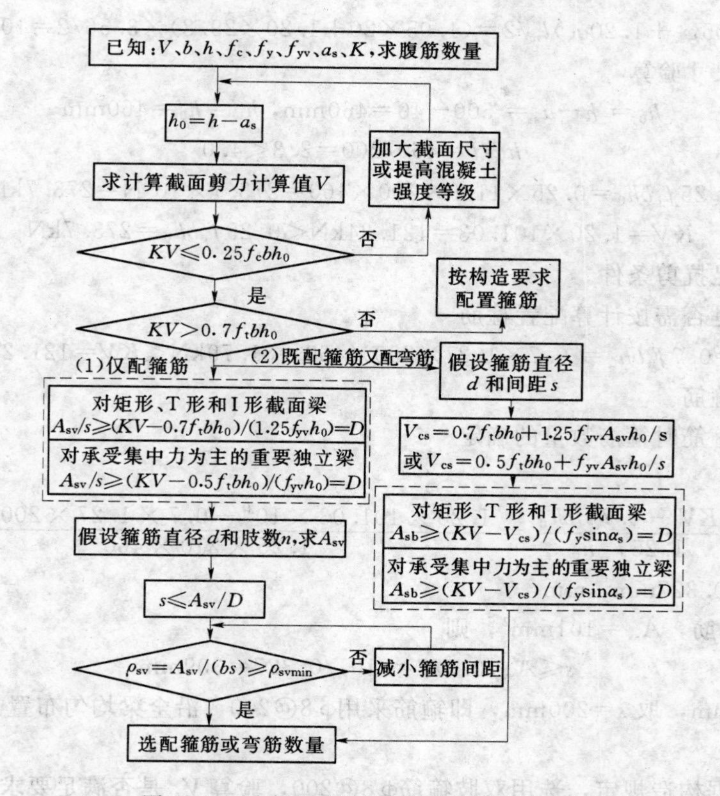

图4-9　受弯构件斜截面抗剪计算流程图

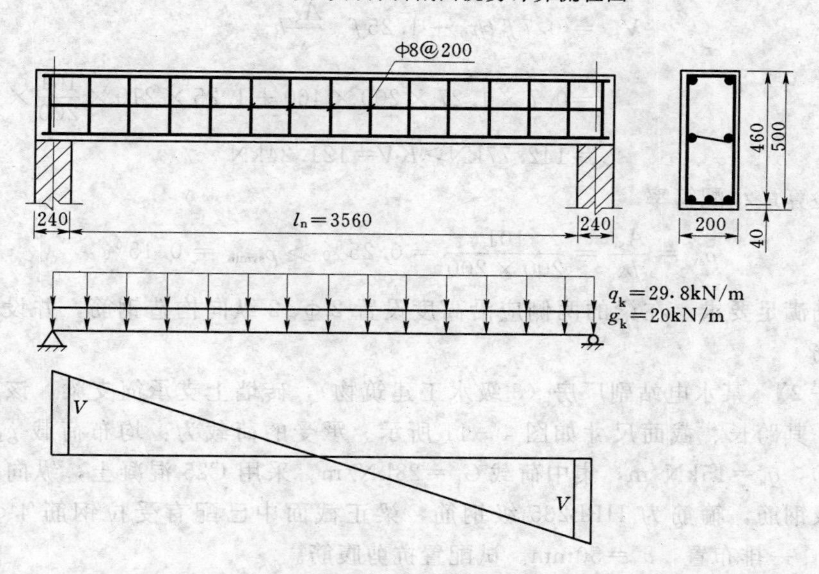

图4-10　梁剪力图及配筋图

mm²，$f_{yv}=210\text{N/mm}^2$。

（1）计算剪力设计值

最危险的截面在支座边缘处，该处的剪力设计值为

$$V=(1.05g_k+1.20q_k)l_n/2=(1.05\times20+1.20\times29.8)\times3.56/2=101.03\text{kN}$$

（2）截面尺寸验算

$$h_0=h-a_s=500-40=460\text{mm},\ h_w=h_0=460\text{mm}$$

$$h_w/b=460/200=2.3<4.0$$

$$0.25f_cbh_0=0.25\times11.9\times200\times460=273.7\times10^3\text{N}=273.7\text{kN}$$

$$KV=1.20\times101.03=121.24\text{kN}<0.25f_cbh_0=273.7\text{kN}$$

故截面尺寸满足抗剪条件。

（3）验算是否需按计算配置箍筋

$$V_c=0.7f_tbh_0=0.7\times1.27\times200\times460=81.79\text{kN}<KV=121.24\text{kN}$$

需按计算配置箍筋。

（4）仅配箍筋时箍筋数量的确定

方法一：

$$\frac{A_{sv}}{s}\geqslant\frac{KV-0.7f_tbh_0}{1.25f_{yv}h_0}=\frac{1.20\times101.03\times10^3-0.7\times1.27\times200\times460}{1.25\times210\times460}$$
$$=0.327\text{mm}^2/\text{mm}$$

选用双肢ϕ8箍筋，$A_{sv}=101\text{mm}^2$，则

$$s\leqslant A_{sv}/0.327=101/0.327=309\text{mm}$$

$s_{max}=200\text{mm}$，取 $s=200\text{mm}$，即箍筋采用ϕ8@200，沿全梁均匀布置。

方法二：

也可以根据构造规定，选用双肢箍筋ϕ8@200，验算 V_{cs} 是否满足要求。

$$V_{cs}=0.7f_tbh_0+1.25f_{yv}\frac{A_{sv}}{s}h_0$$
$$=0.7\times1.27\times200\times460+1.25\times210\times\frac{101}{200}\times460$$
$$=142.77\text{kN}\geqslant KV=121.24\text{kN}$$

（5）验算最小配箍率

$$\rho_{sv}=\frac{A_{sv}}{bs}=\frac{101}{200\times200}=0.25\%>\rho_{svmin}=0.15\%$$

所选的箍筋满足要求。在梁的两侧应沿高度设置2Φ12纵向构造钢筋，并设置ϕ8@600的连系拉筋。

【例4-2】 某水电站副厂房（3级水工建筑物），砖墙上支承简支梁，该梁处于二类环境条件。其跨长、截面尺寸如图4-11所示。承受的荷载为：均布荷载 $g_k=20\text{kN/m}$（包括自重），$q_k=15\text{kN/m}$，集中荷载 $G_k=28\text{kN/m}$。采用C25混凝土，纵向受力钢筋为HRB335级钢筋，箍筋为HPB235级钢筋，梁正截面中已配有受拉钢筋4Φ25（$A_s=1964\text{mm}^2$），一排布置，$a_s=50\text{mm}$。试配置抗剪腹筋。

解：

查附表2-2、附表2-5、附表1-2、附表4-1得：$f_c=11.9\text{N/mm}^2$，$f_y=300\text{N/mm}^2$，$f_{yv}=210\text{N/mm}^2$，$f_t=1.27\text{N/mm}^2$，$K=1.20$，$c=35\text{mm}$。

（1）内力计算

支座边缘截面剪力计算值：

$V_{max}=(1.05g_k+1.20q_k)l_n/2+1.05G_k=(1.05\times20+1.20\times15)\times5.6/2+1.05\times28$
$=138.6\text{kN}$

（2）验算截面尺寸

取 $a_s=50\text{mm}$，则 $h_0=h-a_s=550-50=500\text{mm}$，$h_w=h_0=500\text{mm}$。

$$h_w/b=500/250=2.0<4.0$$

$$0.25f_cbh_0=0.25\times11.9\times250\times500=371.88\text{kN}>KV_{max}=1.20\times138.6=166.32\text{kN}$$

故截面尺寸满足抗剪要求。

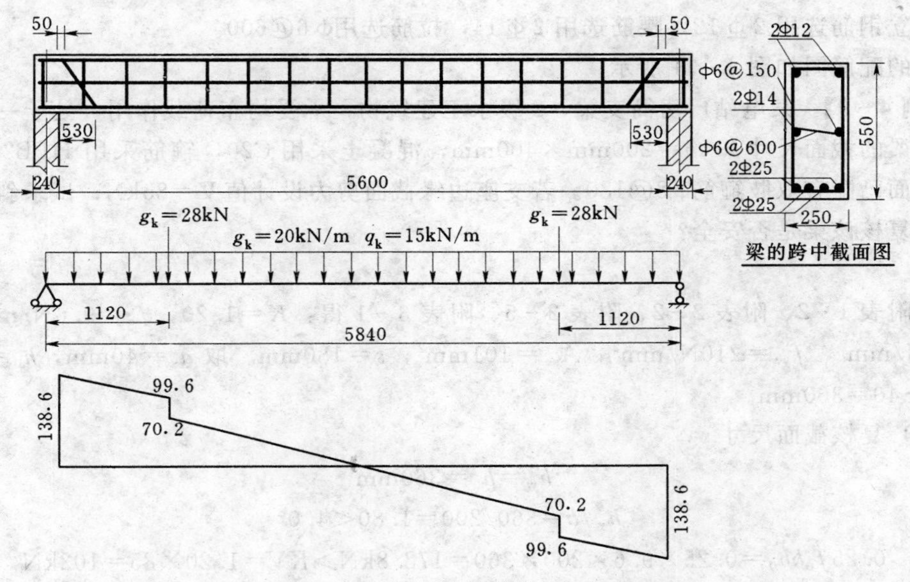

图 4-11 梁的计算简图及内力图

（3）验算是否按计算配置腹筋

$$0.7f_tbh_0=0.7\times1.27\times250\times500=111125\text{N}=111.13\text{kN}<KV_{max}=166.32\text{kN}$$

应按计算配置箍筋。

（4）腹筋的计算

初选双肢箍筋φ 6@150，$A_{sv}=57\text{mm}^2$，$s=150\text{mm}<s_{max}=250\text{mm}$。

$$\rho_{sv}=\frac{A_{sv}}{bs}=\frac{57}{250\times150}=0.15\%=\rho_{svmin}=0.15\%$$

满足最小配箍率的要求。

$$V_{cs}=0.7f_tbh_0+1.25f_{yv}A_{sv}h_0/s$$
$$=0.7\times1.27\times250\times500+1.25\times210\times57\times500/150$$
$$=161.00\text{kN}<KV_{max}=166.32\text{kN}$$

需加配弯起钢筋帮助抗剪，取 $\alpha=45^\circ$，计算第一排弯起钢筋：

$$A_{sb}=(KV_{max}-V_{cs})/(f_y\sin45^\circ)$$
$$=(166.32-161.00)\times10^3/(300\times0.707)$$
$$=25\text{mm}^2$$

虽然弯起钢筋的面积很小，但为了加强梁简支端的受剪承载力，仍从跨中弯起钢筋 2Φ25（$A_{sb1}=491\text{mm}^2$）至梁顶再伸入支座。第一排的上弯点安排在离支座边缘 50mm，即 $s_1=50\text{mm}<s_{max}=250\text{mm}$。则第一排弯起钢筋的下弯点离支座边缘的距离为 $50+550-2\times35=530\text{mm}$。该处剪力为

$$KV=1.20\times[138.6-(1.05\times20+1.20\times15)\times0.53]$$
$$=1.20\times117.93$$
$$=141.52\text{kN}<V_{cs}=161.00\text{kN}$$

故不需要弯起第二排钢筋。

架立钢筋选用 2Φ12，腰筋选用 2Φ14，拉筋选用φ6@600。

梁的配筋图如图 4-11 所示。

【例 4-3】 某电站厂房简支梁，2 级水工建筑物，承受均布荷载作用，处于一类环境条件。梁的截面尺寸 $b\times h=200\text{mm}\times400\text{mm}$，混凝土采用 C20，箍筋采用 HPB235 级钢筋，截面已配有双肢箍筋φ8@180。若支座边缘截面剪力设计值 $V=85\text{kN}$，试求斜截面承载力，复核该梁是否安全？

解：

查附表 1-2、附表 2-2、附表 2-5、附表 3-1 得：$K=1.20$，$f_c=9.6\text{N/mm}^2$，$f_t=1.1\text{N/mm}^2$，$f_{yv}=210\text{N/mm}^2$，$A_{sv}=101\text{mm}^2$，$s=180\text{mm}$。取 $a_s=40\text{mm}$，$h_0=h-a_s=400-40=360\text{mm}$。

（1）复核截面尺寸

$$h_w=h_0=360\text{mm}$$
$$h_w/b=360/200=1.80<4.0$$
$$0.25f_cbh_0=0.25\times9.6\times200\times360=172.8\text{kN}>KV=1.20\times85=102\text{kN}$$

故截面尺寸满足抗剪条件。

（2）复核配箍率

$$s=180\text{mm}\leqslant s_{max}=200\text{mm}$$
$$\rho_{sv}=\frac{A_{sv}}{bs}=\frac{101}{200\times180}=0.28\%>\rho_{svmin}=0.15\%$$

（3）复核受剪承载力

$$V_{cs}=0.7f_tbh_0+1.25f_{yv}\frac{A_{sv}}{s}h_0=0.7\times1.1\times200\times360+1.25\times210\times\frac{101}{180}\times360$$
$$=108.47\text{kN}\geqslant KV=102\text{kN}$$

受剪承载力满足设计要求。

第三节　钢筋混凝土梁的斜截面受弯承载力

在梁的设计中，纵向钢筋和箍筋通常都是由控制截面的内力根据正截面和斜截面的承载力计算公式确定。如果按最不利内力计算的纵筋既不弯起也不截断，沿梁通长布置，必然会满足任一截面上的承载力要求。这种纵筋沿梁通长布置的配筋方式，构造虽然简单，

但钢筋强度没有得到充分利用，是不够经济的。

在实际工程中，为了节省钢材，常在弯矩较小的截面处将部分纵筋截断或弯起作抗剪钢筋用，因而梁就有可能沿着斜截面发生受弯破坏。图 4-12 为一均布荷载简支梁，当出现斜裂缝 AB 时，则斜截面的弯矩 $M_{AB}=M_A>M_B$，如果一部分纵筋在 B 截面之前被截断或弯起，B 截面所余的纵筋虽然能抵抗正截面的弯矩 M_B，但出现斜裂缝后，就有可能抵抗不了弯矩 M_{AB}，而导致斜截面受弯破坏。那么纵筋在截断或弯起时，如何保证斜截面的受弯承载力？设计中一般是通过绘制正截面抵抗弯矩图的方法予以解决的，根据正截面和斜截面的受弯承载力来确定纵筋的弯起点和截断点的位置。

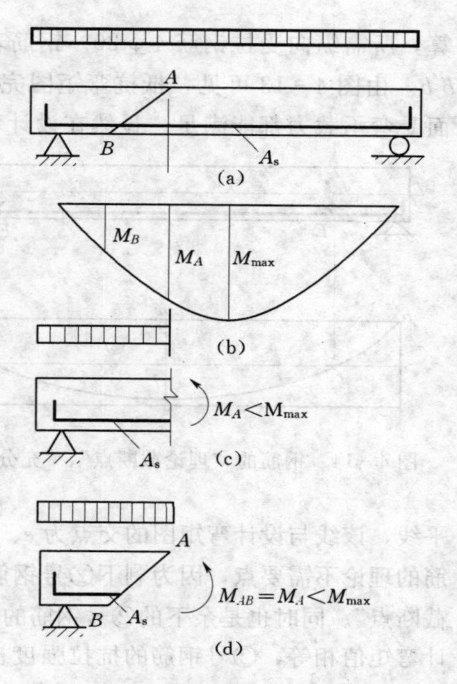

图 4-12　弯矩图与斜截面上的弯矩 M_{AB}

一、材料抵抗弯矩图

抵抗弯矩图，简称 M_R 图，它是按照梁内实配的纵筋数量计算并绘制出的各截面所能抵抗的弯矩图。作 M_R 图的过程也就是对钢筋布置进行图解设计的过程。抵抗弯矩可近似由下式求出：

$$M_R=\frac{1}{K}f_yA_s\left(h_0-\frac{f_yA_s}{2f_cb}\right) \tag{4-18}$$

式中　M_R——总的抵抗弯矩值，N·mm；

A_s——实际配置的纵向受拉钢筋截面面积，mm²。

其中每根钢筋的抵抗弯矩值，可近似按相应的钢筋截面面积与总受拉钢筋面积比分配，即

$$M_{Ri}=A_{si}M_R/A_s \tag{4-19}$$

式中　A_{si}——任意一根纵筋的截面面积，mm²；

M_{Ri}——任意一根纵筋的抵抗弯矩值，N·mm。

图 4-13 所示为一承受均布荷载的简支梁，设计弯矩图为 aob，根据 o 点最大弯矩计

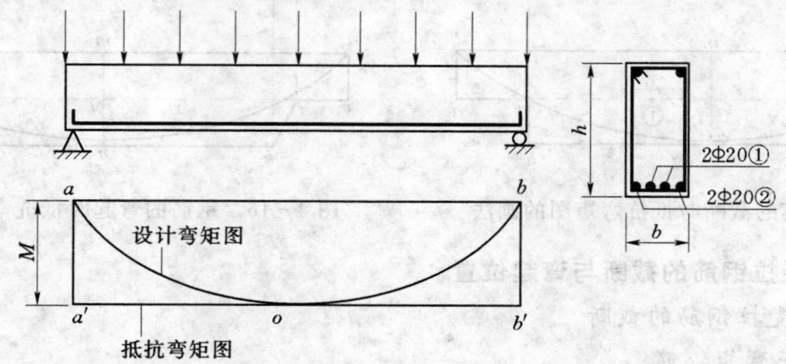

图 4-13　抵抗弯矩图

算，所需纵向受拉钢筋 4 Φ 20。钢筋若是通长布置，则按照定义，抵抗弯矩图是矩形 $aa'b'b$。由图 4－13 可见，抵抗弯矩图完全包住了设计弯矩图，所以梁各截面正截面和斜截面受弯承载力都能满足。显然在设计弯矩图与抵抗弯矩图之间钢筋强度有富余，且受力弯矩越小，钢筋强度富余就越多。为了节省钢材，可以将其中一部分纵向受拉钢筋在保证正截面和斜截面受弯承载力的条件下弯起或截断。

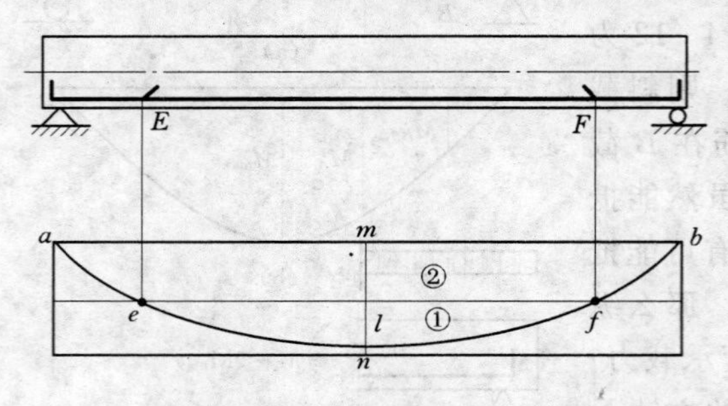

图 4－14　钢筋的"理论截断点"、"充分利用点"

如图 4－14 所示，根据钢筋面积比划分出各钢筋所能抵抗的弯矩。分界点为 l 点，ln 是①号钢筋（2 Φ 20）所抵抗的弯矩值；lm 是②号钢筋（2 Φ 20）所抵抗的弯矩值。现拟将①号钢筋截断，首先过点 l 画一条水平线，该线与设计弯矩图的交点为 e、f，其对应的截面为 E、F，在 E、F 截面处为①号钢筋的理论不需要点，因为剩下②号钢筋已足以抵抗设计弯矩，e、f 称为①号钢筋的"理论截断点"。同时也是余下的②号钢筋的"充分利用点"，因为在 e、f 处的抵抗弯矩恰好与设计弯矩值相等，②号钢筋的抗拉强度被充分利用。值得注意的是，e、f 虽然为①号钢筋的"理论截断点"，实际上①号钢筋是不能在 e、f 点截断的，还必须再延伸一段锚固长度后，才能截断。而且一般在梁的下部受拉区是不截钢筋的。有关内容下面将重点介绍。

若在 e、f 处将①号钢筋截断，则这两点抵抗弯矩发生突变，e、f 两点之外抵抗弯矩减少了 ge 和 hf。其抵抗弯矩图如图 4－15 所示。

如图 4－16 所示，若将①号钢筋在 K 和 L 截面处开始弯起，由于该钢筋是从弯起点开始逐渐由拉区进入压区，逐渐脱离受拉工作，所以其抵抗弯矩也是自弯起点逐渐减小，直至弯起钢筋与梁轴线相交截面（I、J 截面）处，此时①号钢筋进入了受压区，其抵抗弯矩消失。故该钢筋在弯起部分的抵抗弯矩值呈直线变化，即斜线段 ki 和 lj。在 i 点和 j 点之外，①号钢筋不再参加正截面受弯工作。其抵抗弯矩图如图 4－16 中 $aciknljdb$ 所示。

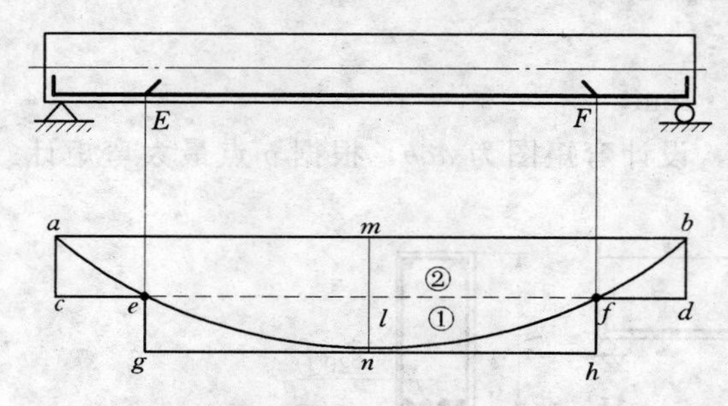

图 4－15　钢筋的截断时抵抗弯矩图的画法

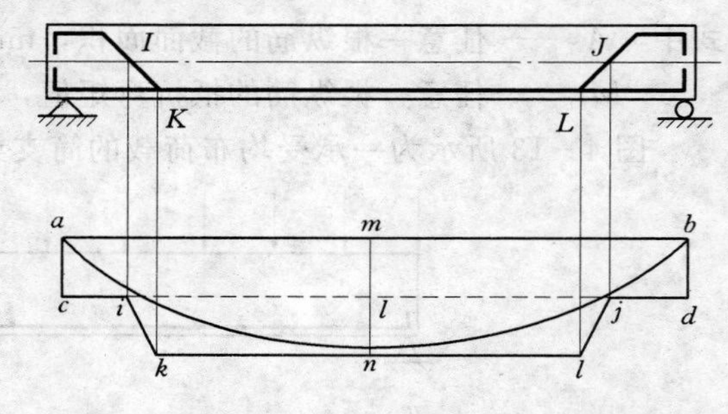

图 4－16　钢筋的弯起时抵抗弯矩图的画法

二、纵向受拉钢筋的截断与弯起位置

（一）纵向受拉钢筋的截断

1. 梁跨中正弯矩钢筋

为了保证斜截面的受弯承载力，梁内纵向受拉钢筋一般不宜在受拉区截断。因为截断处受力钢筋面积突然减小，引起混凝土拉应力突然增大，从而导致在纵筋的截断处过早出现裂缝，故对梁底承受正弯矩的钢筋不宜采取截断方式。将计算上不需要的钢筋弯起作为抗剪钢筋或作为承受支座负弯矩的钢筋，不弯起的钢筋则直接伸入支座内锚固。

2. 支座负弯矩的钢筋

对承受负弯矩的区段或焊接骨架中的钢筋，为节约材料可以截断，但截断长度必须符合以下规定：

（1）钢筋的实际截断点应伸过其理论截断点，延伸长度 l_w 应满足下列要求：

当 $KV \leqslant V_c$ 时　$l_w \geqslant 20d$（d 为截断钢筋的直径）

当 $KV > V_c$ 时　$l_w \geqslant h_0$ 且 $l_w \geqslant 20d$

（2）钢筋的充分利用点至该钢筋的实际截断点的距离 l_d 还应满足下列要求：

当 $KV \leqslant V_c$ 时　$l_d \geqslant 1.2l_a$

当 $KV > V_c$ 时　$l_d \geqslant 1.2l_a + h_0$

式中　l_a——受拉钢筋的最小锚固长度，mm，按附表 4-6 采用。

在设计中必须同时满足 l_w 与 l_d 的要求，如图 4-17 所示。

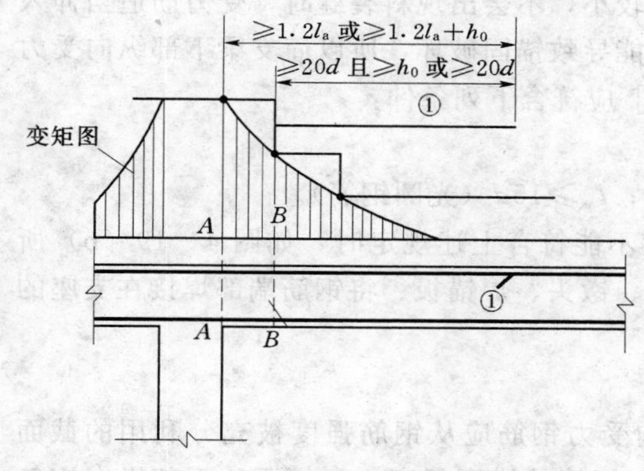

图 4-17　纵筋截断点及延伸长度要求

A—A：钢筋①的强度充分利用截面；

B—B：按计算不需要钢筋①的截面

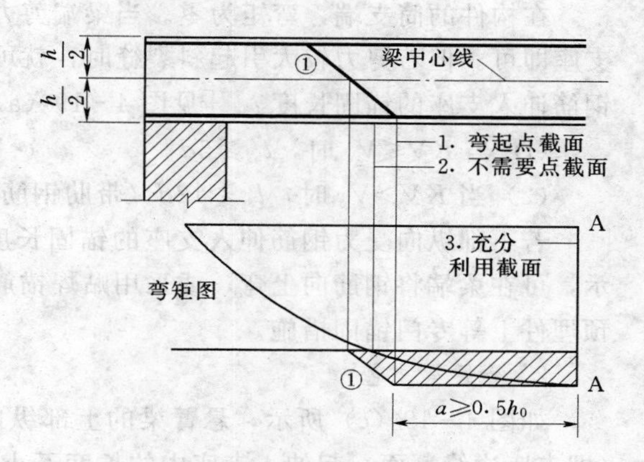

图 4-18　纵向受拉钢筋的弯起

（二）纵向受拉钢筋的弯起

纵向受拉钢筋弯起时，应同时满足下列两方面要求。

1. 保证正截面的受弯承载力

在梁的受拉区中，如果弯起钢筋的弯起点设在正截面的受弯承载力计算不需要该钢筋截面之前，弯起钢筋与梁中心线的交点就应在钢筋的“理论不需要点”之外，必须使整个抵抗弯矩图都包在设计弯矩图之外，如图 4-18 所示。

2. 保证斜截面的受弯承载力

截面 A 是钢筋①的充分作用点。在伸过截面 A 一段距离 a 以后，钢筋①被弯起。纵筋的弯起点与该钢筋“充分利用点”的距离应满足：

$$a \geqslant 0.5h_0 \tag{4-20}$$

式中　a——弯起钢筋的弯起点到该钢筋充分利用点间的距离，mm；

h_0——截面的有效高度，mm。

以上要求可能与腹筋最大间距的限制条件相矛盾，尤其在承受负弯矩的支座的附近容易出现这个问题，这是由于同一根弯筋同时抗弯又抗剪而引起的。腹筋最大间距的限制是为保证斜截面的受剪承载力，而$a \geqslant 0.5h_0$的条件是为保证斜截面的受弯承载力。当两者发生矛盾时，只能考虑弯起钢筋的一种作用，一般以满足受弯要求而另加斜筋受剪。

第四节　钢筋骨架的构造规定

为了使钢筋骨架适应受力的需要和便于施工，《规范》对钢筋骨架的构造作出了相应规定。

一、纵向钢筋构造

（一）纵向受力钢筋在支座中的锚固

1. 简支梁支座

在构件的简支端，弯矩为零。当梁端剪力较小，不会出现斜裂缝时，受力筋适当伸入支座即可。但若剪力较大引起斜裂缝时，就可能导致锚固破坏，所以简支梁下部纵向受力钢筋伸入支座的锚固长度l_{as}［见图4－19（a）］应符合下列条件：

(1) 当$KV \leqslant V_c$时，$l_{as} \geqslant 5d$。

(2) 当$KV > V_c$时，$l_{as} \geqslant 12d$（带肋钢筋）；$l_{as} \geqslant 15d$（光圆钢筋）。

若下部纵向受力钢筋伸入支座的锚固长度不能符合上述规定时，如图4－19（b）所示，可在梁端将钢筋向上弯，或采用贴焊锚筋、镦头、焊锚板、将钢筋端部焊接在支座的预埋件上等专门锚固措施。

2. 悬臂梁支座

如图4－19（c）所示，悬臂梁的上部纵向受力钢筋应从钢筋强度被充分利用的截面（即支座边缘截面）起伸入支座中的长度不小于钢筋的锚固长度l_a；如梁的下部纵向钢筋在计算上作为受压钢筋时，伸入支座中的长度不小于$0.7l_a$。

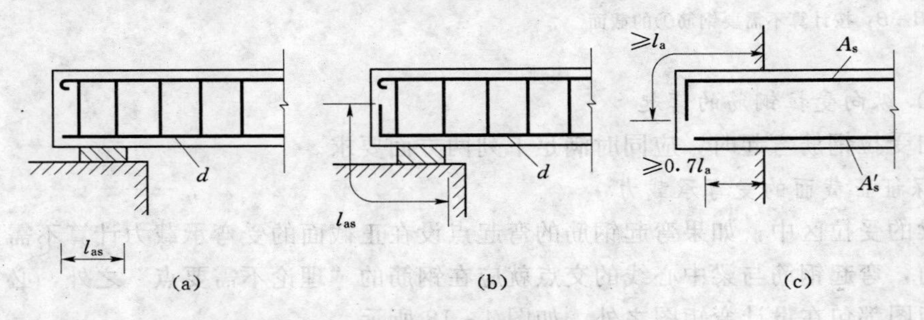

图4－19　纵向受力钢筋在支座内的锚固

3. 中间支座

连续梁中间支座的上部纵向钢筋应贯穿支座或节点，按承载力需要变化。下部纵向钢筋应伸入支座或节点，当计算中不利用其强度时，其伸入长度应符合上述对简支梁端KV

$>V_c$时的规定；当计算中充分利用其强度时，受拉钢筋的伸入长度不小于钢筋的锚固长度l_a，受压钢筋的伸入长度不小于$0.7l_a$。框架中间层、顶层端节点钢筋的锚固要求见《规范》。

（二）架立钢筋

为了使纵向受力钢筋和箍筋能绑扎成骨架，在箍筋的四角必须沿梁全长配置纵向钢筋，在没有纵向受力筋的区段，则应补设架立钢筋（见图4-20）。当梁跨$l<4$m时，架立钢筋直径d不宜小于8mm；当$l=4\sim6$m时，d不宜小于10mm；当$l>6$mm时，d不宜小于12mm。

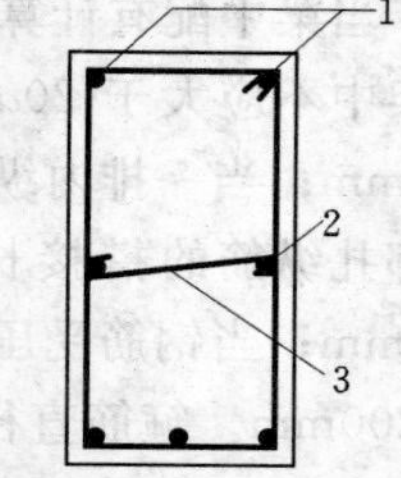

图4-20　架立钢筋、腰筋及拉筋
1—架立钢筋；2—腰筋；3—拉筋

（三）腰筋及拉筋

当梁的截面高度较大时，为防止由于温度变形及混凝土收缩等原因使梁中部产生竖向裂缝，同时也为了增强钢筋骨架的刚度，增强梁的抗扭作用，当梁的腹板高度$h_w\geqslant450$mm时，应在梁的两侧沿高度设置纵向构造钢筋，称为"腰筋"，并用拉筋（见图4-20）连系固定。每侧腰筋的截面面积不应小于腹板截面面积bh_w的0.1%，且间距不宜大于200mm。拉筋直径一般与箍筋相同，拉筋间距常取为箍筋间距的倍数，一般在500～700mm之间。

二、箍筋构造

（一）箍筋的形状和肢数

箍筋除了可以提高梁的抗剪能力外，还能固定纵筋的位置。箍筋的形状有封闭式和开口式两种，封闭式箍筋可以提高梁的抗扭能力，箍筋常采用封闭式箍筋。配有受压钢筋的梁，必须用封闭式箍筋。箍筋可按需要采用双肢或四肢（见图4-21），在绑扎骨架中，双肢箍筋最多能扎结4根排在一排的纵向受压钢筋，否则应采用四肢箍筋（即复合箍筋）；或当梁宽大于400mm，一排纵向受压钢筋多于3根时，也应采用四肢箍筋。

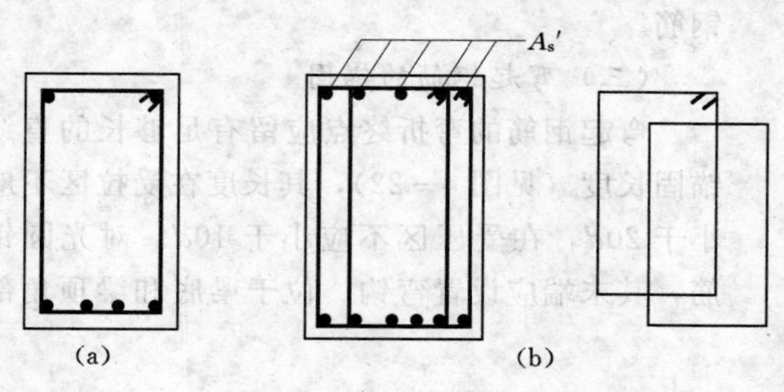

图4-21　箍筋的肢数
(a) 双肢箍筋；(b) 四肢箍筋

（二）箍筋的最小直径

对高度$h>800$mm的梁，箍筋直径不宜小于8mm；对高度$h\leqslant800$mm的梁，箍筋直径不宜小于6mm。当梁内配有计算需要的纵向受压钢筋时，箍筋直径不应小于$d/4$（d为受压钢筋中的最大直径）。为了方便箍筋加工成型，常用直径为6mm、8mm、10mm。考虑到高强度的钢筋延性较差，施工时成型困难，箍筋一般采用HPB235和HRB335钢筋。

（三）箍筋的布置

若按计算需要配置箍筋时，一般可在梁的全长均匀布置箍筋，也可以在梁两端剪力较大的部位布置得密一些。若按计算不需配置箍筋时，对高度$h>300$mm的梁，仍应沿全

梁布置箍筋；对高度 $h\leqslant 300$mm 的梁，可仅在构件端部各 1/4 跨度范围内配置箍筋，但当在构件中部 1/2 跨度范围内有集中荷载作用时，箍筋仍应沿梁全长布置。箍筋一般从梁边（或墙边）50mm 处开始设置。

（四）箍筋的最大间距

箍筋的最大间距不得大于表 4-1 所列的数值。

当梁中配有计算需要的受压钢筋时，箍筋的间距在绑扎骨架中不应大于 $15d$，在焊接骨架中不应大于 $20d$（d 为受压钢筋中的最小直径），同时在任何情况下均不应大于 400mm；当一排内纵向受压钢筋多于 5 根且直径大于 18mm 时，箍筋间距不应大于 $10d$。在绑扎纵筋的搭接长度范围内，当钢筋受拉时，其箍筋间距不应大于 $5d$，且不大于 100mm；当钢筋受压时，箍筋间距不应大于 $10d$（d 为搭接钢筋中的最小直径），且不大于 200mm。箍筋直径不应小于搭接钢筋较大直径的 0.25 倍。

三、弯起钢筋构造

（一）最大间距

弯起钢筋的最大间距同箍筋一样，不得大于表 4-1 所列的数值。

（二）弯起角度

梁中承受剪力的钢筋，宜优先采用箍筋。当需要设置弯起钢筋时，弯起钢筋的弯起角一般为 45°，当梁高 $h\geqslant 700$mm 时也可用 60°。当梁宽较大时，为使弯起钢筋在整个宽度范围内受力均匀，宜在同一截面内同时弯起两根钢筋。

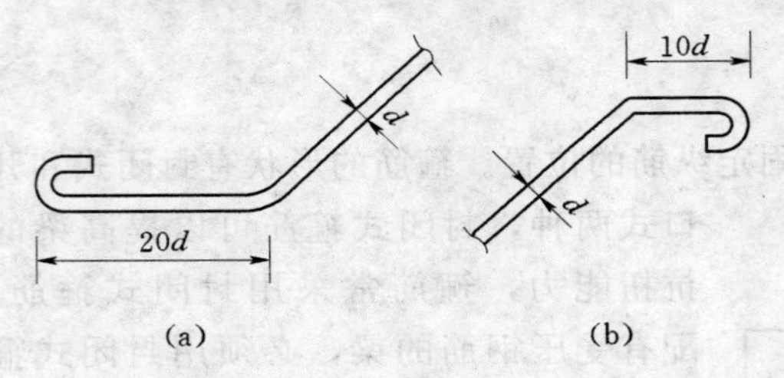

图 4-22　弯起钢筋端部构造

(a) 受拉区；(b) 受压区

（三）弯起钢筋的锚固

弯起钢筋的弯折终点应留有足够长的直线锚固长度（见图 4-22），其长度在受拉区不应小于 $20d$，在受压区不应小于 $10d$。对光圆钢筋，其末端应设置弯钩。位于梁底和梁顶角部的纵向钢筋不应弯起。

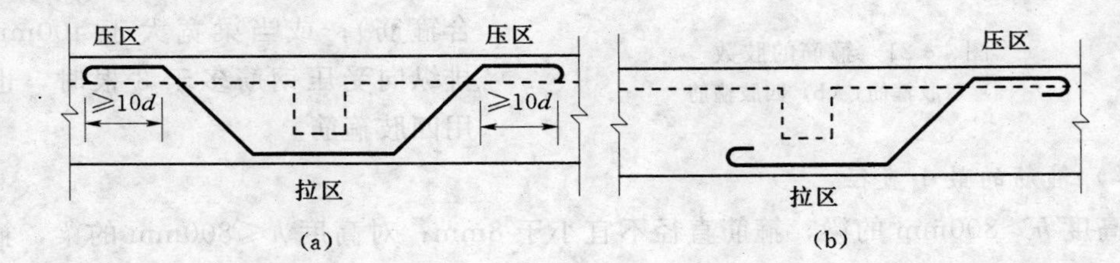

图 4-23　吊筋及浮筋

(a) 吊筋；(b) 浮筋

弯起钢筋应采用图 4-23 所示“吊筋”的形式，而不能采用仅在受拉区有较少水平段的“浮筋”，以防止由于弯起钢筋发生较大的滑移使斜裂缝开展过大，甚至导致斜截面受剪承载力的降低。

第五节 钢筋混凝土结构施工图

一、模板图

模板图主要在于注明构件的外形尺寸，以制作模板之用，同时用它计算混凝土方量。模板图一般比较简单，所以比例尺不要太大，但尺寸一定要全。构件上的预埋铁件一般可表示在模板图上。对于简单的构件，模板图可与配筋图合并。

二、配筋图

配筋图表示钢筋骨架的形状以及在模板中的位置，主要为绑扎骨架用。凡规格、长度或形状不同的钢筋必须编以不同的编号，写在小圆圈内，并在编号引线旁注上这种钢筋的根数及直径。最好在每根钢筋的两端及中间都注上编号，以便于查清每根钢筋的来龙去脉。

三、钢筋表

钢筋表是列表表示构件中所有不同编号的钢筋种类、规格、形状、长度、根数、重量等，主要为下料及加工成型用，同时可用来计算钢筋用量。

编制钢筋表主要是计算钢筋的长度，下面以一简支梁为例介绍钢筋长度的计算方法，如图 4-24 所示。

（一）直钢筋

图 4-24 中的钢筋①号、③号、④号为直钢筋，其直段上所注长度$=l$(构件长度) $-2c$（c 为混凝土保护层），此长度再加上两端弯钩长即为钢筋全长。一般每个弯钩长度为 $6.25d$。①号受力钢筋是 HRB335 级，它的全长为 $6000-2\times30=5940$mm。③号架立钢筋和④号腰筋都是 HPB235 级钢筋，③号其全长为 $6000-2\times30+2\times6.25\times12=6090$mm，④号其全长为 $6000-2\times30+2\times6.25\times14=6115$mm。

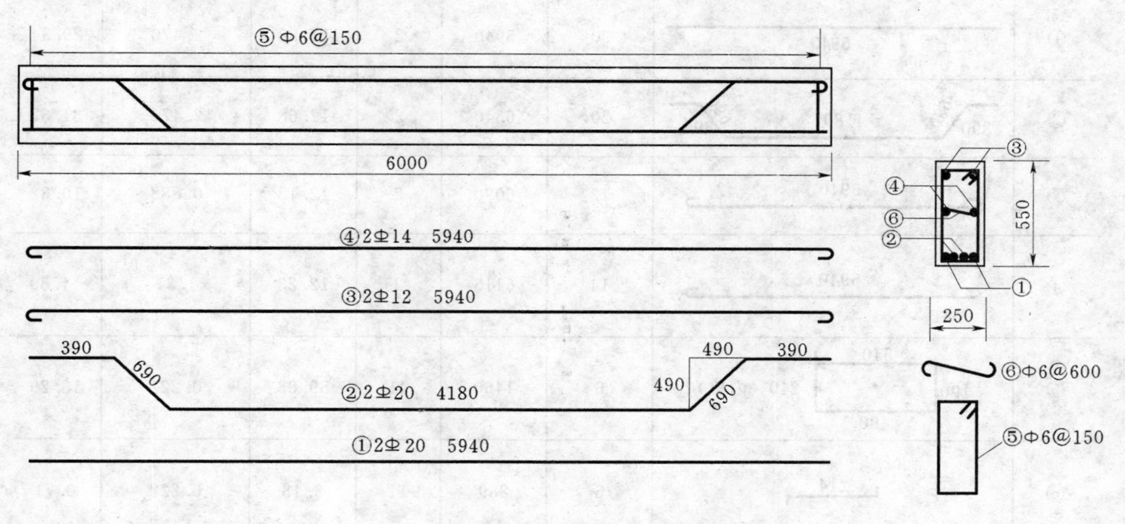

图 4-24 钢筋长度的计算

（二）弯起钢筋

图4-24中②号钢筋的弯起部分的高度是以钢筋外皮计算的，由梁高550mm减去上下混凝土保护层厚度，即550－60＝490mm。由于弯折角等于45°，故弯起部分的底宽及斜边各为490mm及690mm。弯起后的水平直段长度由抗剪计算为390mm。②号钢筋的中间水平直段长由计算得出，即6000－2×30－2×390－2×490＝4180mm，最后可得弯起②号钢筋的全长为4180＋2×690＋2×390＝6340mm。

（三）箍筋和拉筋

箍筋尺寸一般标注内口尺寸，即构件截面外形尺寸减去主筋混凝土保护层厚度。在注箍筋尺寸时，要注明所注尺寸是内口。

箍筋的弯钩大小与主筋的粗细有关，根据箍筋与主筋直径的不同，箍筋两个弯钩的增加长度见表4-2。

图中⑤号箍筋的长度为2×(490＋190)＋100＝1460mm(内口)。

图中⑥号拉筋的长度为250－2×30＋4×6＝214mm。

此简支梁的钢筋表见表4-3。

表4-2　箍筋两个弯钩的增加长度　单位：mm

主筋直径	箍筋直径				
	5	6	8	10	12
10～25	80	100	120	140	180
28～32		120	140	160	210

表4-3　钢筋表

编号	形状	直径 (mm)	长度 (mm)	根数	总长 (m)	每米质量 (kg/m)	质量 (kg)
①	5940	20	5940	2	11.88	2.470	29.34
②	390　690　4180　690　390	20	6340	2	12.68	2.470	31.32
③	5940	12	6090	2	12.18	0.888	10.82
④	5940	14	6115	2	12.23	1.21	14.80
⑤	540　190　490　240（内口）	6	1460	41	59.86	0.222	13.29
⑥	214	6	289	11	3.18	0.222	0.71
总质量（kg）							100.28

必须注意，钢筋表内的钢筋长度不是钢筋加工时的断料长度。由于钢筋在弯折及弯钩时要伸长一些，因此断料长度应等于计算长度扣除钢筋伸长值。伸长值和弯折角度大小等有关数据，可参阅施工手册。

四、说明或附注

说明或附注中包括说明之后可以减少图纸工作量的内容以及一些在施工过程中必须引起注意的事项，例如尺寸单位、钢筋保护层厚度、混凝土强度等级、钢筋级别、钢筋弯钩取值以及其他施工注意事项。

第六节　钢筋混凝土外伸梁设计实例

某水电站副厂房砖墙上承受均布荷载作用的外伸梁，该梁处于一类环境条件。其跨长、截面尺寸如图 4-25 所示。2 级水工建筑物，在正常使用期间承受永久荷载标准值 $g_{1k}=12\text{kN/m}$、$g_{2k}=46\text{kN/m}$（包括自重），可变均布荷载标准值 $q_{1k}=36\text{kN/m}$、$q_{2k}=51\text{kN/m}$，采用 C20 混凝土，纵向钢筋为 HRB335 级，箍筋为 HPB235 级。试设计此梁，并绘制配筋图。

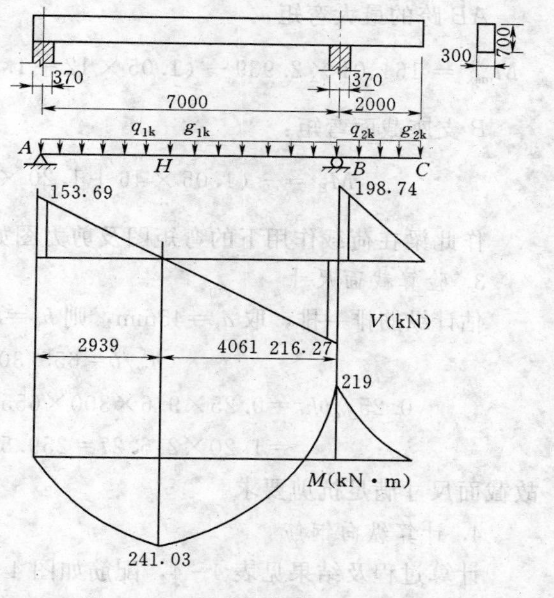

图 4-25　梁的计算简图及内力图

1. 基本资料

材料强度：C20 混凝土，$f_c=9.6\text{N/mm}^2$，$f_t=1.1\text{N/mm}^2$；纵筋 HRB335 级，$f_y=300\text{N/mm}^2$，箍筋 HPB235 级，$f_{yv}=210\text{N/mm}^2$。

截面尺寸：$b=300\text{mm}$，$h=700\text{mm}$。

计算参数：$K=1.20$，$c=30\text{mm}$。

2. 内力计算

(1) 计算跨度

简支段　　$l_{01}=7\text{m}$

悬臂段　　$l_{02}=2\text{m}$

(2) 计算支座反力 R_A、R_B

$$R_B=\frac{\frac{1}{2}(1.05g_{1k}+1.20q_{1k})l_{01}^2+(1.05g_{2k}+1.20q_{2k})l_{02}\left(l_{01}+\frac{l_{02}}{2}\right)}{l_{01}}$$

$$=\frac{\frac{1}{2}(1.05\times12+1.20\times36)\times7^2+(1.05\times46+1.20\times51)\times2\times\left(7+\frac{2}{2}\right)}{7}$$

$$=445.59\text{kN}$$

$$R_A=(1.05g_{1k}+1.20q_{1k})l_{01}+(1.05g_{2k}+1.20q_{2k})l_{02}-R_B$$
$$=(1.05\times12+1.20\times36)\times7+(1.05\times46+1.20\times51)\times2-445.59$$
$$=164.01\text{kN}$$

(3) 计算剪力、弯矩值

支座边缘截面的剪力值：

$$V_A = R_A - (1.05 \times 12 + 1.20 \times 36) \times \frac{0.37}{2}$$

$$= 164.01 - (1.05 \times 12 + 1.20 \times 36) \times \frac{0.37}{2}$$

$$= 153.69\text{kN}$$

$$V_B^r = (1.05 \times 46 + 1.20 \times 51) \times \left(2 - \frac{0.37}{2}\right) = 198.74\text{ kN}$$

$$V_B^l = R_A - (1.05 \times 12 + 1.20 \times 36) \times \left(7 - \frac{0.37}{2}\right)$$

$$= 164.01 - (1.05 \times 12 + 1.20 \times 36) \times \left(7 - \frac{0.37}{2}\right)$$

$$= -216.27\text{kN}$$

AB 跨的最大弯矩：

$$M_{\max} = 164.01 \times 2.939 - (1.05 \times 12 + 1.20 \times 36) \times 2.939 \times \frac{2.939}{2} = 241.03\text{kN} \cdot \text{m}$$

B 支座截面弯矩：

$$M_B = -(1.05 \times 46 + 1.20 \times 51) \times 2 \times \frac{2}{2} = -219\text{ kN} \cdot \text{m}$$

作此梁在荷载作用下的弯矩图及剪力图如图 4－25 所示。

3. 验算截面尺寸

估计纵筋排一排，取 $a_s = 45\text{mm}$，则 $h_0 = h - a_s = 700 - 45 = 655\text{mm}$，$h_w = h_0 = 655\text{mm}$。

$$h_w / b = 655/300 = 2.18 < 4.0$$

$$0.25 f_c b h_0 = 0.25 \times 9.6 \times 300 \times 655 = 4.716 \times 10^5\text{N} = 471.6\text{kN} > KV_{\max}$$

$$= 1.20 \times 216.27 = 259.52\text{kN}$$

故截面尺寸满足抗剪要求。

4. 计算纵向钢筋

计算过程及结果见表 4－4，配筋如图 4－26 所示。

表 4－4　　纵向受拉钢筋计算表

计　算　内　容	跨中 H 截面	支座 B 截面
M (kN·m)	241.03	219
KM (kN·m)	289.24	262.8
$\alpha_s = \frac{KM}{f_c b h_0^2}$	0.234	0.213
$\xi = 1 - \sqrt{1 - 2\alpha_s} \leqslant 0.85\xi_b = 0.468$	0.271	0.242
$A_s = \frac{f_c b \xi h_0}{f_y}$ (mm²)	1704	1522
选配钢筋	2Φ22+2Φ25	4Φ22
实配钢筋面积 $A_{s实}$ (mm²)	1742	1520
$\rho = \frac{A_{s实}}{b h_0} \geqslant \rho_{\min} = 0.15\%$	0.89%	0.77%

5. 计算抗剪钢筋

(1) 验算是否按计算配置钢筋

$0.7f_tbh_0=0.7\times1.1\times300\times655=151.305\times10^3\text{N}=151.31\text{kN}<KV_{min}=1.20\times153.69=184.43\text{kN}$

必须由计算确定抗剪腹筋。

(2) 受剪箍筋计算

按构造规定在全梁配置双肢箍筋φ8@220，则 $A_{sv}=101\text{mm}^2$，$s<s_{max}=250\text{mm}$。

$$\rho_{sv}=A_{sv}/(bs)=101/(300\times220)=0.153\%>\rho_{svmin}=0.15\%$$

满足最小配箍率的要求。

$$\begin{aligned}V_{cs}&=0.7f_tbh_0+1.25f_{yv}A_{sv}h_0/s\\&=0.7\times1.1\times300\times655+1.25\times210\times101\times655/220\\&=230.24\text{kN}\end{aligned}$$

(3) 弯起钢筋的设置

1) 支座 B 左侧

$$KV_B^l=1.20\times216.27=259.52\text{kN}>V_{cs}=230.24\text{kN}$$

需加配弯起钢筋帮助抗剪。取 $\alpha=45°$，并取 $V_1=V_B^l$

计算第一排弯起钢筋：

$$\begin{aligned}A_{sb1}&=(KV_1-V_{cs})/(f_y\sin45°)\\&=(1.20\times216.27-230.24)\times10^3/(300\times0.707)\\&=138\text{mm}^2\end{aligned}$$

由支座承担负弯矩的纵筋弯下 2Φ22 ($A_{sb1}=760\text{mm}^2$)。第一排弯起钢筋的上弯点安排在离支座边缘 250mm，即 $s_1=s_{max}=250\text{mm}$。

由图 4-24 可见，第一排弯起钢筋的下弯点离支座边缘的距离为

$$250+(700-2\times30)=890\text{mm}$$

该处有

$$KV_2=1.20\times[216.27-(1.05\times12+1.20\times36)\times0.89]=199.93\text{kN}<V_{cs}=230.24\text{kN}$$

故不需弯起第二排钢筋抗剪。

2) 支座 B 右侧

$$KV_B^r=1.20\times198.74=238.49\text{kN}>V_{cs}=230.24\text{kN}$$

故需配置弯起钢筋。又因为 $V_B^l>V_B^r$，故可同样弯下 2Φ22 即可满足要求，不必再进行计算。

第一排弯起钢筋的下弯点距支座边缘的距离为 890mm，此处有

$$KV_2=1.20\times[198.74-0.89\times(1.05\times46+1.20\times51)]=121.54\text{kN}<V_{cs}$$

故不必再弯起第二排钢筋。

3) 支座 A

$$KV_A=1.20\times153.69=184.43\text{kN}<V_{cs}=230.24\text{kN}$$

为了加强梁的受剪承载力，仍由跨中弯起 2Φ22 至梁顶再伸入支座。第一排弯起钢筋的上弯点安排在离支座边缘 100mm，$s=100\text{mm}<s_{max}=250\text{mm}$。则第一排弯起钢筋的下弯点离支座边缘的距离为：$100+(700-2\times30)=740\text{mm}$。

6. 钢筋的布置设计

钢筋的布置设计要利用抵抗弯矩图（M_R 图）进行图解。为此，先将弯矩图（M 图）、梁的纵剖面图按比例画出（见图 4－26），再在 M 图上作 M_R 图。

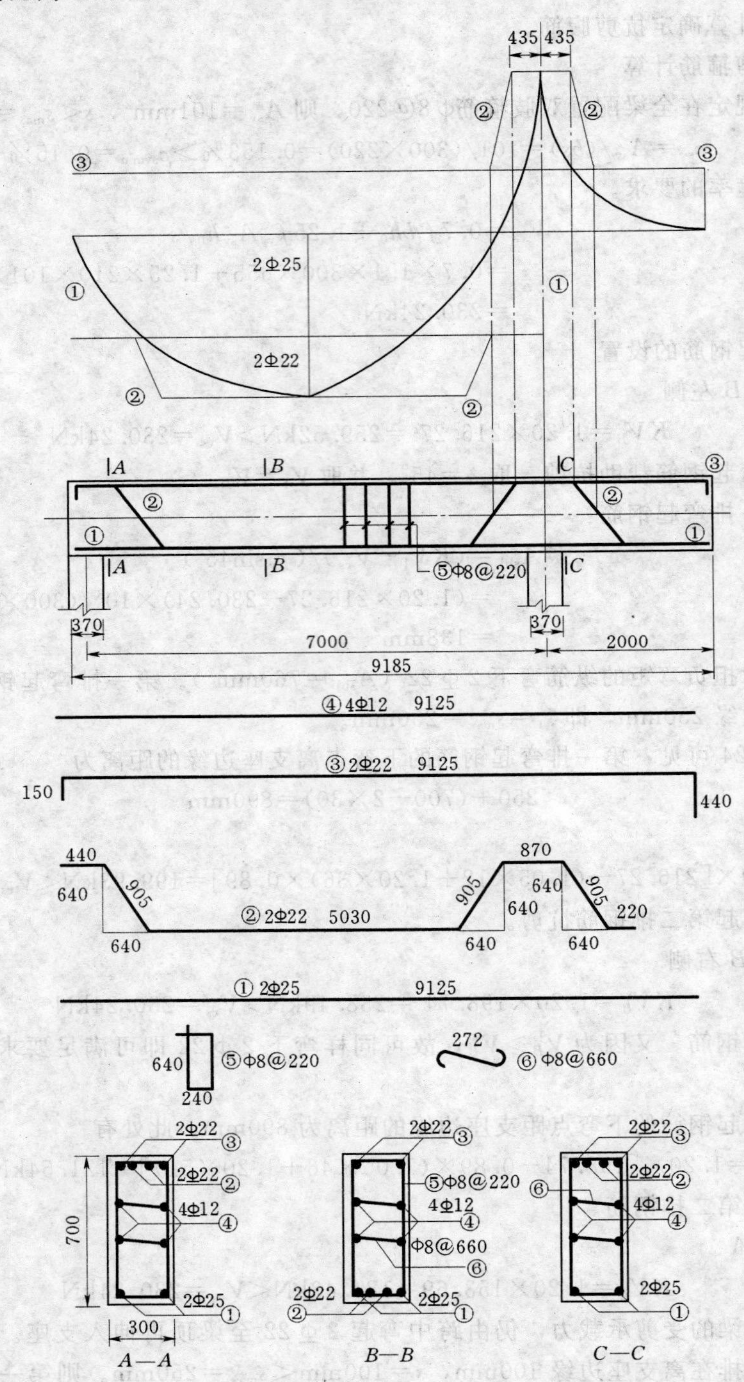

图 4－26　梁的抵抗弯矩图及配筋图

(1) 跨中正弯矩的 M_R 图。跨中 M_{max} 为 241.03kN·m，需配 $A_s=1704mm^2$ 的纵筋，现实配 2ф22+2ф25 ($A_s=1742mm^2$)，因两者钢筋截面积相近，故可直接在 M 图上 M_{max} 处，按各钢筋面积的比例划分出 2ф25 及 2ф22 钢筋能抵抗的弯矩值，便可确定出各根钢筋各自的充分利用点和理论截断点。按预先布置，要从跨中弯起钢筋②至支座 B 和支座 A，钢筋①将直通而不再弯起。由图 4-24 可以看出跨中钢筋的弯起点至充分利用点的距离 a 均大于 $0.5h_0=328mm$ 的条件。

(2) 支座 B 负弯矩区的 M_R 图。支座 B 需配纵筋 $1522mm^2$，实配 4ф22 ($A_s=1520mm^2$)，两者钢筋截面积也相近，故可直接在 M 图上的支座 B 处四等分，每一等分即为 1ф22 所能承担的弯矩。在支座 B 左侧要弯下 2ф22（钢筋②），另两根放在角隅的钢筋③因要绑扎箍筋形成骨架，兼作架立钢筋，必须全梁直通。在支座 B 右侧只需弯下 2ф22。

在梁的两侧应沿高度设置两排 2ф12 纵向构造钢筋，并设置ф8@660 的连系拉筋。

7. 施工图绘制

梁的抵抗弯矩图及配筋图见图 4-26 和表 4-5。

表 4-5　　钢筋表

编号	形状	直径 (mm)	长度 (mm)	根数	总长 (m)	每米质量 (kg/m)	质量 (kg)
①	9125	25	9125	2	18.25	3.85	70.26
②	440 640 905 5000 905 870 640 905 220 640 640	22	9245	2	18.49	2.98	55.10
③	150 9125 440	22	9715	2	19.43	2.98	57.90
④	9125	12	9125	4	36.5	0.888	32.41
⑤	300 640 700(内口) 240	8	1880	43	80.84	0.395	31.93
⑥	272	8	372	15	5.58	0.395	2.20
总质量 (kg)							249.8

复习指导

1. 影响斜截面受剪承载力的因素主要有剪跨比、混凝土强度、箍筋强度及配箍率和

纵向钢筋配筋率等，计算公式是以主要影响参数为变量，以试验统计为基础建立起来的。

2. 钢筋混凝土斜截面受剪的主要破坏形态有斜拉破坏、斜压破坏和剪压破坏，这三种破坏均为脆性破坏。斜截面的受剪承载力计算公式对应于剪压破坏，对于斜拉和斜压破坏，一般是采用构造措施加以避免，即限制最小截面尺寸、最大箍筋间距、最小箍筋直径及不小于最小配箍率。

3. 斜截面承载力计算包括截面设计和承载力复核。计算时要注意斜截面承载力可能有多处比较薄弱的地方，都要进行计算复核，即应考虑不同区段的 V_{cs} 及 $V_{cs}+V_{sb}$ 的控制范围，分别计算。

4. 材料抵抗弯矩图是按照梁实配的纵向钢筋的数量计算并画出的各截面所能抵抗的弯矩图。要掌握利用材料抵抗弯矩图，并根据正截面和斜截面的承载力来确定纵筋的弯起点和截断点的位置。

5. 钢筋混凝土结构既需要理论计算也需要合理的构造措施，才能满足设计和使用要求。本章所述纵筋的锚固要求，箍筋直径、肢数、间距等要求应予熟知。

习　题

一、思考题

1. 钢筋混凝土梁的斜截面破坏形态主要有哪三种？其破坏特征各是什么？

2. 影响斜截面受剪承载力的主要因素有哪些？

3. 有腹筋梁斜截面受剪承载计算公式是由哪种破坏形态建立起来的？该公式的适用条件是什么？

4. 在梁的斜截面承载力计算中，若计算结果不需要配置腹筋，那么该梁是否仍需配置箍筋和弯起钢筋？若需要，应如何确定？

5. 在斜截面受剪承载力计算时，为什么要验算截面尺寸和最小配箍率？

6. 什么是抵抗弯矩图（M_R 图）？当纵向受拉钢筋截断或弯起时，M_R 图上有什么变化？

7. 在绘制 M_R 图时，如何确定每一根钢筋所抵抗的弯矩？其理论截断点或充分利用点又是如何确定的？

8. 梁中纵向钢筋的弯起与截断应满足哪些要求？

9. 斜截面受剪承载力的计算位置如何确定？在计算弯起钢筋时，剪力值如何确定？

10. 箍筋的最小直径和箍筋的最大间距分别与什么有关？

11. 当受力钢筋伸入支座的锚固长度不满足要求时，可采用哪些措施？

12. 架立钢筋的直径大小与什么有关？当截面的腹板高度超过多少时需设置腰筋和拉筋？

二、选择题

1. 有腹筋梁抗剪力计算公式中的 $0.7f_tbh_0$ 是代表（　　）抗剪能力。

A 混凝土　　B 不仅是混凝土的　　C 纵筋与混凝土的　　D 纵筋的

2. 箍筋对斜裂缝的出现（　　）。

A 影响很大　B 不如纵筋大　　C 无影响　　D 影响不大

3. 抗剪公式适用的上限值，是为了保证（　　）。

A 构件不发生斜压破坏　　B 构件不发生剪压破坏

C 构件不发生斜拉破坏　　D 箍筋不致配的太多

4. 在下列哪种情况下，梁斜截面宜设置弯起钢筋？（　　）

A 梁剪力小

B 梁剪力很大，仅配箍筋不足时（箍筋直径过小或间距过大）

C 跨中梁下部具有较多的$+M$纵筋，而支座$-M$小

D 为使纵筋强度得以充分利用来承受$-M$

5. 为了保证梁正截面及斜截面的抗弯强度，在作弯矩抵抗图时，应当保证（　　）。

A 弯起点距该根钢筋的充分利用点的距离不小于$h_0/2$

B 弯起点距该根钢筋的充分利用点距离小于$h_0/2$

C 弯起点距该根钢筋的充分利用点距离不小于$h_0/2$，且弯矩抵抗图不进入弯距图中

D 弯起点距该根钢筋的充分利用点距离小于$h_0/2$，且弯矩抵抗图不进入弯矩图中

6. 限制梁的最小配箍率是防止梁发生（　　）破坏。

A 斜拉　　B 少筋　　C 斜压　　D 剪压

7. 限制梁中箍筋最大间距是为了防止（　　）。

A 箍筋配置过少，出现斜拉破坏

B 斜裂缝不与箍筋相交

C 箍筋对混凝土的约束能力降低

D 箍筋配置过少，出现斜压破坏

8. 已知某2级建筑物中的矩形截面梁，$b\times h=200\text{mm}\times550\text{mm}$，承受均布荷载作用，配有双肢φ6@200箍筋。混凝土采用C20，箍筋采用HPB235级。$a=45\text{mm}$，该梁能承担的剪力计算值为（　　）。

A 85kN　　B 91kN　　C 95kN　　D 98kN

9. 提高梁的斜截面受剪承载力最有效的措施是（　　）。

A 提高混凝土强度等级　　B 加大截面宽度

C 加大截面高度　　D 增加箍筋或弯起钢筋

10. 关于受拉钢筋锚固长度l_a说法正确的是（　　）。

A 随混凝土强度等级的提高而增大　　B 钢筋直径的增大而减小

C 随钢筋等级提高而增大

D 条件相同，光圆钢筋的锚固长度小于变形钢筋

三、计算题

1. 某钢筋混凝土简支梁，一类环境条件，2级水工建筑物，截面尺寸$b\times h=250\text{mm}\times550\text{mm}$，梁的净跨$l_n=4.76\text{m}$，承受永久荷载标准值$g_k=20\text{kN/m}$（包括自重），可变均布荷载标准值$q_k=30\text{kN/m}$；采用C25混凝土，HPB235级箍筋，取$a_s=45\text{mm}$。试为该梁配置箍筋。

2. 某2级水工建筑物的钢筋混凝土梁，截面尺寸$b\times h=250\text{mm}\times500\text{mm}$，在均布荷载作用下，产生的最大剪力设计值$V=198\text{kN}$。采用C25混凝土，HPB235级箍筋，取$a_s$

=45mm。试进行箍筋计算。

3. 某2级水工建筑物的矩形截面简支梁，梁的净跨 $l_n=5\text{m}$，截面尺寸 $b\times h=200\text{mm}\times500\text{mm}$，梁承受的最大剪力设计值 $V=150\text{kN}$，采用C25混凝土，配置4⌀20的HRB335级纵筋，HPB235级箍筋，取 $a_s=45\text{mm}$。试计算腹筋数量。

4. 某承受均布荷载的楼板连续次梁，3级水工建筑物。截面尺寸 $b\times h=250\text{mm}\times600\text{mm}$，$b'_f=1600\text{mm}$，$h'_f=80\text{mm}$；承受剪力设计值 $V=168\text{kN}$；采用C25混凝土，HRB335级纵筋，HPB235级箍筋，取 $a_s=45\text{mm}$。试配置腹筋。

5. 已知矩形截面梁，2级水工建筑物。截面尺寸 $b\times h=200\text{mm}\times550\text{mm}$，承受均布荷载作用，配有双肢ϕ8@200箍筋。混凝土采用C20，箍筋采用HPB235级钢筋。若支座边缘截面剪力设计值 $V=112\text{kN}$，取 $a_s=45\text{mm}$，试按斜截面承载力复核该梁是否安全。

6. 某支承在砖墙上的钢筋混凝土矩形截面外伸梁，截面尺寸 $b\times h=250\text{mm}\times600\text{mm}$，其跨度 $l_1=7.0\text{m}$，外伸臂长度 $l_2=1.82\text{m}$，如图4-27所示。该梁处于一类环境条件，2级水工建筑物，在正常使用期间承受永久荷载标准值 $g_{1k}=20\text{kN/m}$、$g_{2k}=22\text{kN/m}$（包括自重），可变均布荷载标准值 $q_{1k}=15\text{kN/m}$、$q_{2k}=45\text{kN/m}$，采用C20混凝土，纵向钢筋为HRB335级，箍筋为HPB235级。试设计此梁。

设计内容：

（1）梁的内力计算，并绘出弯矩图和剪力图。

（2）截面尺寸复核。

（3）根据正截面承载力要求，确定纵向钢筋的用量。

（4）根据斜截面承载力要求，确定腹筋的用量。

（5）绘制梁的抵抗弯矩图（M_R 图）。

（6）绘制梁的结构施工图。

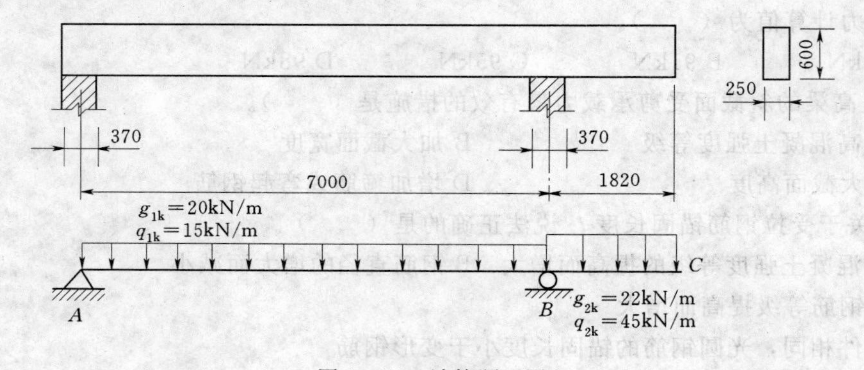

图4-27 计算题6图

第五章　钢筋混凝土受压构件承载力计算

【学习提要】 本章主要讲述受压构件的构造规定，轴心受压构件的受力特点、破坏特征和破坏过程，偏心受压构件的破坏特征及纵向弯曲对其的影响，偏心受压构件非对称配筋的承载力计算方法，偏心受压构件矩形截面对称配筋的承载力计算方法。学习本章，应熟练掌握轴心受压构件、大偏心受压构件承载力计算的方法、步骤，理解受压构件的构造规定等。

以承受轴向压力为主的构件属于受压构件。受压构件是钢筋混凝土结构中最常见的构件之一，如水闸工作桥立柱、渡槽排架立柱、水电站厂房立柱，闸墩、桥墩、箱形涵洞，屋架的上弦杆、受压腹杆，高层建筑中的框架柱、剪力墙等都属于受压构件。根据轴向压力作用位置不同，受压构件可分为轴心受压构件和偏心受压构件两种类型。

如图 5-1 所示，当截面上只作用有轴向压力且轴向压力作用线与构件重心轴重合时，称为轴心受压构件；当轴向压力作用线与构件重心轴不重合时，称为偏心受压构件。轴心压力 N 和弯矩 M 共同作用，与偏心距为 e_0（$e_0=M/N$）的轴向压力 N 作用是等效的，因此，同时承受轴心压力 N 和弯矩 M 作用的构件，也是偏心受压构件。

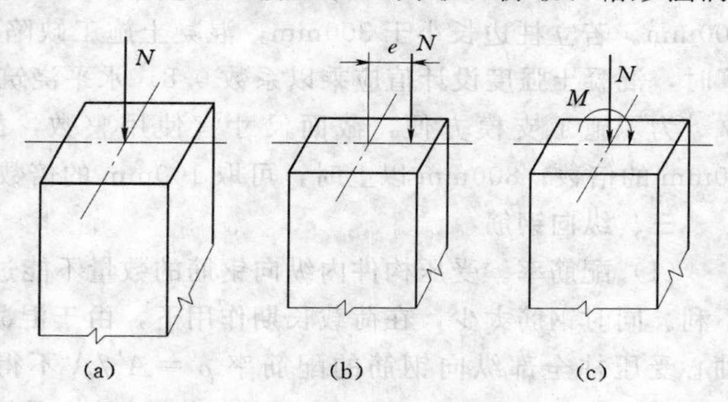

图 5-1　受压构件
(a) 轴心受压构件；(b)、(c) 偏心受压构件

实际工程中，真正的轴心受压构件是不存在的。由于施工时钢筋位置和截面几何尺寸的误差、构件混凝土浇筑的不均匀、实际的荷载合力对构件截面重心来说总是或多或少存在着偏心，钢筋的不对称布置，装配式构件安装定位的不准确，都会导致轴向力产生偏心。但有些构件，如恒载较大的等跨多层房屋的中间柱、桁架的受压腹杆、码头中的桩等构件，因为主要承受轴向压力，弯矩很小，一般可忽略弯矩的影响，近似按轴心受压构件设计。实际工程中的单层厂房边柱、一般框架边柱、屋架上弦杆、拱等构件均属于偏心受压构件。

第一节　受压构件的构造规定

一、材料选择

混凝土强度等级对受压构件的承载力影响较大。采用强度等级较高的混凝土，可减小构件截面尺寸并节省钢材，比较经济。受压构件常用的混凝土强度等级是C25或更高强度等级的混凝土；若截面尺寸不是由强度条件确定时（如闸墩、桥墩），也可采用C15混凝土。

受压构件内配置的受力钢筋一般采用HRB335级、HRB400级或RRB400级钢筋。对受压钢筋来说，不宜采用高强度钢筋，这是因为钢筋的抗压强度受到混凝土极限压应变的限制，不能充分发挥其高强度作用。箍筋一般采用HPB235级、HRB335级钢筋，也可采用HRB400级钢筋。

二、截面形式和尺寸

为便于制作模板，轴心受压构件截面一般采用矩形、正方形，有时也可采用圆形或多边形。偏心受压构件常采用矩形截面，截面长边布置在弯矩作用方向，截面长短边尺寸之比一般为1.5～2.5。为了减轻自重，预制装配式受压柱也可采用Ⅰ形截面，某些水电站厂房的框架立柱也有采用T形截面的。

受压构件截面尺寸与长度相比不宜太小，因为构件越细长，纵向弯曲的影响越大，承载力降低得越多，不能充分利用材料的强度。水工建筑中，现浇立柱的边长不宜小于300mm。若立柱边长小于300mm，混凝土施工缺陷所引起的影响就较为严重，在设计计算时，混凝土强度设计值应乘以系数0.8。水平浇筑的装配式柱则不受此限制。

为了施工支模方便，截面尺寸宜使用整数，截面边长在800mm及以下时，宜取50mm的倍数；800mm以上时，可取100mm的倍数。

三、纵向钢筋

（1）配筋率。受压构件内纵向钢筋的数量不能过少，否则构件破坏时呈脆性，对抗震不利。同时钢筋太少，在荷载长期作用下，由于混凝土的徐变，容易引起钢筋过早屈服。轴心受压柱全部纵向钢筋的配筋率$\rho'=A'_s/A$不得小于0.6%（HPB235级和HRB335级）、0.55%（HRB400级和RRB400级）；偏心受压柱的受压钢筋或受拉钢筋的配筋率均不得小于0.25%（HPB235级）或0.2%（HRB335级、HRB400级和RRB400级钢筋）。

纵向钢筋也不宜过多，配筋过多既不经济，也不便于施工。受压构件内全部纵向钢筋的经济配筋率在0.8%～2.0%范围内。若荷载较大及截面尺寸受限制时，配筋率可适当提高，但全部纵向钢筋配筋率不宜超过5%。

（2）根数与直径。正方形和矩形柱中纵向钢筋的根数不得少于4根，每边不得少于2根；圆形柱中纵向钢筋宜沿周边均匀布置，根数不宜少于8根，且不应少于6根。纵向受力钢筋直径d不宜小于12mm，过小则钢筋骨架柔性大，施工不便。为了减少钢筋在施工时可能产生的纵向弯曲，最好采用较粗的钢筋。工程中通常在12～32mm范围内选择。

（3）布置与间距。轴心受压构件的纵向受力钢筋应沿周边均匀布置；偏心受压构件的纵向受力钢筋则沿垂直于弯矩作用平面的两个侧面布置。柱截面每个角必须有一根钢筋。

轴心受压柱中各边的纵向受力钢筋和偏心受压柱中垂直于弯矩作用平面的侧面上的纵向受力钢筋，其间距（中距）不应大于300mm。现浇时（竖向浇筑混凝土）纵向钢筋的净距不应小于50mm，如图5-2所示。在水平位置上浇筑的预制柱，其纵向钢筋的最小净距可参照梁的规定取用。

当偏心受压柱的截面长边$h\geqslant 600$mm时，沿平行于弯矩作用平面的两个侧面应设置

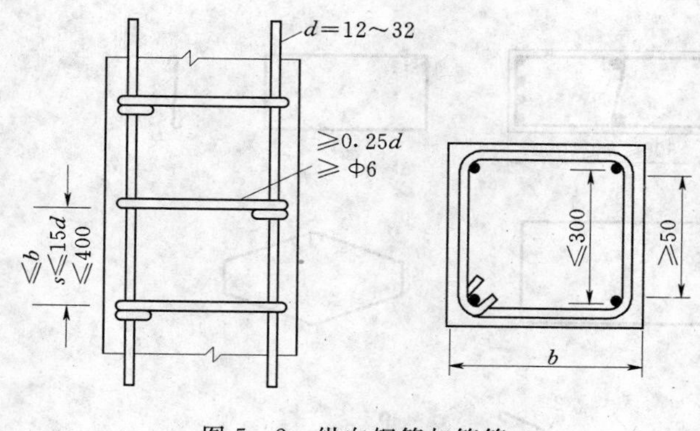

图 5-2　纵向钢筋与箍筋

直径为 10～16mm 的纵向构造钢筋，其间距不应大于 400mm，并相应设置复合箍筋或连系拉筋。

(4) 纵向钢筋的混凝土保护层厚度的要求与梁相同。

四、箍筋

(1) 作用与形状。受压构件中的箍筋既可保证纵向钢筋的位置正确，又可防止纵向钢筋受压时向外弯凸和混凝土保护层横向胀裂剥落，还可以抵抗剪力，从而提高柱的承载能力和延性。箍筋应做成封闭式，并与纵筋绑扎或焊接形成整体骨架。

(2) 直径与间距。箍筋直径不应小于 0.25 倍纵向钢筋的最大直径，且不应小于 6mm。箍筋的间距（中距）不应大于 400mm，亦不应大于构件截面的短边尺寸；同时，在绑扎骨架中不应大于 $15d$；在焊接骨架中不应大于 $20d$（d 为纵向钢筋的最小直径），如图 5-2 所示。

当纵向钢筋采用绑扎搭接时，箍筋直径不应小于搭接钢筋较大直径的 0.25 倍。搭接长度范围内的箍筋应加密，当搭接钢筋受拉时，其箍筋间距 s 不应大于 $5d$，且不应大于 100mm；当搭接钢筋受压时，箍筋间距不应大于 $10d$，且不应大于 200mm（d 为搭接钢筋中的最小直径）。当搭接受压钢筋直径 $d>25$mm 时，尚应在搭接接头两个端面外 100mm 范围内各设置两个箍筋。

当全部纵向受力钢筋的配筋率超过 3%时，箍筋直径不宜小于 8mm，间距不应大于 10d（d 为纵向钢筋的最小直径），且不应大于 200mm。箍筋末端应做成 135°弯钩且弯钩末端平直段长度不应小于箍筋直径的 10 倍；箍筋也可焊成封闭环式。

(3) 复合箍筋。当柱截面短边尺寸大于 400mm 且各边纵向钢筋多于 3 根时，或当柱截面短边尺寸不大于 400mm，但各边纵向钢筋多于 4 根时，应设置复合箍筋，以防止位于中间的纵向钢筋向外弯凸。复合箍筋布置原则是尽可能使每根纵向钢筋均处于箍筋的转角处，若纵向钢筋根数较多，允许纵向钢筋隔一根位于箍筋的转角处。以使纵向钢筋能在两个方向受到固定。轴心受压柱的复合箍筋布置如图 5-3 所示。偏心受压柱的复合箍筋布置如图 5-4 所示。

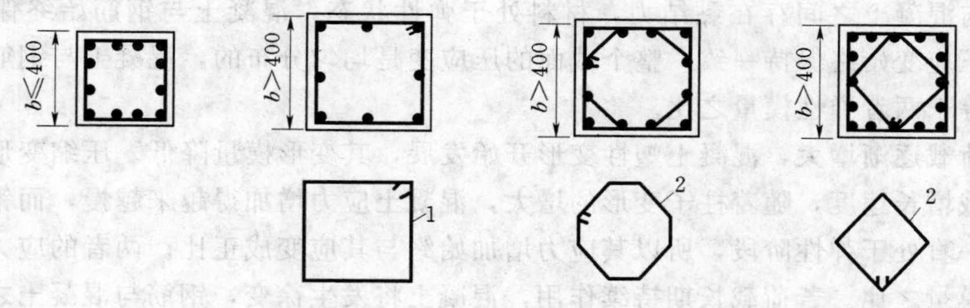

图 5-3　轴心受压柱基本箍筋与附加箍筋

1—基本箍筋；2—附加箍筋

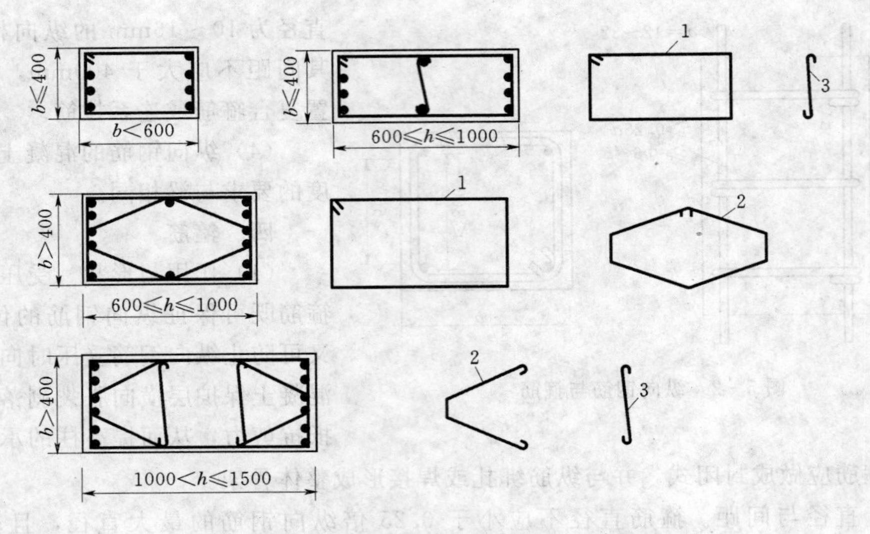

图 5-4　偏心受压柱基本箍筋与附加箍筋

1—基本箍筋；2—附加箍筋；3—拉筋

当柱中纵向钢筋按构造配置，钢筋强度未充分利用时，箍筋的配置要求可适当放宽。

第二节　轴心受压构件正截面承载力计算

柱是工程中最具有代表性的受压构件。钢筋混凝土轴心受压柱按照箍筋的作用及配置方式的不同分为两种：配有纵向钢筋和普通箍筋的柱，简称普通箍筋柱；配有纵筋和螺旋式或焊接环式箍筋的柱，简称螺旋箍筋柱。常见的轴心受压柱是普通箍筋柱。本节仅学习普通箍筋柱的正截面受压承载力计算。

受压构件承载力计算理论也是建立在试验基础之上。试验表明，构件的长细比对构件承载力影响较大。轴心受压构件的长细比是计算长度 l_0 与截面最小回转半径 i 或矩形截面的短边尺寸 b 之比。当 $l_0/i \leqslant 28$ 或 $l_0/b \leqslant 8$，为短柱；当 $l_0/i > 28$ 或 $l_0/b > 8$，为长柱。

一、受力分析和破坏形态

（一）短柱

配有纵筋和箍筋的短柱，在轴心压力作用下，短柱全截面均匀受压。当荷载较小时，由于钢筋与混凝土之间存在黏结力，材料处于弹性状态，混凝土与钢筋始终保持共同变形，两者压应变始终保持一致，整个截面的压应变是均匀分布的，混凝土与钢筋的应力比值基本上等于两者弹性模量之比。

随着荷载逐渐增大，混凝土塑性变形开始发展，其变形模量降低。压缩变形增加的速度快于荷载增长速度，随着柱子变形的增大，混凝土应力增加得越来越慢，而钢筋由于在屈服之前一直处于弹性阶段，所以其应力增加始终与其应变成正比。两者的应力比值不再等于弹性模量之比。若荷载长期持续作用，混凝土将发生徐变，钢筋与混凝土之间会产生应力重分配，使混凝土的应力有所降低，钢筋的应力有所增加。

当轴向压力达到柱子破坏荷载的90%时，柱子由于横向变形达到极限而出现与压力方向平行的纵向裂缝［见图5-5（a）］，混凝土保护层剥落，最后，箍筋间的纵向钢筋向外弯凸，混凝土被压碎，整个柱子也就破坏了［见图5-5（b）］。

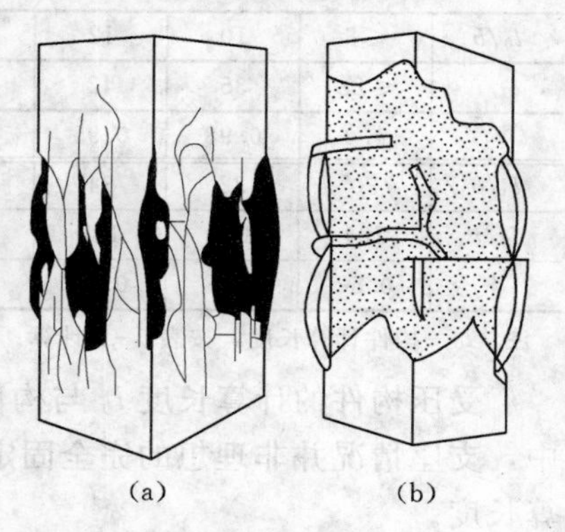

图5-5　轴心受压短柱的破坏形态

试验表明，柱子延性的好坏主要取决于箍筋的数量和形式。箍筋数量越多，对柱子的侧向约束程度越大，柱子的延性就越好。特别是螺旋箍筋，对提高延性更有效。

短柱破坏时，对一般中等强度的钢筋，是纵筋先达到屈服强度，此时荷载仍可继续增加，最后混凝土达到其极限压应变，构件破坏。当采用高强钢筋时，也可能在混凝土达到极限应力时，钢筋没有达到屈服强度，在继续变形一段时间后，构件破坏。因此在柱内采用高强钢筋作为受压钢筋时，不能充分发挥其高强度作用，是不经济的。

（二）长柱

长柱的破坏荷载小于短柱，且柱子越细长破坏荷载小得越多。由试验得知，长柱在轴向压力作用下，不仅发生压缩变形，同时还发生纵向弯曲，产生横向挠度。在荷载不大时，长柱全截面受压，但由于发生弯曲，内凹一侧的压应力比外凸一侧的压应力大。在破坏前，横向挠度增加得很快，使长柱的破坏比较突然。破坏时，凹侧混凝土被压碎，纵向钢筋被压弯而向外弯凸（见图5-6）。凸侧由受压突然变为受拉，出现水平的受拉裂缝。

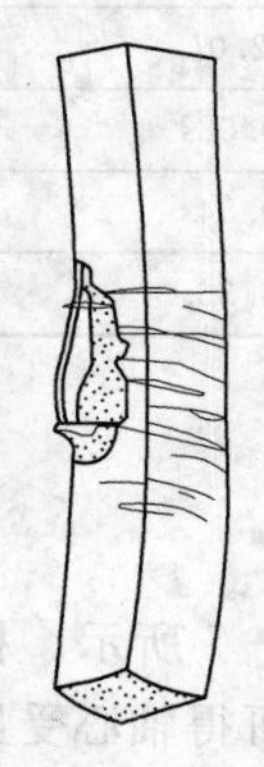
图5-6　轴心受压长柱的破坏形态

这一现象的发生是由于工程中的轴心受压柱都存在各种偶然因素造成的初始偏心距，这一初始偏心距对短柱的影响可以忽略不计，而对长柱的影响较大。长柱在荷载作用下，初始偏心距产生附加弯矩，附加弯矩产生的横向挠度又加大了偏心距，相互影响的结果使长柱最终在轴向压力和弯矩共同作用下发生破坏。很细长的长柱还有可能发生失稳破坏。

将截面尺寸、混凝土强度等级和配筋面积相同的长柱与短柱比较，发现长柱的承载力小于短柱，并且柱子越细长则小得越多。因此，设计中必须考虑长细比对承载力降低的影响，常用稳定系数ϕ表示长柱承载力较短柱降低的程度。影响ϕ值的主要因素是柱的长细比，混凝土强度等级和配筋率对ϕ值的影响很小，可以忽略不计。

当$l_0/b\leqslant 8$时，为短柱，可不考虑纵向弯曲的影响（侧向挠度很小，不影响构件的承载能力），取$\phi=1.0$；当$l_0/b>8$时，为长柱，ϕ值随l_0/b的增大而减小，ϕ值与l_0/b的关系见表5-1。轴心受压构件长细比超过一定数值后，构件可能发生失稳破坏，因此，对一般建筑物的柱子，常限制长细比$l_0/b\leqslant 30$及$l_0/h\leqslant 25$（b为截面短边尺寸，h为长边尺寸）。

表 5-1　　钢筋混凝土轴心受压柱的稳定系数 ϕ

l_0/b	≤8	10	12	14	16	18	20	22	24	26	28
l_0/i	≤28	35	42	48	55	62	69	76	83	90	97
ϕ	1.0	0.98	0.95	0.92	0.87	0.81	0.75	0.70	0.65	0.60	0.56
l_0/b	30	32	34	36	38	40	42	44	46	48	50
l_0/i	104	111	118	125	132	139	146	153	160	167	174
ϕ	0.52	0.48	0.44	0.40	0.36	0.32	0.29	0.26	0.23	0.21	0.19

注　l_0—构件计算长度，按表 5-2 计算；b—矩形截面的短边尺寸；i—截面最小回转半径。

受压构件的计算长度 l_0 与构件的两端支承情况有关，可由表 5-2 查得。在实际工程中，支座情况并非理想的完全固定或完全铰接，应根据具体情况按照规范规定确定柱的计算长度。

表 5-2　　构件的计算长度 l_0

构件及两端约束情况		计算长度 l_0
直杆	两端固定	$0.5l$
	一端固定，一端为不移动的铰	$0.7l$
	两端均为不移动的铰	$1.0l$
	一端固定，一端自由	$2.0l$
拱	三铰拱	$0.58s$
	双铰拱	$0.54s$
	无铰拱	$0.36s$

注　l—构件支点间长度；s—拱轴线长度。

二、普通箍筋柱正截面受压承载力计算公式

（一）计算公式

根据上述受力分析，轴心受压构件正截面受压承载力计算简图如图 5-7 所示。根据计算简图和内力平衡条件，并满足承载能力极限状态设计表达式的要求，可得轴心受压普通箍筋柱正截面受压承载力计算公式：

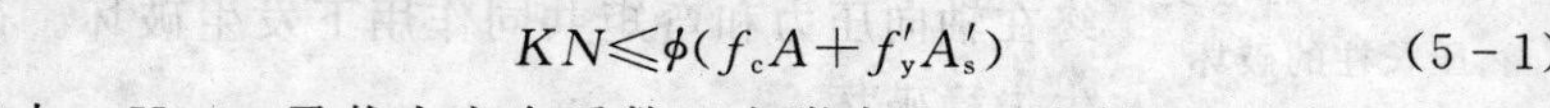

$$KN \leqslant \phi(f_c A + f'_y A'_s) \tag{5-1}$$

式中　K——承载力安全系数，由附表 1-2 查得；

N——轴向压力设计值，N；

ϕ——钢筋混凝土轴心受压柱稳定系数，由表 5-1 查得；

f_c——混凝土轴心抗压强度设计值，N/mm²；

A——构件截面面积，mm²，当纵向钢筋配筋率 $\rho' = A'_s/A > 3\%$时，式中 A 应改用混凝土净截面面积 A_n，$A_n = A - A'_s$；

f'_y——纵向钢筋抗压强度设计值，N/mm²；

A'_s——全部纵向钢筋的截面面积，mm²。

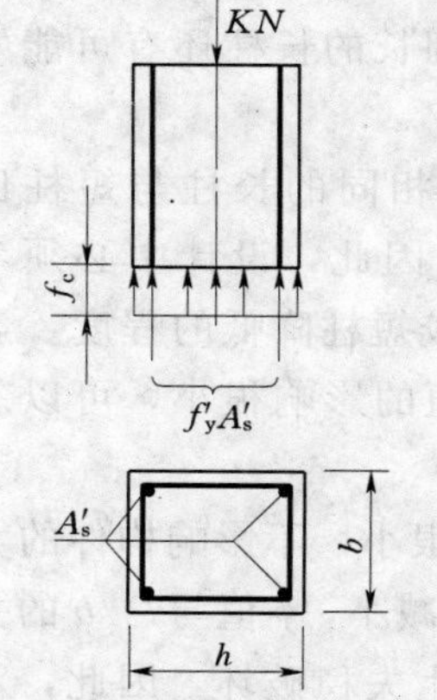

图 5-7　轴心受压构件正截面受压承载力计算简图

（二）截面设计

柱的截面尺寸可由构造要求或参照同类结构确定。然后根据

构件的长细比由表5－1查出ϕ值，再用式（5－1）计算钢筋截面面积。

$$A_s'=\frac{KN-\phi f_c A}{\phi f_y'} \quad (5-2)$$

计算出钢筋截面面积A_s'后，应验算配筋率$\rho'=A_s'/A$是否合适（柱子的合适配筋率在0.8%～2.0%范围内）。如果ρ'过小或过大，说明截面尺寸选择不当，需要重新选择与计算。

截面设计步骤见图5－8。

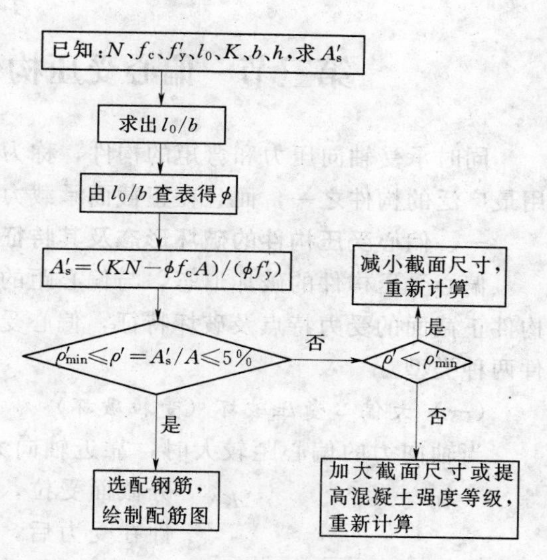

图5－8　轴心受压构件正截面设计流程图

（三）*承载力复核*

轴心受压柱承载力复核，是已知构件的计算长度、截面尺寸、材料强度、纵向钢筋截面面积，验算截面承受某一轴向压力时是否安全，即计算截面能承担多大的轴向压力。

首先检查配筋率是否满足经济配筋率的要求，然后根据构件的长细比由表5－1查出ϕ值，再根据式（5－1）进行复核，若式（5－1）得到满足，则截面承载力足够，反之，截面承载力不够。

【例5－1】　某2级水工建筑物中的现浇轴心受压柱，柱底固定，顶部为不移动铰接，柱高$H=6.3$m，柱底截面承受的轴心压力设计值$N=1860$kN（包括自重），采用C25混凝土及HRB335级钢筋。试设计截面并配筋。

解：

查附表1－2、附表2－2、附表2－5得：$K=1.20$，$f_c=11.9\text{N/mm}^2$，$f_y'=300\text{N/mm}^2$，参照同类型结构拟定截面尺寸为400mm×400mm。

（1）确定稳定系数ϕ

由表5－2可得，$l_0=0.7H=0.7\times6300=4410$mm，则$l_0/b=4410/400\approx11.0>8$，属长柱，由表5－1查得$\phi=0.965$。

（2）计算A_s'

$$A_s'=\frac{KN-\phi f_c A}{\phi f_y'}$$

$$=\frac{1.20\times1860\times10^3-0.965\times11.9\times400^2}{0.965\times300}$$

$$=1363\text{mm}^2$$

$$\rho'=A_s'/A=1363/400^2=0.9\%>\rho_{min}'=0.6\%$$

ρ'在经济配筋率范围内，拟定的截面尺寸合理。

（3）选配钢筋并绘制截面配筋图

受压钢筋选用4Φ22（$A_s'=1520\text{mm}^2$），箍筋选用ϕ6@250。截面配筋见图5－9。

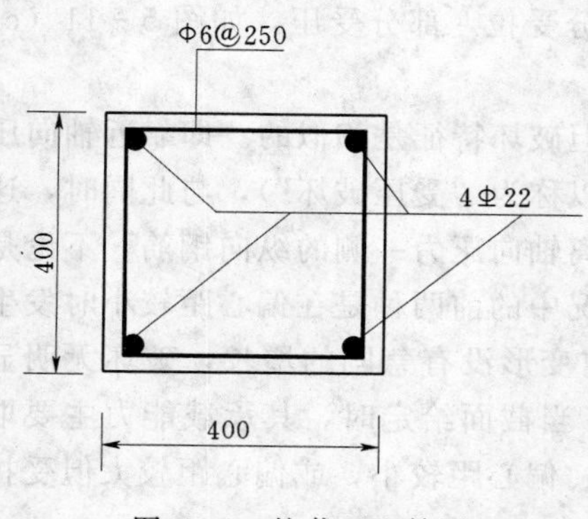

图5－9　柱截面配筋图

第三节　偏心受压构件的正截面承载力分析

同时承受轴向压力和弯矩的构件，称为偏心受压构件。偏心受压构件是最基本的、应用最广泛的构件之一，而且在正截面承载力计算上具有一般性。

一、偏心受压构件的破坏形态及其特征

偏心受压构件的破坏形态，与偏心距的大小及配筋量有关。根据钢筋混凝土偏心受压构件正截面的受力特点及破坏特征，偏心受压构件可分为大偏心受压构件和小偏心受压构件两种类型。

（一）大偏心受压破坏（受拉破坏）

当轴向力的偏心距较大时，靠近轴向力一侧的部分截面受压、远离轴向力一侧的部分截面受拉，如果受拉区配置的受拉钢筋数量适当，则构件在受力后，首先在受拉区产生横向裂缝。随着荷载不断增加，裂缝将不断开展延伸，受拉钢筋应力增长较快，首先达到屈服强度，随着钢筋塑性的增加，中和轴向受压区移动，使受压区高度迅速减小，压应变急剧增加，最后混凝土达到极限压应变而被压碎，受压钢筋应力达到屈服强度，构件破坏。由于这种破坏发生于轴向力偏心距较大的情况，因此称为“大偏心受压破坏”。其破坏过程与配筋适中的双筋受弯构件类似。由于破坏是从受拉区开始的，故这种破坏又称为“受拉破坏”。大偏心受压破坏前具有明显的预兆，钢筋屈服后构件的变形急剧增大，裂缝显著开展，属于延性破坏。形成受拉破坏的条件是：偏心距较大，同时受拉钢筋数量适当。图 5－10 为大偏心受压破坏时的截面应力图形。

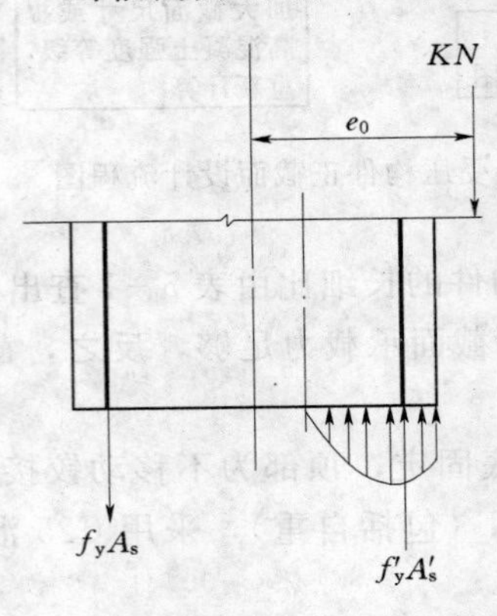

图 5－10　大偏心受压破坏截面应力图形

（二）小偏心受压破坏（受压破坏）

小偏心受压破坏包括下列三种情况：

（1）偏心距很小时，构件全截面受压，如图 5－11（a）所示。

（2）偏心距较小时，截面大部分受压，小部分受拉，如图 5－11（b）所示。

（3）偏心距较大且受拉钢筋配置过多时，截面部分受拉，部分受压，如图 5－11（c）所示。

上述三种情况，尽管破坏时应力状态有所不同，但破坏特征是相似的。即靠近轴向压力一侧的受压混凝土先达到极限压应变而被压坏（所以称为“受压破坏”），与此同时，这一侧的纵向受压钢筋应力也达到抗压屈服强度；而远离轴向压力一侧的纵向钢筋，不论是受压还是受拉，一般不会屈服。由于上述三种破坏情况中的前两种是在偏心距较小时发生的，故统称为“小偏心受压破坏”。小偏心受压破坏前变形没有急剧的增长，破坏无明显预兆（裂缝开展不明显，变形较小），属于脆性破坏。当截面给定时，其承载能力主要取决于压区混凝土及受压钢筋。形成受压破坏的条件是：偏心距较小，或偏心距较大但受拉钢筋数量过多。

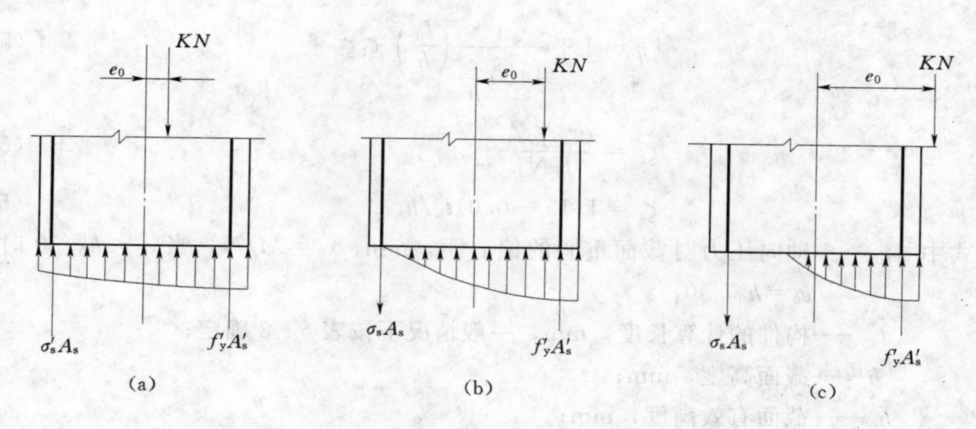

图 5-11　小偏心受压破坏截面应力图形

二、大、小偏心受压破坏的分界

大、小偏心受压破坏形态的根本区别就在于远离轴向力一侧的纵向钢筋在破坏时是否达到受拉屈服。这与配有受压钢筋的适筋梁和超筋梁的破坏情况完全一致。即在远离轴向力一侧的钢筋受拉屈服的同时，受压区混凝土恰好达到极限压应变值。这种破坏为大、小偏心受压的界限破坏。当 $\xi \leqslant \xi_b$ 时，截面破坏时远离轴向力一侧的钢筋受拉屈服，属于大偏心受压；当 $\xi > \xi_b$ 时，截面破坏时远离轴向力一侧的钢筋无论受拉或受压均未达到屈服，属于小偏心受压。

三、偏心受压构件的纵向弯曲对其承载力的影响

偏心受压构件在偏心轴向力的作用下将产生纵向弯曲变形，从而使细长的构件产生附加挠度 f（见图 5-12），致使轴向力 N 对跨长中间截面重心的实际偏心距从初始偏心距 e_0 增大到 e_0+f，偏心距的增大，使得作用在截面上的弯矩也随之增大，从而导致构件承载力降低。显然，长细比越大，偏心受压构件在轴向压力和弯矩共同作用下的压弯效应越大，产生的附加挠度也越大，承载力降低越多。对于长细比较小的短柱，由于纵向弯曲较小，一般可以忽略不计纵向弯曲对正截面承载力的影响。而对于长细比较大的长柱，纵向弯曲的影响则不能忽略。试验表明，偏心受压长柱的承载力低于相同截面尺寸和配筋的偏心受压短柱。

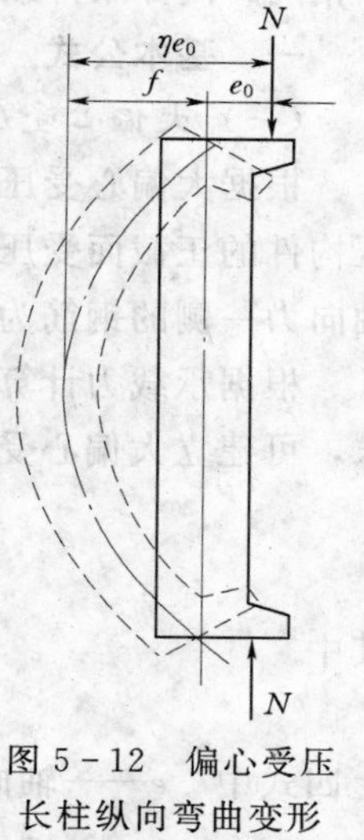

因此，钢筋混凝土偏心受压长柱承载力计算应考虑长细比对承载力降低的影响。考虑的方法是将初始偏心距 e_0 乘以一个大于 1 的偏心距增大系数 η，即

$$e_0+f=(1+f/e_0)e_0=\eta e_0 \tag{5-3}$$

图 5-12　偏心受压长柱纵向弯曲变形

根据偏心受压构件试验挠曲线的实测结果和理论分析，规范给出了偏心距增大系数的计算公式。对矩形、T 形、I 形、圆形和环形截面偏心受压构件，其偏心距增大系数可按下列公式计算：

$$\eta = 1 + \frac{1}{1400\frac{e_0}{h_0}}\left(\frac{l_0}{h}\right)^2 \zeta_1 \zeta_2 \tag{5-4}$$

$$\zeta_1 = \frac{0.5 f_c A}{KN} \tag{5-5}$$

$$\zeta_2 = 1.15 - 0.01 l_0/h \tag{5-6}$$

上三式中　e_0——轴向压力对截面重心的偏心距，mm，$e_0 = M/N$，当 $e_0 < h_0/30$ 时，取 $e_0 = h_0/30$；

l_0——构件的计算长度，mm，一般情况下按表 5-2 确定；

h——截面高度，mm；

h_0——截面有效高度，mm；

A——构件截面面积，mm^2；

ζ_1——考虑截面应变对截面曲率的影响系数，当 $\zeta_1 > 1$ 时，取 $\zeta_1 = 1.0$，对于大偏心受压构件，直接取 $\zeta_1 = 1.0$；

ζ_2——考虑构件长细比对截面曲率的影响系数，当 $l_0/h < 15$ 时，取 $\zeta_2 = 1.0$。

当 $l_0/h \leqslant 8$ 时，属于短柱，可取偏心距增大系数 $\eta = 1.0$；当 $8 < l_0/h \leqslant 30$ 时，属于中长柱，η 按式（5-4）计算；当 $l_0/h > 30$ 时，属于细长柱，构件可能引起失稳破坏，应加以避免。

第四节　矩形截面偏心受压构件正截面承载力计算

钢筋混凝土矩形截面偏心受压构件的正截面承载力计算采用的基本假定与受弯构件基本相同，同样用等效矩形应力图形代替混凝土受压区的实际应力图形。

一、基本公式

（一）大偏心受压构件

根据大偏心受压破坏时的截面应力图形（见图 5-10）和基本假定，简化出大偏心受压构件的正截面受压承载力计算简图（见图 5-13），靠近轴向力一侧的钢筋为 A_s'，远离轴向力一侧的钢筋为 A_s。

根据承载力计算简图及截面力系平衡条件，并满足承载能力极限状态设计表达式的要求，可建立大偏心受压构件正截面受压承载力计算基本公式如下：

$$KN \leqslant f_c bx + f_y' A_s' - f_y A_s \tag{5-7}$$

$$KNe \leqslant f_c bx(h_0 - 0.5x) + f_y' A_s'(h_0 - a_s') \tag{5-8}$$

其中

$$e = \eta e_0 + h/2 - a_s$$

$$e_0 = M/N$$

上四式中　e——轴向压力作用点至钢筋 A_s 合力点的距离，mm；

e_0——轴向压力对截面重心的偏心距，mm；

η——轴向压力偏心距增大系数；

a_s——远侧钢筋 A_s 合力点至截面近边缘的距离，mm；

a_s'——近侧钢筋 A_s' 合力点至截面近边缘的距离，mm；

A_s、A'_s——配置在远离或靠近轴向压力一侧的纵向钢筋截面面积，mm^2；

其他符号意义同前。

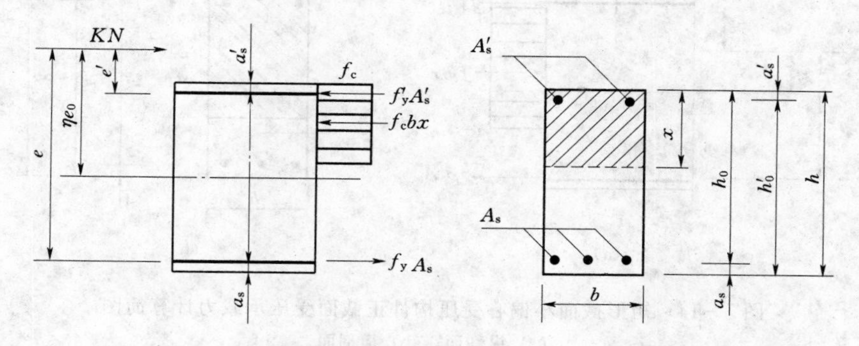

图 5-13　矩形截面大偏心受压构件正截面受压承载力计算简图

为了计算方便，可将基本公式改写为如下的实用公式：

将 $x=\xi h_0$ 代入基本公式式（5-7）和式（5-8）中，并令 $\alpha_s=\xi(1-0.5\xi)$，则可得出

$$KN\leqslant f_c b\xi h_0+f'_yA'_s-f_yA_s \tag{5-9}$$

$$KNe\leqslant \alpha_s f_c bh_0^2+f'_yA'_s(h_0-a'_s) \tag{5-10}$$

基本公式和实用公式应满足下列适用条件：

（1）为了保证构件破坏时受拉钢筋应力能达到屈服强度，应满足：

$$x\leqslant \xi_b h_0 \text{ 或 } \xi\leqslant\xi_b$$

（2）为了保证构件破坏时，受压钢筋应力能达到屈服强度，应满足：

$$x\geqslant 2a'_s$$

当 $x<2a'_s$ 时，为偏于安全并为计算方便起见，可近似取 $x=2a'_s$ 并对受压钢筋 A'_s 合力点取矩可得

$$KNe'\leqslant f_yA_s(h_0-a'_s) \tag{5-11}$$

式中　e'——轴向压力作用点至受压钢筋 A'_s 合力点的距离，mm，$e'=\eta e_0-h/2+a'_s$。

（二）小偏心受压构件

根据小偏心受压破坏时的截面应力图形（见图 5-11）和基本假定，简化出小偏心受压构件的正截面受压承载力计算简图（见图 5-14）。靠近轴向力一侧的钢筋为 A'_s，远离轴向力一侧的钢筋为 A_s。

根据承载力计算简图和截面内力平衡条件，并满足承载能力极限状态设计表达式的要求，可建立矩形截面小偏心受压构件正截面受压承载力计算基本公式如下：

$$KN\leqslant f_cbx+f'_yA'_s-\sigma_sA_s \tag{5-12}$$

$$KNe\leqslant f_cbx(h_0-0.5x)+f'_yA'_s(h_0-a'_s) \tag{5-13}$$

式中　e——轴向压力作用点至钢筋 A_s 合力点之间的距离，mm，$e=\eta e_0+h/2-a_s$。

基本公式应满足下列适用条件：

（1）$x>\xi_b h_0$，或 $\xi>\xi_b$。

（2）$x\leqslant h$，当 $x>h$ 时，应取 $x=h$。

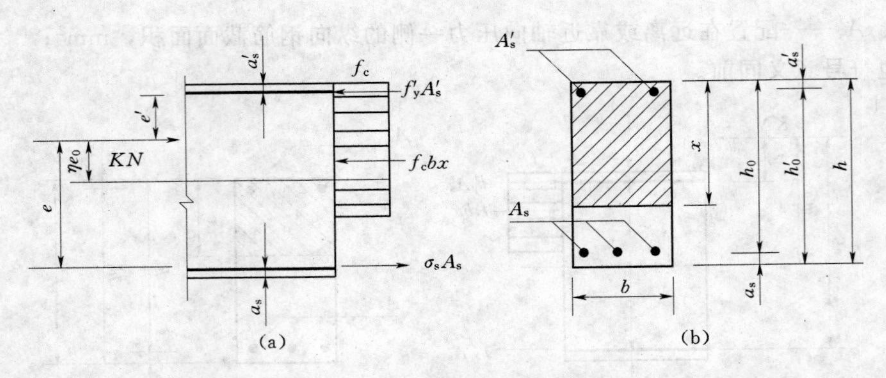

图 5-14 矩形截面小偏心受压构件正截面受压承载力计算简图

(a) 纵剖面；(b) 横剖面

远离轴向力一侧的纵向钢筋 A_s，无论受压还是受拉，均未达到屈服，其应力 σ_s 随 ξ 呈线性变化，可按下列近似公式进行计算：

$$\sigma_s=\frac{\xi-0.8}{\xi_b-0.8}f_y \tag{5-14}$$

按上式计算的钢筋应力应符合下列条件：

$$-f_y'\leqslant\sigma_s\leqslant f_y$$

当 $KN>f_cbh$ 时，由于偏心距很小而轴向力很大，构件全截面受压（$x=h$），若远离轴向力的一侧的钢筋 A_s 配得过少，则该侧混凝土就可能先达到极限压应变而破坏，钢筋 A_s 也同时达到屈服强度，称为反向破坏。为了防止这种情况发生，以 A_s'为矩心建立方程对 A_s 复核，A_s 应满足如下条件：

$$KNe'\leqslant f_cbh(h_0'-0.5h)+f_y'A_s(h_0'-a_s) \tag{5-15}$$

式中 e'——轴向力作用点至钢筋 A_s'合力点的距离，mm，$e'=0.5h-a_s'-e_0$，为偏于安全考虑取 $\eta=1.0$；

h_0'——受压钢筋 A_s'合力点至钢筋 A_s 一侧混凝土表面的距离，mm，$h_0'=h-a_s'$。

二、非对称配筋截面的设计

偏心受压构件截面设计，首先由结构内力分析得出作用在控制截面上的轴向力设计值 N 和弯矩设计值 M，根据经验或参照同类结构选择材料及拟定截面尺寸，然后计算钢筋截面面积 A_s 及 A_s'并进行配筋。当计算结果不合理时，则对初拟的截面尺寸进行调整，然后再重新进行计算。

截面设计时，应先根据 ξ 的大小判别偏心受压的类型。在钢筋面积未知的情况下，无法确定 ξ 的数值，实际设计时可先按下列条件作初步的判别：

当 $\eta e_0>0.3h_0$ 时，可先按大偏心受压受压构件设计；

当 $\eta e_0\leqslant0.3h_0$ 时，可先按小偏心受压受压构件设计。

但区分大、小偏心受压破坏形态的界限仍为 $\xi\leqslant\xi_b$ 或 $\xi>\xi_b$，这里给出的方法是在开始设计时 ξ 值尚为未知数时的一种初始判别。有时虽然符合了 $\eta e_0>0.3h_0$ 条件，计算结果仍有可能属于小偏心受压。

（一）大偏心受压构件截面设计

大偏心受压构件按非对称配筋方式进行截面设计时，将会遇到以下两种情况：

1. 第一种情况：A_s 和 A_s' 均未知

这种情况下，大偏心受压构件实用公式（5-9）和式（5-10）中有三个未知量 A_s、A_s' 和 ξ，需要补充一个条件才能求解。通常以充分发挥混凝土抗压作用，从而使钢筋总用量（A_s+A_s'）最省作为补充条件。

为充分发挥混凝土的抗压作用，即取 $x=\xi_b h_0$。此时 $\xi=\xi_b$，$\alpha_s=\alpha_{sb}=\xi_b(1-0.5\xi_b)$。

将 $\alpha_s=\alpha_{sb}$ 代入式（5-10）求 A_s'，即

$$A_s'=\frac{KNe-\alpha_{sb}f_c bh_0^2}{f_y'(h_0-a_s')} \tag{5-16}$$

若 $A_s'\geqslant \rho'_{\min}bh_0$，则将已求得的 A_s' 和 $\xi=\xi_b$ 代入式（5-9）求 A_s，即

$$A_s=\frac{f_c b\xi_b h_0+f_y'A_s'-KN}{f_y} \tag{5-17}$$

若 $A_s'<\rho'_{\min}bh_0$，则取 $A_s'=\rho'_{\min}bh_0$，然后按第二种已知 A_s' 的情况求 A_s。按式（5-17）求出的 A_s 若小于 $\rho_{\min}bh_0$，则按 $A_s=\rho_{\min}bh_0$ 配筋。

2. 第二种情况：已知 A_s'，求 A_s

这种情况下，大偏心受压构件实用公式式（5-9）和式（5-10）中仅有两个未知量 A_s 和 ξ，可直接求解如下：

由式（5-10）得

$$\alpha_s=\frac{KNe-f_y'A_s'(h_0-a_s')}{f_c bh_0^2}，\xi=1-\sqrt{1-2\alpha_s}，x=\xi h_0$$

若 $2a_s'\leqslant x\leqslant \xi_b h_0$ 时，说明受压钢筋 A_s' 数量配置适当，能够充分发挥作用，而且受拉钢筋也能达到屈服，可由式（5-9）计算 A_s，即

$$A_s=\frac{f_c b\xi h_0+f_y'A_s'-KN}{f_y} \tag{5-18}$$

若 $x>\xi_b h_0$ 时，说明已配置的受压钢筋 A_s' 数量不足。若 A_s' 可以调整，可按第一种情况重新计算 A_s' 和 A_s；若 A_s' 不可调整，应加大截面尺寸和混凝土强度等级重新计算，使其满足 $x\leqslant\xi_b h_0$ 的条件；当然也可考虑按小偏心受压重新设计。

若 $x<2a_s'$ 时，说明受压钢筋 A_s' 达不到屈服，可由式（5-11）计算 A_s，即

$$A_s=\frac{KNe'}{f_y(h_0-a_s')} \tag{5-19}$$

其中

$$e'=\eta e_0-h/2+a_s'$$

A_s 按最小配筋率并满足构造要求配置。大偏心受压构件截面设计步骤见图 5-15。

（二）小偏心受压构件截面设计

小偏心受压构件的截面设计时，共有三个未知量 A_s、A_s' 和 x，但其基本公式只有两个独立方程。实用上可按下列步骤计算：

1. 计算 A_s

小偏心受压构件远离轴向力一侧的钢筋 A_s 可能受拉也可能受压，破坏时其应力 σ_s 一般达不到屈服强度，为节约钢材，A_s 可按最小配筋率配置，即

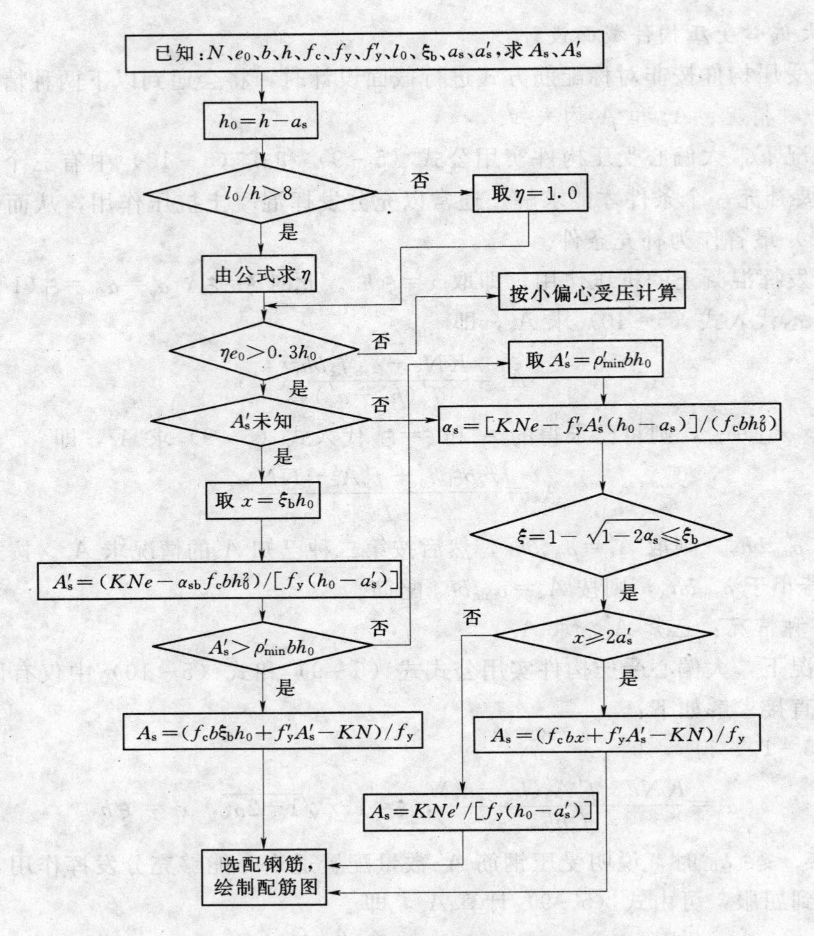

图 5-15　大偏心受压构件截面设计流程图

$$A_s=\rho_{min}bh_0 \tag{5-20}$$

当 $KN>f_cbh$ 时，应按式（5-15）验算距轴向力较远的一侧钢筋截面面积 A_s。

$$A_s=\frac{KN(0.5h-a'_s-e_0)-f_cbh(h'_0-0.5h)}{f'_y(h'_0-a_s)} \tag{5-21}$$

A_s 应取式（5-20）和式（5-21）中的较大值。

2. 计算 ξ 和 A'_s

将式（5-14）及 $x=\xi h_0$ 代入式（5-12）和式（5-13），求解 ξ。

若 $\xi<1.6-\xi_b$，说明钢筋 A_s 没有屈服，可按式（5-13）求得 A'_s，计算完毕。

若 $\xi\geqslant1.6-\xi_b$，说明钢筋 A_s 已经受压屈服，可取 $\sigma_s=-f'_y$ 及 $\xi=1.6-\xi_b$（当 $\xi\geqslant h/h_0$ 时，取 $\xi=h/h_0$），代入式（5-13）和式（5-12）分别求得 A'_s 和 A_s，计算完毕。求出的 A'_s 和 A_s 必须满足最小配筋率要求。

小偏心受压构件截面设计步骤见图 5-16。

三、非对称配筋截面承载力复核

偏心受压构件的承载力复核，一般是已知截面尺寸、混凝土强度等级、钢筋级别、纵

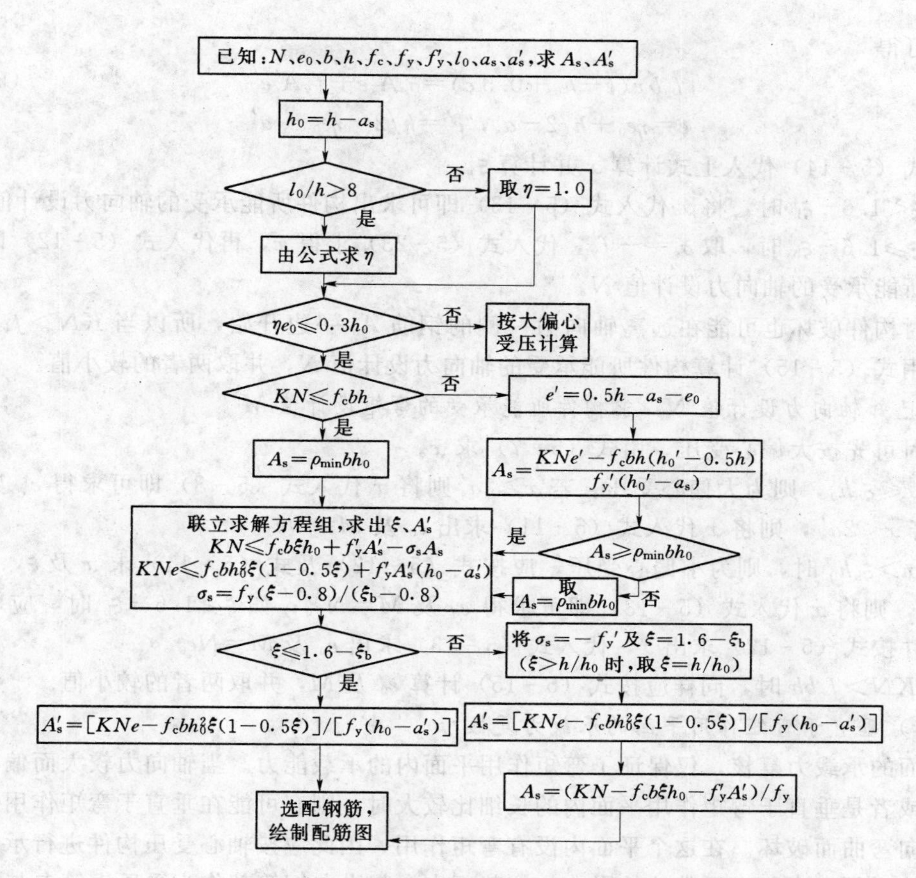

图 5-16　小偏心受压构件截面设计流程图

向钢筋面积 A_s 和 A'_s、计算长度 l_0，需要验算在给定偏心距 e_0（或轴向力设计值 N）时，构件所能承受的轴向力设计值 N（或弯矩作用平面的弯矩设计值）。

（一）弯矩作用平面内的承载力复核

1. 已知偏心距 e_0，求构件所能承受的轴向力设计值 N

此时的未知数为 x 和 N 两个，故可先求 x。此时可先按大偏心受压构件正截面受压承载力计算简图（见图 5-13），对轴向力 N 的作用点取矩可得

$$f_cbx(e-h_0+0.5x)=f_yA_se\pm f'_yA'_se' \tag{5-22}$$

其中　$e=\eta e_0+h/2-a_s$，$e'=\eta e_0-h/2+a'_s$

注意：当轴向力作用在 A_s 和 A'_s 之间时用"+"号；当轴向力作用在 A_s 和 A'_s 之外时用"-"号。

由式（5-22）可解得 x。

（1）求出的 $x\leqslant\xi_bh_0$ 时，为大偏心受压。

若 $x\geqslant 2a'_s$ 时，将 x 代入式（5-7）即可求出构件所能承受的轴向力设计值 N。

若 $x<2a'_s$ 时，将 x 代入式（5-11）计算构件所能承受的轴向力设计值 N。

（2）求出的 $x>\xi_bh_0$ 时，为小偏心受压构件。

根据小偏心受压构件正截面受压承载力计算简图（见图 5-14），对轴向力 N 的作用

点取矩可得

$$f_c bx(e-h_0+0.5x)=\sigma_s A_s e+f'_y A'_s e' \tag{5-23}$$

其中 $e=\eta e_0+h/2-a_s$，$e'=h/2-\eta e_0-a'_s$

将式（5-14）代入上式计算 x 并计算 ξ。

当 $\xi<1.6-\xi_b$ 时，将 x 代入式（5-13）即可求出构件所能承受的轴向力设计值 N。

当 $\xi\geqslant1.6-\xi_b$ 时，取 $\sigma_s=-f'_y$，代入式（5-23）求得 x，再代入式（5-12）即可求出构件所能承受的轴向力设计值 N。

有时构件破坏也可能在远离轴向力一侧的钢筋 A_s 一边开始，所以当 $KN>f_c bh$ 时，还必须用式（5-15）计算构件所能承受的轴向力设计值 N，并取两者的较小值。

2. 已知轴向力设计值 N，求构件所能承受的弯矩设计值 M

此时可先按大偏心受压，由式（5-7）求 x。

当 $x\leqslant\xi_b h_0$，则为大偏心受压。若 $x\geqslant2a'_s$ 则将 x 代入式（5-8）即可求得 e_0 及 $M=Ne_0$。若 $x<2a'_s$，则将 x 代入式（5-11）求出 e_0 及 $M=Ne_0$。

当 $x>\xi_b h_0$ 时，则为小偏心受压，应按式（5-12）及式（5-14）求 x 及 ξ，如 $\xi<1.6-\xi_b$，则将 x 代入式（5-13）即可求得 e_0 及 $M=Ne_0$；如 $\xi\geqslant1.6-\xi_b$ 时，应取 $\sigma_s=-f'_y$，并按式（5-12）求出 x，代入式（5-13）求出 e_0 及 $M=Ne_0$。

当 $KN>f_c bh$ 时，同样应按式（5-15）计算 e_0 及 M，并取两者的较小值。

（二）垂直于弯矩作用平面的承载力复核

前面的承载力复核，仅保证了弯矩作用平面内的承载能力。当轴向力较大而偏心距较小时，或者是垂直于弯矩作用平面内的长细比较大时，则有可能在垂直于弯矩作用平面内发生纵向弯曲而破坏。在这个平面内没有弯矩作用，因此应按轴心受压构件进行承载力复核，计算时须考虑稳定系数 ϕ 的影响，柱截面内全部纵向钢筋都作为受压钢筋参与计算。

【例 5-2】 某 2 级水工建筑物中的钢筋混凝土矩形截面偏心受压柱，其控制截面的截面尺寸 $b\times h=400\text{mm}\times650\text{ mm}$，$l_0=8\text{m}$，采用 C25 混凝土，HRB335 级钢筋。控制截面承受的轴向压力设计值为 $N=750\text{kN}$，弯矩设计值 $M=395\text{kN}\cdot\text{m}$，取 $a_s=a'_s=45\text{mm}$。按非对称配筋方式给该柱配置钢筋。

解：

查附表 1-2、附表 2-2、附表 2-5 得：$K=1.20$，$f_c=11.9\text{N/mm}^2$，$f_y=f'_y=300\text{N/mm}^2$。

（1）判别偏心受压类型

$l_0/h=8000/650=12.31>8$，需考虑纵向弯曲的影响。

$$h_0=h-a_s=650-45=605\text{mm}$$

$$e_0=M/N=395/750=0.527\text{m}=527\text{mm}>h_0/30=605/30=20\text{mm}\quad 取\ e_0=527\text{mm}$$

$$\zeta_1=\frac{0.5f_cA}{KN}=\frac{0.5\times11.9\times400\times650}{1.20\times750\times10^3}=1.72>1.0\quad 取\ \zeta_1=1.0$$

$$l_0/h=12.31<15\quad 取\ \zeta_2=1.0$$

$$\eta=1+\frac{1}{1400\frac{e_0}{h_0}}\left(\frac{l_0}{h}\right)^2\zeta_1\zeta_2=1+\frac{1}{1400\times\frac{527}{605}}\times\left(\frac{8000}{650}\right)^2\times1.0\times1.0=1.124$$

$$\eta e_0=1.124\times527=592\text{mm}>0.3h_0=0.3\times605=182\text{mm}$$

按大偏心受压计算

$$e=\eta e_0+h/2-a_s=592+650/2-45=872\text{mm}$$

(2) 计算 A_s' 和 A_s

$$\alpha_{sb}=\xi_b(1-0.5\xi_b)=0.550\times(1-0.5\times0.550)=0.399$$

$$A_s'=\frac{KNe-\alpha_{sb}f_cbh_0^2}{f_y'(h_0-a_s')}$$

$$=\frac{1.20\times750\times10^3\times872-0.399\times11.9\times400\times605^2}{300\times(605-45)}$$

$$=534\text{mm}^2>\rho'_{min}bh_0=0.2\%\times400\times605=484\text{mm}^2$$

$$A_s=\frac{f_cb\xi_bh_0+f_y'A_s'-KN}{f_y}$$

$$=\frac{11.9\times400\times0.550\times605+300\times534-1.20\times750\times10^3}{300}$$

$$=2814\text{mm}^2>\rho_{min}bh_0=0.2\%\times400\times605=484\text{mm}^2$$

实配受压钢筋 3⌀16 ($A_s'=603\text{mm}^2$)，受拉钢筋 5⌀28 ($A_s=3079\text{mm}^2$)，箍筋为φ8@200，附加箍筋为φ8@200，纵向构造钢筋为 2⌀16 (402mm^2)。配筋图如图 5-17 所示。

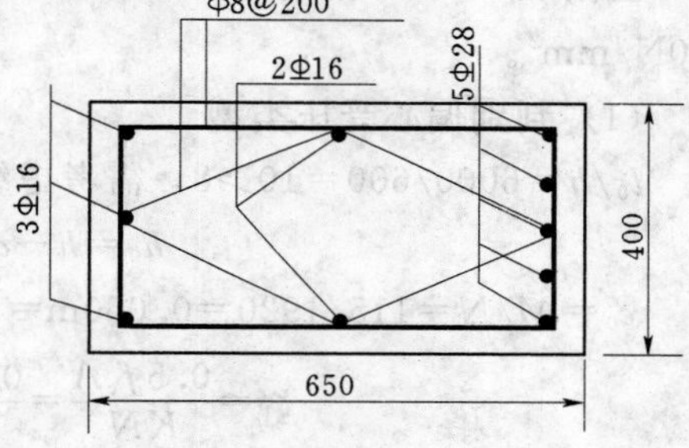

图 5-17 截面配筋图

(3) 垂直于弯矩作用平面内的承载力复核

由 $l_0/b=8000/400=20$，查表 5-1 得 $\phi=0.75$。

$$KN=1.20\times750=900\text{kN}\leqslant\phi(f_cA+f_y'A_s')$$

$$=0.75\times[11.9\times400\times650+300\times(402+603+3079)]$$

$$=3239400\text{N}=3239.4\text{kN}$$

故垂直于弯矩作用平面的截面承载力满足要求。

【例 5-3】 基本数据同例 5-2 的钢筋混凝土受压柱，受压侧钢筋已配 3⌀22 ($A_s'=1140\text{mm}^2$)，试求 A_s，并绘制配筋图。

解：

例 5-2 已计算出 $h_0=605\text{mm}$，$e_0=527\text{mm}$，$\eta=1.124$，$e=872\text{mm}$。

(1) 计算受压区高度 x

$$\alpha_s=\frac{KNe-f_y'A_s'(h_0-a_s')}{f_cbh_0^2}$$

$$=\frac{1.20\times750\times10^3\times872-300\times1140\times(605-45)}{11.9\times400\times605^2}$$

$$=0.341$$

$$\xi=1-\sqrt{1-2\alpha_s}=1-\sqrt{1-2\times0.341}=0.436<\xi_b=0.550$$ 属大偏心受压

$$x=\xi h_0=0.436\times605=264\text{mm}>2a_s'=90\text{mm}$$

(2) 计算 A_s

$$A_s=(f_c b\xi h_0+f'_y A'_s-KN)/f_y=(11.9\times400\times0.436\times605+300\times1140-1.20\times750\times10^3)/300$$
$$=2325\text{mm}^2>\rho_{min}bh_0=0.2\%\times400\times605=484\text{mm}^2$$

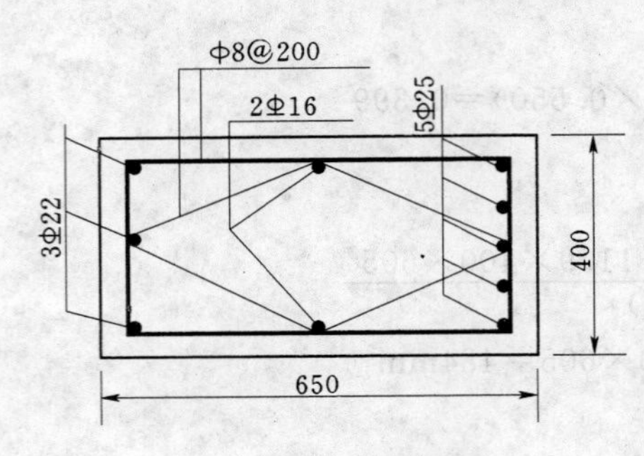

图 5-18　截面配筋图

实配受拉钢筋 5Φ25（$A_s=2454\text{mm}^2$），箍筋为Φ8@200，纵向构造钢筋为 2Φ16，拉筋为Φ8@200。配筋图如图 5-18 所示。

(3) 垂直于弯矩作用平面的承载力复核（略）

【例 5-4】 某 2 级水工建筑物中的钢筋混凝土矩形截面偏心受压柱，其控制截面的截面尺寸 $b\times h=400\text{mm}\times600\text{mm}$，$l_0=6\text{m}$，采用 C25 混凝土，HRB335 级钢筋。控制截面承受的轴向压力设计值为 $N=1920\text{kN}$，弯矩设计值 $M=115\text{kN}\cdot\text{m}$，取 $a_s=a'_s=45\text{mm}$。按非对称配筋方式给该柱配置钢筋。

解：

查附表 1-2、附表 2-2、附表 2-5 得：$K=1.20$，$f_c=11.9\text{N/mm}^2$，$f_y=f'_y=300\text{N/mm}^2$。

(1) 判别偏心受压类型

$l_0/h=6000/600=10>8$，需考虑纵向弯曲的影响。

$$h_0=h-a_s=600-45=555\text{mm}$$

$$e_0=M/N=115/1920=0.060\text{m}=60\text{mm}>h_0/30=555/30=19\text{mm}\quad 取\ e_0=60\text{mm}$$

$$\zeta_1=\frac{0.5f_cA}{KN}=\frac{0.5\times11.9\times400\times600}{1.20\times1920\times10^3}=0.620$$

$l_0/h=10<15$　取 $\zeta_2=1.0$

$$\eta=1+\frac{1}{1400\frac{e_0}{h_0}}\left(\frac{l_0}{h}\right)^2\zeta_1\zeta_2=1+\frac{1}{1400\times\frac{60}{555}}\times\left(\frac{6000}{600}\right)^2\times0.620\times1.0=1.410$$

$$\eta e_0=1.410\times60=85\text{mm}<0.3h_0=0.3\times555=167\text{mm}$$

按小偏心受压柱计算。

(2) 确定远侧纵向钢筋 A_s

$$KN=1.2\times1920=2304\text{kN}<f_cbh=11.9\times400\times600=2856\text{kN}$$

所以 A_s 按最小配筋率配置，即

$$A_s=\rho_{min}bh_0=0.002\times400\times555=444\text{mm}^2$$

(3) 求近侧纵向钢筋 A'_s

$$e=\eta e_0+h/2-a_s=1.410\times60+600/2-45=340\text{mm}$$

将式（5-14）及 $x=\xi h_0$ 代入式（5-12）和式（5-13）得

$$KN=f_cb\xi h_0+f'_yA'_s-(\xi-0.8)f_yA_s/(\xi_b-0.8)$$
$$KNe=f_cb\xi h_0(h_0-0.5\xi h_0)+f'_yA'_s(h_0-a'_s)$$

将已知数据代入可得

$$1.2\times1920\times10^3=11.9\times400\times555\xi+300A_s'-300\times444(\xi-0.8)/(\xi_b-0.8)$$

$$1.2\times1920\times10^3\times340=11.9\times400\times555\xi(555-0.5\times555\xi)+300A_s'(555-45)$$

联立以上两式得

$$733099500\xi^2+152847000\xi-609062400=0$$

解出

$$\xi=0.813<1.6-\xi_b=1.6-0.550=1.05$$

$$x=\xi h_0=0.813\times555=451\text{mm}$$

将 x 代入式（5-13），即

$$KNe\leqslant f_cbx(h_0-0.5x)+f_y'A_s'(h_0-a_s')$$

可得 $A_s'=496\text{mm}^2$。

实配受拉钢筋 3 Φ 14（$A_s=461\text{mm}^2$）；受压钢筋为 3 Φ 16（$A_s'=603\text{mm}^2$）；箍筋为φ 8@200，纵向构造钢筋为 2 Φ 16（$A_s=402\text{mm}^2$），拉筋为φ 8@200。配筋图如图 5-19 所示。

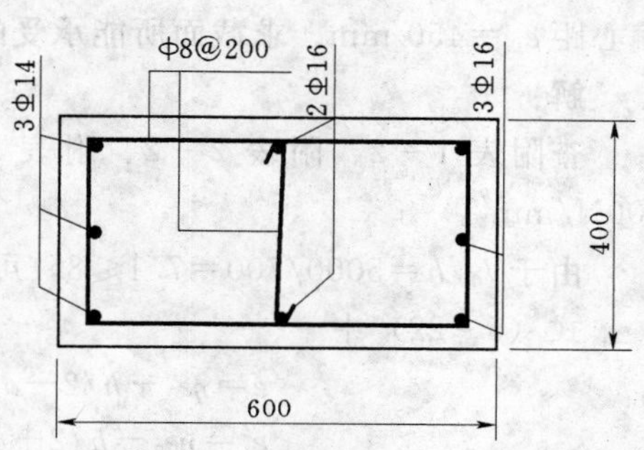

图 5-19　截面配筋图

（4）垂直于弯矩作用平面内的承载力复核

由 $l_0/b=6000/400=15$，查表 5-1 得 $\phi=0.895$。

$$KN=1.20\times1920=2304\text{kN}\leqslant\phi(f_cA+f_y'A_s')$$

$$=0.895\times[11.9\times400\times600+300\times(402+461+603)]$$

$$=2950\text{kN}$$

故垂直于弯矩作用平面的截面承载力满足要求。

【例 5-5】 某 2 级水工建筑物中矩形截面受压柱，大偏心受压构件，截面尺寸 $b\times h=400\text{mm}\times600\text{mm}$，$a_s=a_s'=45\text{mm}$。$l_0=3\text{m}$，采用 C25 混凝土，HRB335 级钢筋。$A_s$ 选用 4 Φ 20（$A_s=1256\text{mm}^2$），A_s' 选用 4 Φ 18（$A_s'=1017\text{mm}^2$），$N=1100\text{kN}$。试计算该截面在 h 方向能承受的弯矩设计值。

解：

查附表 1-2、附表 2-2、附表 2-5 得：$K=1.20$，$f_c=11.9\text{N/mm}^2$，$f_y=f_y'=300\text{N/mm}^2$。

由式（5-7）得

$$x=\frac{KN-f_y'A_s'+f_yA_s}{f_cb}=\frac{1.2\times1100\times10^3-300\times1017+300\times1256}{11.9\times400}$$

$$=292\text{mm}<\xi_bh_0=0.550\times555=305\text{mm}$$

$x=292\text{mm}>2a_s'=2\times45=90\text{mm}$，说明受压钢筋能达到屈服强度。由式（5-8）得

$$e=\frac{f_cbx(h_0-0.5x)+f_y'A_s'(h_0-a_s')}{KN}$$

$$=\frac{11.9\times400\times292\times(555-0.5\times292)+300\times1017\times(555-45)}{1.2\times1100\times10^3}$$

$$=548\text{mm}$$

由于 $l_0/h=3000/600=5\leqslant 8$，可取 $\eta=1$。

由 $e=\eta e_0+h/2-a_s$ 可以解出

$$e_0=(e-h/2+a_s)/\eta=(548-300+45)/1=293\text{mm}$$

$$M=Ne_0=1100\times 10^3\times 293=322\text{kN}\cdot\text{m}$$

该截面在 h 方向能承受的弯矩设计值为 322kN·m。

【例 5-6】 某 3 级水工建筑物中矩形截面受压柱，截面尺寸 $b\times h=400\text{mm}\times 700\text{mm}$，$a_s=a_s'=45\text{mm}$。采用 C25 混凝土，HRB335 级钢筋。$A_s$ 选用 5 Φ 25（$A_s=2454\text{mm}^2$），A_s'选用 4 Φ 25（$A_s'=1964\text{mm}^2$），柱的计算长度 $l_0=5\text{m}$，轴向力在 h 方向的偏心距 $e_0=450$ mm。求截面所能承受的轴向力设计值 N。

解：

查附表 1-2、附表 2-2、附表 2-5 得：$K=1.20$，$f_c=11.9\text{N/mm}^2$，$f_y=f_y'=300\text{N/mm}^2$。

由于 $l_0/h=5000/700=7.1\leqslant 8$，可取 $\eta=1$。

式（5-22）中

$$e=\eta e_0+h/2-a_s=450+700/2-45=755\text{mm}$$

$$e'=\eta e_0-h/2+a_s'=450-700/2+45=145\text{mm}$$

将已知数据代入式（5-22），因 $e_0=450\text{mm}$，力在截面外，取负号得

$$11.9\times 400\times x(755-655+0.5x)=300\times 2454\times 755-300\times 1964\times 145$$

解得

$$x^2+200x-197646=0$$

$$x=356\text{mm}>2a_s'=2\times 45=90\text{mm}$$

$$2a_s'<x<\xi_b h_0=0.550\times 655=360\text{mm}$$

由式（5-7）得

$$N=\frac{f_cbx+f_y'A_s'-f_yA_s}{K}=\frac{11.9\times 400\times 356+300\times 1964-300\times 2454}{1.2}=1290\text{kN}$$

该截面能承受的轴向力设计值为 1290kN。

第五节　对称配筋的矩形截面偏心受压构件

由上节可知，不论是大偏心受压构件，还是小偏心受压构件，截面两侧的钢筋面积 A_s 和 A_s'都是由各自的计算公式得出，数量一般不相等，这种配筋方式称为非对称配筋。非对称配筋钢筋用量较省，但施工不方便。

在工程实践中，常在构件截面两侧配置相等的钢筋（$A_s=A_s'$，$f_y=f_y'$，$a_s=a_s'$），称为对称配筋。与非对称配筋相比，对称配筋用钢量较多，但构造简单，施工方便，且施工中不会出现差错。特别是构件在不同的荷载组合下，同一截面可能承受数量相近的正负弯矩时，更应采用对称配筋。例如厂房（或渡槽）的排（刚）架立柱在不同方向的风荷载作用时，同一截面可能承受数值相差不大的正负弯矩，此时就应该设计成对称配筋。

对称配筋是偏心受压构件的一种特殊情况，构件截面设计时，也需要先判别偏心受压

类型。判别方法是：先假定是大偏心受压，将 $A_s=A'_s$，$f_y=f'_y$，$a_s=a'_s$代入式（5-7）得

$$x=KN/(f_c b) \tag{5-24}$$

若 $x\leqslant\xi_b h_0$，则为大偏心受压；若 $x>\xi_b h_0$，则为小偏心受压。

一、大偏心受压对称配筋

若 $2a'_s\leqslant x\leqslant\xi_b h_0$，按大偏心受压构件承载力计算公式（5-8）确定 A'_s，并取 $A_s=A'_s$。

$$A_s=A'_s=\frac{KNe-f_c bx(h_0-0.5x)}{f'_y(h_0-a'_s)} \tag{5-25}$$

其中
$$e=\eta e_0+h/2-a_s$$

若 $x<2a'_s$，则由式（5-11）计算钢筋截面面积。

$$A'_s=A_s=\frac{KNe'}{f_y(h_0-a'_s)} \tag{5-26}$$

其中
$$e'=\eta e_0-h/2+a'_s$$

A_s、A'_s均需满足最小配筋率要求。

二、小偏心受压对称配筋

当 $x>\xi_b h_0$ 时，按小偏心受压构件进行计算。

将 $A_s=A'_s$，$x=\xi h_0$ 及 $\sigma_s=\frac{\xi-0.8}{\xi_b-0.8}f_y$ 代入基本公式式（5-12）及式（5-13）得

$$KN\leqslant f_c b\xi h_0+f_y A_s\frac{\xi_b-\xi}{\xi_b-0.8} \tag{5-27}$$

$$KNe\leqslant f_c bh_0^2\xi(1-0.5\xi)+f'_y A'_s(h_0-a'_s) \tag{5-28}$$

式（5-27）与式（5-28）中包含 ξ 和 A_s 两个未知量，将两式联立求解，理论上可求出 ξ 及 A_s，然而，联立求解 ξ 需要解 ξ 的三次方程，求解十分困难，必须简化。考虑到在小偏心受压范围内 ξ 值在 0.55～1.1 之间变动，相应的 $\alpha_s=\xi(1-0.5\xi)$ 在 0.4～0.5 之间，为简化计算，取 $\xi(1-0.5\xi)=0.45$，代入 ξ 的三次方程式中，则 ξ 的近似公式为

$$\xi=\frac{KN-\xi_b f_c bh_0}{\dfrac{KNe-0.45f_c bh_0^2}{(0.8-\xi_b)(h_0-a'_s)}+f_c bh_0}+\xi_b \tag{5-29}$$

将 ξ 代入式（5-28），计算出钢筋截面面积：

$$A_s=A'_s=\frac{KNe-f_c bh_0^2\xi(1-0.5\xi)}{f'_y(h_0-a'_s)} \tag{5-30}$$

不论大偏心、小偏心受压构件，实际配置的 A_s、A'_s均应满足最小配筋率要求。

对称配筋截面承载力复核方法和步骤与非对称配筋截面承载力复核基本相同。对于对称配筋的小偏心受压构件，由于 $A_s=A'_s$，因此不必再进行反向破坏验算。

【例 5-7】 某 2 级水工建筑物中的钢筋混凝土矩形截面偏心受压柱，采用对称配筋，截面尺寸 $b\times h=400\text{mm}\times600\text{mm}$，$a_s=a'_s=45\text{mm}$，计算长度 $l_0=7.6\text{m}$，采用 C25 混凝土及 HRB335 级钢筋。已知该柱在使用期间截面承受的内力设计值为 $N=670\text{kN}$，$M=316\text{kN}\cdot\text{m}$。试配置该柱钢筋。

解：

基本资料：$l_0=7.6\text{m}$，$f_c=11.9\text{N/mm}^2$，$f_y=f'_y=300\text{N/mm}^2$，$K=1.20$。

$$h_0=h-a_s=600-45=555\text{mm}$$

$$l_0/h=7600/600=12.7>8$$

需考虑纵向弯曲的影响。

(1) 计算 η 值

$$e_0=M/N=316/670=0.472\text{m}=472\text{mm}$$

$$\zeta_1=\frac{0.5f_cA}{KN}=\frac{0.5\times11.9\times400\times600}{1.20\times670\times10^3}=1.776>1.0\quad 取\ \zeta_1=1.0$$

$$l_0/h=7600/600=12.7<15\quad 取\ \zeta_2=1.0$$

$$\eta=1+\frac{1}{1400\frac{e_0}{h_0}}\left(\frac{l_0}{h}\right)^2\zeta_1\zeta_2=1+\frac{1}{1400\times\frac{472}{555}}\times(12.7)^2\times1.0\times1.0=1.135$$

(2) 判别偏心受压类型

$$x=KN/(f_cb)=1.20\times670\times10^3/(11.9\times400)=169\text{mm}<\xi_bh_0=0.550\times555=305\text{mm}$$

属大偏心受压。

(3) 配筋计算

$$e=\eta e_0+h/2-a_s=1.135\times472+600/2-45=791\text{mm}$$

$$2a'_s=2\times45=90\text{mm}<x=169\text{mm}<\xi_bh_0=305\text{mm}$$

$$A_s=A'_s=\frac{KNe-f_cbx(h_0-0.5x)}{f'_y(h_0-a'_s)}$$

$$=\frac{1.20\times670\times10^3\times791-11.9\times400\times169\times(555-0.5\times169)}{300\times(555-45)}$$

$$=1683\text{mm}^2>\rho_{min}bh_0=0.2\%\times400\times555=444\text{mm}^2$$

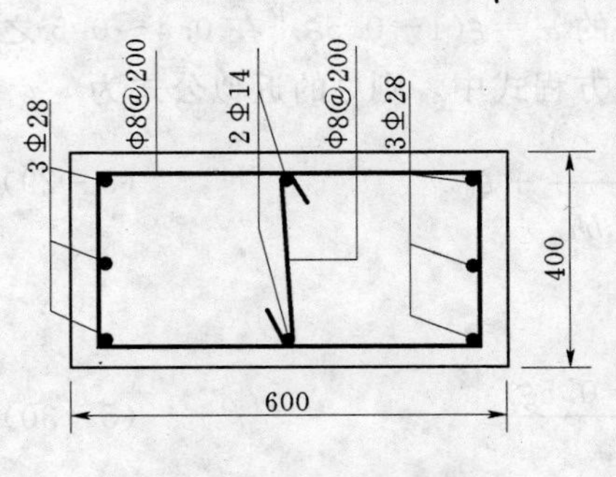

图 5-20　截面配筋图

两侧纵筋均选用 3Φ28 ($A_s=A'_s=1847\text{mm}^2$)，箍筋和拉筋均选用Φ8@200。配置纵向构造钢筋 2Φ14 (308mm²)，配筋图如图 5-20 所示。

(4) 复核垂直于弯矩作用平面的承载力

由 $l_0/b=7600/400=19$，查表 3-1 得 $\phi=0.78$。

$$KN=1.20\times670=804\text{kN}\leqslant\phi[f_cA+f'_y(A_s+A'_s)]$$

$$=0.78\times[11.9\times400\times600+300\times(2\times1847+308)]$$

$$=3164\text{kN}$$

满足要求。

【例 5-8】 某 2 级水工建筑物中的钢筋混凝土矩形截面偏心受压柱，采用对称配筋，截面尺寸 $b\times h=400\text{mm}\times600\text{mm}$，$a_s=a'_s=45\text{mm}$，计算长度 $l_0=8.0\text{m}$，采用 C25 混凝土及 HRB335 级钢筋。已知该柱在使用期间截面承受的内力设计值为 $N=1495\text{kN}$，$M=260\text{kN}\cdot\text{m}$。试配置该柱钢筋。

解：

基本资料：$l_0=8.0\text{m}$，$f_c=11.9\text{N/mm}^2$，$f_y=f'_y=300\text{N/mm}^2$，$K=1.20$。

$$h_0=h-a_s=600-45=555\text{mm}$$

$$l_0/h=8000/600=13.3>8$$

需考虑纵向弯曲的影响。

(1) 计算 η 值

$$e_0=M/N=260/1495=0.174\text{m}=174\text{mm}$$

$$\zeta_1=\frac{0.5f_cA}{KN}=\frac{0.5\times11.9\times400\times600}{1.20\times1495\times10^3}=0.796$$

$$l_0/h=13.3<15 \quad 取\ \zeta_2=1.0$$

$$\eta=1+\frac{1}{1400\frac{e_0}{h_0}}\left(\frac{l_0}{h}\right)^2\zeta_1\zeta_2=1+\frac{1}{1400\times\frac{174}{555}}\times(13.3)^2\times0.796\times1.0=1.321$$

(2) 判别偏心受压类型

$$x=\frac{KN}{f_cb}=\frac{1.20\times1495\times10^3}{11.9\times400}=377\text{mm}>\xi_bh_0=0.550\times555=305\text{mm}$$

属小偏心受压。

$$e=\eta e_0+h/2-a_s=1.321\times174+300-45=485\text{mm}$$

$$\xi=\frac{KN-\xi_bf_cbh_0}{\frac{KNe-0.45f_cbh_0^2}{(0.8-\xi_b)(h_0-a_s')}+f_cbh_0}+\xi_b$$

$$=\frac{1.20\times1495\times10^3-0.550\times11.9\times400\times555}{\frac{1.20\times1495\times10^3\times485-0.45\times11.9\times400\times555^2}{(0.8-0.550)\times(555-45)}+11.9\times400\times555}+0.550$$

$$=0.629$$

$$x=\xi h_0=0.629\times555=349\text{mm}$$

(3) 计算钢筋面积

$$A_s=A_s'=\frac{KNe-f_cbx(h_0-0.5x)}{f_y'(h_0-a_s')}$$

$$=\frac{1.20\times1495\times10^3\times485-11.9\times400\times349\times(555-0.5\times349)}{300\times(555-45)}$$

$$=1555\text{mm}^2>\rho_{min}bh_0=0.2\%\times400\times555=444\text{mm}^2$$

两侧纵筋均选用5⌀20 ($A_s=A_s'=1570\text{mm}^2$)，箍筋和拉筋均选用φ8@200。配置纵向构造钢筋2⌀16 (308mm^2)，配筋图如图5-21所示。

(4) 复核垂直于弯矩作用平面的承载力

由 $l_0/b=8000/400=20$，查表3-1得 $\phi=0.75$。

$$KN=1.20\times1495=1794\text{kN}$$

$$\leqslant\phi[f_cA+f_y'(A_s+A_s')]$$

$$=0.75\times[11.9\times400\times600+300\times(2\times1570+308)]$$

$$=2918\text{kN}$$

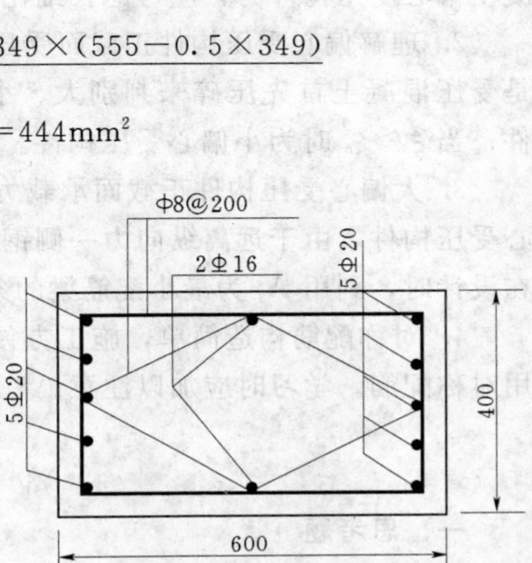

图5-21 截面配筋图

第六节　偏心受压构件斜截面受剪承载力计算

在实际工程中，有不少构件同时承受轴向压力、弯矩和剪力的作用，如框架柱、排架柱等。这类构件由于轴向压力的存在，对其抗剪能力有明显的影响。因此，对于斜截面受剪承载力计算，必须考虑轴向压力的影响。

试验结果表明，轴向压力对受剪承载力起着有利影响。轴向压力能限制构件斜裂缝的出现和开展，增加混凝土剪压区高度，从而提高混凝土的受剪承载力。但轴向压力对受剪承载力的有利作用是有限度的。为了与梁的斜截面受剪承载力计算公式相协调，矩形、T形和I形截面的偏心受压构件斜截面受剪承载力计算公式为

$$KV \leqslant V_c + V_{sv} + V_{sb} + 0.07N \tag{5-31}$$

式中　N——与剪力设计值V相应的轴向压力设计值；当$N>0.3f_cA$时，取$N=0.3f_cA$，此处，A为构件的截面面积。

如能符合下列要求：

$$KV \leqslant V_c + 0.07N \tag{5-32}$$

则可不进行斜截面受剪承载力计算，仅需按构造要求配置箍筋抗剪。

为防止发生斜压破坏，矩形、T形和I形截面的偏心受压构件，其截面尺寸应满足下式要求：

$$KV \leqslant 0.25f_cbh_0 \tag{5-33}$$

偏心受压构件斜截面受剪承载力的计算步骤与梁相类似，这里不再重述。

复 习 指 导

1. 钢筋混凝土轴心受压短柱的破坏是因混凝土和钢筋达到各自极限强度而导致的，由于纵向弯曲的影响将降低构件的承载力，因而应考虑稳定系数ϕ的影响。在计算钢筋混凝土偏心受压构件时，应考虑长细比对承载力的影响，采用初始偏心距增大系数η。

2. 理解偏心受压构件正截面受压破坏形态。偏心受压构件是以受拉钢筋首先屈服还是受压混凝土首先压碎来判别大、小偏心受压破坏类型的：当$\xi \leqslant \xi_b$时为大偏心受压构件；当$\xi > \xi_b$时为小偏心受压构件。

3. 大偏心受压构件正截面承载力计算与双筋梁的正截面承载力计算相类似。而小偏心受压构件，由于远离纵向力一侧钢筋A_s不论是受压还是受拉，一般都达不到屈服，故在设计时，利用A_s为最小配筋梁的条件，使设计简单合理。

4. 对称配筋构造简单，施工方便，应用广泛，特别是承受正负弯矩的矩形截面常采用对称配筋。学习时应加以注意。

习　　题

一、思考题

1. 受压构件配置箍筋起什么作用？与受弯构件的箍筋有什么不同？

2. 受压构件的箍筋直径和间距是如何规定的？哪些情况需要配置附加箍筋？

3. 长柱承载力低于短柱的原因是什么？

4. 偏心距增大系数 η 的物理意义是什么？

5. 大偏心受压构件和小偏心受压构件破坏特征有何区别？大偏心受压和小偏心受压的界限是什么？

6. 能否将 $\eta e_0 > 0.3h_0$ 作为判别是大偏心受压构件的标准？

7. 为什么偏心受压构件要进行垂直于弯矩作用平面承载力复核？

8. 偏心受压构件垂直于弯矩作用平面承载力复核，计算式中的 A_s' 是不是指一侧受压钢筋？并说明理由。

9. 偏心受压构件采用对称配筋有什么优点和缺点？

二、选择题

1. 轴压构件稳定系数 ϕ 主要与（　　）有关。

A 长细比　　B 混凝土强度等级　　C 钢筋强度　　D 纵筋配筋

2. 当轴压柱的长细比很大时，易发生（　　）。

A 压碎破坏　　B 弯曲破坏　　C 失稳破坏　　D 断裂破坏

3. 钢筋混凝土大偏心受压构件的破坏特征是（　　）。

A 远离轴向力一侧的受拉钢筋先达到抗拉屈服强度，随后压区混凝土被压碎，受压钢筋亦达到抗压屈服强度

B 远离轴向力一侧的受拉钢筋应力不定，靠近轴向力作用一侧的混凝土先被压碎，同时受压钢筋也达到抗压屈服强度

C 靠近轴向力一侧的压区混凝土先被压碎，同时受压钢筋也达到屈服强度，随后另一侧的受拉钢筋达到抗拉屈服强度

D 靠近轴向力一侧的压区混凝土先被压碎，此时受压钢筋应力不定，而远离轴向力一侧的受拉钢筋达到抗拉屈服强度

4. 矩形截面大偏心受压构件截面设计时令 $x=\xi_b h_0$，这是为了（　　）。

A 保证不发生小偏心受压构件

B 保证破坏时，远离轴向力作用一侧的钢筋应力能达到屈服强度

C 使钢筋用量最少

D 使混凝土用量最少

5. 矩形截面小偏心受压构件截面设计时 A_s 可按最小配筋率及构造要求配置，这是为了（　　）。

A 保证构件破坏时，A_s 的应力达到屈服强度，以充分利用钢筋的抗拉作用

B 保证构件破坏不是从 A_s 一侧先被压坏引起

C 节约钢筋用量，因为构件破坏时 A_s 的应力一般达不到屈服强度

D 简化设计过程

6. 大偏心受压构件与小偏心受压构件破坏的共同点是（　　）。

A 受压混凝土破坏　　B 受压钢筋达到屈服强度

C 受拉区混凝土拉裂　　D 远离纵向力一侧钢筋受拉

三、计算题

1. 某2级水工建筑物中的轴心受压柱，室内环境，截面尺寸为300mm×300mm，柱计算长度l_0=4.6m，采用C25混凝土，HRB335级钢筋。柱底截面承受的轴心压力设计值N=760kN。试计算柱底截面受力钢筋面积并配筋。

2. 某3级水工建筑物中的正方形截面轴心受压柱，露天环境，柱高7.2m，两端为不移动铰支座，采用C25混凝土，HRB335级钢筋。计算截面承受的轴心压力设计值N=2150kN（不包括自重）。试设计该柱。

3. 某3级水工建筑物中的轴心受压柱，室内环境，截面尺寸为350mm×350mm，柱高4.2m，两端为不移动铰支座，采用C25混凝土，已配8Φ16钢筋。作用在截面的轴心压力设计值N=1200kN。试复核截面是否安全。

4. 某2级水工建筑物中的矩形截面偏心受压柱，露天环境，截面尺寸$b\times h$=400mm×600mm，柱的计算长度l_0= 5.5m，采用C25混凝土，HRB400级钢筋。$a_s=a'_s$=45mm。控制截面承受的轴向压力设计值为N=800kN，弯矩计算值M=320kN·m。试按非对称配筋方式给该柱配置钢筋。

5. 计算题4中的钢筋混凝土受压柱，受压侧已配3Φ25。试求A_s，并绘制配筋图。

6. 某1级水工建筑物中的矩形截面偏心受压柱，露天环境，截面尺寸$b\times h$=400mm×600mm，柱的计算长度l_0=6.5m，采用C25混凝土，HRB335级钢筋。截面承受的轴向力设计值为N=580kN，偏心距e_0=500mm，取$a_s=a'_s$=45mm。采用非对称配筋方式。试计算钢筋A_s和A'_s。

7. 某钢筋混凝土受压柱，条件同计算题6，受压侧已配3Φ20。试求A_s。

8. 计算题4中的钢筋混凝土受压柱，若采用对称配筋，试配置该柱钢筋。

9. 某2级水工建筑物中的矩形截面偏心受压柱，室内环境，截面尺寸$b\times h$=400mm×500mm，计算长度为l_0=5m，采用C30混凝土，HRB400级钢筋。承受内力设计值N=1100kN，M=330kN·m。$a_s=a'_s$=45mm。试按对称配筋配置该柱钢筋。

10. 某1级水工建筑物中的矩形截面偏心受压柱，露天环境，截面尺寸$b\times h$=400mm×500mm，l_0=7.2m，采用C30混凝土，HRB400级钢筋，计算截面承受内力设计值N=1700kN，M=130kN·m，$a_s=a'_s$=45mm，试按对称配筋方式给该柱配置钢筋。

11. 某1级水工建筑物中的矩形截面偏心受压柱，露天环境，截面尺寸$b\times h$=400mm×500mm，l_0=5.2m，采用C30混凝土，HRB335级钢筋。计算截面承受内力设计值N=210kN，M=150kN·m。$a_s=a'_s$=45mm。试按对称配筋和非对称两种方式给该柱配置钢筋。

12. 某2级水工建筑物中的矩形截面偏心受压柱，露天环境，截面尺寸$b\times h$=400mm×600mm，l_0=4.5m，采用C25混凝土，HRB335级钢筋。计算截面承受内力设计值N=2500kN，M=250kN·m。$a_s=a'_s$=50mm。试按对称配筋和非对称两种方式给该柱配置钢筋。

13. 某2级水工建筑物中矩形截面受压柱，截面尺寸$b\times h$ = 500mm×700mm，a_s= a'_s= 45mm。l_0 = 4m，采用C25混凝土，HRB335级钢筋。A_s选用4Φ22（A_s= 1520mm^2），A'_s选用4Φ25（A'_s= 1964mm^2），N=1300kN。试计算该截面在h方向能承

受的弯矩设计值。

14. 某 3 级水工建筑物中矩形截面受压柱，截面尺寸 $b \times h = 400\text{mm} \times 600\text{mm}$，$a_s = a'_s = 45\text{mm}$。采用 C25 混凝土，HRB335 级钢筋。$A_s$ 选 5 Φ 22（$A_s = 1900\text{mm}^2$），A'_s 选 4 Φ 22（$A'_s = 1520\text{mm}^2$），柱的计算长度 $l_0 = 6\text{m}$，轴向力在 h 方向的偏心距 $e_0 = 460\text{mm}$。试求截面所能承受的轴向力设计值 N。

第六章　钢筋混凝土受拉构件承载力计算

【学习提要】 本章主要讲述受拉构件的受力特征及构造要求，轴心受拉构件和偏心受拉构件承载力计算方法。学习本章，应熟练掌握大、小偏心受拉构件承载力计算的方法、步骤，理解受拉构件的构造规定等。

以承受轴向拉力为主的构件属于受拉构件。钢筋混凝土受拉构件可分为轴心受拉构件和偏心受拉构件两类。当轴向拉力作用点与截面重心重合时，称为轴心受拉构件；当构件上既作用有拉力又作用有弯矩，或轴向拉力作用点偏离截面重心时，称为偏心受拉构件。

由于混凝土是一种非匀质材料，加之施工上的误差，无法做到轴向拉力能通过构件任意横截面的重心连线，因此理想的轴心受拉构件在工程中是没有的。但是对于承受轴向拉力为主的构件，当偏心距很小（或弯矩很小）时，为方便计算，可近似按轴心受拉构件计算。如圆形水池的池壁、受内水压力作用忽略自重的圆形水管管壁、自重忽略不计的桁架和拱的拉杆等都是轴心受拉构件。埋在地下的受内水压力和管外土压力作用的圆形水管、在水压力作用下的渡槽底板、矩形水池的池壁、承受节间荷载的桁架下弦杆等属于偏心受拉构件。

受拉构件的构造要求如下。

1. 纵向受拉钢筋

(1) 为了增强钢筋与混凝土之间的黏结力并减少构件的裂缝开展宽度，受拉构件的纵向受力钢筋宜采用直径稍细的带肋钢筋。轴心受拉构件的受力钢筋应沿构件周边均匀布置；偏心受拉构件的受力钢筋布置在垂直于弯矩作用平面的两边。

(2) 轴心受拉和小偏心受拉构件（如桁架和拱的拉杆）中的受力钢筋不得采用绑扎接头，必须采用焊接；大偏心受拉构件中的受拉钢筋，当直径大于 28mm 时，也不宜采用绑扎接头。

(3) 为了避免受拉钢筋配置过少引起的脆性破坏，受拉钢筋的用量不应小于最小配筋率配筋。具体规定见附表 4－2。

(4) 纵向钢筋的混凝土保护层厚度的要求与梁相同。

2. 箍筋

在受拉构件中，箍筋的作用是与纵向钢筋形成骨架，固定纵向钢筋在截面中的位置；对于有剪力作用的偏心受拉构件，箍筋主要起抗剪作用。受拉构件中的箍筋，其构造要求与受弯构件箍筋相同。

第一节　轴心受拉构件的正截面受拉承载力计算

在轴心受拉构件中，混凝土开裂以前，混凝土与钢筋共同承担拉力。混凝土开裂以后，裂缝截面与构件轴线垂直，并贯穿于整个截面，在裂缝截面上，混凝土退出工作，全部拉力由纵向钢筋承担。当纵向钢筋受拉屈服时，构件达到其极限承载力而破坏。

由上述分析，得出轴心受拉构件正截面受拉承载力计算简图（见图6-1）。根据承载力计算简图和内力平衡条件，并满足承载能力极限状态设计表达式的要求，可建立基本公式如下：

$$KN \leqslant f_y A_s \tag{6-1}$$

式中　N——轴向拉力设计值，N；

K——承载力安全系数；

f_y——抗拉强度设计值；

A_s——全部纵向钢筋的截面面积，mm^2。

受拉钢筋截面面积按式（6-1）计算得

$$A_s = KN/f_y \tag{6-2}$$

应该注意，轴心受拉构件的钢筋用量并不完全由强度要求决定，在许多情况下，裂缝宽度对纵筋用量起决定作用。

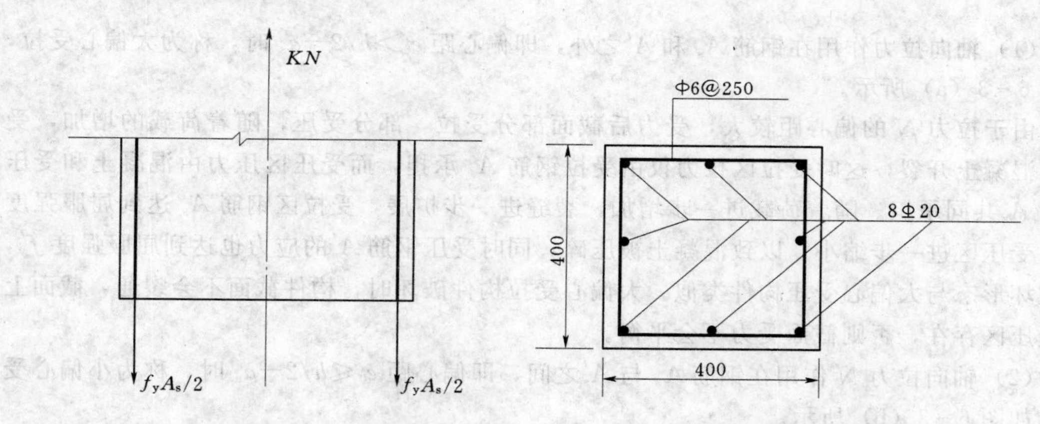

图6-1　轴心受拉构件正截面受拉承载力计算简图

图6-2　拉杆截面配筋图

【例6-1】 已知某钢筋混凝土屋架为2级水工建筑物，其下弦拉杆截面尺寸$b\times h=400mm\times 400mm$，承受的轴心拉力设计值为590kN，采用C25混凝土和HRB335级钢筋。求截面配筋。

解：

查附表2-5、附表1-2得：$f_y=300N/mm^2$，$K=1.20$。代入式（6-2）得

$A_s=KN/f_y=(1.2\times590\times10^3)/300=2360mm^2>2\rho_{min}bh=2\times0.002\times400\times400=640mm^2$

纵向钢筋选用8Φ20（$A_s=2513mm^2$），拉杆截面的配筋图如图6-2所示。

第二节　偏心受拉构件的承载力计算

一、大、小偏心受拉构件的界限

如图6-3所示，距轴向拉力N较近一侧的纵向钢筋为A_s，较远一侧的纵向钢筋为

A'_s。试验表明，根据轴向力偏心距 e_0 的不同，偏心受拉构件的破坏特征可分为以下两种情况。

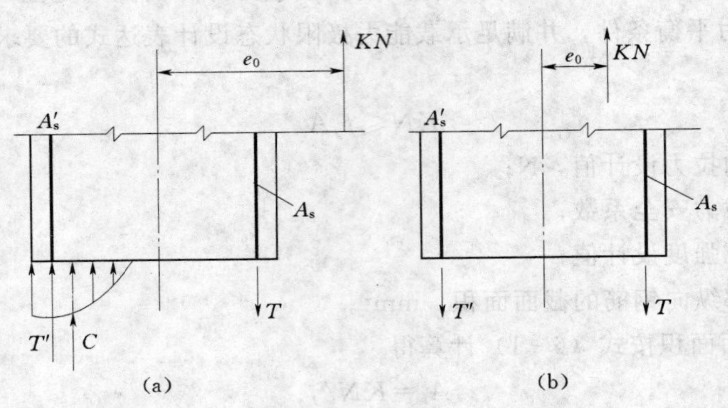

图 6-3　大、小偏心受拉的界限

(a) 当 N 作用在 A_s 与 A'_s之外时；(b) 当 N 作用在 A_s 与 A'_s之间时

(1) 轴向拉力作用在钢筋 A_s 和 A'_s之外，即偏心距 $e_0>h/2-a_s$ 时，称为大偏心受拉，如图 6-3 (a) 所示。

由于拉力 N 的偏心距较大，受力后截面部分受拉，部分受压，随着荷载的增加，受拉区混凝土开裂，这时受拉区拉力仅由受拉钢筋 A_s 承担，而受压区压力由混凝土和受压钢筋 A'_s共同承担。随着荷载进一步增加，裂缝进一步扩展，受拉区钢筋 A_s 达到屈服强度 f_y，受压区进一步缩小，以致混凝土被压碎，同时受压钢筋 A'_s的应力也达到屈服强度 f'_y，其破坏形态与大偏心受压构件类似。大偏心受拉构件破坏时，构件截面不会裂通，截面上有受压区存在，否则截面受力不会平衡。

(2) 轴向拉力 N 作用在钢筋 A_s 与 A'_s之间，即偏心距 $e_0\leqslant h/2-a_s$ 时，称为小偏心受拉，如图 6-3 (b) 所示。

当偏心距较小时，受力后即为全截面受拉，随着荷载的增加，混凝土达到极限拉应变而开裂，进而全截面裂通，最后钢筋应力达到屈服强度，构件破坏；当偏心距较大时，混凝土开裂前截面部分受拉，部分受压，在受拉区混凝土开裂以后，裂缝迅速发展至全截面裂通，混凝土退出工作，这时截面将全部受拉，随着荷载的不断增加，最后钢筋应力达到屈服强度，构件破坏。

因此，只要拉力 N 作用在钢筋 A_s 与 A'_s之间，不管偏心距大小如何，构件破坏时均为全截面受拉，拉力由 A_s 与 A'_s共同承担，构件受拉承载力取决于钢筋的抗拉强度。小偏心受拉构件破坏时，构件全截面裂通，截面上不会有受压区存在，否则，截面受力不会平衡。

二、小偏心受拉构件

如前所述，小偏心受拉构件在轴向力作用下，截面达到破坏时，全截面受拉裂通，拉力全部由钢筋 A_s 和 A'_s承担，其应力均达到屈服强度。小偏心受拉构件正截面承载力计算简图如图 6-4 所示。根据承载力计算简图及内力平衡条件，并满足承载能力极限状态设计表达式的要求，可建立基本公式如下：

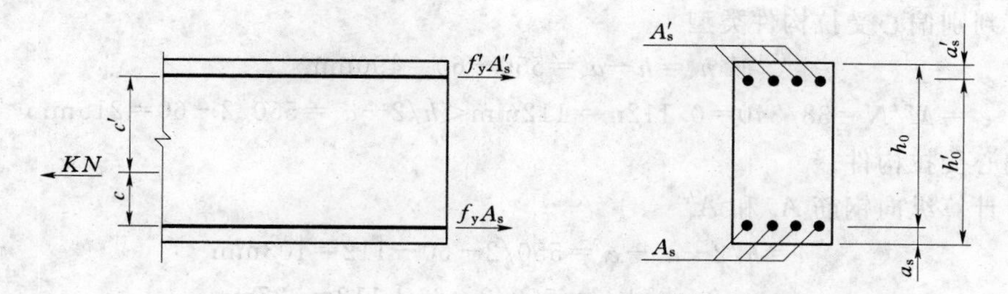

图 6-4　小偏心受拉构件正截面受拉承载力计算简图

$$KNe' \leqslant f_y A_s (h_0 - a'_s) \tag{6-3}$$

$$KNe \leqslant f_y A'_s (h_0 - a'_s) \tag{6-4}$$

式中　e'——轴向拉力 N 至钢筋 A'_s合力点之间的距离，mm，$e'=h/2-a'_s+e_0$；

e——轴向拉力 N 至钢筋 A_s 合力点之间的距离，mm，$e=h/2-a_s-e_0$；

e_0——轴向拉力 N 对截面重心的偏心距，mm，$e_0=M/N$；

A_s、A'_s——配置在靠近及远离轴向力一侧的纵向钢筋截面面积。

截面设计时，由式（6-3）和式（6-4）可求得钢筋的截面面积为

$$A_s \geqslant \frac{KNe'}{f_y(h_0-a'_s)} \tag{6-5}$$

$$A'_s \geqslant \frac{KNe}{f_y(h_0-a'_s)} \tag{6-6}$$

A_s 及 A'_s均应满足最小配筋率的要求。

构件截面承载力复核时，可由式（6-3）和式（6-4）分别复核，若两式均得到满足，则截面承载力满足要求；否则不满足要求。

【例 6-2】 某钢筋混凝土输水涵洞为 2 级水工建筑物，涵洞截面尺寸如图 6-5 所示。该涵洞采用 C25 混凝土及 HRB335 级钢筋（$f_y=300\text{N/mm}^2$），使用期间在自重、土压力及动水压力作用下，每米涵洞长度内，控制截面 $A—A$ 的内力为：弯矩设计值 $M=38\text{kN}\cdot\text{m}$（以外壁受拉为正），轴心拉力设计值 $N=340\text{kN}$（以受拉为正），$K=1.20$，$a_s=a'_s=60\text{mm}$，涵洞壁厚为 550mm。试配置 $A—A$ 截面的钢筋。

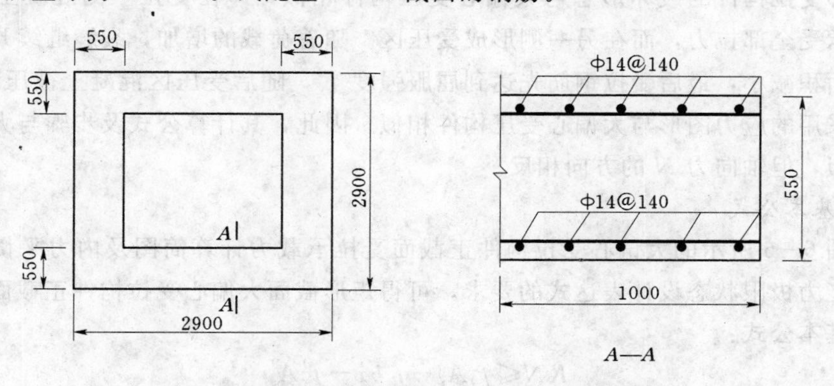

图 6-5　输水涵洞截面与 $A—A$ 截面配筋图

解：

（1）判别偏心受拉构件类型

$$h_0 = h - a_s = 550 - 60 = 490\text{mm}$$

$$e_0 = M/N = 38/340 = 0.112\text{m} = 112\text{mm} < h/2 - a_s = 550/2 - 60 = 215\text{mm}$$

属于小偏心受拉构件。

（2）计算纵向钢筋 A_s 和 A_s'

$$e = h/2 - a_s - e_0 = 550/2 - 60 - 112 = 103\text{mm}$$

$$e' = h/2 - a_s' + e_0 = 550/2 - 60 + 112 = 327\text{mm}$$

根据式（6－5）和式（6－6）得

$$A_s = \frac{KNe'}{f_y(h_0 - a_s')} = \frac{1.20 \times 340 \times 10^3 \times 327}{300 \times (490 - 60)} = 1034\text{mm}^2$$

$$> \rho_{\min} bh_0 = 0.15\% \times 1000 \times 490 = 735\text{mm}^2$$

$$A_s' = \frac{KNe}{f_y(h_0 - a_s)} = \frac{1.20 \times 340 \times 10^3 \times 103}{300 \times (490 - 60)} = 326\text{mm}^2$$

$$< \rho_{\min} bh_0 = 0.15\% \times 1000 \times 490 = 735\text{mm}^2$$

（3）选配钢筋并绘制配筋图

为满足最小配筋率的要求且便于施工，内外侧钢筋均选配Φ14@140（$A_s = A_s' = 1100\text{mm}^2/\text{m}$），截面配筋图如图6－6所示。

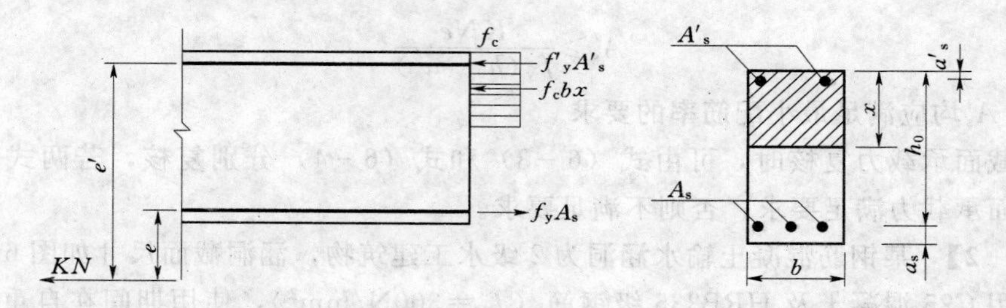

图6－6　矩形截面大偏心受拉构件正截面受拉承载力计算简图

三、大偏心受拉构件

大偏心受拉构件的破坏形态与大偏心受压构件相似，即在受拉一侧混凝土发生裂缝后，钢筋承受全部拉力，而在另一侧形成受压区。随着荷载的增加，裂缝继续开展，受压区混凝土面积减小，最后受拉钢筋先达到屈服强度 f_y，随后受压区混凝土被压碎而破坏。计算时所采用的应力图形与大偏心受压构件相似。因此，其计算公式及步骤与大偏心受压构件也相似，但轴向力 N 的方向相反。

（一）基本公式

根据图6－6所示的大偏心受拉构件正截面受拉承载力计算简图及内力平衡条件，并满足承载能力极限状态设计表达式的要求，可得矩形截面大偏心受拉构件正截面受拉承载力计算的基本公式：

$$KN \leqslant f_y A_s - f_c bx - f_y' A_s' \tag{6-7}$$

$$KNe \leqslant f_c bx(h_0 - 0.5x) + f_y' A_s'(h_0 - a_s') \tag{6-8}$$

式中　e——轴向力 N 作用点到近侧受拉钢筋 A_s 合力点之间的距离，mm，$e = e_0 - h/2 + a_s$。

基本公式的适用条件为：$x \leqslant 0.85\xi_b h_0$；$x \geqslant 2a_s'$。

为了计算方便，可将 $x=\xi h_0$ 代入基本公式式（6－7）和式（6－8）中，并令 $\alpha_s=\xi(1-0.5\xi)$，则可将基本公式改写为如下的实用公式：

$$KN \leqslant f_y A_s - f_c b\xi h_0 - f_y' A_s' \tag{6-9}$$

$$KNe \leqslant \alpha_s f_c b h_0^2 + f_y' A_s'(h_0 - a_s') \tag{6-10}$$

当 $x<2a_s'$时，则上述两式不再适用。此时，可假设混凝土压力合力点与受压钢筋A_s'合力点重合，取以 A_s'为矩心的力矩平衡方程得

$$KNe' \leqslant f_y A_s (h_0 - a_s') \tag{6-11}$$

式中　e'——轴向力 N 作用点到受压钢筋 A_s'合力点之间的距离，mm，$e'=e_0+h/2-a_s'$。

（二）截面设计

当已知截面尺寸、材料强度及偏心拉力计算值 N，按非对称配筋方式进行矩形截面大偏心受拉构件截面设计时，有以下两种情况。

1. 第一种情况：A_s 及 A_s'均未知

这种情况下，实用公式式（6－9）和式（6－10）中有三个未知量 A_s、A_s'和 ξ，无法求解，需要补充一个条件才能求解。通常以充分利用受压区混凝土抗压而使钢筋总用量（A_s+A_s'）最省作为补充条件，可取 $x=0.85\xi_b h_0$，此时 $\xi=0.85\xi_b$，$\alpha_s=\alpha_{smax}=0.85\xi_b(1-0.5\times0.85\xi_b)$。将 $\alpha_s=\alpha_{smax}$代入式（6－10）得

$$A_s'=\frac{KNe-\alpha_{smax} f_c b h_0^2}{f_y'(h_0-a_s')} \tag{6-12}$$

若 $A_s' \geqslant \rho_{min}' b h_0$，则将求得的 A_s' 和 $\xi=0.85\xi_b$ 代入式（6－9）求 A_s，即

$$A_s=(0.85 f_c b \xi_b h_0 + f_y' A_s' + KN)/f_y \tag{6-13}$$

若 $A_s' < \rho_{min}' b h_0$，可取 $A_s'=\rho_{min}' b h_0$，然后按第二种情况求 A_s。按式（6－13）求出的 A_s 需满足最小配筋率的要求。

2. 第二种情况：已知 A_s'，求 A_s

这种情况下，实用公式式（6－9）和式（6－10）中有两个未知量 A_s 和 ξ，求解步骤如下：

由式（6－10）得

$$\alpha_s=\frac{KNe-f_y' A_s'(h_0-a_s')}{f_c b h_0^2}$$

进而求得

$$\xi=1-\sqrt{1-2\alpha_s} \qquad x=\xi h_0$$

当 $2a_s' \leqslant x \leqslant 0.85\xi_b h_0$ 时，可将 x 和 A_s'代入式（6－7）计算 A_s。

当 $x<2a_s'$时，可由式（6－11）计算 A_s。

当 $x>0.85\xi_b h_0$ 时，说明已配置的受压钢筋 A_s'数量不足。可按第一种情况重新计算 A_s'和 A_s。

大偏心受拉构件截面设计步骤如图 6－7 所示。

（三）承载力复核

当截面尺寸、材料强度及配筋面积已知，要复核截面的承载力是否满足要求时，可联

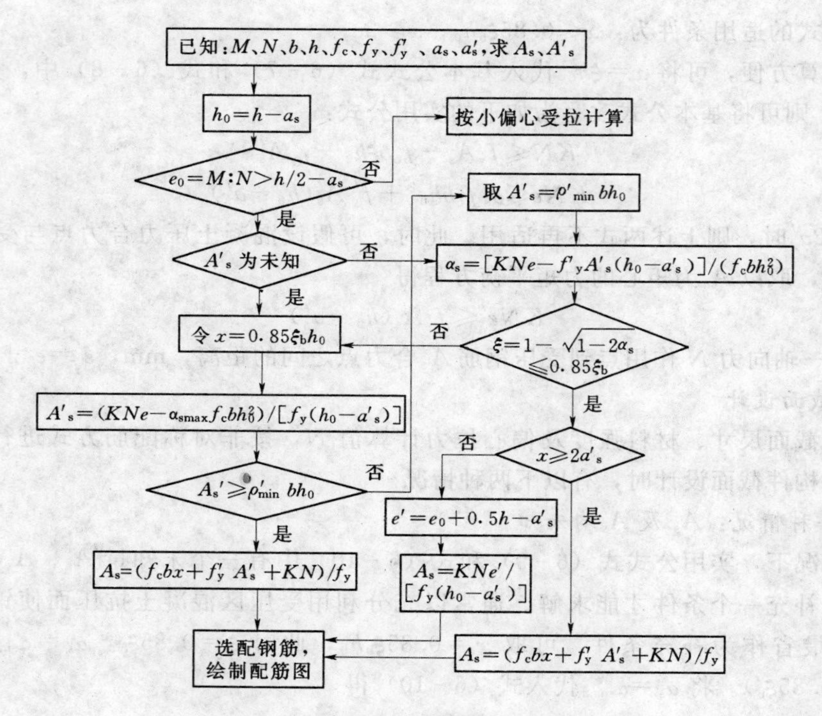

图6-7 大偏心受拉构件截面设计流程图

立式（6-7）及式（6-8）求得x。

若$2a_s' \leqslant x \leqslant 0.85\xi_b h_0$时，将$x$代入式（6-7）复核承载力，当式（6-7）满足时，截面承载力满足要求，否则不满足要求。

若$x > 0.85\xi_b h_0$时，则取$x = 0.85\xi_b h_0$代入式（6-8）复核承载力，当式（6-8）满足时，则截面承载力满足要求，否则不满足要求。

若$x < 2a_s'$时，由式（6-11）复核截面承载力，当式（6-11）满足时，截面承载力满足要求，否则不满足要求。

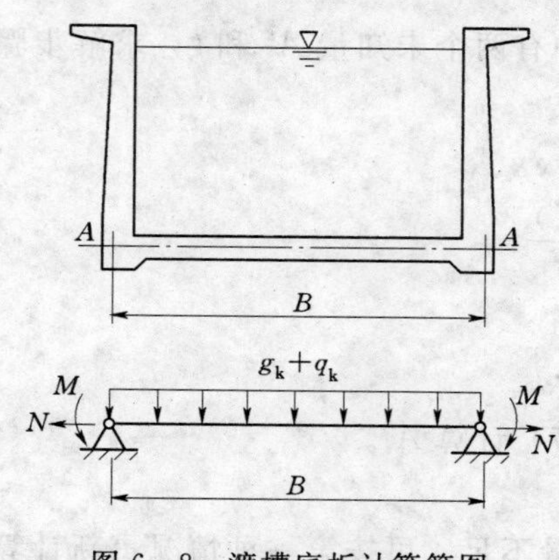

图6-8 渡槽底板计算简图

【例6-3】 某渡槽（3级水工建筑物）底板设计时，沿水流方向取单宽板带为计算单元（取$b=1000$mm），取底板厚度$h=300$mm，计算简图如图6-8所示。已知跨中截面上弯矩设计值$M=36$kN·m（底板下部受拉），轴心拉力设计值$N=21$kN，$K=1.20$，根据结构耐久性要求取$a_s=a_s'=40$mm，采用C25混凝土（$f_c=11.9\text{N/mm}^2$）及HRB335级钢筋（$f_y=f_y'=300\text{N/mm}^2$）。试配置跨中截面的钢筋并绘制配筋图。

解：

（1）判别偏心受拉构件类型

$$e_0=M/N=36/21=1.714\text{m}=1714\text{mm}>h/2-a_s=300/2-40=110\text{mm}$$

属于大偏心受拉构件。

（2）计算受压钢筋 A_s'

$$h_0=h-a_s=300-40=260\text{mm}$$

$$e=e_0-h/2+a_s=1714-300/2+40=1604\text{mm}$$

$$\alpha_{smax}=0.85\xi_b(1-0.5\times0.85\xi_b)=0.85\times0.550\times(1-0.5\times0.85\times0.550)=0.358$$

$$A_s'=\frac{KNe-\alpha_{smax}f_cbh_0^2}{f_y'(h_0-a_s')}$$

$$=\frac{1.20\times21\times10^3\times1604-0.358\times11.9\times1000\times260^2}{300\times(260-40)}<0$$

按构造规定受压钢筋配置Φ 12@200（$A_s'=565\text{mm}^2>\rho_{min}'bh_0=0.0015\times1000\times260=390\text{mm}^2$），此时，本题转化为已知 A_s'求 A_s，其计算方法与大偏心受压柱相似。

（3）已知 A_s' 求 A_s

$$\alpha_s=\frac{KNe-f_y'A_s'(h_0-a_s')}{f_cbh_0^2}$$

$$=\frac{1.20\times21\times10^3\times1604-300\times565\times(260-40)}{11.9\times1000\times260^2}$$

$$=0.004$$

$$\xi=1-\sqrt{1-2\alpha_s}=1-\sqrt{1-2\times0.004}\approx0.004$$

$$x=\xi h_0=0.004\times260=1.04\text{mm}$$

$x<2a_s'=2\times40=80\text{mm}$，则 A_s 应按式（6-11）计算。

$$e'=e_0+h/2-a_s'=1714+300/2-40=1824\text{mm}$$

$$A_s=\frac{KNe'}{f_y(h_0-a_s')}=\frac{1.2\times21\times10^3\times1824}{300\times(260-40)}=696\text{mm}^2$$

$$>\rho_{min}bh_0=0.0015\times1000\times260=390\text{mm}^2$$

受拉钢筋选用Φ 14@200（实际钢筋面积 $A_s=770\text{mm}^2$）。

（4）绘制配筋图

配筋图如图 6-9 所示。

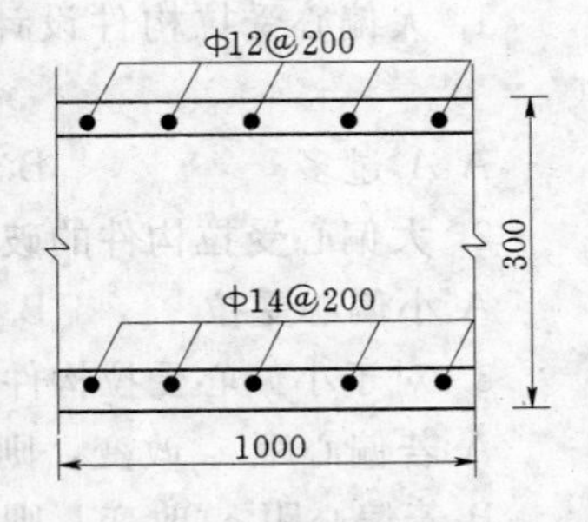

图 6-9　渡槽底板断面配筋图

四、偏心受拉构件对称配筋的计算

对称配筋的偏心受拉构件，不论大、小偏心受拉情况，均按小偏心受拉构件的公式（6-3）计算 A_s 及 A_s'，同时应满足最小配筋率的要求。

五、偏心受拉构件斜截面承载力计算

当偏心受拉构件同时作用有剪力时，应进行斜截面受剪承载力的计算。轴向拉力 N 的存在会使构件更容易出现斜裂缝，使原来不贯通的裂缝有可能贯通，使剪压区面积减小。因此，与受弯构件相比，偏心受拉构件的斜截面受剪承载力要低一些。

为了与受弯构件的斜截面受剪承载力计算公式相协调，矩形、T 形和 I 形截面的偏心受拉构件斜截面受剪承载力计算公式为

$$KV \leqslant V_c + V_{sv} + V_{sb} - 0.2N \quad (6-14)$$

式中 N——与剪力设计值V相应的轴向拉力设计值。

当上式右边的计算值小于（$V_{sv}+V_{sb}$）时，应取为（$V_{sv}+V_{sb}$），且箍筋的受剪承载力V_{sv}值不应小于$0.36f_tbh_0$。

为防止发生斜压破坏，矩形、T形和I形截面的偏心受拉构件，其截面尺寸应满足下式要求：

$$KV \leqslant 0.25f_cbh_0 \quad (6-15)$$

受拉构件斜截面受剪承载力的计算步骤与梁类似，这里不再重述。

复习指导

1. 轴心受拉构件破坏时，整个截面是裂通的，纵筋应力达到抗拉强度设计值。

2. 根据偏心受拉构件偏心距的不同可分为小偏心受拉和大偏心受拉。

3. 大偏心受拉构件破坏时，构件截面不会裂通，截面上有受压区存在，破坏特征与大偏心受压构件或双筋受弯构件类似，都是受拉钢筋先屈服，受压区混凝土后压碎，同时受压钢筋的应力也达到屈服强度。小偏心受拉构件破坏时，与轴心受拉构件类似，全截面裂通，拉力全部由纵筋承担，其应力均达到屈服强度。

习　　题

一、思考题

1. 哪些构件属于受拉构件？试举例说明。

2. 怎样判别大、小偏心受拉构件？

3. 简述大、小偏心受拉构件的破坏特征。

4. 大偏心受拉构件正截面承载力计算公式的适用条件是什么？其意义是什么？

二、选择题

1. 大偏心受拉构件设计时，若已知受压钢筋截面面积A_s'，计算出$\xi>\xi_b$，则说明（　　）。

A A_s'过多　　B A_s'过少　　C A_s过多　　D A_s过少

2. 大偏心受拉构件的破坏特征与（　　）构件类似。

A 小偏心受拉　　B 大偏心受压　　C 受剪　　D 小偏心受压

3. 对于小偏心受拉构件当轴向拉力值一定时，则（　　）。

A 若偏心距e_0改变，则总用量A_s+A_s'不变

B 若偏心距e_0改变，则总用量A_s+A_s'改变

C 若偏心距e_0增大，则总用量A_s+A_s'增大

D 若偏心距e_0增大，则总用量A_s+A_s'减少

4. 偏心受拉构件的受剪承载力（　　）。

A 随着轴向力的增加而增加

B 随着轴向力的减少而增加

C 小偏心受拉时随着轴向力的增加而增加

D 大偏心受拉时随着轴向力的增加而增加

三、计算题

1. 某 2 级水工建筑物中的矩形截面受拉构件，截面尺寸 $b \times h = 300\text{mm} \times 400\text{mm}$，采用 C20 混凝土，HRB335 级钢筋，承受轴向拉力设计值 $N = 360\text{kN}$，弯矩设计值 $M = 36\text{kN} \cdot \text{m}$，$a_s = a_s' = 45\text{mm}$。试确定钢筋面积 A_s 和 A_s'。

2. 某 1 级水工建筑物中的矩形截面受拉构件，截面尺寸 $b \times h = 300\text{mm} \times 450\text{mm}$，采用 C20 混凝土，HRB335 级钢筋，承受轴向拉力设计值 $N = 602\text{kN}$，弯矩设计值 $M = 60.5\text{kN} \cdot \text{m}$，$a_s = a_s' = 45\text{mm}$。试按对称和不对称配筋两种情况确定钢筋面积 A_s 和 A_s'。

3. 某 2 级水工建筑物中的偏心受拉构件，截面尺寸为 $b \times h = 350\text{mm} \times 600\text{mm}$，采用 C25 混凝土和 HRB335 级钢筋，承受轴向拉力设计值 $N = 250\text{kN}$，弯矩设计值 $M = 112.5\text{kN} \cdot \text{m}$，$a_s = a_s' = 45\text{mm}$。试对该构件进行配筋。

4. 某钢筋混凝土矩形水池（3 级水工建筑物）壁厚 300mm，沿池壁 1m 高的垂直截面上作用的内力设计值 $N = 240\text{kN}$，$M = 120\text{kN} \cdot \text{m}$，采用 C25 混凝土和 HRB400 级钢筋，$a_s = a_s' = 40\text{mm}$。试确定钢筋面积 A_s 和 A_s'。

5. 某 3 级水工建筑物中的偏心受拉构件，截面 $b \times h = 400\text{mm} \times 550\text{mm}$，采用 C20 混凝土和 HRB335 级钢筋，$a_s = a_s' = 45\text{mm}$。按下列两种情况计算钢筋面积：①承受轴向拉力设计值 $N = 450\text{kN}$，弯矩设计值 $M = 150\text{kN} \cdot \text{m}$；②轴向拉力设计值 $N = 450\text{kN}$，弯矩设计值 $M = 60\text{kN} \cdot \text{m}$。

6. 某钢筋混凝土输水涵洞为 3 级水工建筑物，涵洞截面尺寸如图 6-5 所示。该涵洞采用 C25 混凝土及 HRB335 级钢筋（$f_y = 300\text{N/mm}^2$），使用期间在自重、土压力及动水压力作用下，每米涵洞长度内，控制截面 A—A 的内力为：弯矩设计值 $M = 36\text{kN} \cdot \text{m}$（以外壁受拉为正），轴心拉力设计值 $N = 205\text{kN}$（以受拉为正），$K = 1.20$，$a_s = a_s' = 60\text{mm}$，涵洞壁厚为 550mm。试配置 A—A 截面的钢筋。

7. 某渡槽（1 级水工建筑物）底板设计时，沿水流方向取单宽板带为计算单元（取 $b = 1000\text{mm}$），取底板厚度 $h = 300\text{mm}$，计算简图如图 6-8 所示，已知跨中截面上弯矩设计值 $M = 43\text{kN} \cdot \text{m}$（底板下部受拉），轴心拉力设计值 $N = 27\text{kN}$，$K = 1.20$，根据结构耐久性要求取 $a_s = a_s' = 40\text{mm}$，采用 C25 混凝土（$f_c = 11.9\text{N/mm}^2$）及 HRB335 级钢筋（$f_y = f_y' = 300\text{N/mm}^2$），试配置跨中截面的钢筋并绘制配筋图。

第七章　钢筋混凝土受扭构件承载力计算

【学习提要】 本章主要讲述矩形截面纯扭构件的破坏形态、构造规定及承载力计算，矩形截面弯剪扭构件的承载力计算。学习本章，应掌握纯扭构件及弯剪扭共同作用下构件的承载力计算方法，理解受扭构件的相关规定等。

受扭构件是指承受扭矩 T 作用的受力构件，如图 7-1 所示的雨棚梁、现浇框架的边梁、水闸胸墙的顶梁和底梁等均为受扭构件。在实际工作中纯受扭构件很少，一般都是在弯矩、剪力、扭矩共同作用下的复合受扭构件，受力状态较为复杂。为了便于分析，首先介绍纯扭构件的承载力计算，然后介绍弯剪扭复合构件受扭承载力计算。

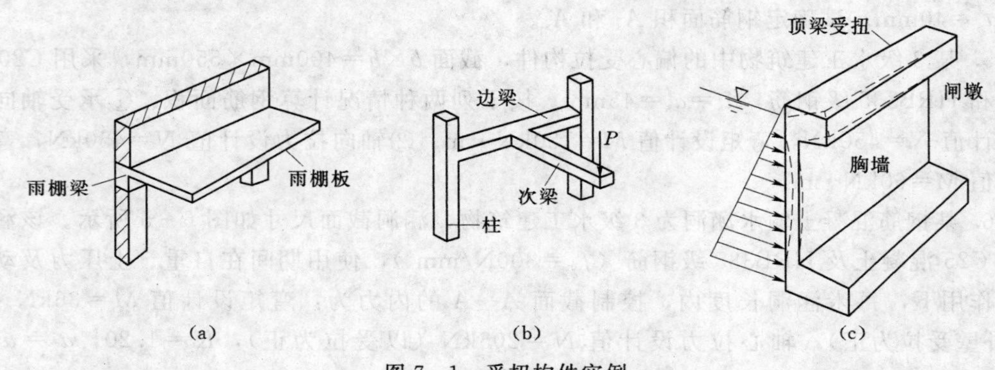

图 7-1　受扭构件实例

(a) 雨棚梁；(b) 框架边梁；(c) 水闸胸墙

第一节　矩形截面纯扭构件的承载力计算

一、矩形截面纯扭构件的破坏形态

由工程力学知，构件在扭转时截面上将产生剪应力 τ。由于扭转剪应力 τ 的作用，使构件在与轴线成 45°的方向上产生主拉应力 σ_{tp}，根据力的平衡得 $\sigma_{tp}=\tau$。试验表明，混凝土的抗拉强度低于其抗剪强度，当主拉应力 σ_{tp} 超过混凝土的抗拉强度 f_t 时，混凝土就会沿垂直主拉应力的方向开裂。构件的裂缝方向总是与构件轴线成 45°，如图 7-2 所示。

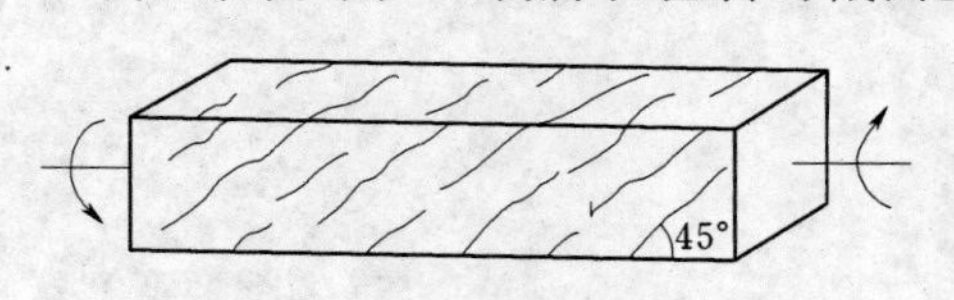

图 7-2　纯扭构件的斜裂缝

按照抗扭钢筋配筋率的不同，钢筋混凝土受扭构件的破坏形态可分为少筋破坏、超筋破坏和适筋破坏三种类型。

(1) 少筋破坏。当抗扭钢筋配用量过少时，裂缝首先出现在截面长边中点处，并迅速沿45°方向朝邻近两个短边的面上发展，与斜裂缝相交的抗扭箍筋和纵筋很快屈服，在第四个面上出现裂缝后（压区很小），构件就突然破坏，这种破坏具有脆性，没有任何预兆，破坏形态如图7-3（a）所示，设计中应予以避免。为防止发生少筋破坏，抗扭箍筋和纵向钢筋的配筋率不得少于各自的最小配筋率，并应符合抗扭钢筋的构造规定。

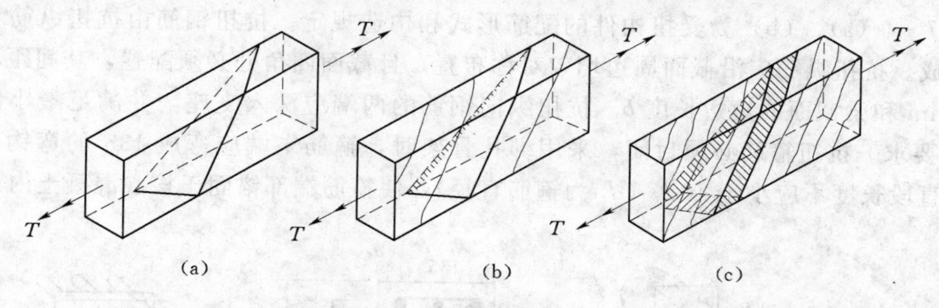

图7-3　受扭破坏形态

（2）适筋破坏。当抗扭钢筋配置适量时，裂缝也是出现在截面长边中点处，并迅速沿45°方向朝邻近两个短边的面上发展，但由于抗扭钢筋配置适量，在出现裂缝后，抗扭钢筋就发挥作用，当通过主裂缝处的抗扭钢筋达到屈服强度后，构件即由在该主裂缝的第四个面上的受压区混凝土被压碎而破坏，这种破坏过程有一定的延性和较明显的预兆，破坏形态如图7-3（b）所示，此类破坏是设计时的依据。

（3）超筋破坏。超筋破坏分完全超筋和部分超筋。当构件中配置的箍筋或纵筋的数量过多时，构件破坏之前，只有数量相对较少的那部分钢筋受拉屈服，而另一部分钢筋直到受压边混凝土压碎时，仍未屈服。由于构件破坏时有部分钢筋达到屈服，破坏并非完全脆性，故在设计中允许使用“部分超筋”构件，但不够经济。

当抗扭钢筋配用量过多时，破坏是由某相邻两条45°螺旋裂缝间的混凝土被压碎引起的。破坏时虽然裂缝很多，但其宽度都很细小，抗扭钢筋均未达到屈服强度，这种破坏具有明显的脆性，破坏形态如图7-3（c）所示，设计中应予以避免。为防止发生超筋破坏，采用限制构件截面尺寸和混凝土强度等级，亦相当于限制抗扭钢筋的最大值。

钢筋混凝土构件受扭破坏的特征随配筋多少而异，其规律与受弯、受剪等构件的破坏特征有类似之处。

二、矩形截面纯扭构件的开裂扭矩

试验分析表明，在构件混凝土开裂之前，受扭钢筋的应力很低，抗扭钢筋的用量多少对开裂扭矩的影响较小。因此忽略抗扭钢筋的作用，近似地取混凝土开裂时的承载力作为开裂扭矩。

由于混凝土既非完全的弹性材料，也非理想的塑性材料，而是介于两者之间的弹塑性材料，因此，矩形截面纯扭构件的开裂扭矩 T_{cr} 可按完全塑性状态的截面应力分布进行计算，但需将混凝土的轴心抗拉强度值 f_t 乘以0.7的降低系数，即

$$T_{cr}=0.7f_tW_t \tag{7-1}$$

$$W_t=\frac{b^2}{6}(3h-b) \tag{7-2}$$

式中 T_{cr}——截面的开裂扭矩，N·mm；

W_t——矩形截面受扭塑性抵抗矩，mm^3；

b、h——矩形截面短边及长边尺寸，mm。

三、受扭构件的配筋形式和构造规定

图 7-4（a）、（b）为受扭构件的配筋形式和构造规定。抗扭钢筋由抗扭纵筋和抗扭箍筋组成。抗扭纵筋应沿截面周边均匀对称布置，且截面四角处必须配置，其间距不应大于 200mm 和梁截面的短边长度 b。抗扭纵向钢筋的两端应深入支座，并满足最小锚固长度 l_a 的要求。抗扭箍筋必须封闭，采用绑扎骨架时，箍筋末端应弯成 135°的弯钩，弯钩端头平直段长度不应小于 $10d_s$（d_s 为箍筋直径），使箍筋端部锚固于核心混凝土内。

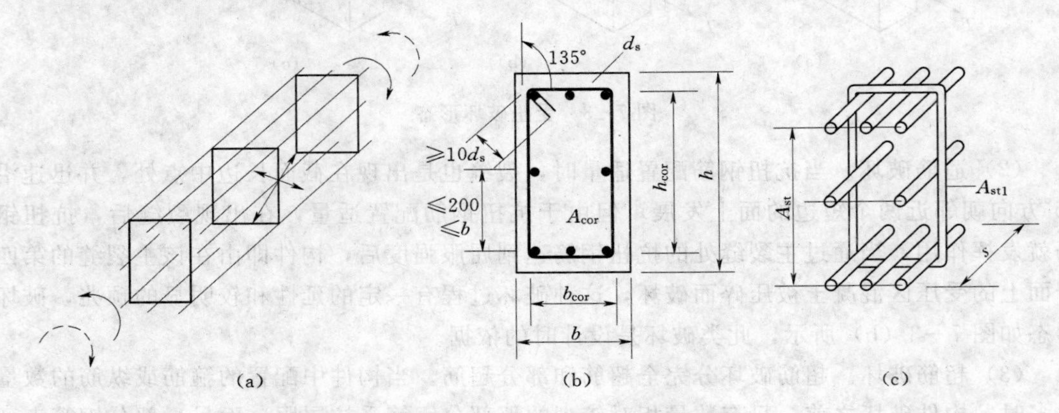

图 7-4 受扭构件的配筋形式及构造规定

为使受扭构件发生适筋破坏，抗扭纵筋和抗扭箍筋应搭配合理。引入 ζ 系数，ζ 为受扭构件纵向钢筋与箍筋的配筋强度比（即两者的体积比与强度比的乘积），见图 7-4（c），其计算公式为

$$\zeta=\frac{f_y A_{st} s}{f_{yv} A_{st1} u_{cor}} \tag{7-3}$$

式中 A_{st}——全部抗扭纵筋的截面面积，mm^2；

A_{st1}——抗扭箍筋的单肢截面面积，mm^2；

u_{cor}——截面核心部分的周长，mm，$u_{cor}=2(b_{cor}+h_{cor})$，此处 b_{cor} 及 h_{cor} 分别为从箍筋内表面计算的截面核心部分的短边和长边尺寸，即 $b_{cor}=b-2c$，$h_{cor}=h-2c$。

试验结果表明，ζ 在 0.5～2.0 时，抗扭纵筋和抗扭箍筋基本上能在构件破坏前屈服。为安全起见，规定 ζ 值应符合 $0.6\leqslant\zeta\leqslant1.7$ 的要求，当 $\zeta>1.7$ 时，取 $\zeta=1.7$。通常取 $\zeta=1.2$ 为最佳值。

《规范》规定：①抗扭纵向钢筋的配筋率 $\rho_{st}=\frac{A_{st}}{bh}$ 不应小于 0.3%（HPB235 级钢筋）或 0.2%（HRB335 级钢筋），A_{st} 为全部抗扭纵向钢筋的截面面积；②在弯剪扭构件中，箍筋配筋率 $\rho_{sv}=\frac{A_{sv}}{bs}$ 不应小于 0.20%（HPB235 级钢筋）或 0.15%（HRB335 级钢筋）。

箍筋间距应符合表 4-1 的规定。

四、矩形截面纯扭构件的承载力计算

根据试验结果分析，矩形截面纯扭构件的承载力按下列公式计算：

$$KT \leqslant T_c + T_s \tag{7-4}$$

$$T_c = 0.35 f_t W_t \tag{7-5}$$

$$T_s = 1.2\sqrt{\zeta} f_{yv} A_{st1} A_{cor}/s \tag{7-6}$$

上三式中　K——承载力安全系数；

T——扭矩设计值，N·mm；

T_c——混凝土受扭承载力，N·mm；

T_s——箍筋受扭承载力，N·mm；

A_{cor}——截面核心部分的面积，mm²，$A_{cor}=b_{cor}h_{cor}$。

式（7-4）需满足不发生超筋破坏和少筋破坏的条件。为此，规定以截面尺寸限制条件作为配筋率的上限，即

$$KT \leqslant 0.25 f_c W_t \tag{7-7}$$

若不满足式（7-7）的要求，则需增大截面尺寸或提高混凝土的强度等级。

若能符合式（7-8）的要求，则不需按计算配筋，仅需根据构造规定配置抗扭钢筋。

$$KT \leqslant 0.7 f_t W_t \tag{7-8}$$

以最小配筋率为截面配筋的下限，应满足 $\rho_{sv}=\dfrac{A_{sv}}{bs} \geqslant \rho_{svmin}$ 和 $\rho_{st}=\dfrac{A_{st}}{bh} \geqslant \rho_{stmin}$ 的要求。

第二节　矩形截面弯剪扭构件的承载力计算

一、矩形截面剪扭构件承载力计算

钢筋混凝土剪扭构件的承载力表达式：

$$KV \leqslant V_c + V_s \tag{7-9}$$

$$KT \leqslant T_c + T_s \tag{7-10}$$

式中　V——剪力设计值，N；

T——扭矩设计值，N·mm；

V_c、T_c——混凝土受剪和受扭承载力；

V_s、T_s——箍筋受剪和受扭承载力。

试验结果表明，同时受有剪力和扭矩的剪扭构件，其承载力总是低于剪力或扭矩单独作用时的承载力。受剪承载力随扭矩的增加而减小，而受扭承载力也随剪力的增大而减小。我们称这种性质为剪扭构件的相关性。严格来讲，应按有纵筋和腹筋构件的相关性来建立受剪和受扭的承载力表达式。但是，限于目前的试验和理论分析水平，这样做还有一定的困难。所以，《规范》只考虑了混凝土的相关性，即式（7-9）中 V_c 项与式（7-10）中 T_c 项之间的相关性，而忽略了配筋项 V_s 与 T_s 之间的相关性，V_s 和 T_s 仍分别按原式计算。

《规范》确定了剪扭构件混凝土受扭承载力降低系数 β_t：

$$\beta_t=\frac{1.5}{1+0.5\frac{VW_t}{Tbh_0}} \tag{7-11}$$

当 $\beta_t<0.5$ 时，取 $\beta_t=0.5$；当 $\beta_t>1.0$ 时，取 $\beta_t=1.0$。

矩形截面剪扭构件的受扭承载力和受剪承载力分别按下列公式计算：

$$KT\leqslant 0.35\beta_t f_t W_t+1.2\sqrt{\zeta}\frac{f_{yv}A_{st1}A_{cor}}{s} \tag{7-12}$$

$$KV\leqslant 0.7(1.5-\beta_t)f_t bh_0+1.25f_{yv}\frac{A_{sv}}{s}h_0 \tag{7-13}$$

二、矩形截面弯扭构件承载力计算

对于同时受弯矩和扭矩作用的钢筋混凝土弯扭构件，为简化计算，分别按纯弯和纯扭构件计算钢筋面积，然后将所得的钢筋面积叠加。

三、弯剪扭构件承载力计算

在实际工程中，钢筋混凝土受扭构件大多数是同时受有弯矩、剪力和扭矩作用的弯剪扭构件。为计算方便，在弯矩、剪力和扭矩共同作用下的矩形、T形和I形截面构件的配筋可按叠加法进行计算，其纵向钢筋截面面积应分别按正截面受弯承载力和剪扭构件受扭承载力计算，并将所需的钢筋截面面积分别配置在相应位置上。其箍筋截面面积应分别按剪扭构件受剪承载力和受扭承载力计算确定，并应配置在相应位置上，在相同位置处，所需的钢筋截面面积应叠加后进行配置。

具体计算步骤如下：

(1) 根据经验或参考已有设计，初步确定截面尺寸和材料强度等级。

(2) 构件尺寸限制条件。为了避免配筋过多、截面尺寸太小和混凝土强度过低而使构件发生超筋破坏，当 $h_w<6$ 时，截面应符合以下公式要求：

$$\frac{KV}{bh_0}+\frac{KT}{W_t}\leqslant 0.25f_c \tag{7-14}$$

若不满足，则应加大截面尺寸或提高混凝土强度等级。

(3) 验算是否按计算确定抗剪扭钢筋。如能符合下式：

$$\frac{KV}{bh_0}+\frac{KT}{W_t}\leqslant 0.7f_t \tag{7-15}$$

则不需要对构件进行剪扭承载力计算，按构造规定配置抗剪扭钢筋。受弯应按计算配筋。

(4) 确定是否忽略剪力的影响。如能符合下式：

$$KV\leqslant 0.35f_t bh_0 \tag{7-16}$$

可仅按受弯构件的正截面受弯和纯扭构件的受扭分别进行承载力计算。

(5) 确定是否忽略扭矩的影响。如能符合下式：

$$KT\leqslant 0.175f_t W_t \tag{7-17}$$

可仅按受弯构件的正截面受弯和斜截面受剪分别进行承载力计算。

(6) 若构件只满足式 (7-14)，不满足式 (7-15) ～式 (7-17)，则按下列两方面进行计算：

1) 按受弯构件相应公式计算满足正截面受弯承载力需要的纵向钢筋面积。

2）按剪扭构件计算承受所需的箍筋截面面积，以及承受扭矩所需的纵筋截面面积和箍筋截面面积。

3）将承受弯承载力需要的纵向钢筋面积布置在截面受拉边，对抗扭所需的纵筋截面面积应均匀地布置在截面周边。在相同部位的纵筋截面面积先叠加，然后再选配钢筋。

4）将抗剪所需的箍筋用量中的单肢箍筋用量与抗扭所需的单肢箍筋用量相加，即得单肢箍筋总的需要量。

将上述计算所得钢筋，按弯剪扭相应的构造规定进行布置。

【例 7-1】 某钢筋混凝土矩形截面梁承受均布荷载，2 级水工建筑物（$K=1.20$），截面尺寸 $b\times h=250\text{mm}\times 500\text{mm}$。承受的内力设计值为：$M=88\text{kN}\cdot\text{m}$，$V=120\text{kN}$，$T=9\text{kN}\cdot\text{m}$。采用 C20 混凝土（$f_c=9.6\text{N/mm}^2$，$f_t=1.1\text{N/mm}^2$），受力钢筋采用 HRB335 级（$f_y=300\text{N/mm}^2$），箍筋采用 HPB235 级（$f_{yv}=210\text{N/mm}^2$）。若取 $c=35\text{mm}$，$a_s=45\text{mm}$，试设计该梁。

解：

（1）验算截面尺寸

由 $a_s=45\text{mm}$，则 $h_0=h-a_s=500-45=455\text{mm}$。

$$W_t=\frac{b^2}{6}(3h-b)=\frac{250^2}{6}\times(3\times500-250)=1.30\times10^7\text{mm}^3$$

$$\frac{KV}{bh_0}+\frac{KT}{W_t}=\frac{1.20\times120\times10^3}{250\times455}+\frac{1.20\times9\times10^6}{1.30\times10^7}=2.10\text{N/mm}^2$$

$$<0.25f_c=0.25\times9.6=2.4\text{N/mm}^2$$

故截面尺寸满足要求。

（2）验算是否按计算配置抗剪扭钢筋

$$\frac{KV}{bh_0}+\frac{KT}{W_t}=2.10\text{N/mm}^2>0.7f_t=0.7\times1.1=0.77\text{N/mm}^2$$

故应按计算配置抗剪扭钢筋。

（3）判别是否可不考虑剪力

$$0.35f_tbh_0=0.35\times1.1\times250\times455=43.8\text{kN}<KV=144\text{kN}$$

故不能忽略剪力的影响。

$$0.175f_tW_t=0.175\times1.1\times1.30\times10^7=2.5\times10^6\text{N}\cdot\text{mm}=2.5\text{kN}\cdot\text{m}<KT=10.8\text{kN}\cdot\text{m}$$

故不能忽略扭矩的影响，应按弯剪扭构件计算。

（4）配筋计算

1）抗弯纵筋计算

$$\alpha_s=\frac{KM}{f_cbh_0^2}=\frac{1.20\times88\times10^6}{9.6\times250\times455^2}=0.213$$

$$\xi=1-\sqrt{1-2\alpha_s}=1-\sqrt{1-2\times0.213}=0.242<0.85\xi_b=0.468$$

$$A_s=\frac{f_cbh_0\xi}{f_y}=\frac{9.6\times250\times455\times0.242}{300}=881\text{mm}^2>\rho_{\min}bh_0=0.20\%\times250\times455=227.5\text{mm}^2$$

满足最小配筋率要求。

2）抗扭箍筋计算

取 $\zeta=1.2$，则

$$\beta_t=\frac{1.5}{1+0.5\times\dfrac{VW_t}{Tbh_0}}=\frac{1.5}{1+0.5\times\dfrac{120\times10^3\times1.30\times10^7}{9\times10^6\times250\times455}}=0.85<1.0$$

$$A_{cor}=b_{cor}h_{cor}=(250-70)\times(500-70)=77400\text{mm}^2$$

$$u_{cor}=2(b_{cor}+h_{cor})=2\times(180+430)=1220\text{mm}$$

$$\frac{A_{st1}}{s}=\frac{KT-0.35\beta_t f_t W_t}{1.2\sqrt{\zeta}f_{yv}A_{cor}}=\frac{1.20\times9\times10^6-0.35\times0.85\times1.1\times1.30\times10^7}{1.2\times\sqrt{1.2}\times210\times77400}$$

$$=0.306\text{mm}^2/\text{mm}$$

3）抗剪箍筋计算

$$\frac{A_{sv1}}{s}=\frac{KV-0.7(1.5-\beta_t)f_tbh_0}{2\times1.25f_{yv}h_0}=\frac{1.20\times120\times10^3-0.7\times(1.5-0.85)\times1.1\times250\times455}{2\times1.25\times210\times455}$$

$$=0.364\text{mm}^2/\text{mm}$$

$$\frac{A_{stv1}}{s}=\frac{A_{sv1}}{s}+\frac{A_{st1}}{s}=0.364+0.306=0.670\text{mm}^2/\text{mm}$$

选用双肢箍筋Φ10，$A_{stv1}=78.5\text{mm}^2$，则

$$s=\frac{A_{sv1}}{0.670}=\frac{78.5}{0.670}=117.2\text{mm}$$

取 $s=100\text{mm}<s_{max}=200\text{mm}$，则

$$\rho_{sv}=A_{sv}/(bs)=2\times78.5/(250\times100)=0.63\%>\rho_{svmin}=0.20\%\text{（HPB235 级钢筋）}$$

满足要求。

4）抗扭纵筋计算

$$A_{st}=\zeta\frac{f_{yv}A_{st1}u_{cor}}{f_ys}=1.2\times\frac{210\times0.306\times1220}{300}=314\text{mm}^2$$

$$>\rho_{stmin}bh=0.2\%\times250\times500=250\text{mm}^2$$

满足要求。

（5）钢筋选配及布置

1）箍筋（抗扭箍筋和抗剪箍筋）采用双肢Φ10@100，沿构件全长布置。

2）抗扭纵筋和抗弯纵筋的布置（按构造要求，抗扭纵筋分三层均匀布置）：

上层纵筋面积为 $A_{st}/3=314/3=105\text{mm}^2$，选配 2 Φ 12，实配钢筋面积为 226mm²。

中层纵筋面积为 $A_{st}/3=314/3=105\text{mm}^2$，选配 2 Φ 12，实配钢筋面积为 226mm²。

下层纵筋面积为 $A_s+A_{st}/3=881+314/3=986\text{mm}^2$，选配钢筋为 3 Φ 22，实配钢筋面积为 1140mm²。

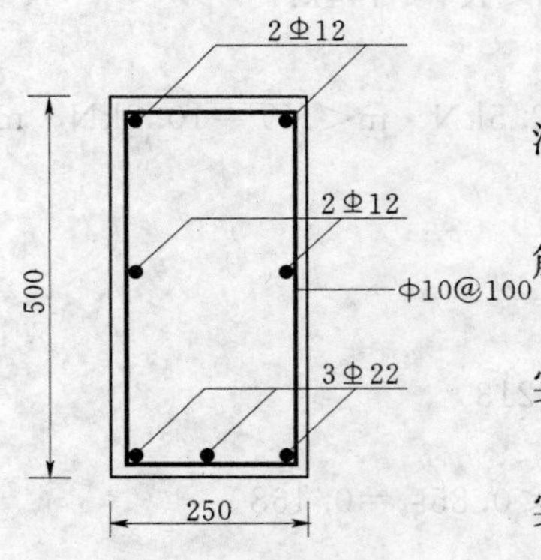

图 7－5　截面配筋图

截面配筋如图 7－5 所示。

复 习 指 导

1. 混凝土既不是理想的弹性材料又不是理想的塑性材料，混凝土构件开裂力矩的计算方法是在塑性应力分布计算的基础上，根据试验结果乘以修正系数0.7。

2. 在实际结构中，采用横向封闭箍筋与纵向受力钢筋组成的空间骨架来抵抗扭矩。ζ称为抗扭纵筋和抗扭箍筋的配筋强度比。ζ的取值范围为0.6～1.7，常取$\zeta=1.2$。受扭承载力计算公式的截面限制条件是为了防止超筋破坏，规定抗扭纵筋和箍筋的最小配筋率是为了防止少筋破坏。

3. 构件受扭、受剪与受弯承载力之间的互相影响问题过于复杂，为简化计算，《规范》对弯剪扭构件的计算采用混凝土部分承载力相关，箍筋部分承载力叠加的方法。β_t称为剪扭构件混凝土受扭承载力降低系数。

4. 对工程中最常见的弯剪扭同时作用的构件，通常采用方法是，箍筋数量由考虑剪扭相关性的抗剪和抗扭计算结果进行叠加，而纵筋数量则由抗弯和抗扭计算结果进行叠加。

习 题

一、思考题

1. 在工程中，哪些构件属于受扭构件？试举例说明。
2. 矩形截面纯扭构件的破坏形态有哪些？它们的破坏特征是什么？
3. 什么是剪扭的相关性？
4. 受扭公式中各符号的意义是什么？
5. 受扭公式的适用条件是什么？
6. 在受扭构件中，配置抗扭纵筋和抗扭箍筋应注意哪些问题？
7. 在剪扭构件计算中，强度降低系数β_t的意义是什么？
8. 简述钢筋混凝土受扭构件的计算步骤。

二、选择题

1. 均布荷载作用下的弯剪扭复合受力构件，当满足（　）时，可忽略剪力的影响。

A $KT\leqslant 0.175f_tW_t$　　B $KT\leqslant 0.35f_tW_t$

C $KV\leqslant 0.035f_cbh_0$　　D $KV\leqslant 0.07f_cbh_0$

2. 均布荷载作用下的弯剪扭复合受力构件，当满足（　）时，可忽略扭矩的影响。

A $KT\leqslant 0.175f_tW_t$　　B $KT\leqslant 0.35f_tW_t$

C $KV\leqslant 0.035f_cbh_0$　　D $KV\leqslant 0.07f_cbh_0$

3. 钢筋混凝土剪扭构件的受剪承载力随扭矩的增加而（　）。

A 增大　　B 减小　　C 不变　　D 不定

4. 受扭构件中，抗扭纵筋应（　）。

A 在四角放置　　B 在截面左右两侧放置

C 沿截面周边对称放置　　D 在截面上下两边放置

5. 在剪力和扭矩共同作用下的构件（　）。

A 其受扭承载力随着剪力的增加而减少

B 其受扭承载力随着扭矩的增加而减少

C 剪力和扭矩之间不存在相关关系

D 其承载力比剪力和扭矩单独作用下相应承载力要低

6. 对于剪力和扭矩共同作用下的构件承载力计算，《规范》在处理剪扭相关作用时（　）。

A 不考虑两者之间的相关性

B 考虑两者之间的相关性

C 混凝土和钢筋的承载力都考虑剪扭相关作用

D 混凝土的承载力考虑剪扭相关作用，而钢筋的承载力不考虑剪扭相关性

三、计算题

1. 某矩形梁截面尺寸 $b\times h=300\text{mm}\times 600\text{mm}$，2 级水工建筑物，内力设计值 $M=80\text{kN}\cdot\text{m}$，$V=100\text{kN}$，$T=10\text{kN}\cdot\text{m}$，$c=30\text{mm}$，$a_s=50\text{mm}$，采用 C25 混凝土和 HRB335 级纵向受力钢筋，箍筋为 HPB235 级。试对此梁进行配筋。

2. 一受均布荷载作用的矩形截面梁，2 级水工建筑物，采用混凝土等级 C25，纵向受力钢筋为 HRB335 级，箍筋为 HPB235 级，$b\times h=250\text{mm}\times 600\text{mm}$，经内力计算承受的弯矩设计值 $M=100\text{kN}\cdot\text{m}$（构件的顶部受拉），剪力设计值 $V=68\text{kN}$，扭矩设计值 $T=25\text{kN}\cdot\text{m}$。试为此梁截面配筋。

3. 某水闸胸墙的截面尺寸如图 7-6（a）所示，2 级水工建筑物，闸墩之间的净距为 8m，胸墙与闸墩整体浇筑。在正常水压力作用下，顶梁 A 的内力见图 7-6（b）、（c）、（d）。采用 C25 级混凝土和 HRB335 级纵向受力钢筋，箍筋用 HPB235 级钢筋。试配制顶梁 A 的钢筋（胸墙承受的水压力按最高水位计算）。

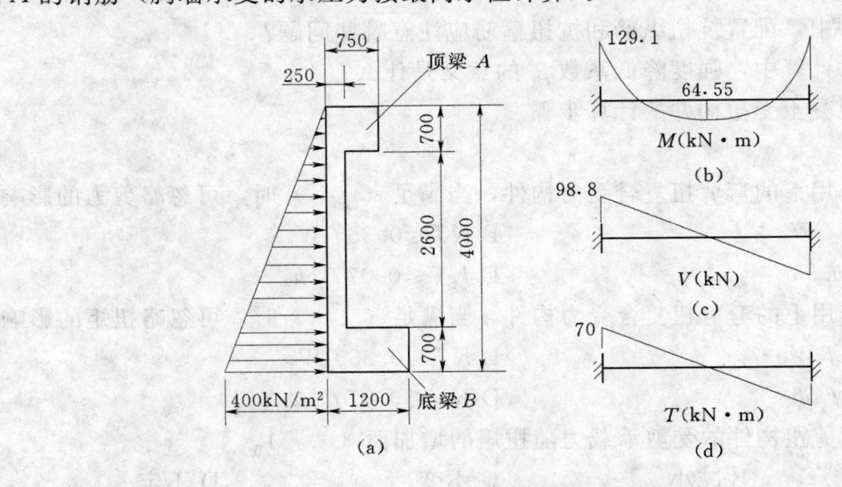

图 7-6　计算题 3 胸墙截面及内力图

第八章　钢筋混凝土构件正常使用极限状态验算

【学习提要】 本章主要讲述正常使用极限状态验算的目的和意义，正常使用极限状态的验算与承载能力极限状态的计算的区别，正常使用极限状态验算公式的来源、符号的含义及公式建立时依据的应力状态。学习本章，应掌握抗裂验算、裂缝宽度验算及变形验算的方法和步骤。

钢筋混凝土结构设计必须满足承载能力极限状态的要求，以保证结构安全可靠；此外，还应满足结构正常使用极限状态对于裂缝和变形控制的要求，以保证结构构件的适用性和耐久性。随着建筑材料日益向轻质、高强方向发展，构件截面尺寸在进一步减小，裂缝及变形问题就变得更加突出。在有些情况下，正常使用极限状态的验算也有可能成为设计中的控制情况。

由于超过正常使用极限状态而产生的后果，没有超过承载能力极限状态所产生的后果那么严重，因此，正常使用极限状态的目标可靠指标比承载能力极限状态的目标可靠指标要小，按正常使用极限状态进行验算时，荷载和材料强度分别采用其标准值。

第一节　抗 裂 验 算

抗裂验算是针对使用上要求不允许出现裂缝的构件而进行的验算。所以，构件抗裂验算以受拉区混凝土将裂未裂的极限状态为依据。

对承受水压的轴心受拉构件、小偏心受拉构件，由于整个截面受拉，混凝土开裂后有可能贯穿整个截面，引起水的渗漏，应按荷载效应标准组合进行抗裂验算。对于发生裂缝后会引起严重渗漏的其他构件，也应进行抗裂验算。例如简支的矩形截面输水渡槽底板纵向结构计算时为受弯构件，在纵向弯矩的作用下底板位于受拉区，一旦开裂，裂缝就会贯穿底板截面造成漏水，因此，其虽为受弯构件也应进行抗裂验算。所以在纵向计算时属严格要求抗裂的构件，应按抗裂条件进行验算。如有可靠防渗漏措施不影响正常使用时，也可不进行抗裂验算，只需限制裂缝的开展宽度。

一、轴心受拉构件

（一）抗裂极限状态

钢筋混凝土轴心受拉构件在即将发生开裂时，混凝土的拉应力达到其轴心抗拉强度 f_t（见图 8-1），拉应变达到其极限拉应变 ε_{tu}。这时由于钢筋与混凝土保持共同变形，因此钢筋拉应力可根据钢筋和混凝土应变相等的关系求得，即 $\sigma_s=\varepsilon_s E_s=\varepsilon_{tu} E_s$。令 $\alpha_E=E_s/E_c$，则 $\sigma_s=\alpha_E\varepsilon_{tu}E_c=\alpha_E f_t$。所以，混凝土在即将开裂时，钢筋应力 σ_s 是同位置处混凝土应力的 α_E 倍。

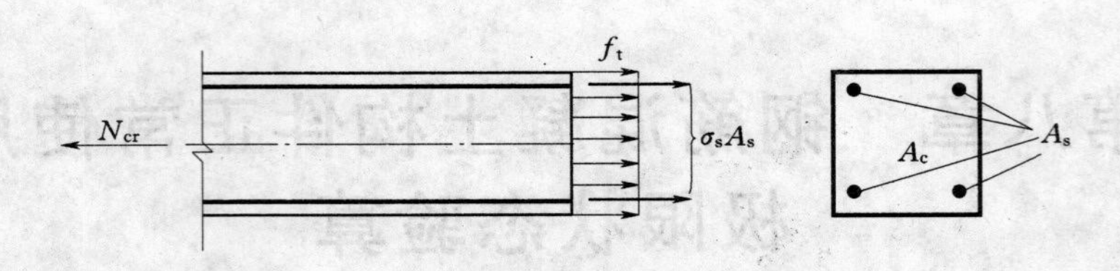

图 8-1　轴心受拉构件抗裂轴力示意

若以 A_s 表示受拉钢筋的截面面积，以 A_{s0} 表示将钢筋 A_s 换算成假想的混凝土的换算截面面积，则换算截面面积承受的拉力应与原钢筋承受的拉力相同，即

$$\sigma_s A_s = f_t A_{s0}$$

将 $\sigma_s = \alpha_E f_t$ 代入，可得

$$A_{s0} = \alpha_E A_s \tag{8-1}$$

式（8-1）表明，在混凝土开裂之前，钢筋与混凝土满足变形协调的条件，所以，截面面积为 A_s 的纵向受拉钢筋相当于截面面积为 $\alpha_E A_s$ 的受拉混凝土作用，$\alpha_E A_s$ 就称为钢筋 A_s 的换算截面面积。构件总的换算截面面积为

$$A_0 = A_c + \alpha_E A_s \tag{8-2}$$

式中　A_c——混凝土截面面积，mm^2。

由力的平衡条件得

$$N_{cr} = f_t A_c + \sigma_s A_s = f_t A_c + \alpha_E f_t A_s = f_t (A_c + \alpha_E A_s) = f_t A_0 \tag{8-3}$$

（二）抗裂验算公式

在实际工程中，裂缝会使结构渗漏，影响结构的耐久性，而且易在裂缝面上形成渗透应力，危及结构安全。为此，在正常使用极限状态验算时，应满足目标可靠指标的要求，故引进拉应力限制系数 α_{ct}，形成有限拉应力状态，并且混凝土抗拉强度取用标准值 f_{tk}，荷载也取用标准值。则轴心受拉构件，在荷载效应的标准组合下的抗裂验算公式为

$$N_k \leqslant \alpha_{ct} f_{tk} A_0 \tag{8-4}$$

式中　N_k——按荷载标准值计算的轴向拉力值，N；

f_{tk}——混凝土轴心抗拉强度标准值，N/mm^2；

α_{ct}——混凝土拉应力限制系数，对荷载效应的标准组合，α_{ct} 可取为 0.85；

A_0——换算截面面积，mm^2，$A_0 = A_c + \alpha_E A_s$。

二、受弯构件

（一）抗裂极限状态

由试验得知，受弯构件正截面在即将开裂的瞬间，其应力状态处于第Ⅰ应力阶段的末尾，如图 8-2 所示。此时，受拉区边缘的拉应变达到混凝土的极限拉应变 ε_{tu}，受拉区应力分布为曲线形，具有明显的塑性特征，最大拉应力达到混凝土的抗拉强度 f_t。而受压区混凝土仍接近于弹性工作状态，其应力分布图形为三角形。

（二）开裂弯矩 M_{cr}

根据试验结果，在计算受弯构件的开裂弯矩 M_{cr}时，可假定混凝土受拉区应力分布为图 8－3 所示的梯形图形，塑化区高度占受拉区高度的一半。

按图 8－3 应力图形，利用平截面假定，可求出混凝土边缘应力与受压区高度之间的关系。然后根据力和力矩的平衡条件，求出截面开裂弯矩 M_{cr}。

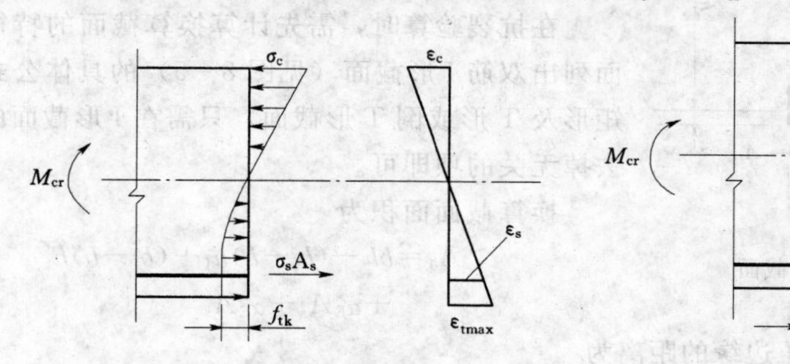

图 8－2 受弯构件正截面第Ⅰ应力阶段末实际的应力与应变图形

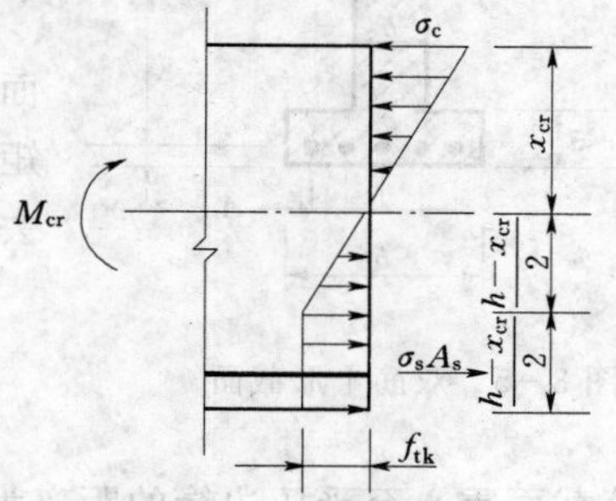

图 8－3 受弯构件正截面第Ⅰ应力阶段末假定的应力图形

但上述方法比较繁琐，为了计算方便，采用等效换算的方法。即在保持开裂弯矩相等的条件下，将受拉区梯形应力图形等效折算成直线分布的应力图形（见图 8－4），此时，受拉区边缘应力由 f_t 折算为 $\gamma_m f_t$，γ_m 称为截面抵抗矩的塑性系数。

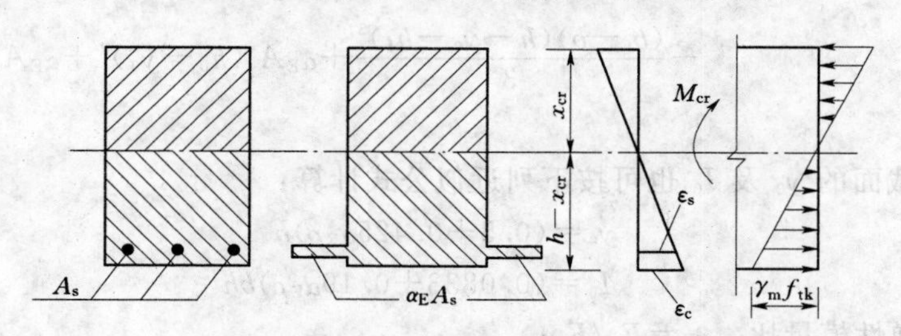

图 8－4 受弯构件正截面抗裂弯矩计算图

经过这样的换算，就可把构件视作截面面积为 $A_0=A_c+\alpha_E A_s+\alpha_E A'_s$的匀质弹性体，引用工程力学公式，得出受弯构件正截面开裂弯矩 M_{cr}的计算公式：

$$M_{cr}=\gamma_m f_t W_0 \qquad (8-5)$$

$$W_0=I_0/(h-y_0) \qquad (8-6)$$

上二式中 W_0——换算截面 A_0 受拉边缘的弹性抵抗矩，mm^3；

y_0——换算截面重心至受压边缘的距离，mm；

I_0——换算截面对其重心轴的惯性矩，mm^4；

γ_m——截面抵抗矩的塑性系数，按附表 4－4 采用。

（三）抗裂验算公式

为满足目标可靠指标的要求，对受弯构件同样引入拉应力限制系数 α_{ct}，荷载和材料强度均取用标准值。这样，受弯构件在荷载效应的标准组合下，应按下列公式进行抗裂

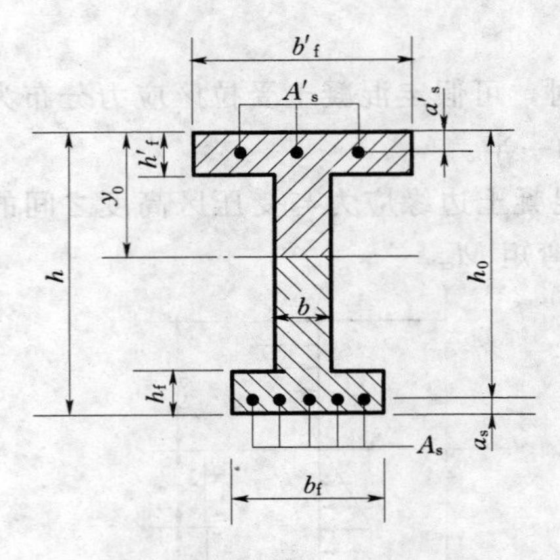

图 8-5　双筋 I 形截面

验算：

$$M_k \leqslant \alpha_{ct}\gamma_m f_{tk} W_0 \tag{8-7}$$

式中　M_k——按荷载标准值计算的弯矩值，N·mm；

其他符号意义同前。

（四）换算截面的特征值

在抗裂验算时，需先计算换算截面的特征值。下面列出双筋 I 形截面（见图 8-5）的具体公式。对于矩形及 T 形或倒 T 形截面，只需在 I 形截面的基础上去掉无关的项即可。

换算截面面积为

$$A_0 = bh + (b_f - b)h_f + (b'_f - b)h'_f + \alpha_E A_s + \alpha_E A'_s \tag{8-8}$$

换算截面重心至受压边缘的距离为

$$y_0 = \frac{\frac{bh^2}{2} + (b'_f - b)\frac{h'^2_f}{2} + (b_f - b)h_f\left(h - \frac{h_f}{2}\right) + \alpha_E A_s h_0 + \alpha_E A'_s a'_s}{A_0} \tag{8-9}$$

换算截面对其重心轴的惯性矩为

$$I_0 = \frac{b'_f y_0{}^3}{3} - \frac{(b'_f - b)(y_0 - h'_f)^3}{3} + \frac{b_f(h - y_0)^3}{3} - \frac{(b_f - b)(h - y_0 - h_f)^3}{3} + \alpha_E A_s (h_0 - y_0)^2 + \alpha_E A'_s (y_0 - a'_s)^2 \tag{8-10}$$

单筋矩形截面的 y_0 及 I_0 也可按下列近似公式计算：

$$y_0 = (0.5 + 0.425\alpha_E \rho)h \tag{8-11}$$

$$I_0 = (0.0833 + 0.19\alpha_E \rho)bh^3 \tag{8-12}$$

式中　α_E——弹性模量比，$\alpha_E = E_s/E_c$；

ρ——纵向受拉钢筋的配筋率，$\rho = A_s/(bh_0)$。

三、偏心受拉构件

偏心受拉构件可采用与受弯构件相同的方法分析计算抗裂性能，即将钢筋截面面积换算为混凝土截面面积，然后用材料力学匀质弹性体的公式进行计算。在荷载效应的标准组合下，按下列公式进行验算：

$$M_k/W_0 + N_k/A_0 \leqslant \gamma_{偏拉}\alpha_{ct} f_{tk} \tag{8-13}$$

式中　$\gamma_{偏拉}$——偏心受拉构件的截面抵抗矩塑性系数。

从图 8-6 可以看出，偏心受拉构件受拉区塑化效应与受弯构件的塑化效应相比有所减弱，这是因为它的受拉区应变梯度比受弯构件的应变梯度要小。但它的塑化效应又比轴心受拉构件的大，因为轴心受拉构件的应变梯度为零。因此，偏心受拉构件的塑性系数 $\gamma_{偏拉}$ 应处于 γ_m（受弯构件的截面抵抗矩塑性系数）与 1（轴心受拉构件的塑性系数）之间，可近似地认为 $\gamma_{偏拉}$ 是随截面的平均拉应力 $\sigma = N_k/A_0$ 的大小，按线性规律在 1 与 γ_m 之间变化。

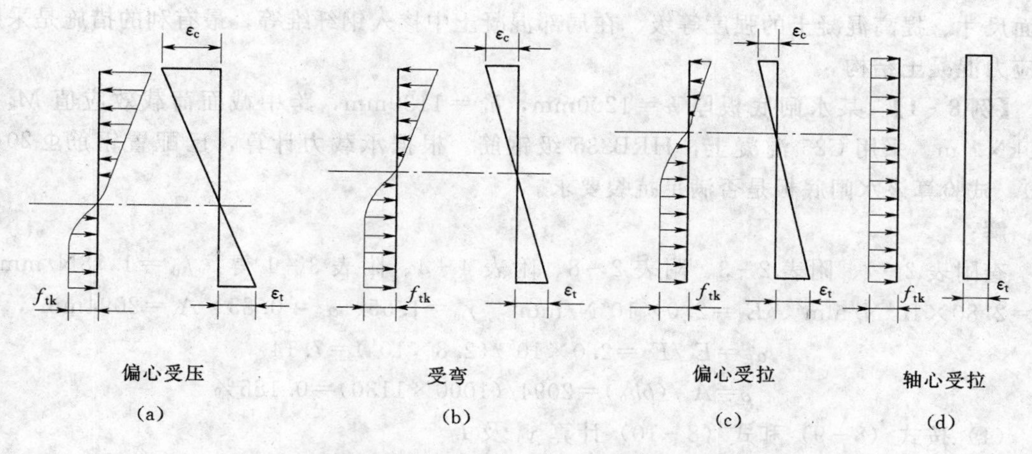

图 8-6 不同受力特征构件即将开裂时的应力及应变图

当平均拉应力 $\sigma=0$ 时（受弯），$\gamma_{偏拉}=\gamma_m$；当平均拉应力 $\sigma=\alpha_{ct}f_{tk}$ 时（轴心受拉），$\gamma_{偏拉}=1$。则

$$\gamma_{偏拉}=\gamma_m-(\gamma_m-1)\frac{N_k}{A_0\alpha_{ct}f_{tk}} \tag{8-14}$$

将式（8-14）代入式（8-13），并经变换后，就可得出偏心受拉构件的抗裂验算公式：

$$N_k\leqslant\frac{\gamma_m\alpha_{ct}f_{tk}A_0W_0}{e_0A_0+\gamma_mW_0} \tag{8-15}$$

式中 N_k——按荷载标准值计算的轴向力值，N；

e_0——轴向拉力的偏心距，N，$e_0=M_k/N_k$；

其他符号意义同前。

四、偏心受压构件

与偏心受拉构件的计算原理相同，偏心受压构件在荷载效应的标准组合下，按下列公式进行抗裂验算：

$$M_k/W_0-N_k/A_0\leqslant\gamma_{偏压}\alpha_{ct}f_{tk} \tag{8-16}$$

偏心受压构件由于受拉区应变梯度较大，塑化效应比较充分，其塑性系数 $\gamma_{偏压}$ 比受弯构件的 γ_m 大。但在实际应用中，为简化计算并考虑偏于安全，取与受弯构件相同的数值，即取 $\gamma_{偏压}=\gamma_m$。

用 γ_m 取代了 $\gamma_{偏压}$，并令 $e_0=M_k/N_k$（短期组合），则式（8-16）可转换为

$$N_k\leqslant\frac{\gamma_m\alpha_{ct}f_{tk}A_0W_0}{e_0A_0-W_0} \tag{8-17}$$

五、提高构件抗裂能力的措施

对于钢筋混凝土的抗裂能力而言，钢筋所起的作用不大，如果取混凝土的极限拉应变 $\varepsilon_{tu}=0.0001\sim0.00015$，则混凝土即将开裂时，钢筋的拉应力 $\sigma_s\approx(0.0001\sim0.00015)\times2.0\times10^5=20\sim30$（N/mm²）。可见此时钢筋的应力是很低的，所以用增加钢筋的办法来提高构件的抗裂能力是极不经济的、不合理的。提高构件抗裂能力的主要方法是加大构件

截面尺寸、提高混凝土的强度等级、在局部混凝土中掺入钢纤维等，最有利的措施是采用预应力混凝土结构。

【例 8-1】 某水闸底板厚 $h=1200\text{mm}$，$h_0=1130\text{mm}$，跨中截面荷载效应值 $M_k=460\text{kN}\cdot\text{m}$。采用 C25 混凝土，HRB335 级钢筋。根据承载力计算，已配置钢筋Φ 20@150。试验算该水闸底板是否满足抗裂要求。

解：

查附表 2-1、附表 2-3、附表 2-8、附表 4-4、附表 3-1 得：$f_{tk}=1.78\text{N/mm}^2$、$E_c=2.80\times10^4\text{N/mm}^2$、$E_s=2.0\times10^5\text{N/mm}^2$、$\gamma_m=1.55$、$\alpha_{ct}=0.85$、$A_s=2094\text{mm}^2$，则

$$\alpha_E=E_s/E_c=2.0\times10^5/(2.8\times10^4)=7.14$$

$$\rho=A_s/(bh_0)=2094/(1000\times1130)=0.185\%$$

(1) 按式 (8-9) 和式 (8-10) 计算 y_0 及 I_0

$$y_0=\frac{\frac{bh^2}{2}+\alpha_E A_s h_0}{bh+\alpha_E A_s}=\frac{\frac{1000\times1200^2}{2}+7.14\times2094\times1130}{1000\times1200+7.14\times2094}=607\text{mm}$$

$$I_0=\frac{by_0^3}{3}+\frac{b(h-y_0)^3}{3}+\alpha_E A_s(h_0-y_0)^2$$

$$=\frac{1000\times607^3}{3}+\frac{1000\times(1200-607)^3}{3}+7.84\times2094\times(1130-607)^2$$

$$=1.485\times10^{11}\text{mm}^4$$

如改用近似公式 (8-11) 和式 (8-12) 计算 y_0 及 I_0，有

$$y_0=(0.5+0.425\alpha_E\rho)h=(0.5+0.425\times7.14\times0.185\%)\times1200=607\text{mm}$$

$$I_0=(0.0833+0.19\alpha_E\rho)bh^3=(0.0833+0.19\times7.14\times0.185\%)\times1000\times1200^3$$

$$=1.483\times10^{11}\text{mm}^4$$

可见近似公式 (8-11) 和式 (8-12) 足够精确。

(2) 按式 (8-7) 验算是否抗裂

考虑截面高度的影响，对 γ_m 值进行修正，得

$$\gamma_m=(0.7+300/1200)\times1.55=1.47$$

$$\alpha_{ct}f_{tk}\gamma_m W_0=\alpha_{ct}f_{tk}\gamma_m\frac{I_0}{h-y_0}=0.85\times1.78\times1.47\times\frac{1.485\times10^{11}}{1200-607}=556.97\times10^6\text{N}\cdot\text{mm}$$

$$=556.97\text{kN}\cdot\text{m}>M_k=460\text{kN}\cdot\text{m}$$

该水闸底板跨中截面满足抗裂要求。

第二节　裂缝宽度验算

混凝土裂缝产生的原因十分复杂，可分为荷载作用下引起的裂缝和非荷载因素引起的裂缝两种，本章所涉及的抗裂及裂缝宽度验算，仅限于荷载作用产生的裂缝。对于非荷载因素产生的裂缝，如水化热、温度变化、收缩、基础不均匀沉降等原因而产生的裂缝，主要通过控制施工质量、改进结构形式、认真选择原材料、配置构造钢筋等措施来解决。

在使用荷载的作用下，钢筋混凝土结构截面上的拉应力常常大于混凝土的抗拉强度，在正常使用状态下必然会有裂缝产生，即构件总是带裂缝工作的。如果裂缝过宽，会降低混凝土的抗渗性和抗冻性等使用功能，影响结构的耐久性和外观，因此，对使用上要求限制裂缝宽度的构件，应进行裂缝宽度控制验算。按荷载效应标准组合所求得最大裂缝宽度不应超过附表 4-3 规定的限值。

一、裂缝开展前后的应力状态

为了建立裂缝宽度的计算公式，首先应了解裂缝出现前后构件各截面的应力应变状态。现以受弯构件纯弯段为例予以讨论。

在裂缝出现前，截面受拉区的拉力由钢筋与混凝土共同承担。沿构件长度方向，各截面受拉钢筋应力及受拉混凝土应力大体上分别保持均等。

因为各截面混凝土的实际抗拉强度稍有差异，随着荷载的增加，在某一最薄弱的截面上首先出现第一条裂缝（见图 8-7 中的截面 a）。有时也可能在几个截面上同时出现第一批裂缝。在裂缝截面，裂开的混凝土不再承受拉力，拉力转移由钢筋承担，钢筋应力会突然增大、应变也突增。加上原来因受拉伸长的混凝土应力释放后又瞬间产生回缩，所以裂缝一出现就有一定的宽度。

由于混凝土向裂缝两侧回缩受到钢筋的黏结约束，混凝土将随着远离裂缝截面而重新建立起拉应力。当荷载再有增加时，在离裂缝截面某一长度处混凝土拉应力增大到混凝土实际抗拉强度，其附近某一薄弱截面又将出现第二条裂缝（见图 8-7 中的截面 b）。

随着荷载的增加，在裂缝陆续出现后，沿构件长度方向，钢筋与混凝土的应力是随着裂缝的位置而变化的，如图 8-8 所示。

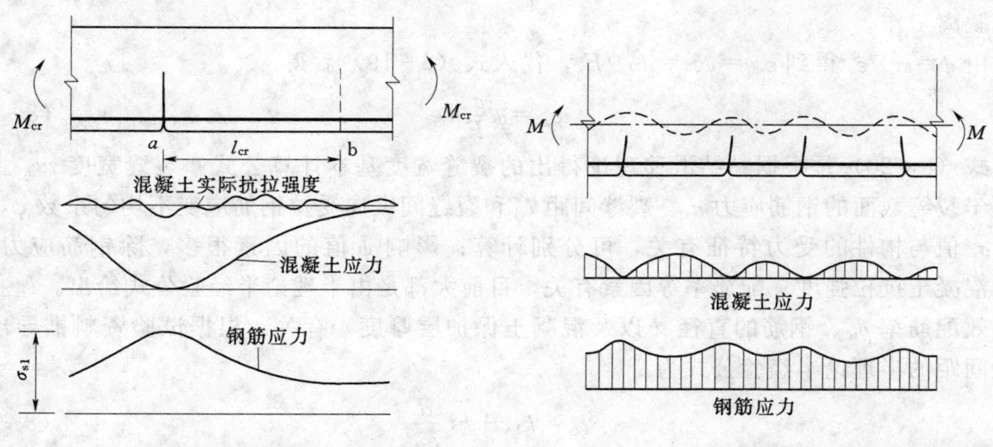

图 8-7　第一条裂缝至将出现第二条裂缝间混凝土及钢筋应力

图 8-8　中和轴、混凝土及钢筋应力随着裂缝位置变化情况

由于混凝土质量的不均匀性，因而裂缝的间距总是有疏有密，裂缝开展宽度有大有小。裂缝间距越大，裂缝开展越宽；荷载越大，裂缝开展越宽。

二、平均裂缝宽度

如果把混凝土的性质理想化，当荷载达到抗裂弯矩 M_{cr} 时，出现第一条裂缝。在裂缝截面，混凝土拉应力下降为零，钢筋应力突增至 σ_s。离开裂缝截面，混凝土仍然受拉，且

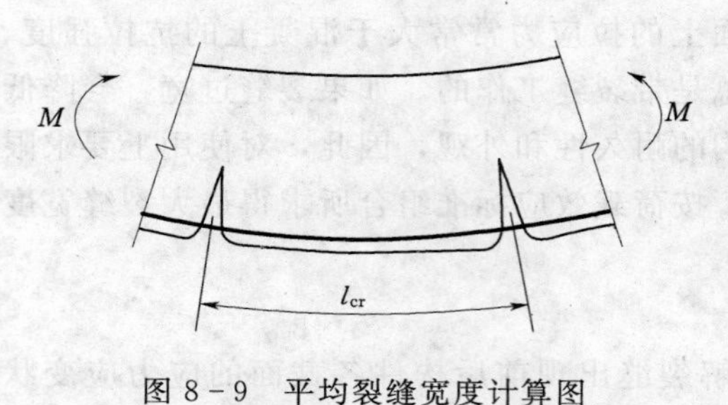

图 8-9　平均裂缝宽度计算图

离裂缝截面越远，受力越大，在应力达到 f_t 处，就是出现第二条裂缝的地方。接着又会相继出现第三、第四条裂缝……所以，理论上裂缝是等间距分布，而且也几乎是同时发生的。此后，荷载的增加只引起裂缝开展宽度加大而不再产生新的裂缝，而且各条裂缝的宽度，在同一荷载下也是相等的。

由图 8-9 可知，裂缝开展后，在钢筋重心处裂缝宽度 w_m 应等于两条相邻裂缝之间的钢筋伸长与混凝土伸长之差，即

$$w_m = \varepsilon_{sm} l_{cr} - \varepsilon_{cm} l_{cr} \tag{8-18}$$

式中　ε_{sm}、ε_{cm}——相邻的两条裂缝间钢筋及混凝土的平均应变；

l_{cr}——裂缝间距，mm。

混凝土的拉伸变形极小，可以近似认为 $\varepsilon_{cm}=0$，则式（8-18）可改写为

$$w_m = \varepsilon_{sm} l_{cr} \tag{8-19}$$

可以看出，裂缝截面处钢筋应变 ε_s 相对最大，非裂缝截面的钢筋应变逐渐减小，在整个 l_{cr} 长度内，钢筋的平均应变 ε_{sm} 小于裂缝截面处钢筋的应变 ε_s，原因是裂缝之间的混凝土仍能承受部分拉力（见图 8-8）。用受拉钢筋应变不均匀系数 ψ 来表示裂缝之间因混凝土承受拉力而对钢筋应变所引起的影响，它是钢筋平均应变 ε_{sm} 与裂缝截面钢筋应变 ε_s 的比值，即 $\psi=\varepsilon_{sm}/\varepsilon_s$。显然 ψ 不会大于 1。ψ 越小，混凝土参与承受拉力的程度越大；ψ 值越大，混凝土承受拉力的程度越小，各截面钢筋的应力就比较均匀；$\psi=1$ 时，混凝土完全脱离工作。

由 $\psi=\varepsilon_{sm}/\varepsilon_s$ 得到 $\varepsilon_{sm}=\psi\varepsilon_s=\psi\sigma_s/E_s$，代入式（8-19）后得

$$w_m = \psi \frac{\sigma_s}{E_s} l_{cr} \tag{8-20}$$

式（8-20）是根据黏结滑移理论得出的裂缝宽度基本计算公式。裂缝宽度 w_m 主要取决于裂缝截面的钢筋应力 σ_s、裂缝间距 l_{cr} 和裂缝间纵向受拉钢筋应变不均匀系数 ψ，其中，σ_s 值与构件的受力特征有关，可分别计算；影响 ψ 值的因素很多，除钢筋应力外，还与混凝土抗拉强度、配筋率等因素有关，目前大都是由半理论半经验公式给出。l_{cr} 主要与有效配筋率 ρ_{te}、钢筋的直径 d 以及混凝土保护层厚度 c 有关。根据试验资料推导出的裂缝间距的半理论半经验公式为

$$l_{cr} = k_1 c + k_2 \frac{d}{\rho_{te}} \tag{8-21}$$

式中　k_1、k_2——试验常数，可由大量试验资料确定。

将 l_{cr} 代入式（8-20）就可求出平均裂缝宽度 w_m。

三、裂缝宽度验算公式

（一）裂缝宽度验算公式

由于混凝土质量的不均匀，裂缝间距有疏有密，每条裂缝的开展宽度有大有小，衡量裂缝开展宽度是否超过允许值，应以最大裂缝宽度为准。《规范》中最大裂缝宽度计算公式是在式（8-20）和式（8-21）的基础上，结合试验结果后给出的。因此，配置带肋钢

筋的矩形、T形及I形截面的受拉、受弯及偏心受压钢筋混凝土构件，按荷载效应标准组合的最大裂缝宽度 w_{max} 按下列公式计算：

$$w_{max}=\alpha\frac{\sigma_{sk}}{E_s}(30+c+0.07\frac{d}{\rho_{te}})\tag{8-22}$$

式中　α——考虑构件受力特征和荷载长期作用的综合影响系数，对受弯构件和偏心受压构件取 $\alpha=2.1$，对偏心受拉构件取 $\alpha=2.4$，对轴心受拉构件取 $\alpha=2.7$；

c——纵向受拉钢筋的混凝土保护层厚度，mm，当 $c>65$mm 时，取 $c=65$mm；

d——钢筋直径，mm，当钢筋用不同直径时，式中的 d 改用换算直径 $4A_s/u$，此处 u 为纵向受拉钢筋截面总周长；

ρ_{te}——纵向受拉钢筋的有效配筋率，$\rho_{te}=A_s/A_{te}$，当 $\rho_{te}<0.03$ 时，取 $\rho_{te}=0.03$；

A_{te}——有效受拉混凝土截面面积，mm^2，对受弯、偏心受拉及大偏心受压构件，A_{te} 取为其重心与受拉钢筋 A_s 重心相一致的混凝土面积，即 $A_{te}=2a_sb$（见图8-10），其中，a_s 为 A_s 重心至截面受拉边缘的距离，b 为矩形截面的宽度，对有受拉翼缘的倒T形及I形截面，b 为受拉翼缘宽度；对轴心受拉构件，A_{te} 取为 $2a_sl_s$，但不大于构件全截面面积，其中，a_s 为一侧钢筋重心至截面近边缘的距离，l_s 为沿截面周边配置的受拉钢筋重心连线的总长度；

A_s——受拉区纵向钢筋截面面积，mm^2，对受弯、偏心受拉及大偏心受压构件，A_s 取受拉区纵向钢筋截面面积；对全截面受拉的偏心受拉构件，A_s 取拉应力较大一侧的钢筋截面面积；对轴心受拉构件，A_s 取全部纵向钢筋的截面面积；

σ_{sk}——按荷载标准值计算的构件纵向受拉钢筋应力，N/mm^2。

（二）纵向受拉钢筋应力 σ_{sk} 的计算公式

1. 轴心受拉构件

$$\sigma_{sk}=N_k/A_s\tag{8-23}$$

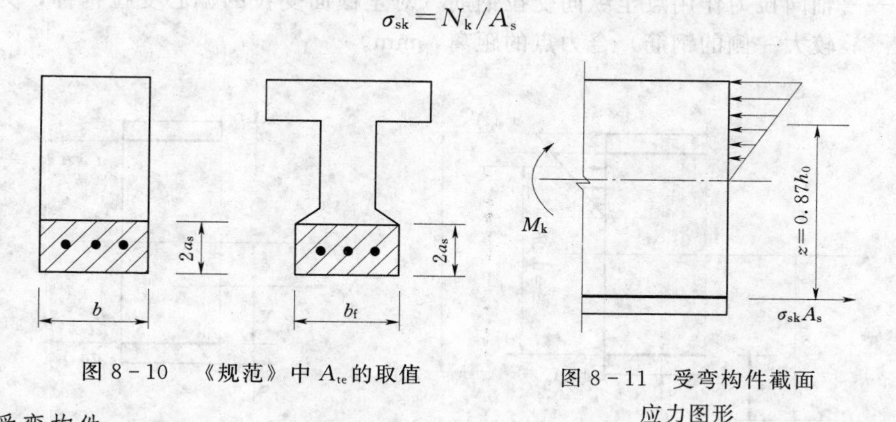

图8-10　《规范》中 A_{te} 的取值

图8-11　受弯构件截面应力图形

2. 受弯构件

在正常使用荷载作用下，可假定受弯构件裂缝截面的受压区混凝土处于弹性阶段，应力图形为三角形分布，受拉区混凝土作用忽略不计，根据截面应变符合平截面假定，可求得应力图形的内力臂 z，一般近似地取 $z=0.87h_0$，如图8-11所示。故

$$\sigma_{sk}=\frac{M_k}{0.87h_0A_s}\tag{8-24}$$

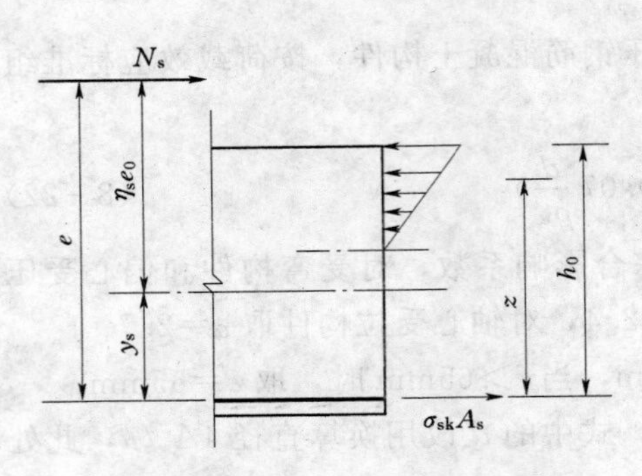

图 8-12　大偏心受压构件截面应力图形

3. 大偏心受压构件

在正常使用荷载下，大偏心受压构件的截面应力图形的假设与受弯构件相同（见图 8-12）。纵向受拉钢筋应力的计算公式为

$$\sigma_{sk}=\frac{N_k}{A_s}\left(\frac{e}{z}-1\right) \tag{8-25}$$

$$z=\left[0.87-0.12(1-\gamma_f')\left(\frac{h_0}{e}\right)^2\right]h_0 \tag{8-26}$$

$$e=\eta_s e_0+y_s \tag{8-27}$$

$$\eta_s=1+\frac{1}{4000\dfrac{e_0}{h_0}}\left(\frac{l_0}{h}\right)^2 \tag{8-28}$$

上四式中　e——轴向压力作用点至纵向受拉钢筋合力点的距离，mm；

z——纵向受拉钢筋合力点至受压区合力点的距离，mm；

η_s——使用阶段的偏心距增大系数，当 $l_0/h_0\leqslant 14$ 时，可取 $\eta_s=1.0$；

y_s——截面重心至纵向受拉钢筋合力点的距离，mm；

γ_f'——受压翼缘面积与腹板有效面积的比值，$\gamma_f'=(b_f'-b)h_f'/(bh_0)$，其中 b_f'、h_f' 分别为受压翼缘的宽度、高度，当 $h_f'>0.2h_0$ 时，取 $h_f'=0.2h_0$。

4. 偏心受拉构件

根据前述假定及截面内力平衡条件，可推导出矩形截面相对受压区高度和内力臂 z（见图 8-13）。纵向受拉钢筋应力的计算公式为

$$\sigma_{sk}=\frac{N_k}{A_s}\left(1\pm 1.1\frac{e_s}{h_0}\right) \tag{8-29}$$

式中　e_s——轴向拉力作用点至纵向受拉钢筋（对全截面受拉的偏心受拉构件，为拉应力较大一侧的钢筋）合力点的距离，mm。

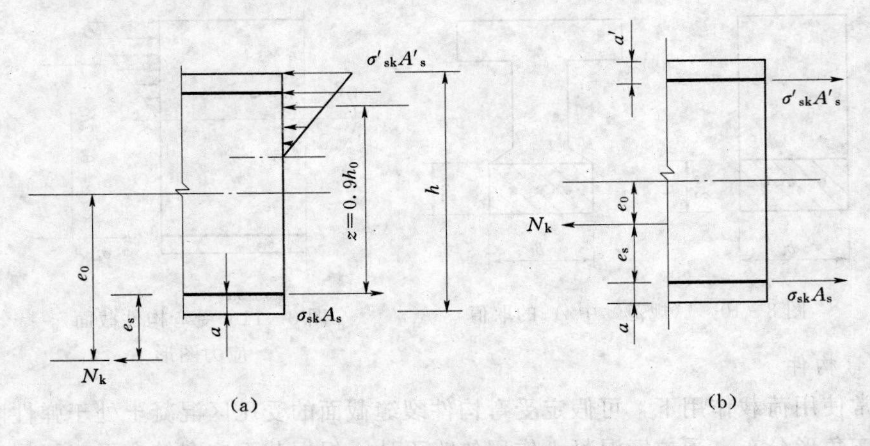

图 8-13　偏心受拉构件截面应力图形
(a) 大偏心受拉；(b) 小偏心受拉

对大偏心受拉构件，式（8-29）中括号内取正号，对小偏心受拉构件，式（8-29）

中括号内取负号。

必须注意：式（8－22）的应用，不适用于弹性地基梁、板及围岩中的衬砌结构。对需要控制裂缝宽度的配筋不应选用光圆钢筋。对于偏心受压构件，当 $e_0/h_0\leqslant0.55$ 时，正常使用阶段裂缝宽度较小，均能符合要求，不必验算。对于某些可变荷载在总效应组合中占的比重很大但只是短时间内存在的构件，如水电站厂房吊车梁，可将计算所得的最大裂缝宽度 w_{max} 乘以系数 0.85。

当计算所得的最大裂缝宽度 w_{max} 超过附表 4－3 规定的裂缝限值时，则认为不满足裂缝宽度的要求，应采取相应措施，以减小裂缝宽度。例如适当减小钢筋直径；采用带肋钢筋；必要时可适当增加配筋量，以降低使用阶段的钢筋应力。对于限制裂缝宽度而言，最有效的方法是采用预应力混凝土结构。

【例 8－2】 某 3 级水工建筑物中的钢筋混凝土矩形截面简支梁，如图 8－14 所示。处于露天环境，正常使用状况下承受荷载标准值 $g_k=11\text{kN/m}$（包括自重），$q_k=9.8\text{kN/m}$，梁截面尺寸为 $b\times h=250\text{mm}\times600\text{mm}$，梁的计算跨度 $l_0=7.0\text{m}$，混凝土强度等级选用 C25，纵向受拉钢筋采用 HRB335 级，试求纵向受拉钢筋截面面积，并验算梁的裂缝宽度是否满足要求。

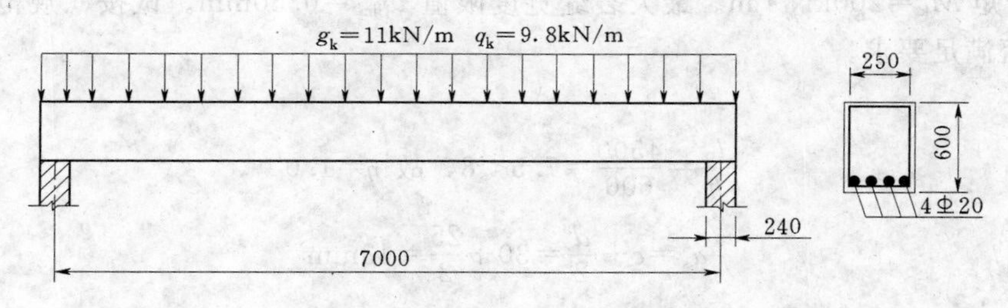

图 8－14　梁的计算简图

解：

查附表 2－2、附表 2－1、附表 2－5、附表 2－3、附表 2－8、附表 1－2、附表 4－3 得：$f_c=11.9\text{N/mm}^2$，$f_{tk}=1.78\text{N/mm}^2$，$f_y=300\text{N/mm}^2$，$E_c=2.80\times10^4\text{N/mm}^2$，$E_s=2\times10^5\text{N/mm}^2$，$K=1.20$，$w_{lim}=0.3\text{mm}$。

（1）内力计算

承载力极限状态跨中弯矩值：

$$M=(1.05g_k+1.2q_k)l_0^2/8=(1.05\times11+1.2\times9.8)\times7^2/8=142.77\text{kN}\cdot\text{m}$$

正常使用状态荷载跨中弯矩值：

$$M_k=(g_k+q_k)l_0^2/8=(11+9.8)\times7^2/8=127.4\text{kN}\cdot\text{m}$$

（2）配筋计算

取 $a_s=45\text{mm}$，则 $h_0=h-a_s=600-45=555\text{mm}$。

$$\alpha_s=\frac{KM}{f_cbh_0^2}=\frac{1.20\times142.77\times10^6}{11.9\times250\times555^2}=0.187$$

$$\xi=1-\sqrt{1-2\alpha_s}=1-\sqrt{1-2\times0.187}=0.209<0.85\xi_b=0.85\times0.55=0.468$$

$$A_s=f_cb\xi h_0/f_y=11.9\times250\times0.209\times555/300=1150\text{mm}^2$$

$$\rho=1150/(250\times555)=0.83\%>\rho_{min}=0.2\%$$

选受拉纵筋为 4 Φ 20（$A_s=1256mm^2$）。

（3）裂缝宽度验算

受弯构件 $\alpha=2.1$，钢筋直径 $d=20mm$，保护层厚度 $c=35mm$。

$$\rho_{te}=\frac{A_s}{A_{te}}=\frac{A_s}{2a_sb}=\frac{1256}{2\times45\times250}=0.0558$$

$$\sigma_{sk}=\frac{M_k}{0.87h_0A_s}=\frac{127.4\times10^6}{0.87\times555\times1256}=210.07N/mm^2$$

$$w_{max}=\alpha\frac{\sigma_{sk}}{E_s}\left(30+c+0.07\frac{d}{\rho_{te}}\right)=2.1\times\frac{210.07}{2\times10^5}\times\left(30+35+0.07\times\frac{20}{0.0558}\right)$$

$$=0.199mm<w_{lim}=0.3mm$$

满足要求。

【例 8－3】 一矩形截面偏心受压柱，采用对称配筋。截面尺寸 $b\times h=400mm\times600mm$，柱的计算长度 $l_0=4.5m$；受拉和受压钢筋均为 4 Φ 25（$A_s=A_s'=1964mm^2$）；混凝土强度等级为 C25；混凝土保护层厚度 $c=30mm$。由荷载标准值产生的内力：$N_k=400kN$；弯矩 $M_k=200kN\cdot m$。最大裂缝宽度限值 $w_{lim}=0.30mm$。试按《规范》验算裂缝宽度是否满足要求。

解：

$$\frac{l_0}{h}=\frac{4500}{600}=7.5<8，故\ \eta=1.0$$

$$a_s=c+\frac{d}{2}=30+\frac{25}{2}=43mm$$

$$h_0=h-a=600-43=557mm$$

$$e_0=\frac{M_k}{N_k}=\frac{200}{400}=0.5m=500mm$$

$$\frac{e_0}{h_0}=\frac{500}{557}=0.90>0.55$$

故需验算裂缝宽度。

$$e=\eta e_0+\frac{h}{2}-a=1.0\times500+\frac{600}{2}-43=757mm$$

$$z=\left[0.87-0.12\left(\frac{h_0}{e}\right)^2\right]h_0=\left[0.87-0.12\times\left(\frac{557}{757}\right)^2\right]\times557=448mm$$

$$\sigma_{sk}=\frac{N_k}{A_s}\left(\frac{e}{z}-1\right)=\frac{400\times10^3}{1964}\times\left(\frac{757}{448}-1\right)=140N/mm^2$$

$$\rho_{te}=\frac{A_s}{A_{sk}}=\frac{A_s}{2a_sb}=\frac{1964}{2\times43\times400}=0.057$$

$$w_{max}=\alpha\frac{\sigma_{sk}}{E_s}\left(30+c+0.07\frac{d}{\rho_{te}}\right)=2.1\times\frac{140}{2\times10^5}\times\left(30+30+0.07\times\frac{25}{0.057}\right)$$

$$=0.133mm<w_{lim}=0.30mm$$

故满足裂缝宽度要求。

第三节 变 形 验 算

在水工建筑物中，由于稳定和使用上的要求，构件的截面尺寸设计得都比较大，刚度也大，变形一般都满足要求。但吊车梁或门机轨道梁等构件，变形过大时会妨碍吊车或门机的正常行驶；闸门顶梁变形过大时会使闸门顶梁与胸墙底梁之间止水失效。对于这类有严格限制变形要求的构件以及截面尺寸特别单薄的装配式构件，应进行变形验算，以控制构件的变形。

变形验算只限于受弯构件的挠度验算。构件的挠度计算值不应超过附表 4-5 规定的挠度限值，即 $f_{\max} \leqslant f_{\lim}$。

一、钢筋混凝土受弯构件的挠度试验

由工程力学可知，对于均质弹性材料梁，挠度的计算公式为

$$f = S\frac{Ml_0^2}{EI} \tag{8-30}$$

式中 S——与荷载形式、支承条件有关的系数，如计算承受均布荷载的简支梁的跨中挠度时，$S=5/48$；计算跨中承受一集中荷载作用的简支梁的跨中挠度时，$S=1/12$；

l_0——梁的计算跨度，mm；

EI——梁的截面抗弯刚度。

对于均质线弹性材料，当梁的截面尺寸和材料确定后，截面的抗弯刚度 EI 就为常数。由式（8-30）可知弯矩 M 与挠度 f 呈线性关系，如图 8-15 中的虚线 OD 所示。

钢筋混凝土梁随着荷载的增加，其抗弯刚度逐渐降低。适筋梁的弯矩 M 与挠度 f 的关系曲线为图 8-15 中的 $OA'B'C'D'$ 实线，可分为三个阶段：

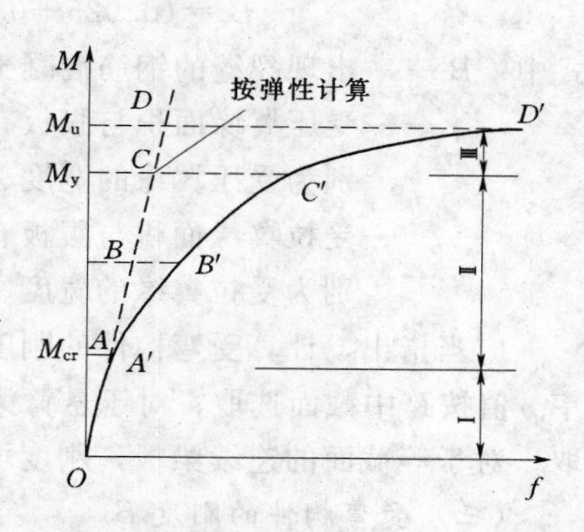

图 8-15 适筋梁实测的 M—f 曲线

（1）裂缝出现之前（阶段Ⅰ），曲线 OA' 与 OA 非常接近。临近出现裂缝时，受拉混凝土出现了塑性变形，变形模量也略有降低。所以 f 值增加稍快，曲线略微向下弯曲。

（2）出现裂缝后（阶段Ⅱ），M—f 曲线在开裂瞬间发生明显的转折，出现了第一个转折点（A'）。配筋率越低的构件，转折越明显。这不仅因为混凝土塑性的发展，变形模量降低，而且由于截面开裂，并随着荷载的增加裂缝不断扩展，混凝土有效受力截面减小，截面的抗弯刚度逐步降低，曲线 $A'B'$ 偏离直线的程度也就随着荷载的增加而非线性增加。

（3）钢筋屈服后（阶段Ⅲ），M—f 曲线在钢筋刚屈服时出现第二个明显的转折点（C'）。之后，由于裂缝的迅速扩展和受压区出现明显的塑性变形，截面刚度急剧下降，弯矩稍许增加就会引起挠度的剧增。

因此可知，钢筋混凝土梁由于塑性变形的出现以及裂缝的产生和发展，导致变形模量降低和截面惯性矩下降，使截面的抗弯刚度随着荷载的增加而不断降低。对其正常使用状况（属第Ⅰ、Ⅱ阶段）下的挠度进行计算时，采用恒定的刚度 EI 就不能反映梁的实际工作情况。所以用抗弯刚度 B 取代式中的 EI，B 是随弯矩 M 的增大而减小的变量。刚度 B 确定后仍可按工程力学的计算公式计算梁的挠度，所以，钢筋混凝土梁的变形（挠度）计算就归结为抗弯刚度 B 的计算。

二、受弯构件的刚度 B

（一）未出现裂缝的受弯构件的短期刚度 B_s

对不出现裂缝的钢筋混凝土受弯构件，由于截面未削弱，I 值不受影响，但混凝土受拉区塑性的出现，造成其弹性模量有所降低，梁的实际刚度比 EI 值稍低，考虑混凝土出现塑性时弹性模量降低的系数取 0.85。所以只需将刚度 EI 稍加修正，即可反映不出现裂缝的钢筋混凝土梁的实际情况。可采用下式计算 B_s：

$$B_s = 0.85E_c I_0 \tag{8-31}$$

式中 B_s——不出现裂缝的钢筋混凝土受弯构件的短期刚度；

E_c——混凝土的弹性模量，N/mm^2；

I_0——换算截面对其重心轴的惯性矩，mm^4。

（二）出现裂缝的受弯构件的短期刚度 B_s

对于出现裂缝的钢筋混凝土受弯构件，矩形、T形及I形截面的短期刚度计算公式如下：

$$B_s = (0.025 + 0.28\alpha_E\rho)(1 + 0.55\gamma_f' + 0.12\gamma_f)E_c b h_0^3 \tag{8-32}$$

式中 B_s——出现裂缝的钢筋混凝土受弯构件的短期刚度；

γ_f'——受压翼缘面积与腹板有效面积的比值，$\gamma_f' = (b_f' - b)h_f'/(bh_0)$，其中 b_f'、h_f' 分别为受压翼缘的宽度、高度，当 $h_f' > 0.2h_0$ 时，取 $h_f' = 0.2h_0$；

γ_f——受拉翼缘面积与腹板有效面积的比值，$\gamma_f = (b_f - b)h_f/(bh_0)$，其中 b_f、h_f 分别为受拉翼缘的宽度、高度。

应当指出，计算受弯构件的刚度 B_s 时，对于简支梁板可取跨中截面的刚度，即配筋率 ρ 值按跨中截面选取；对于悬臂梁板可取支座截面的刚度，即配筋率 ρ 值按支座截面选取；对于等截面的连续梁板，刚度可取跨中截面和支座截面刚度的平均值。

（三）受弯构件的刚度 B

荷载效应标准组合作用下的矩形、T形及I形截面受弯构件的刚度 B 可按下列公式计算：

$$B = 0.65B_s \tag{8-33}$$

三、受弯构件的挠度验算

钢筋混凝土受弯构件的刚度 B 知道后，挠度值就可按工程力学公式求得，仅需用 B 代替公式中弹性体刚度 EI 即可。所求得的挠度计算值不应超过规定的限值（见附表4-5）规定，即

$$f_{max} = S\frac{M_k l_0^2}{B} \leqslant f_{lim} \tag{8-34}$$

若验算挠度不能满足要求时，则表示构件的截面抗弯刚度不足。增加截面尺寸、提高

混凝土强度等级、增加配筋量及选用合理的截面（如T形或I形等）都可提高构件的刚度。但合理而有效的措施是增大截面的高度。

【例 8-4】 验算例 8-2 中梁的变形。

解：

查附表 4-5 得：受弯构件的挠度限值 $f_{\lim}=l_0/300$。

（1）计算梁的短期刚度 B_s

$$\alpha_E=E_s/E_c=2\times10^5/(2.80\times10^4)=7.14$$

$$\gamma_f'=\gamma_f=0,\ S=5/48,\ l_0=7000\text{mm}$$

$$\rho=\frac{A_s}{bh_0}=\frac{1256}{250\times555}=0.00905$$

$$\begin{aligned}B_s&=(0.025+0.28\alpha_E\rho)(1+0.55\gamma_f'+0.12\gamma_f)E_cbh_0^3\\&=(0.025+0.28\times7.14\times0.00905)\times2.80\times10^4\times250\times555^3\\&=5.16\times10^{13}\text{N/mm}^2\end{aligned}$$

（2）计算梁的刚度 B

$$B=0.65B_s=0.65\times5.16\times10^{13}=3.35\times10^{13}\text{N/mm}^2$$

（3）验算梁的挠度

$$f_{\max}=S\frac{M_k\,{l_0}^2}{B}=\frac{5}{48}\times\frac{127.4\times10^6\times7000^2}{3.35\times10^{13}}=19.4\text{mm}<f_{\lim}=l_0/300=23.3\text{mm}$$

满足要求。

复习指导

1. 进行承载力极限状态的计算是为了满足结构构件的安全性，而进行正常使用极限状态的验算是为了满足其适用性和耐久性的要求，后者如果不满足造成的后果不如前者严重，因此在进行正常使用极限状态的验算时采用材料强度和荷载的标准值。

2. 在抗裂验算中，引入折算截面的概念，将钢筋的面积换算为混凝土的面积，从而把整个截面看作由同一材料组成，借助工程力学公式建立了钢筋混凝土抗裂验算公式。

3. 由于混凝土的非匀质性和混凝土强度的离散性，裂缝的间距和宽度也是不均匀的，因而有平均裂缝间距、宽度以及最大裂缝宽度。在使用阶段允许发生裂缝的构件，其最大裂缝宽度必须严格地控制在规范允许的范围内。

4. 变形验算基本上采用工程力学中挠度的计算公式。但截面抗弯刚度不仅随弯矩增大而减少，同时也随着荷载的持续作用而减少，截面抗弯刚度需要修正，因此，变形验算实际上是构件截面刚度的计算。

习 题

一、思考题

1. 钢筋混凝土构件正常使用极限状态验算包括哪些内容？验算时荷载与材料强度是如何选取的？

2. 塑性系数 γ_m 是根据什么原则确定的？在受弯、偏心受拉、偏心受压及轴心受拉构

件中的塑性系数 γ_m 的相对大小如何？

3. 提高钢筋混凝土构件抗裂能力的措施有哪些？

4. 钢筋混凝土构件最大裂缝宽度超过允许值时，应采取哪些措施？

5. 试述钢筋混凝土构件裂缝宽度验算的步骤。

6. 实际工程中怎样进行钢筋的代换？

7. 钢筋混凝土受弯构件在荷载作用下开裂后，其刚度为什么不能直接简单地用 EI 来计算？

8. 试述钢筋混凝土受弯构件挠度验算的步骤。

9. 为什么采用恒定的刚度 EI 不能反映梁的实际工作情况？

10. 钢筋混凝土受弯构件挠度验算不满足时，采取的措施有哪些？

二、选择题

1. 有两个截面尺寸、混凝土强度等级、钢筋级别均相同，配筋率 ρ 不同的轴心受拉构件，在它们即将开裂时（　　）。

A ρ 大的构件，钢筋应力 σ_s 小　　B ρ 小的构件，钢筋应力 σ_s 大

C 两个构件的钢筋应力 σ_s 均同等增大　　D ρ 大的构件，钢筋应力 σ_s 大

2. 在其他条件不变的情况下，钢筋混凝土适筋梁裂缝出现时的弯矩 M_{cr} 与破坏时的极限弯矩 M_u 的比值，随着配筋率 ρ 的增大而（　　）。

A M_{cr}/M_u 增大　　B M_{cr}/M_u 减小

C M_{cr}/M_u 不变　　D M_{cr}/M_u 突减

3. 甲、乙两人设计同一根屋面大梁。甲设计的大梁出现了多条裂缝，最大裂缝宽度约为 0.15mm；乙设计的大梁只出现一条裂缝，但最大裂缝宽度达到 0.43mm。你认为（　　）。

A 甲的设计比较差　　B 甲的设计比较好

C 两人的设计各有优劣　　D 两人的设计都不好

4. 长期荷载作用下，钢筋混凝土梁的挠度会随时间而增长，其主要原因是（　　）。

A 受拉钢筋产生塑性变形　　B 受拉混凝土产生塑性变形

C 受压混凝土产生塑性变形　　D 受压混凝土产生徐变

5. 钢筋混凝土梁抗裂验算时截面的应力阶段是（　　）。

A 第Ⅱ阶段　　B 第Ⅰ阶段末尾

C 第Ⅱ阶段开始　　D 第Ⅱ阶段末尾

6. 下列表达中，错误的一项是（　　）。

A 规范验算的裂缝宽度是指钢筋重心处构件侧表面的裂缝宽度

B 提高钢筋混凝土板的抗裂性能最有效的办法是增加板厚或提高混凝土的强度等级

C 解决混凝土裂缝问题最根本的措施是施加预应力

D 凡与水接触的钢筋混凝土构件均需抗裂

7. 一钢筋混凝土梁，原设计配置 4 Φ 20，能满足承载力、裂缝宽度和挠度要求。现根据等强原则使用 3 Φ 25 替代，那么钢筋代换后（　　）。

A 仅需重新验算裂缝宽度，不需验算挠度

B 不必验算裂缝宽度，而需重新验算挠度

C 两者都必须重新验算

D 两者都不必重新验算

8. 若提高 T 形梁的混凝土强度等级，下列各判断中你认为（　　）不正确。

A 梁的承载力提高有限　　B 梁的抗裂性有提高

C 梁的最大裂缝宽度显著减小　　D 对梁的挠度影响不大

三、计算题

1. 某钢筋混凝土压力水管，2 级水工建筑物，内径 $r=800$mm，管壁厚 120mm，采用 C25 混凝土，纵向受力钢筋为 HRB335 级。管内承受水压力标准值 $p_k=0.2\text{N/mm}^2$。试配置钢筋并验算是否需进行抗裂验算。

2. 某水闸为 3 级水工建筑物，其底板厚 $h=1500$mm，$h_0=1430$mm。跨中截面荷载效应值 $M_k=520\text{kN}\cdot\text{m}$，采用 C25 混凝土，纵向受力钢筋为 HRB335 级。由正截面承载力计算已配置钢筋Φ22@200。试进行抗裂验算。

3. 钢筋混凝土矩形截面简支梁，2 级水工建筑物，处于露天环境。截面尺寸 $b\times h=250\text{mm}\times650\text{mm}$，计算跨度 $l_0=7.2$m；采用 C25 混凝土，纵向受力钢筋为 HRB335 级；使用期间承受均布荷载，荷载标准值为：永久荷载 $g_k=14$kN/m（包括自重），可变荷载 $q_k=7$kN/m。试求纵向受拉钢筋截面面积 A_s，并验算最大裂缝开展宽度是否满足要求。

4. 某矩形截面大偏心受压柱，3 级水工建筑物，采用对称配筋。截面尺寸 $b\times h=300\text{mm}\times500\text{mm}$，柱的计算长度 $l_0=6$m；受拉和受压钢筋均为 3Φ25（$A_s=A'_s=1473\text{mm}^2$）；混凝土为 C25，纵向受力钢筋为 HRB335 级；混凝土保护层厚度 $c=30$mm。荷载效应组合值 $N_k=300$kN，$M_k=150\text{kN}\cdot\text{m}$。试验算裂缝最大宽度是否满足要求。

5. 某水电站副厂房楼盖中的钢筋混凝土矩形截面简支梁，2 级水工建筑物，截面尺寸 $b\times h=250\text{mm}\times550\text{mm}$；采用 C25 混凝土，纵向受力钢筋为 HRB335 级；梁的计算跨度 $l_0=6.5$m；使用期间承受均布荷载，其中永久荷载（包括自重）标准值 $g_k=9.6$kN/m，可变荷载标准值 $q_k=12$kN/m。试求纵向受拉钢筋截面面积 A_s，并验算该梁的裂缝最大宽度、跨中挠度是否满足要求。

第九章　肋形结构及刚架结构

【学习提要】 本章主要学习现浇单向板肋形结构的概念、特点、内力计算、配筋计算和构造规定，双向板肋形结构的设计思路，刚架结构、牛腿的设计与构造等。学习本章，应重点掌握单向板肋形结构的设计计算方法，理解刚架结构的节点配筋构造、牛腿的配筋构造、立柱与基础的连接构造等。

肋形结构是由板和支承板的梁所组成的板梁结构，根据施工方法的不同可分为整体式和装配式两种。整体式肋形结构整体性好、刚度大、抗震性好，在实际工程中应用广泛。图 9-1 是整体式水电站主厂房屋盖，图 9-2 是整体式渡槽，图 9-3 是由板、次梁、主梁组成的整体式梁板结构。

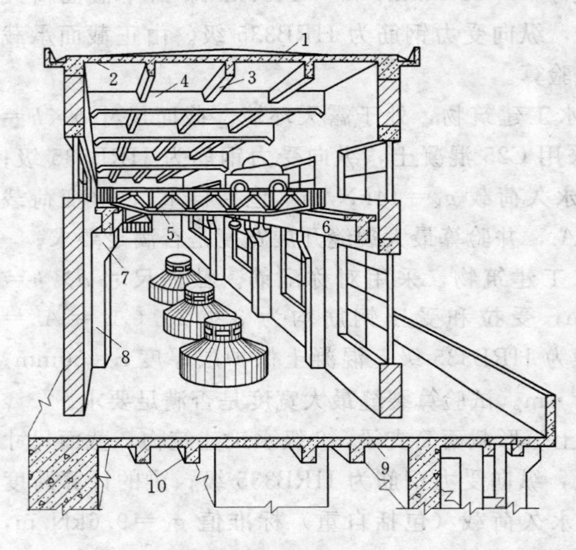

图 9-1　水电站厂房屋盖

1—屋面构造；2—屋面板；3—纵梁；4—横梁；5—吊车；6—吊车梁；7—牛腿；8—柱；9—楼板；10—纵梁

肋形结构主要承受垂直于板面的荷载作用，板上荷载传递给梁，梁上荷载传递给柱或墙，最后传给基础和地基。整体式肋形结构根据梁格的布置情况可分为两种类型。

(1) 单向板肋形结构。当梁格布置使板块的两个方向的跨度之比 $l_2/l_1 \geqslant 3$ 时，板上的荷载主要沿短向传递给次梁（或墙），短向为板的主要弯曲方向，受力钢筋沿短向布置，长向仅布置分布钢筋，这就是单向板肋形结构。单向板肋形结构的优点是计算简单、施工方便。

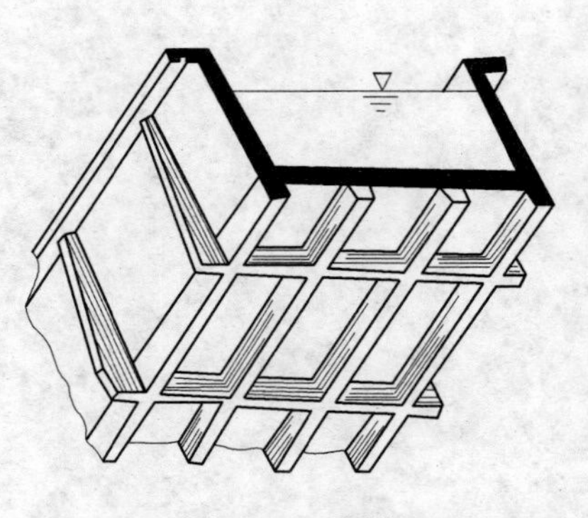
图 9-2　渡槽

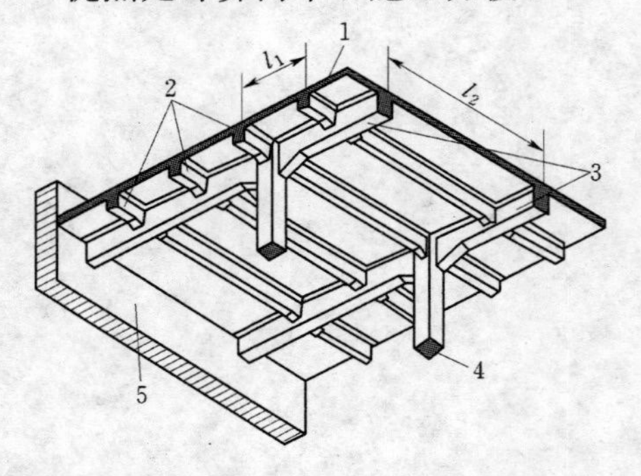

图 9-3　整体式楼面结构

1—板；2—次梁；3—主梁；4—柱；5—墙

（2）双向板肋形结构。当板块的两个方向的跨度之比 $l_2/l_1 \leqslant 2$ 时，板在两个方向上的弯曲变形相近，板上荷载沿两个方向传递给四边的支承，板是双向受力，两个方向都要布置受力钢筋，故称为双向板肋形结构。双向板肋形结构的优点是经济美观。

当长边与短边长度之比大于 2 时，但小于 3 时，即 $2<l_2/l_1<3$ 时，宜按双向板计算；当按沿短边方向受力的单向板计算时，应沿长边方向布置足够数量的构造钢筋。

第一节　整体式单向板肋形结构

一、结构平面布置

结构平面布置的原则是：满足使用要求，技术经济合理，方便施工。

在板、次梁、主梁、柱的梁格布置中，柱距决定了主梁的跨度，主梁的间距决定了次梁的跨度，次梁的间距决定了板的跨度，板跨直接影响板厚，而板厚的增加对材料用量影响较大。根据工程经验，一般建筑中较为合理的板、梁跨度为：板跨 1.5～2.7m，次梁跨度 4～6m，主梁跨度 5～8m。对于特殊的肋形结构，必须根据使用的需要布置梁格，如图 9-4 是某水电站厂房的平面布置，柱子的间距除满足机组布置外，还要留出孔洞安装机电设备及管道线路，布置不规则。

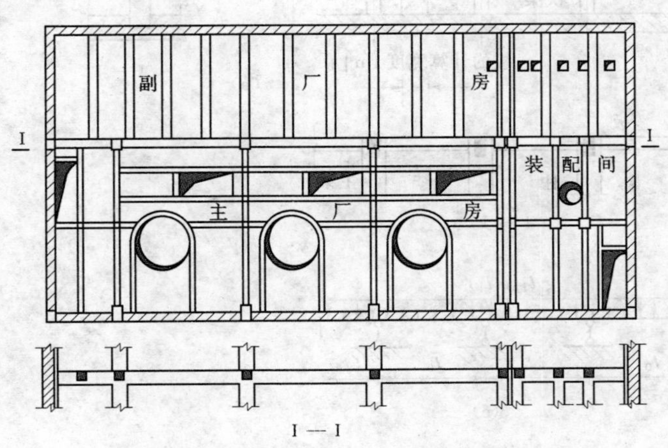

图 9-4　某水电站厂房的平面布置

连续板、梁的截面尺寸可按高跨比关系和刚度要求确定：

（1）连续板。一般要求单向板厚 $h \geqslant l/40$，双向板厚 $h \geqslant l/50$。在水工建筑物中，由于板在工程中所处部位及受力条件不同，板厚 h 可在相当大的范围内变化。一般薄板厚度大于 100mm，特殊情况下适当加厚。

（2）次梁。一般梁高 $h \geqslant l/20$（简支）或 $h \geqslant l/25$（连续），梁宽 $b=(1/3\sim1/2)h$。

（3）主梁。一般梁高 $h \geqslant l/12$（简支）或 $h \geqslant l/15$（连续），梁宽 $b=(1/3\sim1/2)h$。

二、计算简图

整体式单向板肋形结构是由板、次梁和主梁整体浇筑在一起的梁板结构。设计时要将其分解为板、次梁和主梁分别进行计算。在内力计算之前，先画出计算简图，标示出板、

梁的跨数，支座的性质，荷载的形式、大小及其作用位置和各跨的计算跨度等。

（一）荷载计算

作用在板和梁上的荷载划分范围如图 9-5（a）所示。板通常是取 1m 宽的板带作为计算单元，板上单位长度的荷载包括永久荷载 g_k 和可变荷载 q_k；次梁上的荷载包括板传给次梁的均布荷载为 $g_k l_1$、$q_k l_1$ 和次梁梁肋自重；主梁承受次梁传来的集中荷载 $G_k = g_k l_1 l_2$ 和 $Q_k = q_k l_1 l_2$，主梁肋部自重为均布荷载，但与次梁传来的集中荷载相比较小，为简化计算，将次梁之间的一段主梁肋部均布自重化为集中荷载，加入次梁传来的集中荷载一并计算。

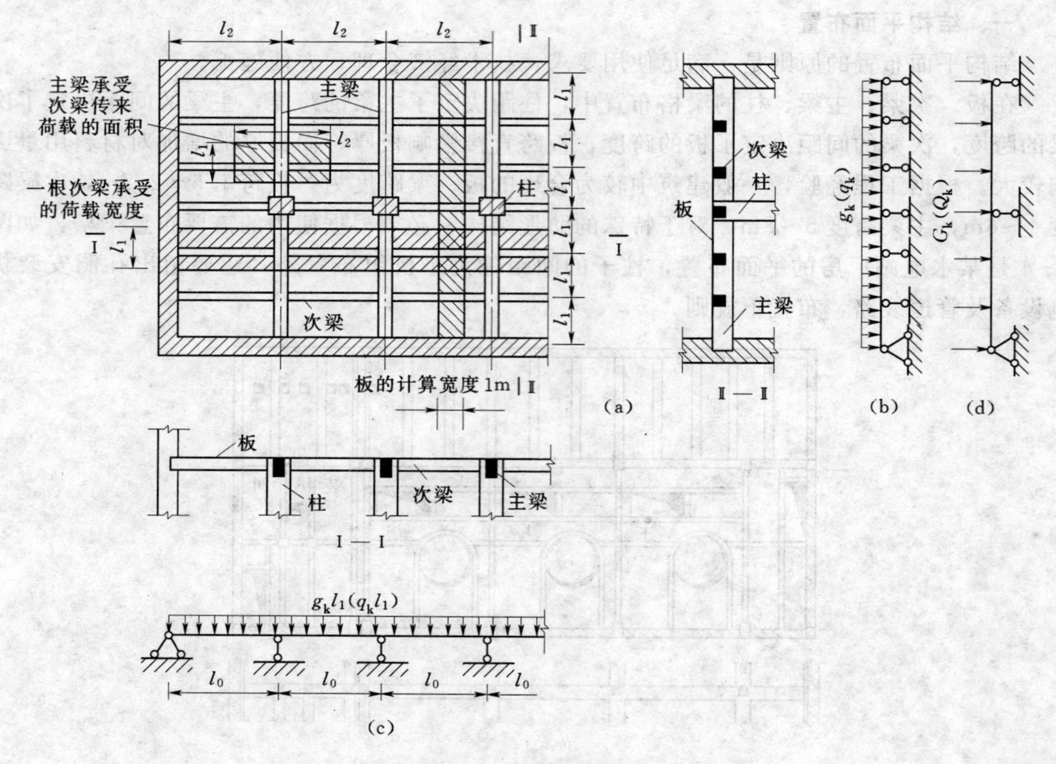

图 9-5 梁板的计算简图

（二）支座的简化与修正

图 9-5 所示的多跨连续板，其周边直接搁置在砖墙上，应当视为铰支座。板的中间支承为次梁，计算时假设为铰支座，这样，板简化为以边墙和次梁为铰支座的多跨连续板，如图 9-5（b）所示。同理，次梁可以看作是以边墙和主梁为铰支座的多跨连续梁，如图 9-5（c）所示。主梁的中间支承是柱，当主梁的线刚度与柱的线刚度之比大于 4 时，可把主梁看作是以边墙和柱为铰支座的多跨连续梁，如图 9-5（d）所示。否则，柱对主梁的内力影响较大，应看作刚架来计算。

以上对支座的简化，忽略了支座抗扭刚度的影响，这与实际情况不符，支座的实际转角小于铰支座的转角。在实际工程中通常采用调整荷载来修正。其方法是用折算荷载（加大永久荷载和减小可变荷载）来代替实际荷载（见图 9-6），即

连续板：折算荷载 $g_k'=g_k+q_k/2$ $q_k'=q_k/2$

连续次梁：折算荷载 $g_k'=g_k+q_k/4$ $q_k'=3q_k/4$

式中 g_k'、q_k'——折算永久荷载及折算可变荷载；

g_k、q_k——实际的永久荷载及可变荷载。

对于连续主梁则不予调整。

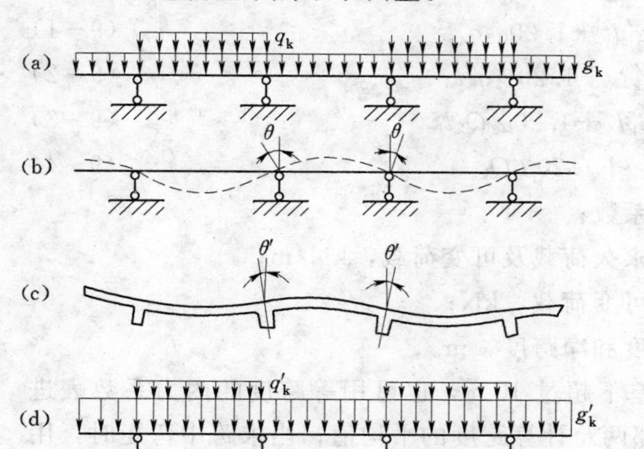

图 9-6 梁板整体性对内力的影响

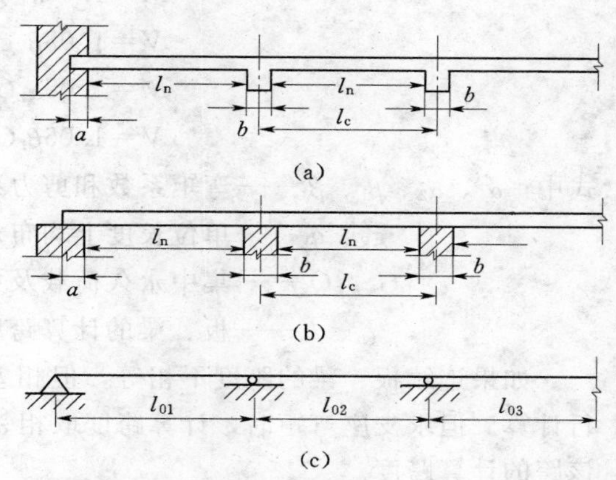

图 9-7 连续板、梁的计算跨度

(a) 弹性嵌固支座；(b) 自由支座；(c) 计算简图

（三）计算跨度与跨数

连续板、梁的弯矩计算跨度 l_0 为相邻两支座反力作用点之间的距离。按弹性方法计算内力时，以边跨简支在墙上为例计算如下（见图 9-7）：

连续板：边跨 $l_{01}=l_n+b/2+h/2$ 或 $l_{01}=l_c=l_n+a/2+b/2\leqslant 1.1l_n$

中跨 $l_{02}=l_c$ 当 $b>0.1l_c$ 时，取 $l_{02}=1.1l_n$

连续梁：边跨 $l_{01}=l_n+a/2+b/2\leqslant 1.05l_n$

中跨 $l_{02}=l_c$ 当 $b>0.05l_c$ 时，取 $l_{02}=1.05l_n$

上各式中 l_n——板、梁的净跨度；

l_c——支座中心线间的距离；

h——板厚；

b——次梁（或主梁）的宽度；

a——梁板伸入支座的长度，计算跨度 l_0 分别取其较小值。

在计算剪力时，计算跨度取净跨，即 $l_0=l_n$。

当等跨连续梁、板的跨数超过五跨时，可按五跨计算，即两边各取两跨及中间任一跨，并将中间这一跨的内力值作为各中间跨的内力值。这样既简化了计算，又满足实际工程精度要求。

三、内力计算

（一）利用图表计算内力

水工建筑中连续板、梁的内力一般按弹性理论方法计算，就是把钢筋混凝土板、梁看

作均质弹性构件，用工程力学的原理计算，常用力法和弯矩分配法。在实际工程中，为了节约时间，简化计算，常采用现成图表计算。这里介绍几种常用的等跨度、等刚度连续板与连续梁的内力计算表。

对于承受均布荷载、集中荷载的等跨连续板、梁，其弯矩和剪力可利用附录五的表格按下列公式计算：

$$M=1.05\alpha_1 g_k' l_0^2+1.20\alpha_2 q_k' l_0^2 \tag{9-1}$$

$$V=1.05\beta_1 g_k' l_n+1.20\beta_2 q_k' l_n \tag{9-2}$$

$$M=1.05\alpha_1 G_k l_0+1.20\alpha_2 Q_k l_0 \tag{9-3}$$

$$V=1.05\beta_1 G_k+1.20\beta_2 Q_k \tag{9-4}$$

式中　α_1、α_2、β_1、β_2——弯矩系数和剪力系数；

g_k'、q_k'——单位长度上均布永久荷载及可变荷载，kN/m；

G_k、Q_k——集中永久荷载及可变荷载，kN；

l_0、l_n——板、梁的计算跨度和净跨度，m。

如果连续板、梁的跨度不相等，但相差不超过10%，也可用等跨度的内力系数表进行计算。但求支座弯矩时，计算跨度取相邻两跨计算跨度的平均值；当求跨中弯矩时，用该跨的计算跨度。

（二）最不利荷载组合

作用于梁、板上的荷载有永久荷载和可变荷载。永久荷载的作用位置是不变的，而可变荷载的作用位置则是变化的。为了求得连续梁、板各截面可能发生的最大弯矩和最大剪力，必须确定其对应的可变荷载的位置。可变荷载的相应布置与永久荷载组合起来，会在某一截面上产生最大内力，这就是该截面的最不利荷载组合。

根据连续梁内力影响线的变化规律，多跨连续梁最不利可变荷载的布置方式如下：

（1）求某跨跨中最大正弯矩时，应在该跨布置可变荷载，然后向其左右隔跨布置可变荷载。

（2）求某跨跨中最小弯矩时，该跨不布置可变荷载，然后向其左右隔跨布置可变荷载。

（3）求某支座截面的最大负弯矩时，应在该支座左右两跨布置可变荷载，然后再隔跨布置可变荷载。

（4）求某支座截面的最大剪力时，可变荷载的布置与求该支座截面最大负弯矩时相同。

五跨连续梁求各截面最大（或最小）内力时均布可变荷载的最不利位置如表9-1所示。

表9-1　　五跨连续梁求最不利内力时均布可变荷载布置图

可变荷载布置图	最不利内力		
	最大弯矩	最小弯矩	最大剪力
A B C C B A 1 2 3 2 1 q_k q_k q_k	M_1、M_3	M_2	V_A

续表

可变荷载布置图	最不利内力		
	最大弯矩	最小弯矩	最大剪力
	M_2	M_1、M_3	
		M_B	V_B^l、V_B^r
		M_C	V_C^l、V_C^r

注　表中 M、V 的下角标 1、2、3、A、B、C 分别为跨与支座代号，V 的上角标 l、r 分别为截面左、右边代号。

（三）内力包络图

内力包络图是各截面内力最大值的连线所构成的图形。用来反映连续梁各个截面上弯矩变化范围的图形称为弯矩包络图；用来反映连续梁各个截面上剪力变化范围的图形称为剪力包络图。

图 9－8 所示的三跨连续梁，在均布永久荷载 g_k 作用下可绘出一个弯矩图，在均布可变荷载 q_k 的各种不利布置情况下可分别绘出三个弯矩图。将图 9－8（a）与图 9－8（b）两种荷载所产生的两个弯矩图叠加，便得到边跨最大正弯矩和中间跨最小弯矩的图线 1［（图 9－8（e）］；将图 9－8（a）与图 9－8（c）两种荷载所形成的两个弯矩图叠加，便得到边跨最小正弯矩和中间跨最大正弯矩的图线 2；将图 9－8（a）与图 9－8（d）两种荷载所形成的两个弯矩图叠加，便得到支座 B 最大负弯矩的图线 3。显然，外包线 4 就是各截面可能产生的弯矩的上下限。无论怎样布置可变荷载，梁各截面上产生的弯矩值总不会超出此外包线所表示的弯矩值。此外包线叫做弯矩包络图，如图 9－8（e）所示。同样办法可绘出梁的剪力包络图，如图 9－8（f）所示。

弯矩包络图用来计算和配置梁的各截面的纵向钢筋；剪力包络图用来计算和配置箍筋和弯起钢筋。

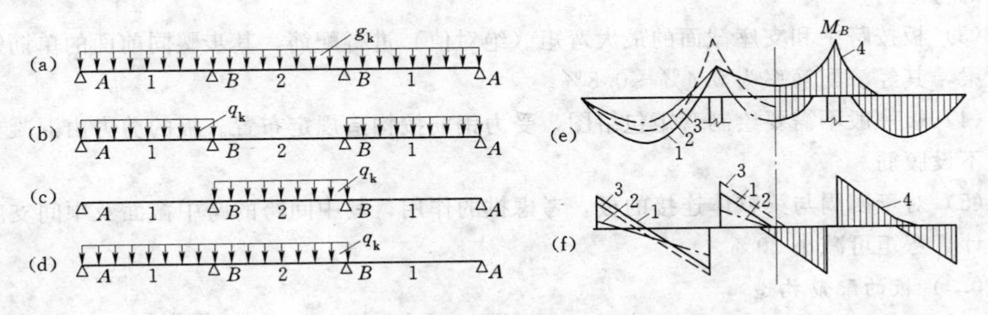

图 9－8　连续梁的内力包络图

承受均布荷载的等跨连续梁，也可利用附录六表格直接绘出弯矩包络图。表格中已直接给出每跨十个截面的最大及最小弯矩的系数值。承受移动集中荷载的等跨连续梁，其弯矩包络图可利用附录七的影响线系数表绘制。连续板一般不需要绘制弯矩包络图。

用上述方法算得的支座弯矩 M_C 为支座反力作用点处的弯矩值。当连续板或梁与支座整体浇筑时［见图 9－9（a）］，在支座范围内的截面高度很大，梁、板在支座范围内破坏是不可能的，故其最危险的截面是支座边缘处。因此，可取支座边缘处的弯矩 M 作为配筋计算的依据。支座边缘截面弯矩的绝对值可近似按下式计算：

$$M=|M_C|-0.5b|V_0| \tag{9-5}$$

式中　M_C——支座中心截面弯矩值，kN·m；

M——支座边缘截面弯矩值，kN·m；

V_0——支座边缘处的剪力，kN，可近似按单跨简支梁计算；

b——支座宽度，m，当支承宽度较大时（计算简图中板采用 $l_0=1.1l_n$，梁采用 $l_0=1.05l_n$），$b=0.1l_n$（板）或 $0.05l_n$（梁）。

如果板或梁直接搁置在墩墙上时［见图 9－9（b）］，则不存在上述问题。

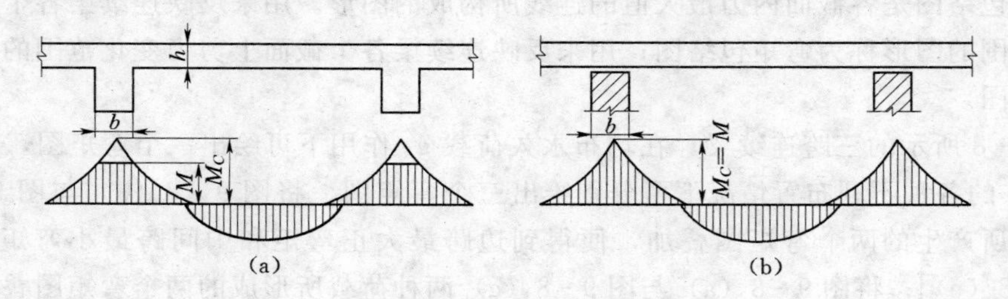

图 9－9　支座处弯矩的控制截面

四、板的计算及配筋

（一）板的计算要点

（1）板的计算对象是垂直次梁方向的单位宽度（1m）的连续板带，次梁和端墙视为连续板的铰支座。

（2）当板按弹性方法计算内力时，要采用折算荷载，并按最不利荷载组合来求跨中和支座的弯矩。

（3）板按跨中和支座截面的最大弯矩（绝对值）进行配筋，其步骤同前面的单筋矩形截面梁，其经济配筋率为 0.4%～0.8%。

（4）板一般不需要绘制弯矩包络图，受力钢筋按构造规定布置。板的剪力由混凝土承受，不设腹筋。

（5）对于四周与梁整体连接的板，考虑拱的作用，其中间跨的跨中截面及中间支座截面的计算弯矩可减小 20%。

（二）板的配筋构造

单向板为受弯构件，第三章中有关板的构造规定在此仍可适用。下面仅就连续板的配筋构造作一介绍。

1. 板中受力钢筋的配筋方式

单向板中受力钢筋的配筋形式有弯起式和分离式两种。

（1）弯起式。这种配筋方式如图 9－10（a）所示。在配筋时可先选配跨中钢筋，然后将跨中钢筋的一半（最多不超过 2/3）在距支座边缘 $l_n/6$ 处弯起并伸过支座长度 a（根据经验，一般当 $q_k/g_k \leqslant 3$ 时，$a=l_n/4$；$q_k/g_k>3$ 时，$a=l_n/3$）。这样，在中间支座就有从左右两跨弯起的钢筋来承担负弯矩，如果不足，则需另加直钢筋。弯起钢筋的弯起角度不宜小于 30°，厚板中的弯起角可为 45°或 60°。

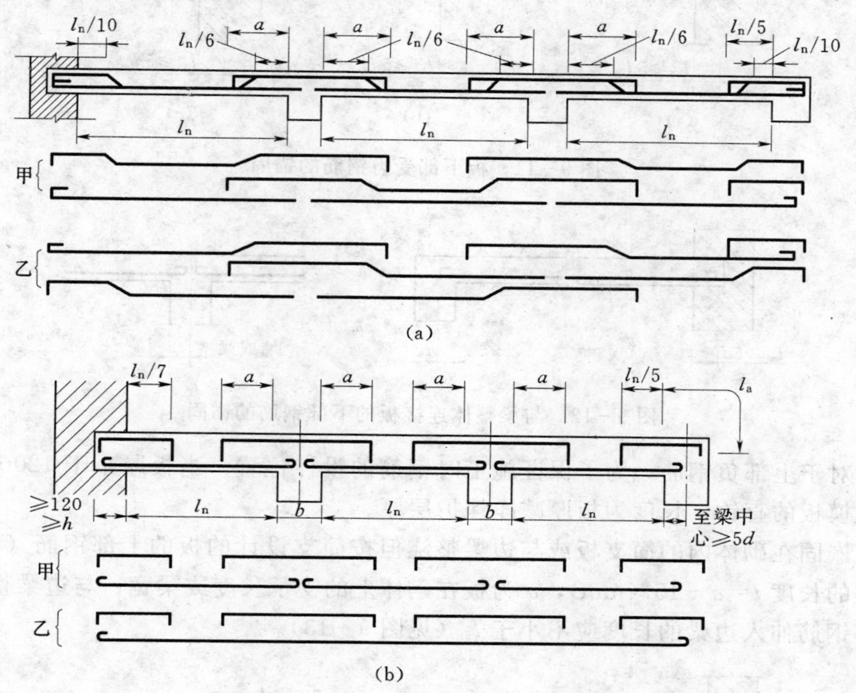

图 9-10　单向板中受力钢筋的布置

(a) 弯起式；(b) 分离式

为使钢筋受力均匀和施工方便，钢筋排列要有规律，一般要求相邻两跨跨中钢筋的间距相等或成倍数，另加直钢筋的间距也应如此。可以采用不同直径的钢筋，但钢筋种类不宜太多。弯起式配筋的单向板整体性好，用钢量少，但施工较复杂。

(2) 分离式。这种配筋方式如图 9-10 (b) 所示，它是在板的跨中和支座分别采用直钢筋，上下单独配筋，下部的受力钢筋可以几跨直通或全通，支座受力钢筋伸过支座边缘的长度 a 同弯起式。分离式配筋的优点是构造简单、施工方便，缺点是用钢量比弯起式多，整体性较差，不宜用于承受动力荷载的板。

2. 受力钢筋伸入支座的长度

(1) 简支板或连续板的下部纵向受力钢筋（绑扎钢筋）伸入支座的锚固长度 l_{as} 不应小于 $5d$（d 为下部受力钢筋的直径）。

(2) 当采用焊接网配筋时，其末端至少应有一根横向钢筋配置在支座边缘内。

(3) 若不能符合上述要求，应在受力钢筋末端制成弯钩或加焊附加的横向锚固钢筋，如图 9-11 所示。

(4) 与梁整体连接的板或连续板的下部钢筋伸入支座的锚固长度 l_{as} 除不应小于 $5d$ 外，还应伸至支座（墙或梁）的中心线（见图 9-12）。

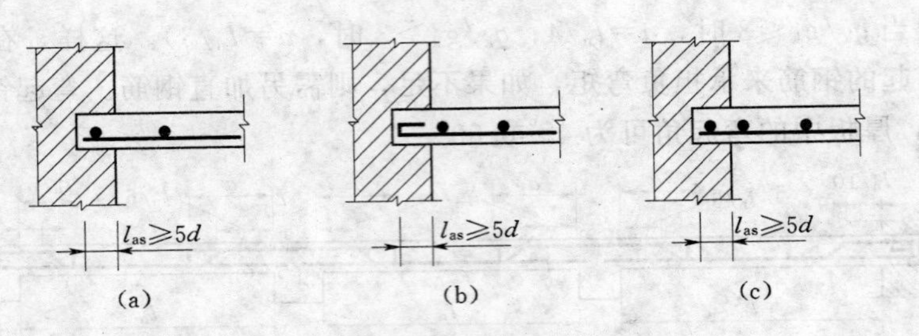

图 9-11　板下部受力钢筋的锚固

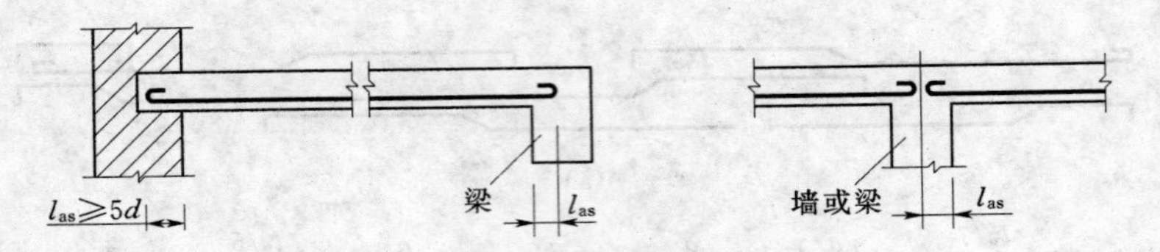

图 9-12　与梁整体连接板的下部钢筋的锚固

(5) 对于上部负钢筋，为了保证施工时钢筋的设计位置，当板厚小于 120mm 时，宜作成直抵模板的直钩，长度为板厚减净保护层厚。

(6) 嵌固在砌体内的简支板或与边梁整浇但按简支设计的板的上部钢筋（绑扎钢筋）伸入支座的长度 $l=a-15$（mm），a 为板在砌体上的支承长度或梁宽；与边梁整浇的嵌固板的上部钢筋伸入边梁的长度应不小于 l_a（见图 9-13）。

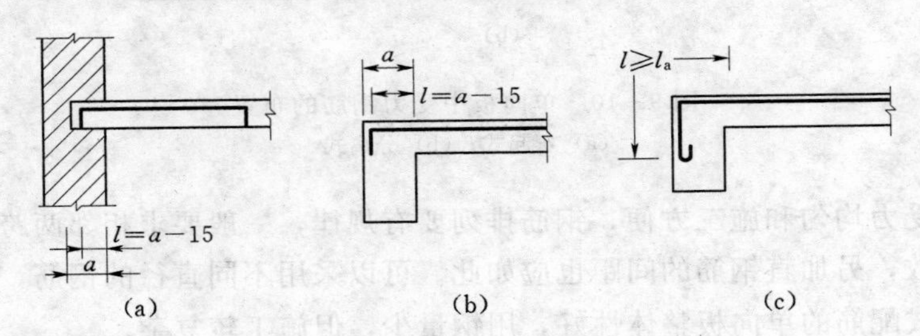

图 9-13　板上部受力钢筋的锚固

(a) 简支板；(b) 与梁整浇但按简支设计；(c) 嵌固板

(7) 板中伸入支座下部的钢筋，其间距不大于 400mm，其截面面积不应小于跨中受力钢筋截面面积的 1/3。

3. 构造钢筋

(1) 分布钢筋：

1) 垂直受力钢筋的方向布置分布钢筋，承受单向板沿长跨方向实际存在的弯矩。分布钢筋的间距不宜大于 250mm，直径不宜小于 6mm；当集中荷载较大时，间距不宜大于 200mm；

2) 承受分布钢筋的厚板，其分布钢筋的配置可不受上述规定的限制。此时，分布钢筋的直径可用 10～16mm，间距可为200～400mm。

(2) 嵌入墙内的板边附加钢筋：

1）板边嵌固于砖墙内的板（见图 9-14），计算时支座按简支考虑，但实际上板在支承处可能产生负弯矩。在板的顶部沿板边需配置垂直板边的附加钢筋，其数量按承受跨中最大弯矩绝对值的 1/4 计算。单向板垂直于板跨方向的板边，一般每米宽度内配置 5 根直径 6mm 的钢筋，从支座边伸出至少为 $l_1/5$（l_1 为单向板的跨度或双向板的短边跨度）。

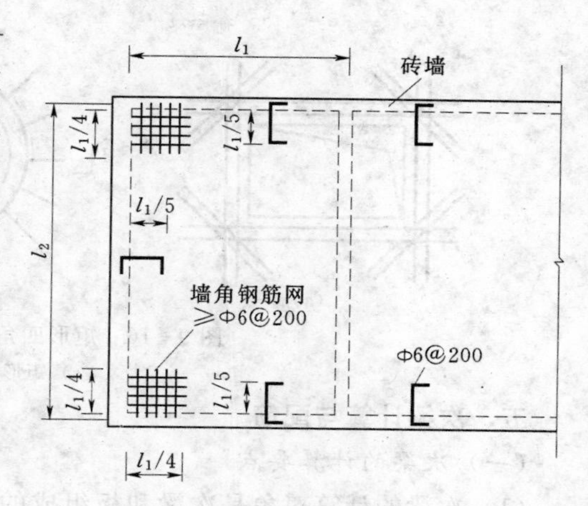

图 9-14　嵌固于墙内的板边附加钢筋

2）单向板平行于板跨方向的板边，其顶部垂直板边的钢筋可按构造适当配置。

3）在墙角处，板顶面常发生与墙大约成 45°的裂缝，应双向配置构造钢筋网，其伸出墙边的长度不小于 $l_1/4$。

（3）垂直于主梁的板面附加钢筋。板与主梁肋连接处也会产生负弯矩，计算时没考虑，应沿梁肋方向每米长度内配置不少于 5 根与梁肋垂直的构造钢筋，其直径不小于 8mm，且单位长度内的总截面面积不应小于单位长度内受力钢筋截面面积的 1/3，伸入板中的长度从肋边算起每边不小于板计算跨度的 1/4（见图 9-15）。

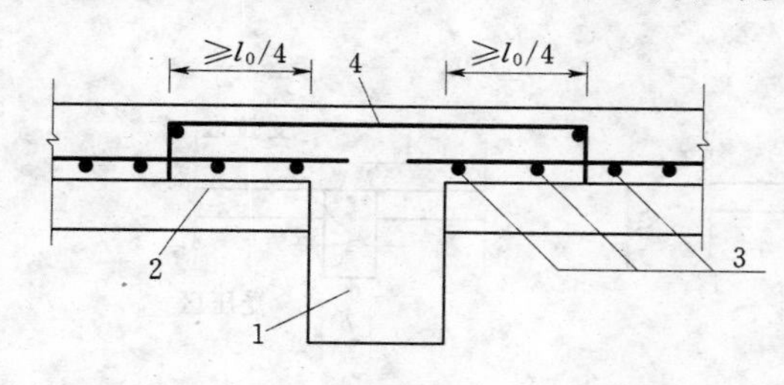

图 9-15　板中与梁肋垂直的构造钢筋

1—主梁；2—次梁；3—板的受力钢筋；4—间距不大于 200mm、直径不小于 8mm 的构造钢筋

（4）板内孔洞周边的附加钢筋。在水电站厂房的楼板上，由于使用要求往往要开设一些孔洞，这些孔洞削弱了板的整体作用。因此，在孔洞周围应予以加强来保证安全。

1）当 b 或 d（b 为垂直于板的受力钢筋方向的孔洞宽度，d 为圆孔直径）小于 300mm，并小于板宽的 1/3 时，可不设附加钢筋，只将受力钢筋间距作适当调整，或将受力钢筋绕过孔洞边，不予截断。

2）当 b 或 d 等于 300～1000mm 时，应在洞边每侧配置附加钢筋，每侧的附加钢筋截面面积不应小于洞口宽度内被截断钢筋截面面积的 1/2，且不应少于 2 根直径 10mm 的钢筋；当板厚大于 200mm 时，宜在板的顶、底部均配置附加钢筋。

3）当 b 或 d 大于 1000mm 时，除按上述规定配置附加钢筋外，在矩形孔洞四角尚应配置 45°方向的构造钢筋；在圆孔周边尚应配置不少于 2 根直径 10mm 的环向钢筋，搭接长度为 30d，并设置直径不小于 8mm、间距不大于 300mm 的放射形径向钢筋，如图 9-16 所示。

4）当 b 或 d 大于 1000mm，并在孔洞附近有较大的集中荷载作用时，宜在洞边加设肋梁。当 b 或 d 大于 1000mm，而板厚小于 $0.3b$ 或 $0.3d$ 时，也宜在洞边加设肋梁。

图 9-16　矩形四角及圆孔环向构造钢筋

(a) 矩形；(b) 圆形

五、次梁计算与配筋

(一) 次梁的计算要点

(1) 次梁的计算对象是次梁和板组成的 T 形截面连续梁，主梁和端墙视为次梁的铰支座。次梁承受的荷载是次梁两侧各 1/2 板跨上的荷载和次梁自重（见图 9-17)。

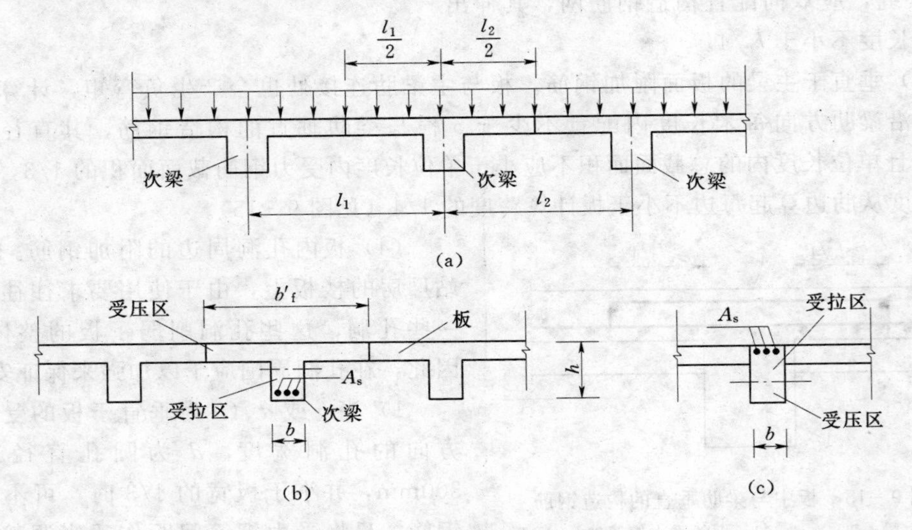

图 9-17　次梁的正截面

(2) 次梁正截面、斜截面的配筋计算同第三章。次梁跨中截面应按 T 形截面计算，支座处按矩形截面计算。次梁斜截面受剪承载力计算一般采用只配箍筋的方式。

(二) 次梁的配筋构造

(1) 次梁的一般构造规定与单跨梁相同。

(2) 次梁跨中、支座截面受力钢筋求出后，一般先选定跨中钢筋的直径和根数，然后将其中部分钢筋在支座附近弯起后伸过支座以承担支座处的负弯矩，若相邻两跨弯起伸入支座的钢筋尚不能满足支座正截面承载力的要求，可在支座上另加直钢筋来抗弯。

(3) 在端支座处，虽按计算不需要弯起钢筋，但实际上应按构造弯起部分钢筋伸入支座顶面，以承担可能产生的负弯矩。

(4) 次梁纵向钢筋的弯起与截断的数量和位置，原则上应按抵抗弯矩图来确定，但当次梁的跨度相等或相差不超过 20%，且可变荷载与永久荷载之比 $q_k/g_k \leqslant 3$ 时，可按经验布置确定，如图 9－18 所示。

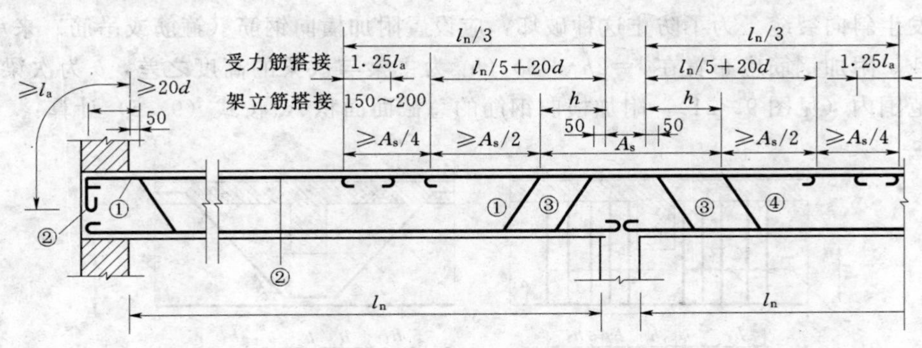

图 9－18　次梁受力钢筋的布置

①、④—弯起钢筋可同时用于抗弯与抗剪；②—架立钢筋兼负筋$\geqslant A_s/4$，且不少于 2 根；③—弯起钢筋或鸭筋仅用于抗剪

六、主梁的计算与配筋

（一）主梁的计算要点

（1）主梁除承受自重外，主要承受由次梁传来的集中荷载。

（2）主梁在次梁支承点两侧各 1/2 次梁间距范围内的自重按集中荷载考虑，并与次梁传来的永久荷载合并为 G_k，作用在次梁支承处（见图 9－19），并应绘制内力包络图，它是主梁布置纵向受力钢筋的依据。

（3）主梁纵向受力钢筋、箍筋及弯起钢筋的计算与次梁相同，但在计算支座截面配筋时，要考虑由于板、次梁和主梁在截面上的负弯矩钢筋相互穿插重叠，使主梁的有效高度 h_0 降低（见图 9－20）。主梁在支座截面的有效高度 h_0 一般为

当纵筋为一层时，$h_0=h-(60\sim70)$mm；

当纵筋为两层时，$h_0=h-(80\sim100)$mm。

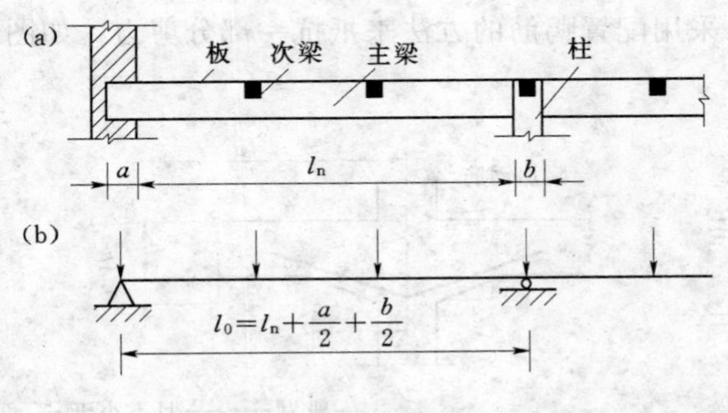

图 9－19　主梁荷载的简化

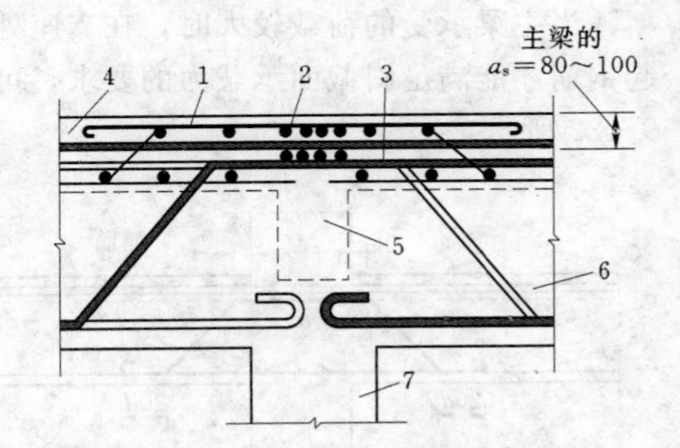

图 9－20　主梁支座处受力钢筋的布置

1—板的支座钢筋；2—次梁的支座钢筋；3—主梁的支座钢筋；4—板；5—次梁；6—主梁；7—柱

（二）主梁的配筋构造

（1）主梁的一般构造规定与第三章中有关梁的规定相同。主梁纵向钢筋的弯起与截断位置按弯矩包络图与抵抗弯矩图的关系确定。

(2) 在主梁与次梁交接处，主梁的两侧承受次梁传来的集中荷载，因而可能在主梁的中下部发生斜向裂缝。为了防止这种破坏，应设置附加横向钢筋（箍筋或吊筋）来承担该集中荷载。附加钢筋应布置在 $s=2h_1+3b$（h_1 为主梁与次梁的高度之差，b 为次梁宽度）的长度范围内（见图 9-21），附加横向钢筋的总截面面积 A_{sv} 按式（9-6）计算：

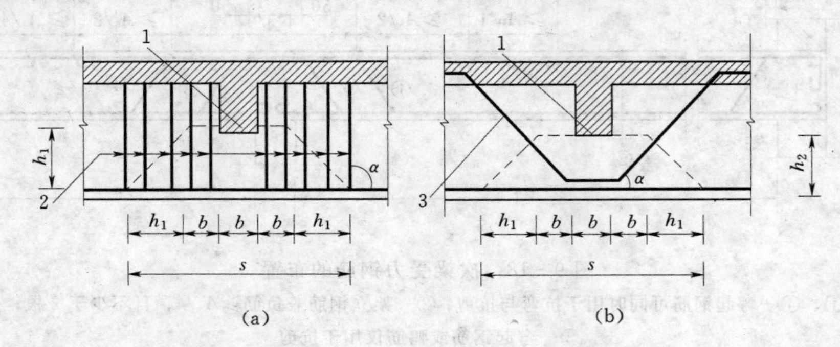

图 9-21 主、次梁相交处的附加钢筋

(a) 附加箍筋；(b) 附加吊筋

1—传递集中荷载的位置；2—附加箍筋或吊筋；3—板；4—次梁；5—主梁

$$A_{sv}=\frac{KF}{f_{yv}\sin\alpha} \tag{9-6}$$

式中 F——作用在梁下部或梁截面高度范围内的集中力设计值，N；

f_{yv}——附加横向钢筋的抗拉强度设计值，N/mm^2；

α——附加横向钢筋与梁轴线的夹角；

A_{sv}——附加横向钢筋的总截面面积，mm^2，当仅配箍筋时，$A_{sv}=mnA_{sv1}$；当仅配吊筋时，$A_{sv}=2A_{sb}$；A_{sv1} 为一肢附加箍筋的截面面积，n 为在同一截面内附加箍筋的肢数，m 为在长度 s 范围内附加箍筋的排数，A_{sb} 为附加吊筋的截面面积。

当主梁承受的荷载较大时，在支座处的剪力值也较大，除箍筋外，还需要配置部分弯起钢筋才能满足斜截面承载力的要求，可以采用配置鸭筋的方法来抵抗一部分剪力，如图 9-22 所示。

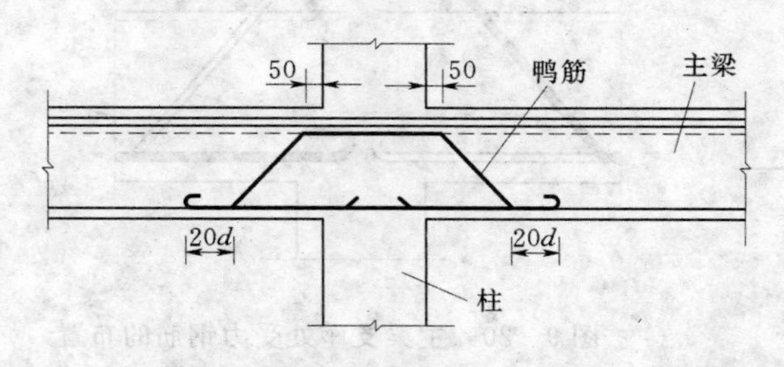

图 9-22 主梁支座处的鸭筋

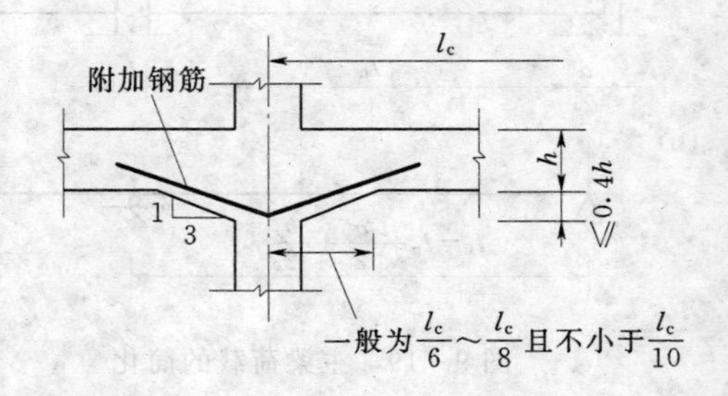

图 9-23 主梁的支托

当梁支座处的剪力较大时，也可以加设支托，将梁局部加高以满足斜截面承载力的要求。支托的尺寸可参考图 9-23 确定。支托的附加钢筋一般采用 2～4 根，其直径与纵向受力钢筋的直径相同。

第二节 单向板肋形结构设计例题

一、基本情况

某水电站副厂房楼盖，3 级水工建筑物，基本组合时的承载力安全系数 $K=1.20$。其平面尺寸为 25m×21.6m，平面布置如图 9-24 所示。楼盖拟采用现浇钢筋混凝土单向板肋形楼盖。试设计该楼盖。

二、设计资料

(1) 楼面构造做法：20mm 厚水泥砂浆（重度为 $20kN/m^3$）面层，钢筋混凝土现浇板（重度为 $25kN/m^3$），20mm 厚混合砂浆顶棚抹灰（重度为 $17kN/m^3$）。

(2) 四周为普通砖砌墙，墙厚均为 240mm，直接承载主梁位置设有扶壁，尺寸如图 9-24所示。钢筋混凝土柱为 400mm×400mm。

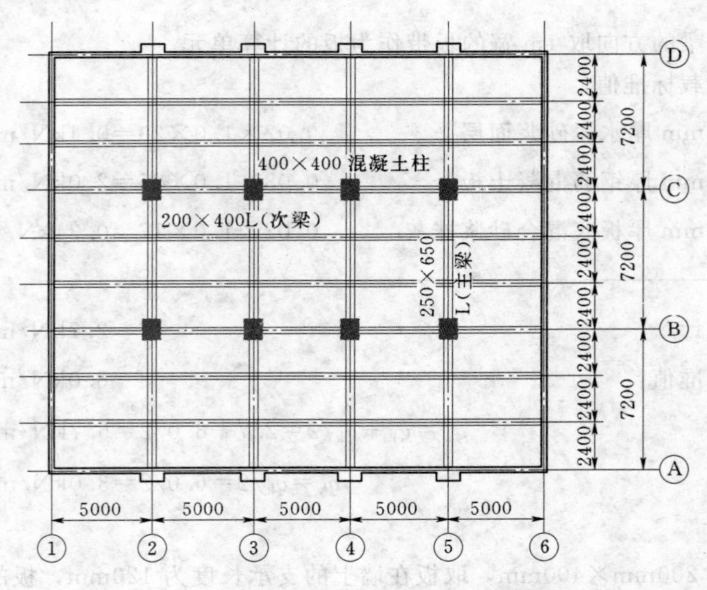

图 9-24 肋形楼盖结构平面布置图

(3) 楼面荷载：均布可变荷载标准值为 $6kN/m^2$。

(4) 材料选用：

1) 混凝土：强度等级 C25。

2) 钢筋：梁内受力钢筋采用 HRB400 级，其余钢筋采用 HPB235 或 HRB335 级。

三、设计过程

(一) 楼盖的结构平面布置

采用横墙承重方案，即主梁横向布置，次梁纵向布置。主梁跨度为 7.2m，次梁的跨度为 5.0m，主梁每跨内布置两根次梁，板的跨度为 2.4m。此时，板的长短跨之比为 5.0/2.4=2.1>2.0，可按单向板设计，但按规范规定，应沿长边方向布置足够的构造钢筋。楼盖平面布置见图 9-24。

（二）板梁的截面尺寸拟定

考虑刚度要求，连续板的板厚不小于跨度的1/40，$h \geqslant l/40=2400/40=60\text{mm}$；考虑是水电站的楼盖板，故取$h=80\text{mm}$。

次梁的截面高度根据一般要求：

$$h=(1/18\sim1/12)l=(1/18\sim1/12)\times5000=(278\sim417)\text{mm}$$

取次梁的截面为$b\times h=200\text{mm}\times400\text{mm}$。

主梁的截面高度根据一般要求：

$$h=(1/12\sim1/8)l=(1/12\sim1/8)\times7200=(600\sim900)\text{mm}$$

取主梁的截面为$b\times h=250\text{mm}\times650\text{mm}$。

（三）板的设计

1. 荷载计算

在垂直于次梁的方向取1m宽的板带作为板的计算单元。

板的永久荷载标准值：

20mm厚水泥砂浆面层	$0.02\times1.0\times20=0.4\text{kN/m}$
80mm厚钢筋混凝土板	$0.08\times1.0\times25=2.0\text{kN/m}$
20mm厚板底混合砂浆抹灰	$0.02\times1.0\times17=0.34\text{kN/m}$
小计	2.7kN/m

可变荷载标准值：　6.0kN/m

折算荷载：

$$g_k'=g_k+q_k/2=2.7+6.0/2=5.7\text{kN/m}$$

$$q_k'=q_k/2=6.0/2=3.0\text{kN/m}$$

2. 计算简图

次梁截面为200mm×400mm，取板在墙上的支承长度为120mm，板的尺寸及其支承情况如图9-25（a）所示。板的计算跨度如下：

（1）边跨：

$$l_{n1}=2400-120-200/2=2180\text{mm}$$

$$l_{01}=l_{n1}+b/2+h/2=2180+200/2+80/2=2320\text{mm}$$

$$l_{01}=l_{n1}+b/2+a/2=2180+200/2+120/2=2340\text{mm}$$

$$l_{01}=1.1l_{n1}=1.1\times2180=2398\text{mm}$$

应取$l_{01}=2320\text{mm}$，但为了计算方便和安全，取$l_{01}=2400\text{mm}$。

（2）中间跨：

$$l_{02}=l_c=2400\text{mm}$$

两跨相差$(l_{02}-l_{01})/l_{02}=(2400-2320)/2400=3.3\%<10\%$，故按等跨来考虑，9跨按5跨计算。其计算简图如图9-25（b）所示。

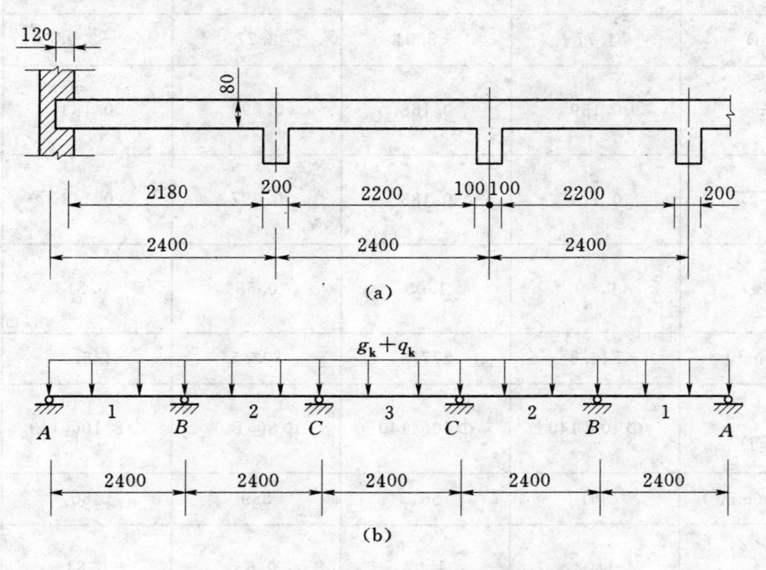

图9-25　连续板的构造及计算简图

3. 弯矩计算

连续板的剪力一般由混凝土承担，不需要进行斜截面承载力计算，亦不需设置腹筋。弯矩设计值按式（9-1）计算，式中系数α_1及α_2可查附录五得到，计算结果见表9-2。

表9-2　　板的弯矩计算表

截　面	边　跨	B支座	2跨中	C支座	3跨中
α_1	0.0781	−0.1050	0.0331	−0.0790	0.0462
α_2	0.1000	−0.1190	0.0787	−0.1110	0.0855
$M=1.05\alpha_1 g_k' l_0^2+1.20\alpha_2 q_k' l_0^2$ (kN·m)	$1.05\times0.0781\times5.7\times2.4^2+1.20\times0.1\times3.0\times2.4^2=4.77$	$-1.05\times0.105\times5.7\times2.4^2-1.20\times0.119\times3.0\times2.4^2=-6.09$	$1.05\times0.0331\times5.7\times2.4^2+1.20\times0.0787\times3.0\times2.4^2=2.77$	$-1.05\times0.079\times5.7\times2.4^2-1.20\times0.111\times3.0\times2.4^2=-5.03$	$1.05\times0.0462\times5.7\times2.4^2+1.20\times0.0855\times3.0\times2.4^2=3.37$

支座边缘的弯矩值：

$$V_0=(1.05g_k'+1.20q_k')l_n/2=(1.05\times5.7+1.20\times3.0)\times2.2/2=10.54\text{kN}$$

$$M_B'=-(M_B-0.5bV_0)=-(6.09-0.5\times0.2\times10.54)=-5.04\text{kN}\cdot\text{m}$$

$$M_C'=-(M_C-0.5bV_0)=-(5.03-0.5\times0.2\times10.54)=-3.98\text{kN}\cdot\text{m}$$

4. 配筋计算

$b=1000$mm，$h=80$mm，$h_0=55$mm，$f_c=11.9\text{N/mm}^2$，$f_y=210\text{N/mm}^2$，承载力安全系数$K=1.20$，计算结果列于表9-3。

表 9-3　　板的正截面承载力计算

截　面	第一跨	支座 B	第二跨	支座 C	第三跨
M（kN·m）	4.77	−5.04	2.77	−3.98	3.37
$\alpha_s=\frac{KM}{f_c bh_0^2}$	0.159	0.168	0.092	0.133	0.112
$\xi=1-\sqrt{1-2\alpha_s}$	0.174	0.185	0.097	0.143	0.119
$\rho=\xi\frac{f_c}{f_y}$（%）	0.99	1.05	0.55	0.81	0.67
$A_s=\rho bh_0$（mm²）	544.5	577.5	302.5	445.5	368.5
选配钢筋（分离式配筋）	Φ10@140	Φ10@140	Φ8@140	Φ8/10@140	Φ8@140
实配钢筋面积（mm²）	561	561	359	460	359
$\rho=A_s/bh_0$（%）（$\rho_{min}=0.20\%$）	1.02	1.02	0.65	0.84	0.65

注　中间板带的中间跨及中间支座考虑拱的作用，其弯矩可以减小 20%配置钢筋。

5. 板的配筋图

为了便于施工，连续板中受力钢筋的配筋采用分离式。其中下部受力钢筋全部伸入支座。伸入支座的锚固长度不应小于 $5d$，支座负弯矩钢筋向跨内的延伸长度取从支座边 $a=l_n/4=2200/4=550$mm。

在板的配筋图中，除按计算配置受力钢筋外，还应设置下列构造钢筋：

（1）分布钢筋。按构造规定，分布钢筋的直径不宜小于 6mm，间距不宜大于 250mm。每米板宽内分布钢筋的截面不小于受力钢筋截面面积的 15%，约为 87mm²。选用Φ6@250，$A_s=113$mm²。

（2）板边的构造钢筋。因为现浇钢筋混凝土板周边嵌固在砌体墙中，其上部与板边垂直的构造钢筋伸入板内的长度，从墙边算起不小于板短边计算跨度的 1/5，即 $l_{01}/5=2400/5=480$mm，直径不宜小于 6mm，间距不宜大于 200mm，其数量按承受跨中最大弯矩的 1/4 计算，约 127mm²，所以取Φ6@200，$A_s=141$mm²。延伸长度取 480mm。

（3）板角部构造钢筋。在两边嵌固于墙内的板角部位上部，设置Φ6@200 的双向构造钢筋，该钢筋伸入板内的长度，从墙边算起不小于板短边计算跨度的 1/4，即 $l_{01}/4=2400/4=600$mm。

（4）垂直于主梁的上部钢筋。直径不宜小于 8mm，间距不宜大于 200mm，单位长度内的总截面面积不应小于板中单位长度内受力钢筋截面面积的 1/3，约为 180mm²。该钢筋伸入板内的长度，从梁边算起不小于板短边计算跨度的 1/4，即 $l_0/4=2400/4=600$mm，取Φ8@200，$A_s=251$mm²。

板的配筋图如图 9-26 所示。

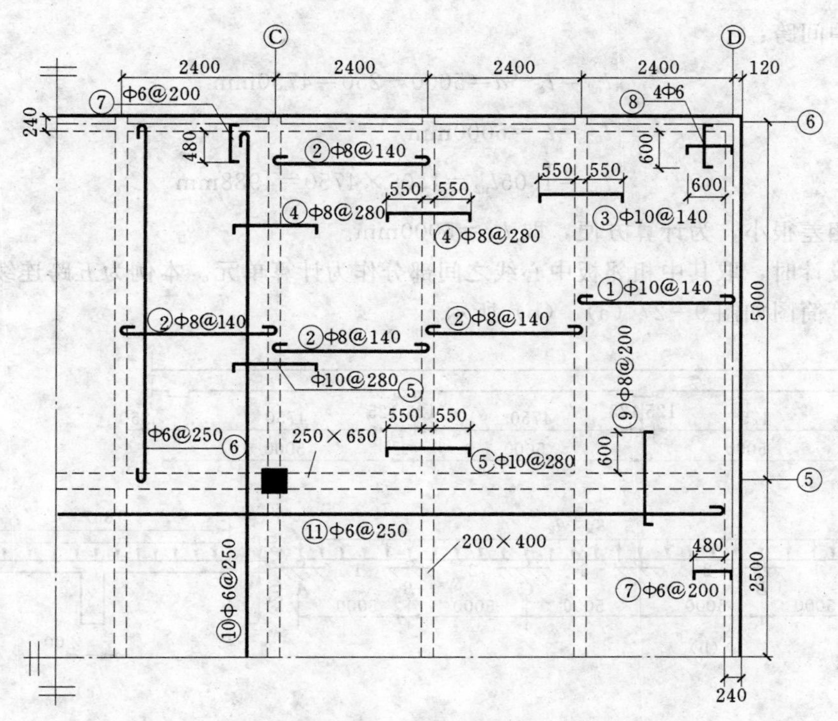

图 9-26 板的配筋图

(四) 次梁设计

1. 荷载计算

永久荷载标准值：

板传来荷载	$2.7\times2.4=6.48\text{kN/m}$
次梁梁肋自重	$0.2\times(0.4-0.08)\times25=1.6\text{kN/m}$
次梁粉刷	$0.02\times2\times(0.4-0.08)\times17=0.22\text{kN/m}$
小计	$g_k=8.3\text{kN/m}$

可变荷载标准值： $q_k=6\times2.4=14.4\text{kN/m}$

折算荷载标准值： $g'_k=g_k+q_k/4=8.3+14.4/4=11.9\text{kN/m}$

$$q'_k=3q_k/4=3\times14.4/4=10.8\text{kN/m}$$

2. 计算简图

次梁在砖墙上的支承长度为 240mm。主梁截面为 250mm×650mm。计算跨度如下：

(1) 边跨：

$$l_{n1}=5000-240/2-250/2=4755\text{mm}$$

$$l_{01}=l_{n1}+a/2+b/2=4755+240/2+250/2=5000\text{mm}$$

$$l_{01}=1.05l_{n1}=1.05\times4755=4993\text{mm}$$

取 $l_{01}=5000\text{mm}$。

（2）中间跨：

$$l_{n2}=l_c-a=5000-250=4750\text{mm}$$

$$l_{02}=l_c=5000\text{mm}$$

$$l_{02}=1.05l_{n2}=1.05\times4750=4988\text{mm}$$

两者相差很小，为计算方便，取 $l_{02}=5000\text{mm}$。

次梁设计时，取其中相邻板中心线之间部分作为计算单元。本例为五跨连续梁。次梁构造及计算简图如图 9-27（a）、（b）所示。

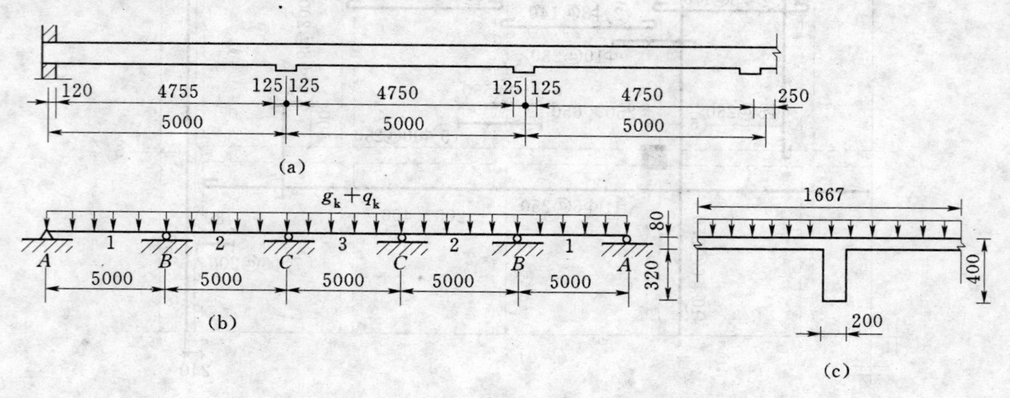

图 9-27　次梁的构造及计算简图

3. 内力计算

（1）弯矩计算。连续梁各控制截面的弯矩可查附表 5-4 计算，弯矩设计值的计算及结果列于表 9-4。

表 9-4　　**次梁的弯矩计算表**

截　面	边　跨	支座 B	第二跨	支座 C	第三跨
α_1	0.0781	−0.105	0.0331	−0.079	0.0462
α_2	0.1000	−0.119	0.0787	−0.111	0.0855
$M=1.05\alpha_1 g'_k l_0^2$ $+1.20\alpha_2 q'_k l_0^2$ (kN·m)	1.05×0.0781 $\times11.9\times5^2+$ $1.20\times0.1\times10.8$ $\times5^2=56.8$	-1.05×0.105 $\times11.9\times5^2-$ 1.20×0.119 $\times10.8\times5^2$ $=-71.4$	1.05×0.0331 $\times11.9\times5^2+$ 1.20×0.0787 $\times10.8\times5^2$ $=35.8$	-1.05×0.079 $\times11.9\times5^2$ -1.20×0.111 $\times10.8\times5^2$ $=-60.6$	1.05×0.0462 $\times11.9\times5^2$ $+1.20\times0.0855$ $\times10.8\times5^2$ $=42.1$

支座边缘的弯矩设计值 M'_B

$$V_0=(g'_k+q'_k)l_n/2=(11.9+10.8)\times4.75/2=53.9\text{kN}$$

$$M'_B=-(M_B-0.5bV_0)=-(71.4-0.5\times0.25\times53.9)=-64.7\text{kN}\cdot\text{m}$$

$$M'_C=-(M_C-0.5bV_0)=-(60.6-0.5\times0.25\times53.9)=-53.9\text{kN}\cdot\text{m}$$

（2）剪力计算。支座边缘剪力设计值的计算可查附表 5-4，剪力设计值的计算及结果列于表 9-5。

表 9-5　　次梁的剪力计算表

截面	支座 A	支座 B（左）	支座 B（右）	支座 C（左）	支座 C（右）
β_1	0.395	−0.606	0.526	−0.474	0.500
β_2	0.447	−0.620	0.598	−0.576	0.591
$V=1.05\beta_1 g'_k l_n$ $+1.20\times\beta_2 q'_k l_n$ (kN)	1.05×0.395 $\times11.9\times4.755$ $+1.20\times0.447$ $\times10.8\times4.755$ $=51.0$	-1.05×0.606 $\times11.9\times4.755-$ 1.20×0.620 $\times10.8\times4.755$ $=-74.2$	1.05×0.526 $\times11.9\times4.75$ $+1.20\times0.598$ $\times10.8\times4.75$ $=68.0$	-1.05×0.474 $\times11.9\times4.75$ -1.20×0.576 $\times10.8\times4.75$ $=-63.6$	1.05×0.500 $\times11.9\times4.75$ $+1.20\times0.591$ $\times10.8\times4.75$ $=66.1$

4. 配筋计算

(1) 计算翼缘宽度 b'_f。根据整浇楼盖的受力特点，板所在梁上截面参与次梁受力，因此，在配筋设计时，次梁跨中截面按 T 形截面设计，计算翼缘宽度：

$$b'_f=l_0/3=5000/3=1667\text{mm}$$

$$b'_f=b+s_n=2400\text{mm}$$

取 $b'_f=1667$mm，荷载计算单元如图 9-27 (c) 所示。

次梁支座截面因承受负弯矩（上面受拉，下面受压）而按矩形截面计算。

(2) 正截面承载力计算。$b=200$mm，$h=400$mm，$h_0=360$mm，$h'_f=80$mm，$f_c=11.9\text{N/mm}^2$，$f_t=1.27\text{N/mm}^2$，$f_y=360\text{N/mm}^2$，承载力安全系数 $K=1.20$，计算结果见表 9-6。

表 9-6　　次梁的正截面承载力计算

截　面	第一跨	支座 B	第二跨	支座 C	第三跨
M (kN·m)	56.8	−64.7	35.8	−53.9	42.1
h_0 (mm)	360	360	360	360	360
b'_f或 b (mm)	1667	200	1667	200	1667
$f_c b'_f h'_f(h_0-h'_f/2)$ (kN·m)	507.8		507.8		507.8
$\alpha_s=\dfrac{KM}{f_c b'_f(\text{或}\ b)\ h_0^2}$	0.027	0.252	0.017	0.210	0.020
$\xi=1-\sqrt{1-2\alpha_s}$	0.027	0.296	0.017	0.238	0.020
$A_s=\xi\dfrac{f_c}{f_y}b'_f(\text{或}\ b)\ h_0$ (mm²)	535.6	704.5	337.2	566.4	396.7
选配钢筋	2Φ16（直）+1Φ16（弯）	2Φ18（直）+1Φ16（左弯）	2Φ16（直）	2Φ18（直）+1Φ14（直）	2Φ16（直）
实配钢筋面积 (mm²)	603	710	402	663	402
$\rho=A_s/bh_0$ (%) ($\rho_{min}=0.20\%$)	0.84	0.99	0.56	0.92	0.56

(3) 斜截面受剪承载力计算。计算结果见表 9-7。

表 9-7　　　次梁的斜截面受剪承载力计算

截面（kN）	支座 A	支座 B（左）	支座 B（右）	支座 C（左）	支座 C（右）
V（kN）	51.0	−74.2	68.0	−63.6	66.1
KV（kN）	61.2	89.0	81.6	76.3	79.3
h_0（mm）	360	360	360	360	360
$0.25f_cbh_0$（kN）	214.2>KV	214.2>KV	214.2>KV	214.2>KV	214.2>KV
$V_c=0.7f_tbh_0$（kN）	64.0>KV	64.0<KV	64.0<KV	64.0<KV	64.0<KV
箍筋肢数、直径（mm）	2、6	2、6	2、6	2、6	2、6
$s=\frac{1.25f_{yv}A_{sv}h_0}{KV-0.7f_tbh_0}$（mm）		215	306	438	352
实配箍筋间距 s（mm）	180	180	180	180	180
$\rho_{sv}=A_{sv}/(bs)$（%）（$\rho_{svmin}=0.15\%$）	0.16	0.16	0.16	0.16	0.16

次梁的配筋图见图 9-28。

（五）主梁设计

1. 荷载计算

为简化计算，将主梁自重等效为集中荷载。

永久荷载标准值：

次梁传来永久荷载　　$8.3\times5=41.5\text{kN}$

主梁梁肋自重　　$0.25\times(0.65-0.08)\times25\times2.4$

$+0.02\times2\times(0.65-0.08)\times17\times2.4=9.5\text{kN}$

小计　　$G_k=41.5+9.5=51.0\text{kN}$

可变荷载标准值：$Q_k=14.4\times5=72.0\text{kN}$

2. 计算简图

主梁端部支承在带壁柱砖墙上，支承长度为370mm。中间支承在400mm×400mm的混凝土柱上。主梁按三跨连续梁计算，其计算跨度如下：

（1）边跨：

$$l_{n1}=7200-120-400/2=6880\text{mm}$$

$$l_{01}=l_c=7200\text{mm}$$

$$l_{01}=1.05l_{n1}=1.05\times6880=7224\text{mm}$$

取小值，$l_{01}=7200\text{mm}$。

（2）中间跨：

$$l_{n2}=7200-400=6800\text{mm}$$

$$l_{02}=l_c=7200\text{mm}$$

$$l_{02}=1.05l_{n2}=1.05\times6800=7140\text{mm}$$

应取 $l_{02}=7140\text{mm}$，但为了计算方便，取 $l_{02}=7200\text{mm}$。

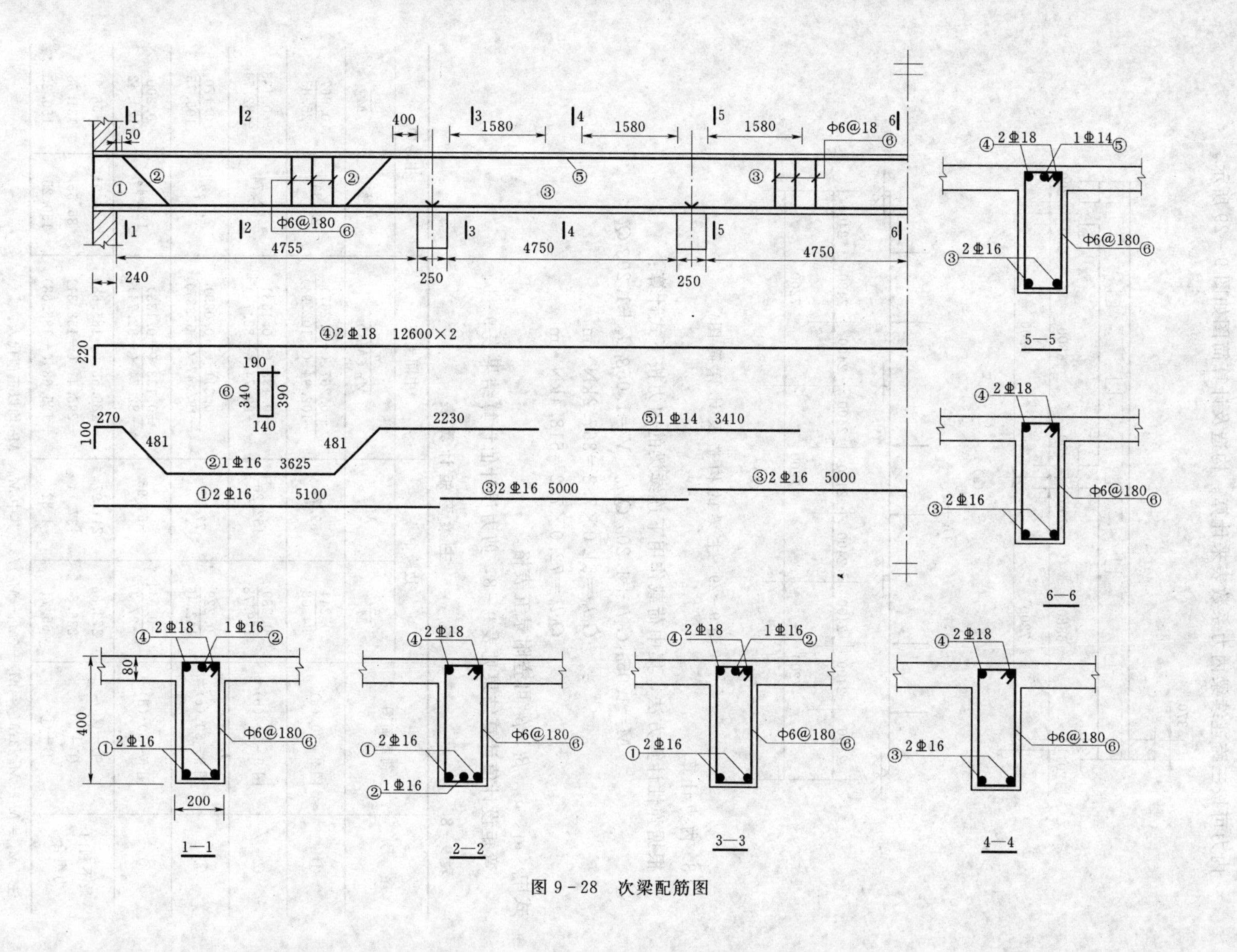
1
2
3
4
5
6
50
400
1580
1580
1580
Φ6@18⑥
①
②
②
③
③
⑤
Φ6@180⑥
4755
4750
4750
240
250
250
④2Φ18　12600×2
220
190
⑥
340
390
140
270
100
481
481
2230
②1Φ16　3625
⑤1Φ14　3410
①2Φ16　5100
③2Φ16　5000
③2Φ16　5000
④2Φ18　1Φ14⑤
③2Φ16
Φ6@180⑥
5—5
④2Φ18
③2Φ16
Φ6@180⑥
6—6
④2Φ18　1Φ16②
80
400
①2Φ16
Φ6@180⑥
200
1—1
④2Φ18
①2Φ16
②1Φ16
Φ6@180⑥
2—2
④2Φ18　1Φ16②
①2Φ16
Φ6@180⑥
3—3
④2Φ18
③2Φ16
Φ6@180⑥
4—4

图 9－28　次梁配筋图

内力可按三跨连续梁内力系数表来计算。构造及计算简图如图 9-29 所示。

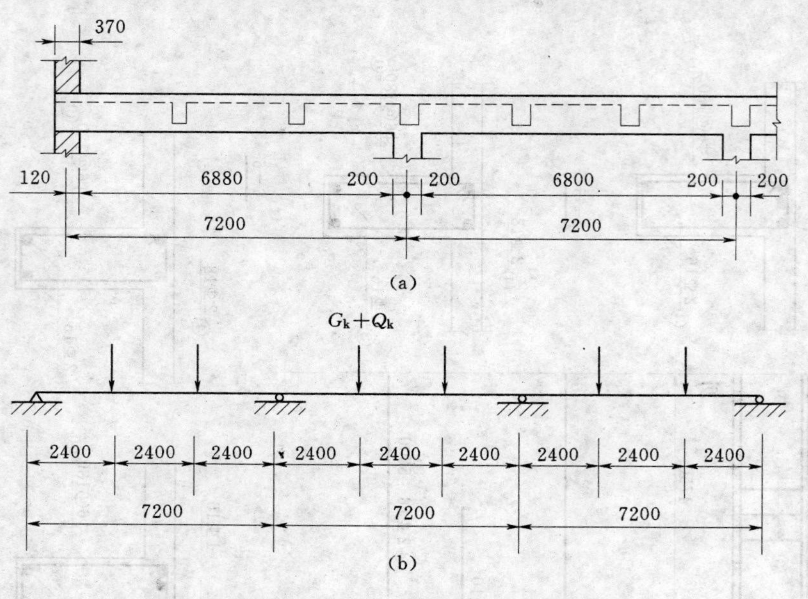

图 9-29　主梁的构造及计算简图

3. 内力计算

根据弹性计算方法，集中荷载作用下连续梁的内力按下式计算：

$$M=1.05\alpha_1 G_k l_0+1.20\alpha_2 Q_k l_0 \quad V=1.05\beta_1 G_k+1.20\beta_2 Q_k$$

$$G_k l_0=51.0\times7.2=367.2\text{kN}\cdot\text{m}$$

$$Q_k l_0=72.0\times7.2=518.4\text{kN}\cdot\text{m}$$

式中　α_1、α_2、β_1、β_2 可查附录五表格。

弯矩设计值计算结果见表 9-8，剪力设计值计算结果表 9-9。

表 9-8　　**主梁弯矩计算表**

序号	荷载简图	边跨中		中间支座	中跨中	
		$\frac{\alpha}{M_1}$	M_{1a}	$\frac{\alpha}{M_B\ (M_C)}$	M_{2b}	$\frac{\alpha}{M_2}$
①	图 9-30 (a)	0.244 / 94.08	59.77	−0.267 (−0.267) / −102.94 (−102.94)	25.83	0.067 / 25.83
②	图 9-30 (b)	0.289 / 179.78	152.20	−0.133 (−0.133) / −82.74 (−82.74)	−82.74	−0.133 / −82.74
③	图 9-30 (c)	0.229 / 142.46	77.97	−0.311 (−0.089) / −193.47 (−55.37)	59.72	0.170 / 105.75
④	图 9-30 (d)	−0.044 / −27.37	−54.95	−0.133 (−0.133) / −82.74 (−82.74)	124.42	0.200 / 124.42
最不利内力组合	①+②	273.86	211.97	−185.68 (−185.68)	−56.91	−56.91
	①+③	236.54	137.74	−296.41 (−158.31)	85.55	131.58
	①+④	66.71	4.82	−185.68 (−185.68)	150.25	150.25

注　$M_{1a}=M_1-M_B/3$；$M_{2b}=M_2-(M_B-M_C)/3$，其中 M_B、M_C 均以正值代入。

表 9-9 主梁剪力计算表

序 号	计算简图	边支座	边跨中	中间支座	中间跨中
		$\frac{\beta}{V_A}$	V_1^r	$\frac{\beta}{V_B^l\ (V_B^r)}$	V_{2b}^r
①	图 9-30 (a)	$\frac{0.733}{39.25}$	−14.30	$\frac{-1.267\ (1.000)}{-67.85\ (53.55)}$	0
②	图 9-30 (b)	$\frac{0.866}{74.82}$	−11.58	$\frac{-1.134\ (0)}{-97.98\ (0)}$	0
③	图 9-30 (c)	$\frac{0.689}{59.53}$	−26.87	$\frac{-1.311\ (1.222)}{-113.27\ (105.58)}$	19.18
④	图 9-30 (d)	$\frac{-0.133}{-11.49}$	−11.49	$\frac{-0.133\ (1.000)}{-11.49\ (86.40)}$	0
最不利内力组合	①+②	114.07	−25.88	−165.83 (53.55)	0
	①+③	98.78	−41.17	−181.12 (159.13)	19.18
	①+④	27.76	−25.79	−79.34 (139.95)	0

可变荷载的最不利组合位置见图 9-30。

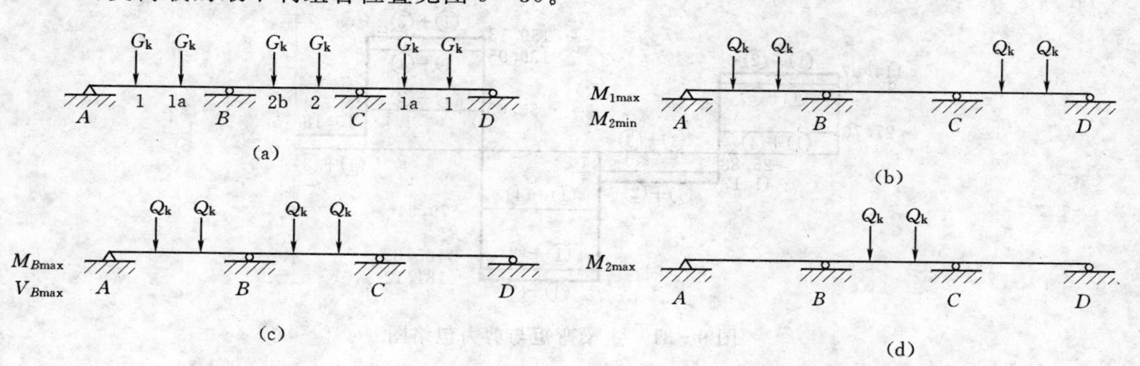

图 9-30 可变荷载的最不利组合

主梁的弯矩包络图和剪力包络图见图 9-31。

4. 正截面承载力计算

主梁跨中截面按 T 形截面计算，翼缘高度 $h_f'=80$mm。

计算翼缘宽度：

$$b_f'=l_0/3=7.2/3=2.4\text{m}<b+s_n=5.0\text{m}$$

所以取 $b_f'=2400$mm。

截面有效高度：

支座 B： $h_0=650-80=570$mm

边跨中： $h_0=650-70=580$mm

中跨截面： $h_0=650-40=610$mm（下部） $h_0=650-60=590$mm（上部）

主梁支座截面按矩形截面计算，计算弯矩采用支座边缘截面处的弯矩值，即

$$M_B'=-(M_B-0.5bV_0)$$

因为 $b=0.4\text{m}>0.05l_n=0.05\times6.8=0.34\text{m}$，取 $b=0.34$m。

$M_B'=-(M_B-0.5bV_0)=-[296.41-0.5\times0.34(1.05\times51.0+1.20\times72.0)]$

$=-272.62\text{kN}\cdot\text{m}$

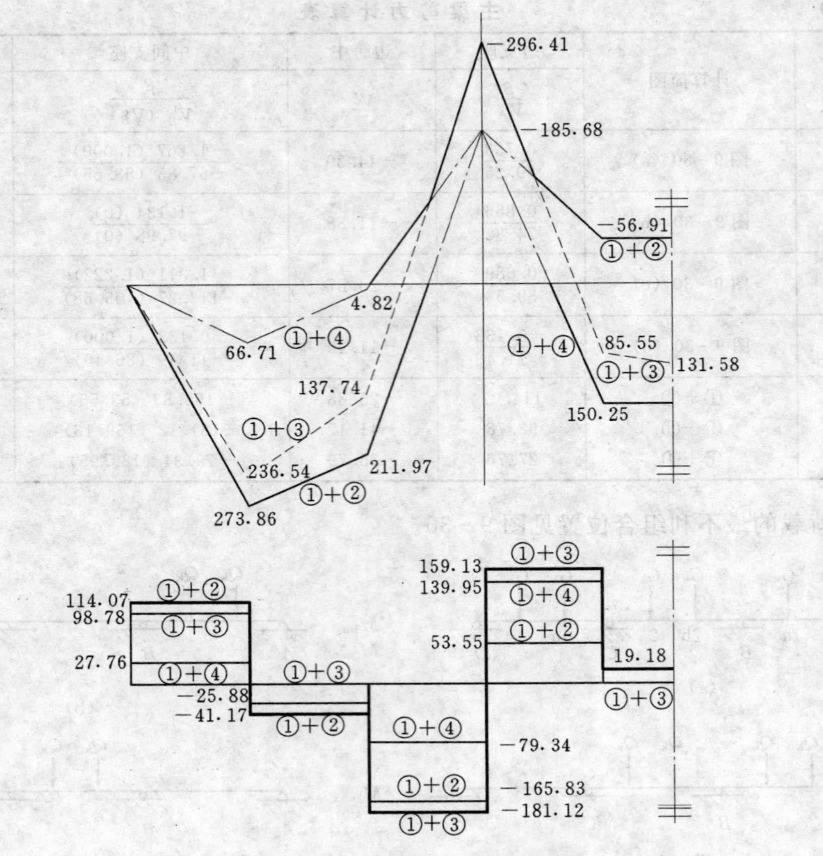

图 9-31 主梁弯矩与剪力包络图

判别 T 形梁截面类型：

$$f_c b_f' h_f' (h_0 - h_f'/2) = 11.9 \times 2400 \times 80 \times (580 - 80/2) = 1233.8\text{kN} \cdot \text{m}$$

$$> KM_1 = 1.20 \times 273.86 = 328.63\text{kN} \cdot \text{m}$$

$$> KM_2 = 1.20 \times 150.25 = 180.30\text{kN} \cdot \text{m}$$

主梁跨中按第一类 T 形梁截面计算。

$f_c = 11.9\text{N/mm}^2$，$f_t = 1.27\text{N/mm}^2$，$f_y = 360\text{N/mm}^2$，承载力安全系数 $K = 1.20$，计算结果见表 9-10。

连续梁的配筋构造：

(1) 纵向钢筋直径宜选用 12～25mm，最大不宜超过 28mm。

(2) 纵向钢筋直径种类不宜超过两种，且直径差应大于或等于 2mm。

(3) 每排纵向受力钢筋宜用 3～4 根，最多用两排。

(4) 选配钢筋时，先选跨中受力钢筋，支座负弯矩钢筋可由两边跨中的一部分钢筋弯起而得，如果不足，则另加直钢筋以满足支座上面负弯矩所需的钢筋量。弯起钢筋的弯起点应满足斜截面受弯承载力的要求。

表 9-10　主梁正截面受弯承载力计算

截　面	边跨中	中间支座 B	中跨中	
M (kN·m)	273.86	−272.62	150.25	−56.91
b_f'或 b (mm)	2400	250	2400	250
h_0 (mm)	580	570	610	590
$\alpha_s=\frac{KM}{f_c b_f'(或\ b)\ h_0^2}$	0.034	0.338	0.017	0.066
$\xi=1-\sqrt{1-2\alpha_s}$	0.035	0.431	0.017	0.068
$A_s=\xi\frac{f_c}{f_y}b_f'(或\ b)h_0(mm^2)$	1610	2030	823	332
选配钢筋	2 Φ 20（直） +2 Φ 18（直） 2 Φ 18（弯）	4 Φ 22（直） +2 Φ 18（左弯）	3 Φ 20 （直）	2 Φ 22 （直）
实配面积 (mm^2)	1645	2029	942	760
$\rho=A_s/(bh_0)(\%)(\rho_{min}=0.20\%)$	1.13	1.42	0.62	0.52

(5) 跨中下部受力钢筋至少要有 2 根伸入支座，并放在下部两角处（兼作支座截面架立钢筋），其面积不宜小于跨中钢筋面积的一半。

(6) 支座上部钢筋由两边弯起时，应不使钢筋在支座处碰头，另加直钢筋应放在上面两角处（兼作架立钢筋）。

(7) 绘制结构施工图时，所有钢筋均应予以编号，如钢筋的种类、直径、形状及长度完全相同，可以编同一个号，否则需分别编号。

(8) 主梁应绘制弯矩包络图及抵抗弯矩图，以确定纵筋弯起或截断的具体位置。

5. 主梁斜截面受剪承载力计算

计算结果见表 9-11。

表 9-11　主梁斜截面受剪承载力计算

截　面	支座 A	支座 B（左）	支座 B（右）
V (kN)	114.07	−181.12	159.13
KV (kN)	136.88	−217.34	190.96
h_0 (mm)	580	570	570
$0.25f_cbh_0$ (kN)	$431.4>KV$	$423.9>KV$	$423.9>KV$
$V_c=0.7f_tbh_0$ (kN)	$128.9<KV$	$126.7<KV$	$126.7<KV$
选配箍筋肢数、直径 (mm)	2、8	2、8	2、8
$s=\frac{1.25f_{yv}A_{sv}h_0}{KV-0.7f_tbh_0}$ (mm)	1927	167	235
实配箍筋间距 s (mm)	160	160	200
$\rho_{sv}=A_{sv}/(bs)(\%)(\rho_{svmin}=0.15\%)$	0.25	0.25	0.20
$V_{cs}=0.7f_tbh_0+1.25f_{yv}\frac{A_{sv}}{s}h_0$	225.0	221.2	202.3

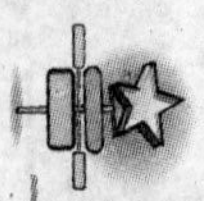

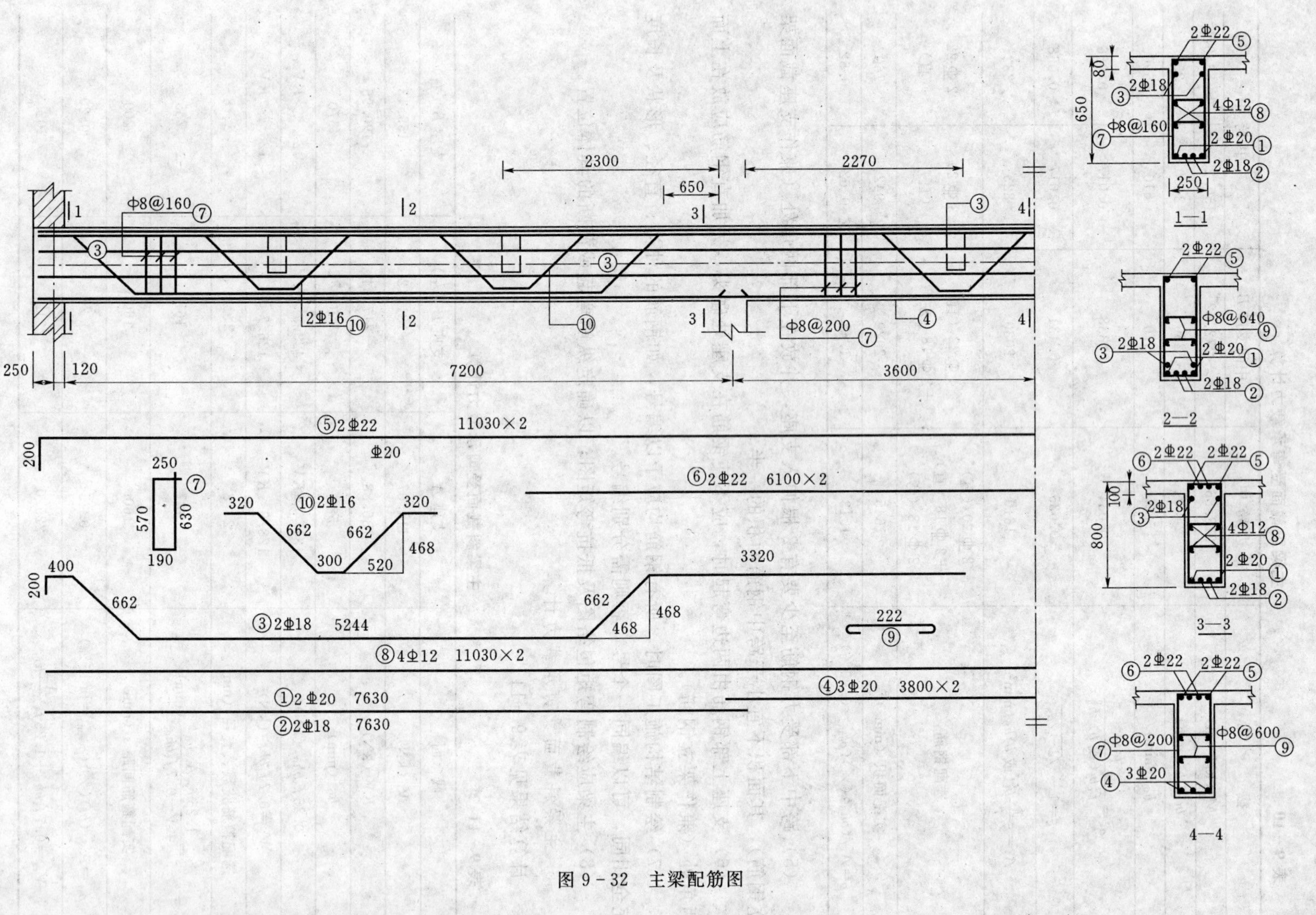
1—1
2—2
3—3
4—4
2Φ22
4Φ12
2Φ20
2Φ18
Φ8@160
Φ8@640
Φ8@200
Φ8@600
3Φ20
2Φ16
650
800
250
80
100
2300
650
2270
250
120
7200
3600
⑤2Φ22 11030×2
Φ20
⑥2Φ22 6100×2
⑩2Φ16
320
662
300
520
468
3320
400
200
③2Φ18 5244
⑧4Φ12 11030×2
④3Φ20 3800×2
①2Φ20 7630
②2Φ18 7630
222
570
630
190

图 9-32 主梁配筋图

6. 主梁吊筋的计算

由次梁传来的全部集中荷载为

$$F=1.05G_k+1.20Q_k=1.05\times51+1.20\times72=139.95\text{kN}$$

$$A_{sb}\geqslant\frac{KF}{f_{yv}\sin\alpha}=\frac{1.20\times139.95\times10^3}{360\times\sin45^\circ}=660\text{mm}^2$$

选用 2 Φ16 ($A_{sb}=2\times2\times201=804\text{mm}^2$)。

主梁的配筋图如图 9-32 所示。

7. 结构施工图

该肋形结构的结构施工图包括板的配筋图（见图 9-26）、次梁配筋图（见图 9-28）、主梁配筋图（见图 9-32）和钢筋表以及说明等内容。

板和次梁的钢筋表见表 9-12。

表 9-12 板和次梁钢筋表

构件	编号	简图	直径 (mm)	长度 (mm)	根数	总长 (m)	单重 (kg/m)	总重 (kg)
板	1	2380	φ10	2505	350	876.8	0.617	540.99
	2	2400	φ8	2500	1225	3062.5	0.395	1209.69
	3	60 1300 60	φ10	1420	350	497.0	0.617	306.65
	4	60 1300 60	φ8	1420	510	724.2	0.395	286.06
	5	60 1300 60	φ10	1420	540	766.8	0.617	473.12
	6	5000	φ6	5075	450	2283.8	0.222	507.00
	7	60 580 60	φ6	700	434	303.8	0.222	67.44
	8	60 700 60	φ6	820	32	26.2	0.222	5.82
	9	60 1450 60	φ8	1570	432	678.2	0.395	267.89
	10	24760	φ6	24835	70	1738.5	0.222	385.95
	11	21360	φ6	21435	38	814.5	0.222	180.82
	合计							4231.43
次梁	1	5100	Φ16	5100	32	163.2	1.58	257.86
	2	100 270 481 3625 481 2180	Φ16	7137	16	114.2	1.58	180.44
	3	5000	Φ16	5000	48	240.0	1.58	379.20
	4	220 25200 220	Φ18	25640	16	410.2	2.00	820.4
	5	3410	Φ14	3410	16	54.6	1.21	66.07
	6	190 390 340 140	φ6	1060	1152	1221.1	0.222	271.08
	合计							1975.05

注 1. 图中尺寸单位均为 mm。
2. 板、次梁及主梁均采用 C25 混凝土。
3. 梁内纵向受力钢筋 采用 HRB400 级，其他钢筋采用 HRB335 或 HPB235 级。
4. 板的混凝土净保护层 $c=20$mm，梁的混凝土净保护层 $c=30$mm，钢筋端部的保护层为 20mm。
5. 钢筋半圆弯钩的长度为 $6.25d$。
6. 钢筋总用量没有考虑钢筋的搭接和损耗（损耗一般按 5%计）。

第三节 三跨连续 T 形梁设计例题

一、基本情况

某水闸的工作桥（3 级水工建筑物，处于露天环境）由两根连续 T 形梁组成。每扇闸门由一台 2×160kN 绳鼓式启闭机控制启闭。图 9-33 为工作桥及启闭机位置示意图。要求设计甲梁。

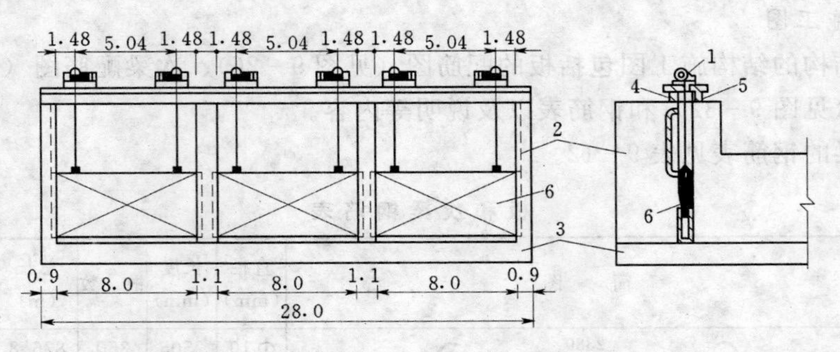

图 9-33 工作桥及启闭机位置示意图（尺寸单位：m）

1—160kN 绳鼓式启闭机；2—闸墩；3—闸底板；4—甲梁；5—乙梁；6—闸门

二、设计资料

T 形梁截面（见图 9-34）：$b'_f=800-50=750$mm，$h'_f=120$mm，$b=250$mm，$h=700$mm。梁的净跨度 $l_n=8.0$m，支座宽度 $a=1.1\text{m}>0.05l_c=0.05\times9.1=0.455$m，故计算弯矩时，梁的计算跨度 $l_0=1.05l_n=8.4$m。两根梁之间铺放长为 800mm 的预制钢筋混凝土板，两根梁的净距为 700mm。

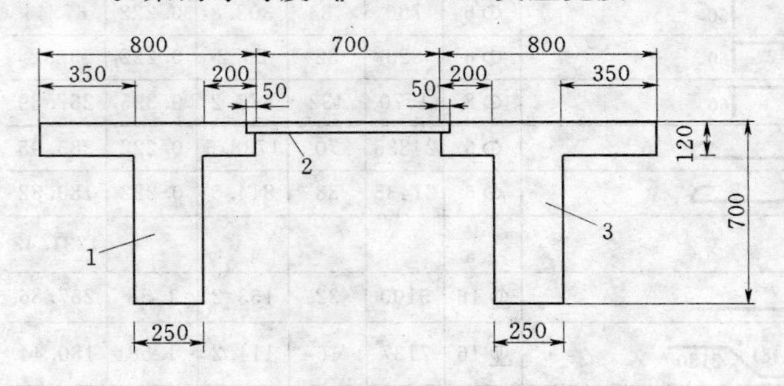

图 9-34 梁截面各部分尺寸

1—甲梁；2—预制板；3—乙梁

分配给甲梁承受的荷载为

机墩及绳鼓重 $G_{1k}=10.0$kN

减速箱及电机重 $G_{2k}=10.0$kN

启门力 $Q_k=80.0$kN

甲梁自重及预制板重

$$g_k=\left(0.8\times0.12+0.58\times0.25+\frac{0.05\times0.7}{2}\right)\times25=6.46\text{kN/m}$$

人群荷载 $q_k=3.0$kN/m

混凝土强度等级采用 C30，纵筋采用 HRB400 级钢筋，箍筋用 HPB235 级钢筋。查表得材料强度设计值 $f_c=14.3\text{N/mm}^2$，$f_t=1.43\text{N/mm}^2$，$f_y=360\text{N/mm}^2$，$f_{yv}=210\text{N/mm}^2$。

3 级水工建筑物，基本组合的承载力安全系数 $K=1.20$。

三、设计过程

（一）内力计算

梁的计算简图如图 9-35 所示。

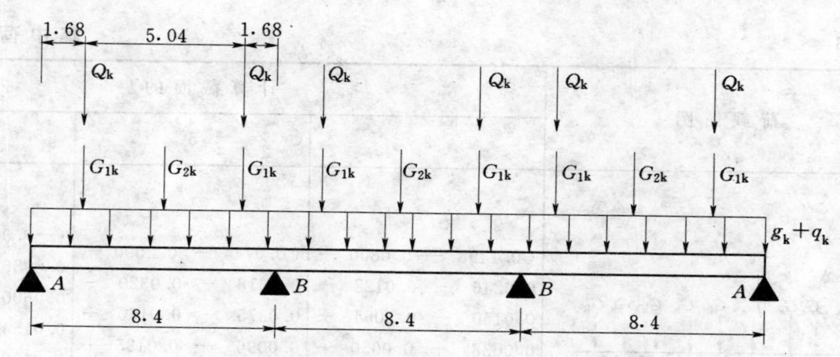

图 9-35 梁的计算简图（尺寸单位：m）

1. 集中荷载作用下的内力计算

梁上作用的集中可变荷载是启门力 Q_k，Q_k 作用在梁跨度的五分点上（1.68/8.4=1/5）。集中永久荷载 G_{1k} 也作用在梁跨度的五分点上，G_{2k} 作用在梁跨度的中点。永久荷载只有一种作用方式，可变荷载则要考虑各种可能的不利作用方式。

利用附录七可计算出在集中荷载作用下各跨十分点截面上的最大与最小弯矩值及支座截面的最大与最小剪力值。其计算公式为

$$M=1.05\alpha_1 G_k l_0+1.20\alpha_2 Q_k l_0=\alpha_1(1.05\,G_k l_0)+\alpha_2(1.20Q_k l_0)$$

$$V=1.05\beta_1 G_k+1.20\beta_2 Q_k=\beta_1(1.05\,G_k)+\beta_2(1.20Q_k)$$

故

$$1.05G_{1k}=1.05\times10.0=10.50\text{kN}$$

$$1.05G_{2k}=1.05\times10.0=10.50\text{kN}$$

$$1.20Q_k=1.20\times80.0=96.00\text{kN}$$

$$1.05G_k l_0=10.5\times8.4=88.20\text{kN}\cdot\text{m}$$

$$1.20Q_k l_0=96.0\times8.4=806.40\text{kN}\cdot\text{m}$$

系数 α、β 可根据荷载的作用图式，由附录七查出每一荷载作用时的系数值，然后叠加求出荷载作用点处的内力。

附录七中是将连续梁的每跨分为十等份。为了计算简单，只计算 2、5、8、B、12、15 这六个截面的内力。例如当两个边跨有启门力 Q_k 作用，中间跨没有启门力作用时，荷载计算简图如图 9-36 所示。要计算截面 2 的弯矩，则从附录七查得：Q_k 作用在位置 2 时，$\alpha_{2,2}=0.1498$；Q_k 作用在位置 8 时，$\alpha_{2,8}=0.0246$；Q_k 作用在位置 22 时，$\alpha_{2,22}=0.0038$；Q_k 作用在位置 28 时，$\alpha_{2,28}=0.0026$，故 $\alpha_2=0.1498+0.0246+0.0038+0.0026=0.1808$。因此，在这种荷载图式作用下，截面 2 的弯矩 $M=\alpha_2(1.20Q_k l_0)=0.1808\times806.40=145.80\text{kN}\cdot\text{m}$。

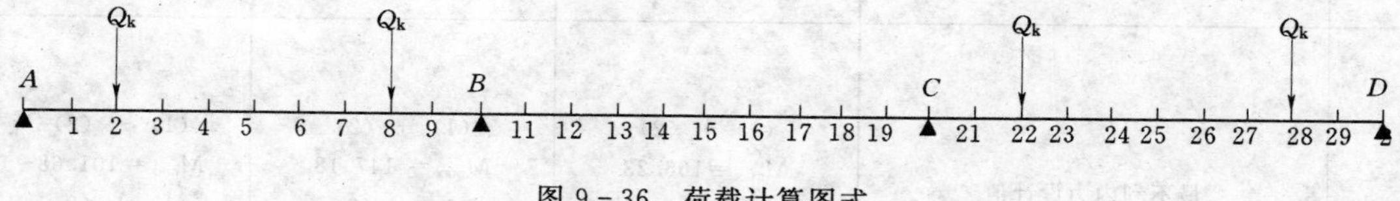

图 9-36 荷载计算图式

同理可算出各种集中荷载作用图式下每个截面的内力值。组合后就可得到各截面最不利内力值。在集中荷载作用下的内力计算结果见表 9-13。

表 9-13　　　　**集中荷载作用下**

序号	荷载简图	计算截面的		
		2	5	8
1	G_k G_k G_k G_k G_k G_k G_k G_k G_k A 2 5 8 B 12 15 18 B 22 25 28 A	(0.1498 + 0.0800 + 0.0246 − 0.0128 − 0.0150 − 0.0064 + 0.0038 + 0.0050 + 0.0026) × 88.2 = 0.2316×88.2= 20.43	(0.0744 + 0.2000 + 0.0616 − 0.0320 − 0.0375 − 0.0160 + 0.0096 + 0.0125 + 0.0064) × 88.2 = 0.2790×88.2= 24.61	(−0.0010+0.02+ 0.0986 − 0.0512 − 0.0600 − 0.0256 + 0.0154 + 0.02 + 0.0102) × 88.2 = 0.0264 × 88.2 = 2.33
2	Q_k Q_k Q_k Q_k A 2 5 8 B 12 15 18 B 22 25 28 A	(0.01498 + 0.0246 + 0.0038 + 0.0026) × 806.4 = 0.1808×806.4 =145.80	(0.0744 + 0.0616 + 0.0096 + 0.0064) × 806.4 = 0.152×806.4 =122.57	(0.001 + 0.0986 + 0.0154 + 0.0102) × 806.4 = 0.1232 ×806.4= 99.35
3	Q_k Q_k A 2 5 8 B 12 15 18 B 22 25 28 A	(−0.0128 − 0.0064) ×806.4 =−0.0192× 806.4=−15.48	(−0.032 − 0.016) × 806.4 = − 0.048 × 806.4=−38.71	(−0.0512−0.0256) ×806.4 =−0.0768 ×806.4=−61.93
4	Q_k Q_k Q_k Q_k A 2 5 8 B 12 15 18 B 22 25 28 A	(0.01498 + 0.0246 − 0.0128 − 0.0064) × 806.4 =0.1552×806.4 = 125.15	(0.0744 + 0.0616 − 0.0320 − 0.016) × 806.4 = 0.088 × 806.4 =70.96	(− 0.001 + 0.0986 −0.0512−0.0256) × 806.4 = 0.0208 ×806.4= 16.77
5	最不利内力设计值	(1) + (2) M_{max}=166.23 (1) + (3) M_{min}= 4.95	(1) + (2) M_{max}= 147.18 (1) + (3) M_{min}=−14.10	(1) + (2) M_{max}=101.68 (1) + (3) M_{min}=−59.6

的内力计算表

弯矩值（kN·m）			支座剪力值（kN）		
B	12	15	V_A	V_B^l	V_B^r
(−0.0512−0.1000−0.0768−0.064−0.075−0.032+0.0192+0.025+0.0128)×88.2=−0.342×88.2=−30.16	(−0.0384−0.075−0.0576+0.1024+0.02+0.0016+0+0+0)×88.2=−0.042×88.2=−3.70	(−0.0192−0.0375−0.0288+0.052+0.175+0.052−0.0288−0.0375−0.0192)×88.2=0.108×88.2=9.53	(0.07488+0.4+0.1232−0.064−0.075−0.032+0.0192+0.025+0.0128)×10.5=1.158×10.5=12.16	(−0.2512−0.6−0.8768−0.064−0.075−0.032+0.0192+0.025+0.0128)×10.5=−1.842×10.5=−19.34	(0.064+0.125+0.096+0.832+0.5+0.168−0.096−0.125−0.064)×10.5=1.5×10.5=15.75
(−0.0512−0.0768+0.0192+0.0128)×806.4=−0.096×806.4=−77.41	(−0.0384−0.0576)×806.4=−0.096×806.4=−77.41	(−0.0192−0.0288−0.0288−0.0192)×806.4=−0.096×806.4=−77.41	(0.7488+0.1232+0.0192+0.0128)×96=0.904×96=86.78	(−0.2512−0.8768+0.0192+0.0128)×96=−1.096×96=−105.22	(0.064+0.096−0.096−0.064)×96=0×96=0
(0.064−0.032)×806.4=−0.096×806.4=−77.41	(0.1024+0.0016)×806.4=0.104×806.4=83.87	(0.052+0.052)×806.4=0.104×806.4=83.87	(−0.064−0.032)×96=−0.096×96=−9.22	(−0.064−0.032)×96=−0.096×96=−9.22	(0.832+0.168)×96=1×96=96
(−0.0512−0.0768−0.064−0.032)×806.4=−0.224×806.4=−180.63	(−0.0384−0.0576+0.1024+0.0016)×806.4=0.008×806.4=6.45	(−0.0192−0.0288+0.052+0.052)×806.4=0.056×806.4=45.16	(0.7488+0.1232−0.064−0.032)×96=0.776×96=74.50	(−0.2512−0.8768−0.064−0.032)×96=−1.224×96=−117.50	(0.064+0.096+0.832+0.168)×96=1.16×96=111.36
(1)+(2) M_{max}=−107.57 (1)+(4) M_{min}=−210.79	(1)+(3) M_{max}=80.17 (1)+(2) M_{min}=−81.11	(1)+(3) M_{max}=93.40 (1)+(2) M_{min}=−67.88	(1)+(2) V_{max}=98.94 (1)+(3) V_{min}=2.94	(1)+(3) V_{max}=−28.56 (1)+(4) V_{min}=−136.84	(1)+(4) V_{max}=127.11 (1)+(2) V_{min}=15.75

2. 均布荷载作用下的内力计算

在均布永久荷载和均布可变荷载作用下的最大与最小弯矩值，可利用附录六表格计算。为了与集中荷载作用下的弯矩值组合，在此只计算相应截面的弯矩值。

$$M_{max}=1.05\alpha g_k l_0^2+1.20\alpha_1 q_k l_0^2=\alpha(1.05g_k l_0^2)+\alpha_1(1.20\ q_k l_0^2)$$

$$M_{min}=1.05\alpha g_k l_0^2+1.20\alpha_2 q_k l_0^2=\alpha(1.05g_k l_0^2)+\alpha_2(1.20\ q_k l_0^2)$$

$$1.05g_k l_0^2=1.05\times6.46\times8.4^2=478.61\text{kN}\cdot\text{m}$$

$$1.20q_k l_0^2=1.20\times3.0\times8.4^2=254.02\text{kN}\cdot\text{m}$$

在均布荷载作用下的最大与最小剪力可利用附录五表格计算。

$$V=\beta_1(1.05g_k l_n)+\beta_2(1.20q_k l_n)$$

$$1.05g_k l_n=1.05\times6.46\times8.0=54.26\text{kN}$$

$$1.20q_k l_n=1.20\times3.0\times8.0=28.80\text{kN}$$

计算结果见表 9-14 和表 9-15。

3. 最不利内力组合

各截面的最不利内力，是由集中荷载和均布荷载产生的最不利内力相叠加而得。计算结果见表 9-16。

表 9-14　　均布荷载作用下的弯矩计算表

截面	系数			弯矩值（kN·m）			最大与最小弯矩计算值（kN·m）	
	α	α_1	α_2	α（$1.05g_k l_0^2$）	α_1（$1.2q_k l_0^2$）	α_2（$1.2q_k l_0^2$）	M_{max}	M_{min}
2	0.060	0.070	−0.010	28.72	17.78	−2.54	46.50	26.18
5	0.075	0.100	−0.025	35.90	25.40	−6.35	61.30	29.55
8	0	0.0402	−0.0402	0	10.21	−10.21	10.21	−10.21
B	−0.100	0.0167	−0.1167	−47.86	4.24	−29.64	−43.62	−77.50
12	−0.020	0.030	−0.050	−9.57	7.62	−12.70	−1.95	−22.27
15	0.025	0.075	−0.050	11.97	19.05	−12.70	31.02	−0.73

表 9-15　　均布荷载作用下的剪力计算表

项次	荷载简图	剪力（kN）		
		V_A	V_B^l	V_B^r
1	(a) g_k A 1 B 2 B 1 A	0.4×54.26 =21.70	−0.6×54.26 =−32.56	0.5×54.26 =27.13
2	(b) q_k A 1 B 2 B 1 A	0.45×28.80 =12.96	−0.55×28.80 =−15.84	0×28.80 =0
3	(c) q_k A 1 B 2 B 1 A	−0.05×28.8 =−1.44	−0.05×28.80 =−1.44	0.5×28.80 =14.40
4	(d) q_k A 1 B 2 B 1 A	0.383×28.80 =11.03	−0.617×28.80 =−17.77	0.583×28.80 =16.79
5	最大剪力设计值	(1)+(2) V_{max}=34.66	(1)+(3) V_{max}=−34.00	(1)+(4) V_{max}=43.92
	最小剪力设计值	(1)+(3) V_{min}=20.26	(1)+(4) V_{min}=−50.33	(1)+(2) V_{min}=27.13

表 9-16　　最不利内力设计值组合

截　面		计算截面的弯矩值（kN·m）						支座截面剪力设计值（kN）		
		2	5	8	B	12	15	V_A	V_B^l	V_B^r
集中荷载产生	最大值	166.23	147.18	101.68	−107.57	80.17	93.40	98.94	−28.56	127.11
	最小值	4.95	−14.10	−59.60	−210.79	−81.11	−67.88	2.94	−136.84	15.75
均布荷载产生	最大值	46.50	61.30	10.21	−43.62	−1.95	31.02	34.66	−34.00	43.92
	最小值	26.18	29.55	−10.21	−77.50	−22.27	−0.73	20.26	−50.33	27.13
总最不利内力	最大值	212.73	208.48	111.89	−151.19	78.22	124.42	133.60	−62.56	171.03
	最小值	31.13	15.45	−69.81	−288.29	−103.38	−68.61	23.20	−187.17	42.88

弯矩包络图可根据表9-16中截面的最大、最小弯矩设计值坐标点绘制而得；剪力包络图可根据表9-16中支座截面最大、最小剪力设计值，按作用相应荷载的简支梁计算出各截面的剪力设计值而绘得。

支座B边缘弯矩：

$$M_B=|M_{B\max}|-0.025l_n|V_B^r|=288.29-0.025\times8.0\times171.03=254.08\text{kN·m}$$

（二）配筋计算

1．纵向受力钢筋计算

连续梁跨中截面为T形截面，计算翼缘宽度为750mm；支座截面承受负弯矩，按矩形截面计算。混凝土强度等级采用C30，材料强度设计值$f_c=14.3\text{N/mm}^2$，$f_t=1.43\text{N/mm}^2$；纵筋采用HRB400级钢筋，$f_y=360\text{N/mm}^2$；箍筋用HPB235级钢筋，$f_{yv}=210\text{N/mm}^2$。

建筑物级别为3级，基本荷载组合的承载力安全系数$K=1.20$。

该梁处于露天环境，取$c=35$mm，则$a_s=50$mm（一排），$a_s=80$mm（两排）。

三跨连续梁正截面承载力计算见表9-17。

表 9-17　　三跨连续梁正截面承载力计算

截　面	边跨中	中间支座 B	中跨中	
M（kN·m）	212.73	−254.08	124.42	−68.61
b_f'或b（mm）	750	250	750	250
h_0（mm）	650	620	650	650
$f_cb_f'h_f'(h_0-h_f'/2)$（kN·m）	759.3		759.3	
$\alpha_s=\dfrac{KM}{f_cb_f'(\text{或}b)h_0^2}$	0.056	0.222	0.033	0.055
$\xi=1-\sqrt{1-2\alpha_s}$	0.058	0.254	0.034	0.057
$A_s=\xi\dfrac{f_c}{f_y}b_f'(\text{或}b)h_0$（mm²）	1123	1564	658	368
选配钢筋	2⌀20（直）+2⌀20（弯）	2⌀25（直）+2⌀20（左弯）	2⌀22（直）	2⌀25（直）
实配面积（mm²）	1256	1610	760	982
$\rho=A_s/(bh_0)$（%）（$\rho_{\min}=0.20\%$）	0.77	1.04	0.47	0.39

2. 横向钢筋计算

斜截面承载力计算见表 9－18。

表 9－18　　三跨连续梁斜截面承载力计算

截　面	支座 A	支座 B（左）	支座 B（右）
V (kN)	133.60	－187.17	171.03
KV (kN)	160.32	224.60	205.24
h_0 (mm)	650	620	620
$0.25f_cbh_0$ (kN)	580.94＞KV	554.13＞KV	554.13＞KV
$V_c=0.7f_tbh_0$ (kN)	162.66＞KV	155.16＜KV	155.16＜KV
选配箍筋肢数、直径 (mm)	2、8	2、8	2、8
$s=\frac{1.25f_{yv}A_{sv}h_0}{KV-0.7f_tbh_0}$ (mm)		237	328
实配箍筋间距 s (mm)	200	200	200
$\rho_{sv}=A_{sv}/(bs)(\%)(\rho_{min}=0.15\%)$	0.20	0.20	0.20
$V_{cs}=0.7f_tbh_0+1.25f_{yv}\frac{A_{sv}}{s}h_0$	248.83	237.35	237.35

3. 绘制配筋图

配筋图见图 9－37，钢筋表略。

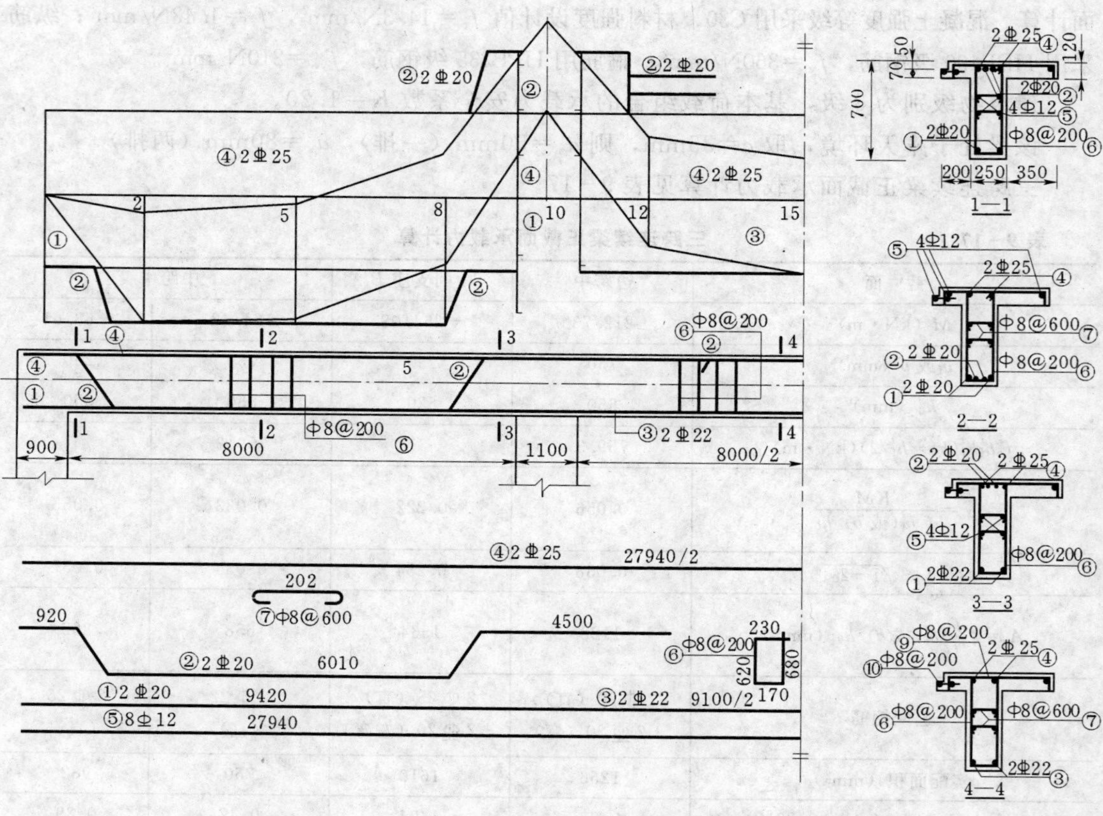

图 9－37　三跨连续梁的配筋图

第四节　整体式双向板肋形结构

一、双向板的试验结果

承受均布荷载的四边简支正方形板［见图 9－38（a)］，当均布荷载逐渐增加时，第一批裂缝出现在板底面的中间部分，随后沿着对角线方向向四角扩展，在接近破坏时，板顶四角附近也出现了与对角线垂直且大致呈圆形的裂缝，这种裂缝的出现促使板底面对角线方向的裂缝进一步扩展，最后跨中受力钢筋达到屈服强度，板受压区被压碎而破坏。

承受均布荷载的四边简支矩形板［见图 9－38（b)］，第一批裂缝出现在板底面的中间部分，方向与长边平行，当荷载继续增加时，这些裂缝逐渐延长，并沿 45°方向扩展。在接近破坏时，板顶面四角也先后出现裂缝，其方向垂直于对角线。这些裂缝的出现促使板底面 45°方向裂缝的进一步扩展。最后跨中受力钢筋达到屈服强度，受压区混凝土被压碎而破坏。

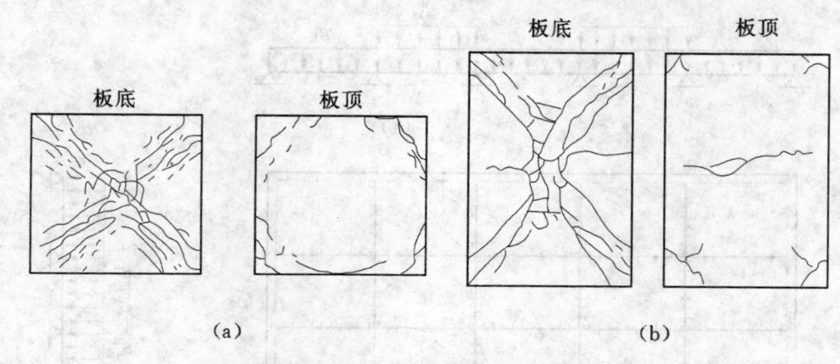

图 9－38　双向板的破坏形态

试验表明，板中钢筋的布置方向对破坏荷载的数值无显著影响，钢筋平行于板的四边布置时，对推迟第一批裂缝的出现有良好的作用，而且施工方便，实际工程中多采用这种布置方式。

简支的正方形或矩形板，在荷载作用下，板的四角都有翘起的趋势。板传给四边支座的压力，并非沿边长均匀分布，而是在支边的中部较大，向两端逐渐减小。

当配筋率相同时，采用较细的钢筋较为有利；当钢筋数量相同时，将板中间部分的钢筋排列较密些要比均匀布置有效。

二、弹性方法计算内力

双向板的内力计算大多是根据板的荷载及支承情况利用有关表格进行计算。

（一）单块双向板的计算

对于承受均布荷载的单块矩形双向板，可以根据板的四边支承情况及沿 x 方向与沿 y 方向的跨度之比，利用附录八表格按下式计算：

$$M=\alpha p l_x^2 \tag{9-7}$$

式中　M——相应于不同支承情况的单位板宽内跨中或支座中点的弯矩值；

α——根据不同支承情况和不同跨度比 l_x/l_y，由附录八查得的弯矩系数；

l_x——板的跨度，见附录八所示；

p——作用在双向板上的均布荷载。

(二) 连续双向板的计算

计算连续的双向板时，可以将连续的双向板简化为单块双向板来计算。

1. 跨中最大弯矩

当均布永久荷载 g_k 和均布可变荷载 q_k 作用时，最不利的荷载应按图 9-39 (a) 布置。这种布置情况可简化为满布的 p' [见图 9-39 (b)] 和一上一下作用的 p'' [见图 9-

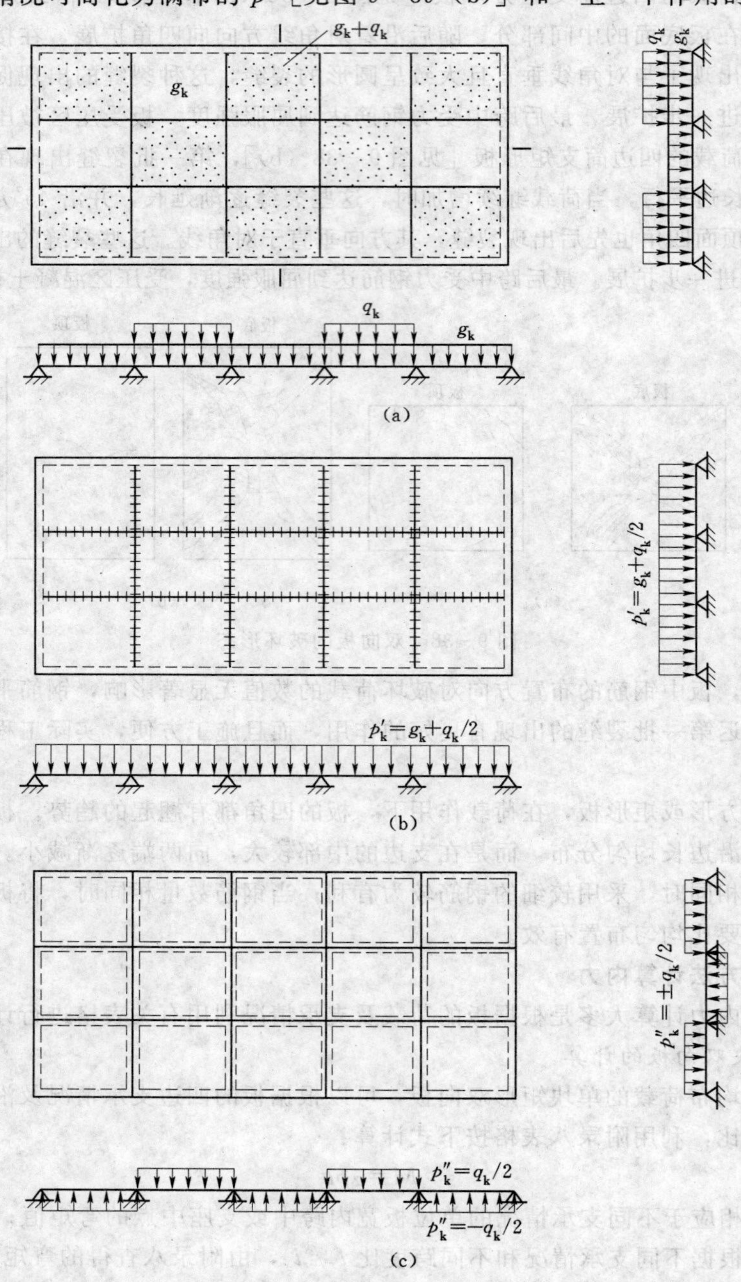

图 9-39　双向板跨中弯矩的最不利荷载布置及分解

39 (c)] 两种荷载情况之和。设全部荷载 $p=g_k+1.15q_k$ 是由 p' 和 p'' 组成，则 $p'=g_k+1.15q_k/2$，$p''=\pm1.15q_k/2$。

在满布的荷载 p' 作用下，因为荷载对称，可近似地认为板的中间支座都是固定支座；在一上一下的荷载 p'' 的作用下，近似符合反对称关系，可以认为中间支座的弯矩为零，即可以把中间支座都看作简支支座。板的边支座根据实际情况确定。这样，就可将连续双向板分成作用 p' 及 p'' 的单块双向板来计算，将上述两种情况求得的跨中弯矩相叠加，便可得到可变荷载在最不利位置时所产生的跨中最大和最小弯矩。

2. 支座中点最大弯矩

将全部荷载 $p=g_k+1.15q_k$ 布满各跨，则可计算支座最大弯矩。这时，板在各内支座处的转角都很小，各跨的板都可近似地认为固定在各中间支座上。这样，连续双向板的支座弯矩，可分别按单块板由附录七查得。如相邻两跨的另一端支承情况不一样，或两跨的跨度不相等，可取相邻两跨板的同一支座弯矩的平均值作为该支座的弯矩计算值。

三、双向板的截面设计与构造

求得双向板跨中和支座的最大弯矩值后，即可按一般受弯构件选择板的厚度和计算钢筋用量。但需注意，双向板跨中两个方向均需配置受力钢筋，钢筋是纵横交叉布置的（纵横向钢筋上下紧靠绑扎或焊接在一起），因而两个方向的截面有效高度是不同的。短跨方向的弯矩较大，钢筋应放在下层。

按弹性方法计算出的板跨中最大弯矩是板中点板带的弯矩，故所求出的钢筋用量是中间板带单位宽度内所需要的钢筋用量。靠近支座的板带的弯矩比中间板带的弯矩要小，它的钢筋用量也比中间板带的钢筋用量为少。考虑到施工的方便，可按图 9-40 处理，即将板在两个方向各划分为三个板带，边缘板带的宽度均为较小跨度 l_1 的 1/4，其余为中间板带。在中间板带，按跨中最大弯矩值配筋。在边缘板带，单位宽度内的钢筋用量则为相应中间板带钢筋用量的一半。但在任何情况下，每米宽度内的钢筋不少于 3 根。

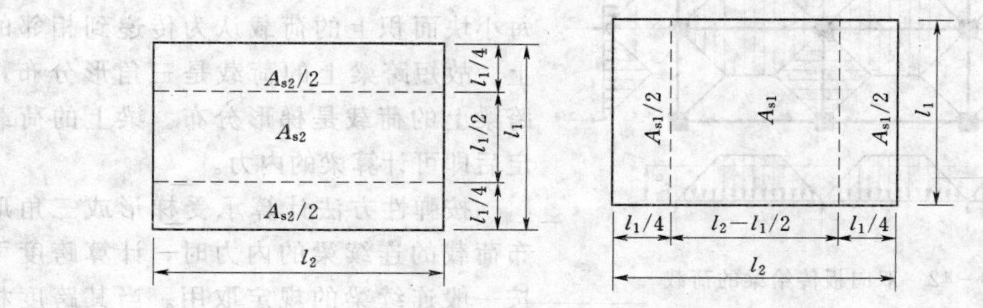

图 9-40　配筋板带的划分

由支座最大弯矩求得的支座钢筋数量，沿板边应均匀配置，不得分带减少。

在简支的单块板中，考虑到简支支座实际上仍可能有部分嵌固作用，可将每一方向的跨中钢筋弯起 1/3～1/2 伸入到支座上面以承担可能产生的负弯矩。

在连续双向板中，承担中间支座负弯矩的钢筋，可由相邻两跨跨中钢筋各弯起 1/3～

1/2 来承担，不足部分另加直钢筋；由于边缘板带内跨中钢筋较少，钢筋弯起较困难，可在支座上面另加直钢筋。

双向板受力钢筋的配筋方式也有弯起式和分离式两种，如图 9-41 所示。

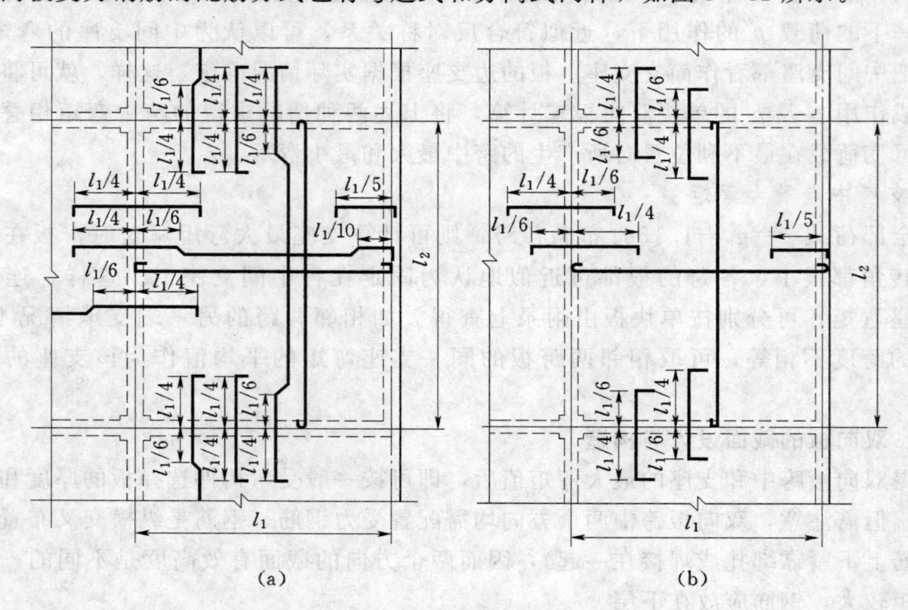

图 9-41　双向板的配筋方式

(a) 弯起式；(b) 分离式

四、支承双向板的梁的计算特点

双向板上的荷载是沿着两个方向传到四边的支承梁上，双向板传给梁的荷载，在设计中多采用近似方法进行分配。即对每一区格，从四角作 45°线与平行于长边的中线相交（见图 9-42），将板的面积分为四小块，每小块面积上的荷载认为传递到相邻的梁上。故短跨梁上的荷载是三角形分布，长跨梁上的荷载是梯形分布。梁上的荷载确定后即可计算梁的内力。

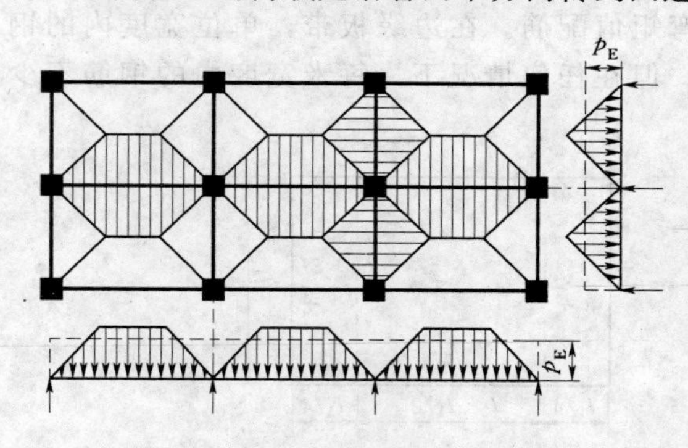

图 9-42　双向板传给梁的荷载

按弹性方法计算承受梯形或三角形分布荷载的连续梁的内力时，计算跨度可仍按一般连续梁的规定取用。当其跨度相等或相差不超过 10％时，可按照支座弯矩等效的原则，将梯形（或三角形）分布荷载折算成等效的均布荷载 p_E（见表 9-19），然后利用附录五求出最不利荷载布置情况下的各支座弯矩。各支座弯矩求出后，可根据各跨梁的静力平衡条件，求出各跨跨中弯矩和支座剪力。

梁的截面设计、裂缝和变形验算以及配筋构造与支承单向板的梁完全相同。

表 9-19 各种荷载化成具有相同支座弯矩的等效均布荷载表

编号	实际荷载图	支座弯矩等效均布荷载 p_E	编号	实际荷载图	支座弯矩等效均布荷载 p_E
1	$l_0/2$ P $l_0/2$	$\frac{3}{2}\frac{P}{l_0}$	7	p；b a b；$a/l_0=\alpha$	$\frac{\alpha(3-\alpha^2)}{2}p$
2	$l_0/3$ P $l_0/3$ P $l_0/3$	$\frac{8}{3}\frac{P}{l_0}$	8	p p；$l_0/3$ $l_0/3$ $l_0/3$	$14p/27$
3	a P a P a P a P a P a；$l_0=na$	$\frac{n^2-1}{n}\frac{P}{l_0}$	9	p p；a b a；$b/l_0=\beta$	$\frac{2(2+\beta)\alpha^2}{l_0^2}p$
4	$l_0/4$ P $l_0/2$ P $l_0/4$	$\frac{9}{4}\frac{P}{l_0}$	10	p	$5p/8$
5	$a/2$ P a P a P a P $a/2$；$l_0=na$	$\frac{2n^2+1}{2n}\frac{P}{l_0}$	11	p；a b a；$a/l_0=\alpha$	$(1-2\alpha^2+\alpha^3)p$
6	p；$l_0/4$ $l_0/2$ $l_0/4$	$11p/16$	12	p；a；$a/l_0=\alpha$	$\frac{\alpha}{4}(3-\frac{\alpha^2}{2})p$
			13	p	$17p/32$

【例 9-1】 某水电站的工作平台，因使用要求，采用双向板肋形结构。板四边与边梁整体浇筑，板厚 150mm，边梁截面尺寸 250mm×600mm，如图 9-43 所示。该工程属 3 级水工建筑物。已知永久荷载标准值 $g_k=4\text{kN/m}^2$；可变荷载标准值 $q_k=8\text{kN/m}^2$。混凝土采用 C25，钢筋采用 HRB335 级。试计算各区格板的弯矩并配筋。

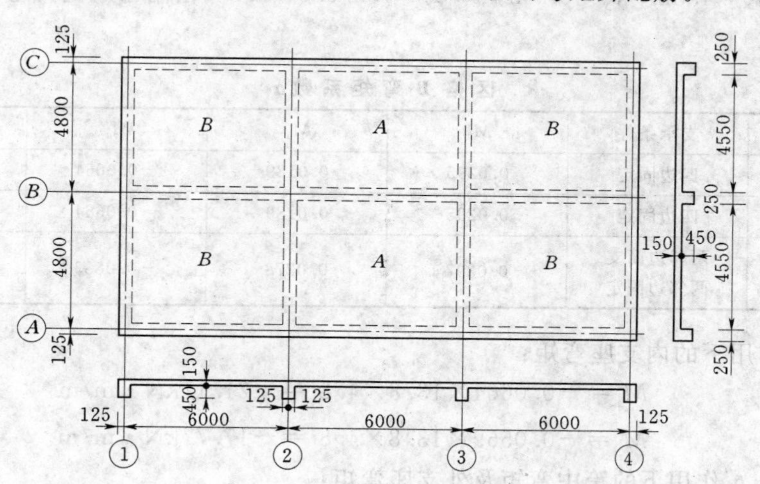

图 9-43 工作平台结构布置图

解：

1. 内力计算

由于结构对称，该平台可分为 A、B 两种区格。可变荷载最不利布置如下：

(1) 当求跨中最大弯矩时，可变荷载按棋盘式布置，即分解为

1) 满布荷载： $p_k'=g_k+q_k/2=4+8/2=8\text{kN/m}^2$

2) 一上一下荷载： $p_k''=\pm q_k/2=\pm 8/2=\pm 4\text{kN/m}^2$

(2) 当求支座最大弯矩时，可变荷载满布：

$$p=1.05g_k+1.20q_k=1.05\times 4+1.20\times 8=13.8\text{kN/m}^2$$

A 区格：$l_x=4.8\text{m}$，$l_y=6.0\text{m}$，$l_x/l_y=4.8/6.0=0.8$，由附录八查得弯矩系数 α（见表 9-20）。

表 9-20　　区格 A 弯矩系数 α

荷载	支承条件	M_x	M_y	M_x^0	M_y^0
p	四边固定	0.0295	0.0189	−0.0664	−0.0559
p_k'	四边固定	0.0295	0.0189	−0.0664	−0.0559
p_k''	三边简支 一边固定	0.0495	0.0270	−0.1007	

荷载 p 作用下的内支座弯矩：

$$M_x^0=-0.0664\times 13.8\times 4.8^2=-21.11\text{kN}\cdot\text{m/m}$$

$$M_y^0=-0.0559\times 13.8\times 4.8^2=-17.77\text{kN}\cdot\text{m/m}$$

荷载 $p_k'+p_k''$ 作用下的跨中弯矩及外支座弯矩：

$$M_x=1.05\times 0.0295\times 8\times 4.8^2+1.20\times 0.0495\times 4\times 4.8^2=11.18\text{kN}\cdot\text{m/m}$$

$$M_y=1.05\times 0.0189\times 8\times 4.8^2+1.20\times 0.0270\times 4\times 4.8^2=6.64\text{kN}\cdot\text{m/m}$$

$$M_x^0=-1.05\times 0.0664\times 8\times 4.8^2-1.20\times 0.1007\times 4\times 4.8^2=-23.99\text{kN}\cdot\text{m/m}$$

B 区格：$l_x=4.8\text{m}$，$l_y=6.0\text{m}$，$l_x/l_y=4.8/6.0=0.8$，由附录八查得弯矩系数 α（见表 9-21）。

表 9-21　　区格 B 弯矩系数 α

荷载	支承条件	M_x	M_y	M_x^0	M_y^0
p	四边固定	0.0295	0.0189	−0.0664	−0.0559
p_k'	四边固定	0.0295	0.0189	−0.0664	−0.0559
p_k''	两邻边简支 两邻边固定	0.0397	0.0278	−0.0883	−0.0748

荷载 p 作用下的内支座弯矩：

$$M_x^0=-0.0664\times 13.8\times 4.8^2=-21.11\text{kN}\cdot\text{m/m}$$

$$M_y^0=-0.0559\times 13.8\times 4.8^2=-17.77\text{kN}\cdot\text{m/m}$$

荷载 $p_k'+p_k''$ 作用下的跨中弯矩及外支座弯矩：

$$M_x=1.05\times 0.0295\times 8\times 4.8^2+1.20\times 0.0397\times 4\times 4.8^2=10.10\text{kN}\cdot\text{m/m}$$

$$M_y=1.05\times 0.0189\times 8\times 4.8^2+1.20\times 0.0278\times 4\times 4.8^2=6.73\text{kN}\cdot\text{m/m}$$

$$M_x^0=-1.05\times 0.0664\times 8\times 4.8^2-1.20\times 0.0883\times 4\times 4.8^2=-22.62\text{kN}\cdot\text{m/m}$$

$$M_y^0=-1.05\times 0.0559\times 8\times 4.8^2-1.20\times 0.0748\times 4\times 4.8^2=-19.09\text{kN}\cdot\text{m/m}$$

2. 配筋计算

取 b=1000mm，f_c=11.9N/mm²，f_y=300N/mm²，c=25mm，K=1.20，h_{01}=150−30=120mm（短向），h_{02}=150−40=110mm（长向）。

配筋计算见表 9-22。

表 9-22　　　　**双向板配筋表**

截面		方向	M (kN·m)	h_0 (mm)	α_s	ξ	A_s (mm²)	选配钢筋	实配钢筋面积 $A_{s实}$ (mm²)
区格 A	内支座	l_x	21.11	120	0.148	0.161	766	Φ10 @ 100	785
		l_y	17.77	120	0.124	0.133	633	Φ10 @ 100	785
	跨中	l_x	11.18	120	0.078	0.081	386	Φ10 @ 200	393
		l_y	6.64	110	0.055	0.057	249	Φ10 @ 200	393
	外支座	l_x	23.99	120	0.168	0.185	881	Φ10/12 @100	958
区格 B	内支座	l_x	21.11	120	0.148	0.161	766	Φ10 @ 100	785
		l_y	17.77	120	0.124	0.133	633	Φ10 @ 100	785
	跨中	l_x	10.10	120	0.071	0.074	352	Φ10 @ 200	393
		l_y	6.73	110	0.056	0.058	253	Φ10 @ 200	393
	外支座	l_x	22.62	120	0.158	0.173	823	Φ10/12 @100	958
		l_y	19.09	120	0.134	0.144	685	Φ10 @ 100	785

注　为计算简便，区格 A 的跨中和内支座的弯矩均未考虑拱作用的折减。

3. 配筋图

双向板配筋图见图 9-44。有关构造规定说明如下：

(1) 为方便施工，工作平台按分离式配筋。

(2) 沿方向 l_x 的钢筋应放置在沿 l_y 方向钢筋的外侧。

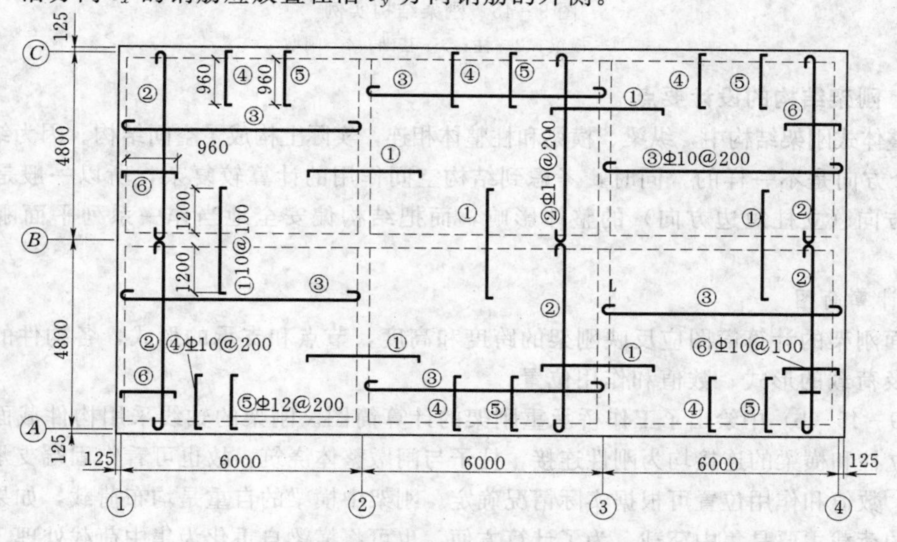

图 9-44　双向板肋形结构配筋图

(3) 由于跨中配筋量较小，为符合受力钢筋最大间距不大于300mm的要求，l_x 和 l_y 两个方向的钢筋用量均按相应的最大值选用。如果选配细直径钢筋且间距较密时，可对边板带钢筋减半配置。

(4) 由于板与边梁整体浇筑，计算时视为固定支座，因此，板中受力钢筋应可靠地锚固于边梁中，锚固长度 l_a 应不小于 $40d$。

第五节　钢筋混凝土刚架结构

刚架是由横梁和立柱刚性连接（刚节点）所组成的承重结构。图9-45（a）是支承渡槽槽身，图9-45（b）是支承工作桥桥面的承重刚架。当刚架高度小于5m时，一般采用单层刚架；大于5m时，宜采用双层刚架或多层刚架。根据使用要求，刚架结构也可以是单层多跨或多层多跨。刚架结构通常也叫框架结构。

刚架立柱与基础的连接可分为铰接和固接两种。采用何种形式的刚架结构，主要取决于地基土壤的承载力情况。

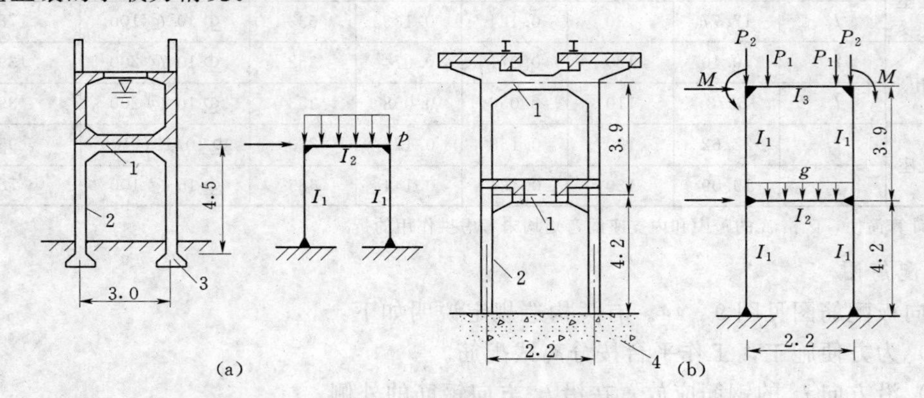

图9-45　刚架结构实例

1—横梁；2—柱；3—基础；4—闸墩

一、刚架结构的设计要点

在整体式刚架结构中，纵梁、横梁和柱整体相连，实际上构成了空间结构。因为结构的刚度在两个方向是不一样的，同时，考虑到结构空间作用的计算较复杂，所以一般是忽略刚度较小方向（立柱短边方向）的整体影响，而把结构偏安全地当作一系列平面刚架进行计算。

1. 计算简图

平面刚架的计算简图应反映刚架的跨度和高度，节点和支承的形式，各构件的截面惯性矩以及荷载的形式、数值和作用位置。

图9-45（b）中绘出了工作桥承重刚架的计算简图。刚架的轴线采用构件截面重心的连线，立柱和横梁的连接均为刚性连接，柱子与闸墩整体浇筑，故也可看作固端支承。荷载的形式、数值和作用位置可根据实际情况确定。刚架中横梁的自重是均布荷载，如果上部结构传下的荷载主要是集中荷载，为了计算方便，也可将横梁自重化为集中荷载处理。

刚架是超静定结构，在内力计算时要用到截面的惯性矩，确定自重时也需要知道截面尺寸。因此，在进行内力计算之前，必须先假定构件的截面尺寸。内力计算后，若有必要再加以修正，一般只有当各杆件的相对惯性矩的变化（较初设尺寸的惯性矩）超过3倍时才需重新计算内力。

如果刚架横梁两端设有支托，但其支座截面和跨中截面的高度之比 $h_c/h<1.6$，或截面惯性矩的比值 $I_c/I<4$ 时，可不考虑支托的影响，而按等截面横梁刚度来计算。

2. 内力计算

刚架内力可按结构力学方法计算。对于工程中的一些常用刚架，可以利用现有的计算公式或图表，也可以采用软件计算。

3. 截面设计

(1) 根据内力计算所得内力（M、V、N），按最不利情况组合后，即可进行承载力计算，以确定截面尺寸和配置钢筋。

(2) 刚架中横梁的轴向力一般很小，可以忽略不计，按受弯构件进行配筋计算。当轴向力不能忽略时，应按偏心受拉或偏心受压构件进行计算。

(3) 刚架立柱中的内力主要是弯矩 M 和轴向力 N，可按偏心受压构件进行计算。在不同的荷载组合下，同一截面可能出现不同的内力，故应按可能出现的最不利荷载组合进行计算。

二、刚架结构的构造

刚架横梁和立柱的构造与一般梁、柱一样。下面简要介绍刚架节点和立柱与基础连接的构造。

（一）节点构造

1. 节点贴角

横梁和立柱的连接会产生应力集中，其交接处的应力分布与内折角的形状有很大关系。内折角越平缓，应力集中越小，如图9-46所示。设计时，若转角处的弯矩不大，可将转角做成直角或加一个不大的填角；若弯矩较大，则应将内折角做成斜坡状的支托，如图9-46（c）所示。

转角处有支托时，横梁底面和立柱内侧的钢筋不能内折［见图9-47（a）］，而应沿斜面另加直钢筋［图9-47（b）］。另加的直钢筋沿支托表面放置，其数量不少于4根，直径与横梁沿梁底面伸入节点内的钢筋直径相同。

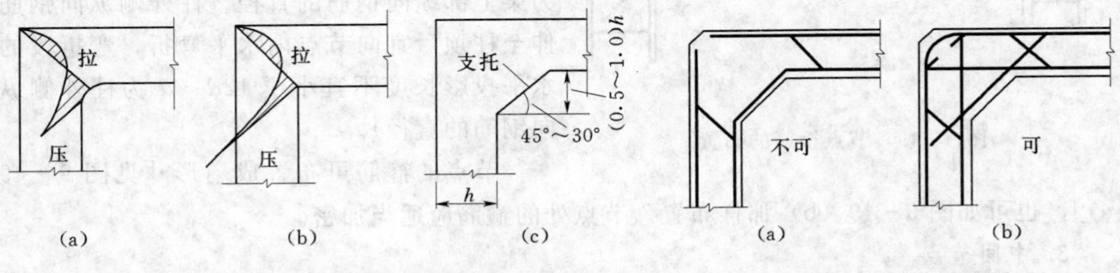

图9-46 刚节点应力集中与支托　　图9-47 支托的钢筋布置

2. 顶层端节点

图9-48 是常用的刚架顶部节点的钢筋布置。

刚架顶层端节点处，可将柱外侧纵向钢筋的相应部分弯入梁内作梁的上部纵向钢筋使

用，也可将梁上部纵向钢筋与柱外侧纵向钢筋在顶层端节点及其附近部位搭接。搭接可采用下列方式：

(1) 搭接接头可沿顶层端节点外侧及梁端顶部布置［见图 9-48 (a)］，搭接长度不应小于 $1.5l_a$，其中，伸入梁内的外侧柱纵向钢筋截面面积不宜小于外侧柱纵向钢筋全部截面的 65%；梁宽范围以外的外侧柱纵向钢筋宜沿节点顶部伸至柱内边，当柱纵向钢筋位于柱顶第一层时，至柱内边后宜向下弯折不小于 $8d$ 后截断；当柱纵向钢筋位于柱顶第二层时，可不向下弯折。当有现浇板且板厚不小于 80mm、混凝土强度等级不低于 C20 时，梁宽范围以外的外侧柱纵向钢筋可伸入现浇板内，其长度与伸入梁内的柱纵向钢筋相同。当外侧柱纵向钢筋配筋率大于 1.2%时，伸入梁内的柱纵向钢筋应满足以上规定，且宜分两批截断，其截断点之间的距离不宜小于 $20d$（d 为柱外侧纵向钢筋的直径）。梁上部纵向钢筋应伸至节点外侧并向下弯至梁下边缘高度后截断。

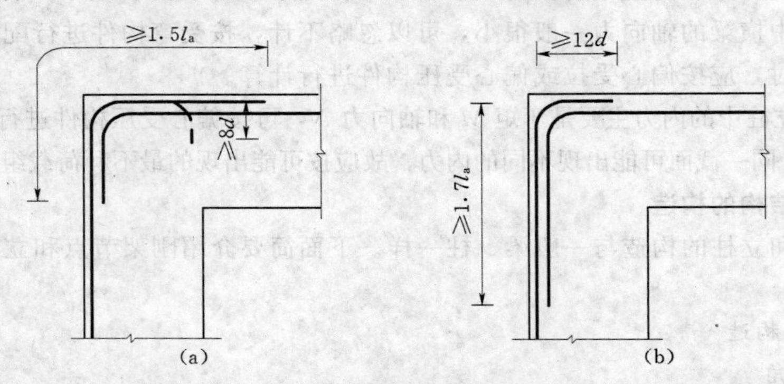

图 9-48　梁上部纵向顶部与柱外侧纵向钢筋在顶层端节点的搭接

(a) 位于节点外侧和梁端顶部的弯折搭接接头；(b) 位于柱顶部外侧的直线搭接接头

(2) 搭接接头也可沿柱顶外侧布置［见图 9-48 (b)］，此时，搭接长度竖直段不应小于 $1.7l_a$。当梁上部纵向钢筋的配筋率大于 1.2%时，弯入柱外侧的梁上部纵向钢筋应满足以上规定的搭接长度，且宜分两批截断，其截断点之间的距离不宜小于 $20d$，d 为梁上部纵向钢筋的直径。柱外侧纵向钢筋伸至柱顶后宜向节点内水平弯折，弯折段的水平投影长度不宜小于 $12d$（d 为柱外侧纵向钢筋的直径）。

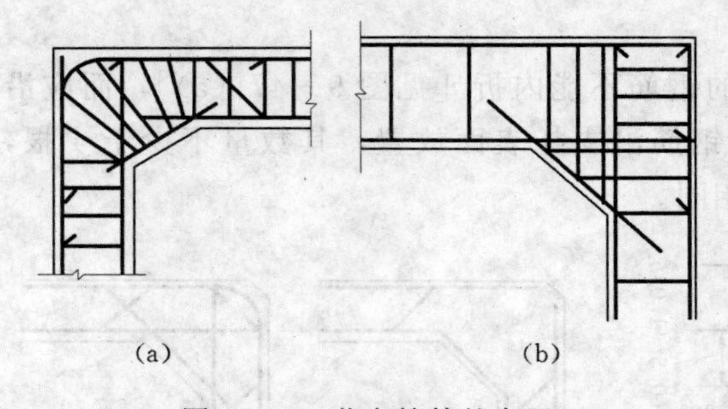

图 9-49　节点箍筋的布置

节点的箍筋可布置成扇形［见图 9-49 (a)］，也可如图 9-49 (b) 那样布置。节点处的箍筋应适当加密。

3. 中间节点

(1) 连续梁中间支座或框架梁中间节点处的上部纵向钢筋应贯穿支座或节点，且自节点或支座边缘伸向跨中的截断位置应符合第三章的规定。

(2) 下部纵向钢筋应伸入支座或节点，当计算中不利用该钢筋的强度时，其伸入长度应符合第三章中 $KV>V_c$ 时的规定。

(3) 当计算中充分利用钢筋的抗拉强度时，下部钢筋在支座或节点内可采用直线锚固形式［见图 9-50 (a)］，伸入支座或节点内的长度不应小于受拉钢筋锚固长度 l_a；下部纵向钢筋也可采用带 90°弯折的锚固形式［见图 9-50 (b)］；或伸过支座（节点）范围，并在梁中弯矩较小处设置搭接接头［见图 9-50 (c)］。

(4) 当计算中充分利用钢筋的抗压强度时，下部纵向钢筋应按受压钢筋锚固在中间节点或中间支座内，此时，其直线锚固长度不应小于 $0.7l_a$。下部纵向钢筋也可伸过节点或支座范围，并在梁中弯矩较小处设置搭接接头。

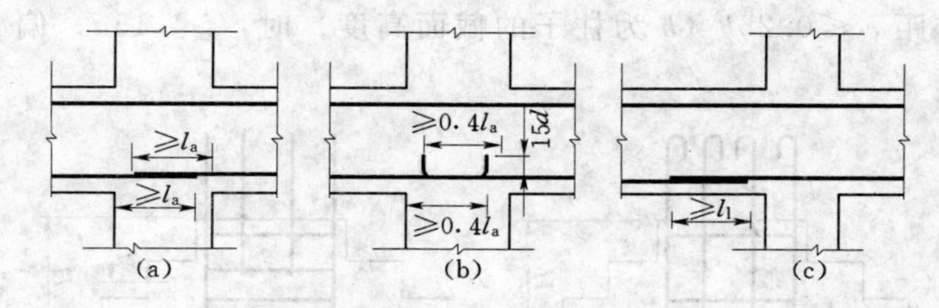

图 9-50　梁下部纵向钢筋在中间节点或中间支座范围的锚固与搭接

(a) 节点中的直线锚固；(b) 节点中的弯折锚固；(c) 节点或支座范围外的搭接

4. 中间层端节点

图 9-51 表示刚架中间层边节点的钢筋布置。

(1) 刚架中间层端节点处，上部纵向钢筋在节点内的锚固长度不小于 l_a，并应伸过节点中心线。当钢筋在节点内的水平锚固长度不够时，应伸至对面柱边后再向下弯折，经弯折后的水平投影长度不应小于 $0.4l_a$，垂直投影长度不应小于 $15d$（见图 9-51）。此处，d 为纵向钢筋直径。

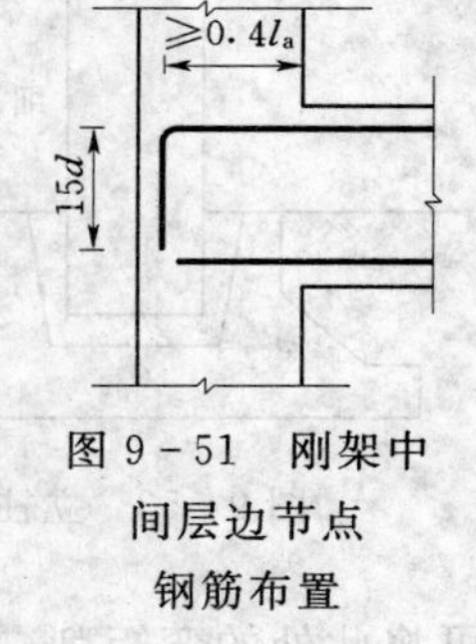

图 9-51　刚架中间层边节点钢筋布置

当在纵向钢筋的弯弧内侧中点处设置一根直径不小于该纵向钢筋直径且不小于 25mm 的横向插筋时，纵筋弯折前的水平投影长度可乘以折减系数 0.85，插筋长度应取为梁截面宽度。

(2) 下部纵向钢筋伸入端节点的长度要求与伸入中间节点的相同。

5. 刚架柱

(1) 刚架柱的纵向钢筋应贯穿中间层中间节点和中间层端节点，柱纵向钢筋接头应设在节点区以外。

(2) 顶层中间节点的柱纵向钢筋及顶层端节点的内侧柱纵向钢筋可用直线方式锚入顶层节点，其自梁底标高算起的锚固长度不应小于规定的锚固长度 l_a，且柱纵向钢筋必须伸至柱顶。当顶层节点处梁截面高度不足时，柱纵向钢筋应伸至柱顶并向节点内水平弯折。当充分利用其抗拉强度时，柱纵向钢筋锚同段弯折前的竖直投影长度不应小于 $0.5l_a$，弯折后的水平投影长度不宜小于 $12d$。当柱顶有现浇板且板厚不小于 80mm、混凝土强度等级不低于 C20 时，柱纵向钢筋也可向外弯折，弯折后的水平投影长度不宜小于 $12d$。此处，d 为纵向钢筋的直径。

(3) 梁上部纵向钢筋与柱外侧纵向钢筋在节点角部的弯弧内半径，当钢筋直径 $d\leqslant$

25mm 时，不宜小于 $6d$；当钢筋直径 $d>25$mm 时，不宜小于 $8d$。

（二）立柱与基础的连接构造

1. 立柱与基础固接

从基础内伸出插筋与柱内钢筋相连接，然后浇筑柱子的混凝土。插筋的直径、根数、间距与柱内钢筋相同。插筋一般均应伸至基础底部，如图 9－52（a）所示。当基础高度较大时，也可仅将柱子四角处的插筋伸至基础底部，其余钢筋只伸至基础顶面以下，满足锚固长度的要求即可，如图 9－52（b）所示。锚固长度按下列数值采用：轴心受压及偏心距 $e_0 \leqslant 0.25h$（h 为柱子的截面高度）时，$l_a \geqslant 15d$；偏心距 $e_0 > 0.25h$ 时，$l_a \geqslant 25d$。

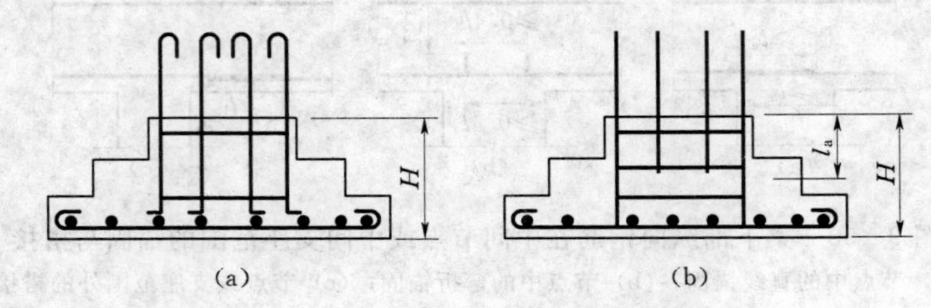

图 9－52　立柱与基础固接的做法

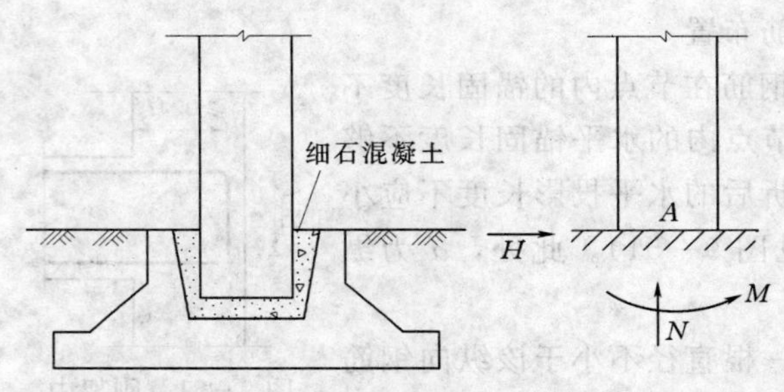

图 9－53　立柱与杯形基础固接的做法

当采用杯形基础时，按一定要求将柱子插入杯口内，周围回填不低于 C20 的细石混凝土即可形成固定支座（见图 9－53）。

2. 立柱与基础铰接

在连接处将柱子截面减小为原截面的 1/3～1/2，并用交叉钢筋或垂直钢栓或带肋钢筋连接（见图9－54）。在邻近此铰接的柱和基础中应增设箍筋和钢筋网。这样可将此处的弯矩削减到实用上可以忽略的程度。柱中的轴向力由钢筋和保留的混凝土来传递，按局部受压核算。

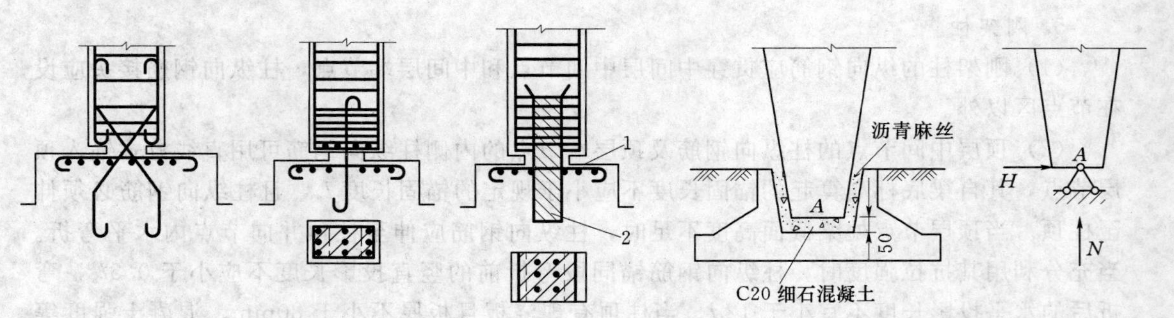

图 9－54　立柱与基础铰接的做法

1—油毛毡或其他垫料；2—带肋钢筋

图 9－55　立柱与杯形基础的铰接

当采用杯形基础时，先在杯底填以 50mm 不低于 C20 的细石混凝土，将柱子插入杯内后，周围再用沥青麻丝填实（见图 9－55）。在荷载作用下，柱脚的水平和竖向移动虽都被限制，但它仍可做微小的转动，故可视为铰接支座。

第六节　钢筋混凝土牛腿

水电站或抽水站厂房中，为了支承吊车梁，从柱内伸出的短悬臂构件俗称牛腿。牛腿是一个变截面深梁，与一般悬臂梁的工作性能完全不同。所以，不能把它当作一个短悬臂梁来设计。

一、试验结果

试验表明，当仅有竖向荷载作用时，裂缝最先出现在牛腿顶面与上柱相交的部位（见图 9－56 中的裂缝①）。随着荷载的增大，在加载板内侧出现第二条裂缝（见图 9－56 中的裂缝②），当这条裂缝发展到与下柱相交时，就不再向柱内延伸。在裂缝②的外侧，形成明显的压力带。当在压力带上产生许多相互贯通的斜裂缝，或突然出现一条与斜裂缝②大致平行的斜裂缝③时，预示着牛腿将要破坏。当牛腿顶部除有竖向荷载作用 F_v 外，还有水平拉力 F_h 作用时，则裂缝将会提前出现。

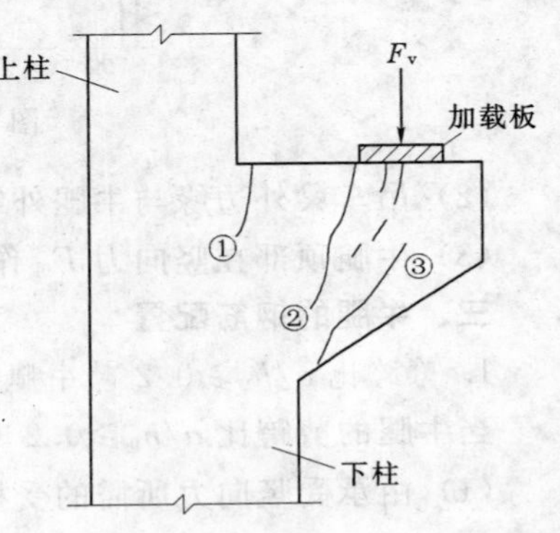

图 9－56　牛腿的破坏现象

二、牛腿截面尺寸的确定

立柱上的独立牛腿（当剪跨比 $a/h_0\leqslant 1.0$ 时）的宽度 b 与柱的宽度通常相同，牛腿的高度 h 可根据裂缝控制要求来确定（见图 9－57）。一般是先假定牛腿高度 h，然后按式（9－8）进行验算：

$$F_{vk}\leqslant\beta\left(1-0.5\frac{F_{hk}}{F_{vk}}\right)\frac{f_{tk}bh_0}{0.5+\dfrac{a}{h_0}} \tag{9-8}$$

式中　F_{vk}——按荷载标准值计算得出的作用于牛腿顶部的竖向力值，N；

F_{hk}——按荷载标准值计算得出的作用于牛腿顶部的水平拉力值，N；

f_{tk}——混凝土轴心抗拉强度标准值，N/mm^2，见附表 2－1；

β——裂缝控制系数，对于水电站厂房立柱的牛腿，取 $\beta=0.65$；对于承受静荷载作用的牛腿，取 $\beta=0.80$；

a——竖向力作用点至下柱边缘的水平距离，应考虑安装偏差 20mm；当考虑 20mm 的安装偏差后的竖向力作用点位于下柱以内时，应取 $a=0$；

b——牛腿宽度，mm；

h_0——牛腿与下柱交接处的垂直截面的有效高度，mm，取 $h_0=h_1-a_s+c\tan\alpha$，此处 h_1、a_s、c 及 a 的意义见图 9－57，当 $\alpha>45°$时，取 $\alpha=45°$。

牛腿的外形尺寸还应满足以下要求：

（1）牛腿的外边缘高度 $h_1>h/3$，且不应小于 200mm。

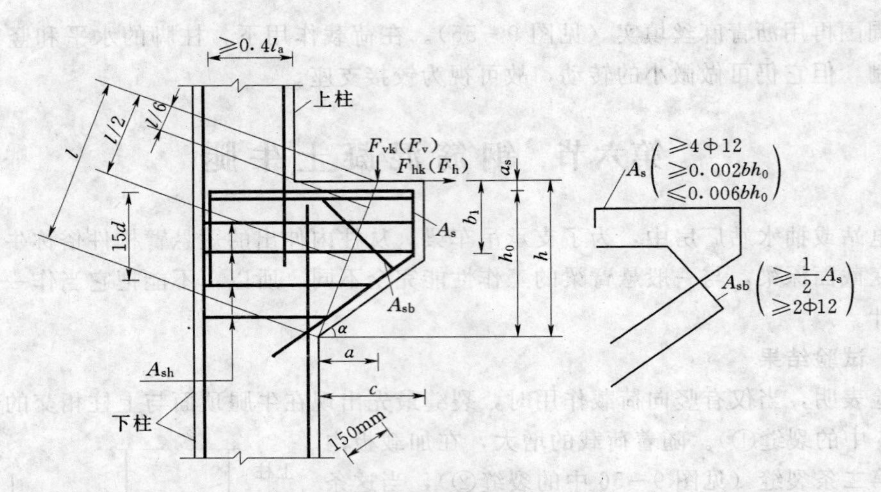

图 9-57　牛腿的外形及钢筋布置

(2) 吊车梁外边缘与牛腿外缘的距离不应小于 100mm。

(3) 牛腿顶部在竖向力 F_{vk}作用下，其局部压应力不应超过 $0.75f_c$。

三、牛腿的钢筋配置

1. 剪跨比 $a/h_0 \geqslant 0.2$ 时牛腿的配筋设计要求

当牛腿的剪跨比 $a/h_0 \geqslant 0.2$ 时，牛腿的配筋设计应符合下列要求：

(1) 由承受竖向力所需的受拉钢筋和承受水平拉力所需的锚筋组成的受力钢筋的总截面面积 A_s 按式 (9-9) 计算：

$$A_s \geqslant K\left(\frac{F_v a}{0.85 f_y h_0}+1.2\frac{F_h}{f_y}\right) \tag{9-9}$$

式中　K——承载力安全系数；

F_v——作用在牛腿顶部的竖向力设计值，N；

F_h——作用在牛腿顶部的水平拉力设计值，N。

(2) 牛腿的受力钢筋宜采用 HRB335 级或 HRB400 级钢筋。

1) 承受竖向力所需的水平受拉钢筋的配筋率（以截面 bh_0 计）不应小于 0.2%，也不宜大于 0.6%，且根数不宜少于 4 根，直径不应小于 12mm。受拉钢筋不应下弯兼作弯起钢筋。

2) 承受水平拉力的锚筋不应少于 2 根，直径不应小于 12mm，锚筋应焊在预埋件上。

3) 全部纵向受力钢筋及弯起钢筋宜沿牛腿外边缘向下伸入下柱内 150mm 后截断（见图 9-57）。纵向受力钢筋及弯起钢筋伸入上柱的锚固长度，当采用直线锚固时不应小于规定的受拉钢筋锚固长度 l_a；当上柱尺寸不足时，钢筋的锚固应符合梁上部钢筋在刚架中间层端节点中带 90°弯折的锚固规定。此时，锚固长度应从上柱内边算起。

4) 当牛腿设于上柱柱顶时，宜将牛腿对边的柱外侧纵向受力钢筋沿柱顶水平弯入牛腿，作为牛腿纵向受拉钢筋使用；当牛腿顶面纵向受拉钢筋与牛腿对边的柱外侧纵向钢筋分开配置时，牛腿项面纵向受拉钢筋应弯入柱外侧，并应符合有关搭接的规定。

(3) 牛腿应设置水平箍筋，水平箍筋的直径不应小于 6mm，间距为 100～150mm，

且在上部 $2h_0/3$ 范围内的水平箍筋总截面面积不应小于承受竖向力的水平受拉钢筋截面面积的1/2。

(4) 当牛腿的剪跨比 $a/h_0 \geqslant 0.3$ 时，宜设置弯起钢筋。弯起钢筋宜采用HRB335级或HRB400级钢筋，并宜使其与集中荷载作用点到牛腿斜边下端点连线的交点位于牛腿上部 $l/6 \sim l/2$ 之间的范围内，l 为该连线的长度（见图9－57），其截面面积不应少于承受竖向力的受拉钢筋截面面积的1/2，根数不应少于2根，直径不应小于12mm。

2. 剪跨比 $a/h_0 < 0.2$ 时牛腿的配筋设计要求

当牛腿的剪跨比 $a/h_0 < 0.2$ 时，牛腿的配筋设计应符合下列要求：

(1) 牛腿应在全高范围内设置水平钢筋，承受竖向力所需的水平钢筋截面总面积应满足下列要求：

$$KF_v \leqslant f_t b h_0 + (1.65 - 3a/h_0) A_{sh} f_y \tag{9-10}$$

式中 A_{sh}——牛腿全高范围内，承受竖向力所需的水平钢筋截面总面积，mm^2；

f_t——混凝土抗拉强度设计值，N/mm^2，见附表2－2；

f_y——水平钢筋抗拉强度设计值，N/mm^2，见附表2－5。

(2) 配筋时，应将承受竖向力所需的水平钢筋截面总面积的40%～60%（剪跨比较小时取小值，较大时取大值）作为牛腿顶部受拉钢筋，集中配置在牛腿顶面；其余作为水平箍筋均匀配置在牛腿全高范围内。

当牛腿顶面作用有水平拉力 F_h 时，则顶部受拉钢筋还应包括承受水平拉力所需的锚筋在内，锚筋的截面面积按 $1.2KF_h/f_y$ 计算。

承受竖向力所需的受拉钢筋的配筋率（以 bh_0 计）不应小于0.15%。顶部受拉钢筋的配筋构造要求和锚固要求同上。

(3) 水平箍筋应采用HRB335级钢筋，直径不小于8mm，间距不应大于100mm，其配筋率 $\rho_{sh} = nA_{sh1}/(bs_v)$ 应不小于0.15%，此处，A_{sh1} 为单肢箍筋的截面面积，n 为肢数，s_v 为水平箍筋的间距。

(4) 当牛腿的剪跨比 $a/h_0 < 0$ 时，可不进行牛腿的配筋计算，仅按构造要求配置水平箍筋。但当牛腿顶面作用有水平拉力 F_h 时，承受水平拉力所需的锚筋仍按（2）的规定计算配置。

复习指导

1. 明确现浇肋形结构的布置特点，板和梁连接的整体概念；明确单向板和双向板两种肋形结构的分界及其受力特点。

2. 明确单向板肋形结构板和梁的受荷范围、荷载传递关系，掌握板和梁计算跨度的计算及计算简图的绘制。

3. 掌握连续板、梁的弹性内力计算方法，学会应用现成表格计算连续板、梁的内力，掌握内力包络图的绘制方法。

4. 掌握连续板的配筋方式——弯起式和分离式。根据板的厚度、跨数选择板的配筋形式，合理选用受力钢筋、分布钢筋的直径和间距。掌握连续梁的配筋构造。合理选择纵

向钢筋的直径、根数；合理选择箍筋的直径、肢数和间距等；合理确定钢筋弯起与截断位置。

5. 掌握单块双向板的内力计算以及查表方法，掌握连续双向板的内力计算方法与配筋构造。

6. 熟悉刚架结构和牛腿的设计原则及构造要求。

习　题

一、思考题

1. 举例说明肋形结构的应用场合。
2. 什么是单向板？什么是双向板？两者在受力、变形、配筋方面有何不同？
3. 简述单向板肋形结构设计的主要步骤。
4. 单向板肋形结构设计时应遵循的原则是什么？
5. 单向板肋形结构按弹性法计算内力时，板、次梁、主梁的计算跨度如何确定？
6. 连续梁跨中、支座截面弯矩对应的最不利可变荷载如何布置？
7. 什么是折算荷载？主梁为什么不采用折算荷载？
8. 如何绘制连续梁的内力包络图？内力包络图对于设计有何意义？
9. 单向板的配筋方式有几种？各有何优缺点？
10. 板、次梁、主梁中有哪些受力钢筋和构造钢筋？
11. 双向板有何破坏特征？双向板的配筋方式有几种？
12. 如何利用弹性理论方法计算双向板跨中、支座处的最不利弯矩？
13. 如何计算双向板支承梁的内力？
14. 简述刚架结构节点的配筋构造。
15. 简述牛腿的配筋构造。

二、选择题

1. 周边支承的钢筋混凝土板。设其长边跨度为 l_2，短边跨度为 l_1，下列情况（　　）属于单向板。

A $l_2/l_1 \geqslant 2$　　B $l_2/l_1 < 2$　　C $l_2/l_1 \geqslant 3$　　D $l_2/l_1 < 3$

2. 按弹性理论计算现浇单向板肋梁楼盖时，对板和次梁应采用折算荷载进行计算，原因是（　　）。

A 忽略支座抗扭刚度的影响

B 实际支座并非理想铰支座而带来的误差的一种修正办法

C 计算时忽略了长边方向也能传递一部分荷载而进行的修正办法

D 活荷载最不利布置的情况在实际当中出现的可能性不大

3. 次梁与主梁相交处，在主梁上设附加箍筋或吊筋，作用是（　　）。

A 构造要求，起架立作用　　B 间接加载于主梁腹部将引起斜裂缝

C 次梁受剪承载力不足　　D 主梁受剪承载力不足

4. 整浇肋梁楼盖板嵌入墙内时，沿墙设板面附加钢筋，其作用是（　　）。

A 加强板与墙的联结　　B 承担板上局部荷载

C 承担未计及的负弯矩，并减小裂缝宽度　　D 承担未计及的负弯矩，减小跨中弯矩

5. 某五跨连续梁，若欲求第二个支座的最大负弯矩，则梁上的可变荷载应布置在(　　)。

A 1、2 跨　　B 1、3、5 跨　　C 2、4 跨　　D 1、2、4 跨

6. 某五跨连续梁，若欲求第一个支座的最大剪力，则梁上的可变荷载应布置在(　　)。

A 1、2 跨　　B 1、3、5 跨　　C 2、4 跨　　D 1、2、4 跨

7. 当钢筋混凝土连续梁或板与支座整体浇筑时，其支座附近最危险的截面是在(　　)。

A 支座边缘　　B 支座中心　　C 跨中截面　　D 不一定

8. 计算连续双向板时，在满布的荷载 p' 作用下，因为荷载对称，可近似认为板的中间支座都是(　　)。

A 简支　　B 固定　　C 铰支　　D 自由

9. 计算连续双向板时，在一上一下的荷载 p'' 的作用下，近似符合反对称关系，可认为中间支座的弯矩为零，即可以把中间支座都看作(　　)支座。

A 简支　　B 固定　　C 铰支　　D 自由

10. 双向板跨中两个方向均需配置受力钢筋，因而两个方向的截面有效高度是不同的。短跨方向的弯矩较大，钢筋应放在(　　)。

A 下层　　B 上层　　C 中间　　D 任意位置

三、计算题

1. 某单向板肋形结构中单位宽度内板承受的永久荷载标准值为 $g_k=3\text{kN/m}$，可变荷载标准值为 $q_k=8\text{kN/m}$，次梁承受的永久荷载标准值为 $g_k=10\text{kN/m}$，可变荷载标准值为

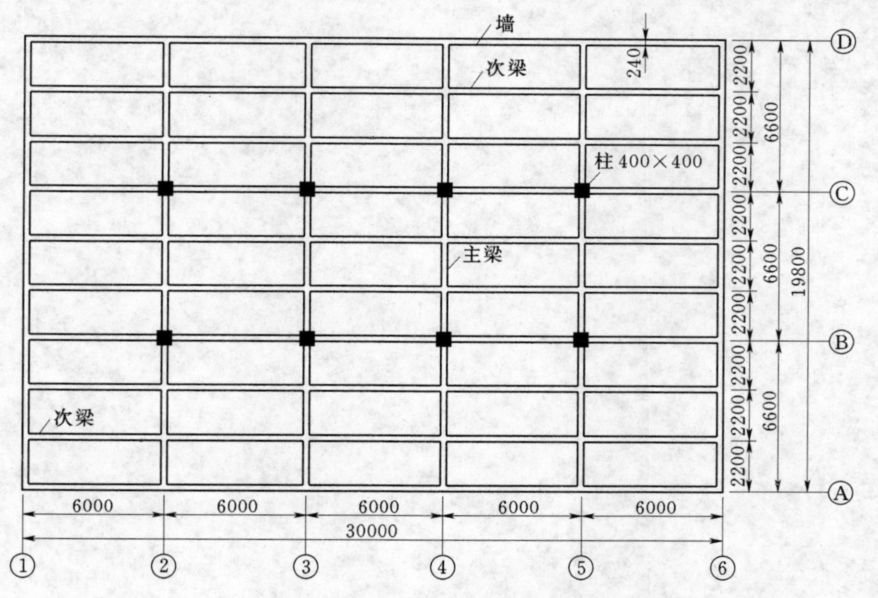

图 9-58　计算题 4 肋形楼盖平面布置

$q_k=12kN/m$。试求板、次梁折算荷载。

2. 某单向板肋形结构五跨连续板的折算荷载分别为：$g'_k=6kN/m$，$q'_k=3kN/m$。试求其边跨最大正弯矩和第一内支座最大负弯矩及其左侧剪力值。

3. 某单向板肋形结构次梁传给主梁的集中荷载标准值 $F_k=150kN$。试求其应设置的附加钢筋的数量（按设箍筋和吊筋两种方法计算）。

4. 某现浇钢筋混凝土肋形楼盖（2 级水工建筑物），其结构平面布置如图 9－58 所示。楼面面层用 20mm 厚水泥砂浆抹面，梁、板的底面用 15mm 厚纸筋石灰粉刷，楼面可变荷载标准值为 $q_k=8.0kN/m$。试绘出板、次梁、主梁的计算简图。

第十章　预应力混凝土结构

【学习提要】本章主要讲述预应力混凝土的基本概念，施加预应力的目的和方法、预应力混凝土所用材料和常用工具、预应力损失的计算方法及其组合、预应力混凝土轴心受拉构件的各阶段应力状态的分析和设计计算方法以及预应力混凝土构件的基本构造要求。学习本章，应掌握预应力混凝土轴心受拉构件的设计计算方法，理解预应力混凝土的基本概念等。

第一节　预应力混凝土的基本知识

一、预应力混凝土的基本概念

混凝土是一种抗压性能好而抗拉性能较差的结构材料，抗拉强度仅为其抗压强度的 1/18 ～ 1/8，极限拉应变也很小，每米仅能伸长 0.10～0.15mm，抗裂性能差。因此，在普通钢筋混凝土中，使用时不允许开裂的构件，受拉钢筋的应力仅为 20～30N/mm²，当钢筋应力超过此值时，混凝土将产生裂缝；即使允许开裂的构件，当裂缝最大允许宽度 0.2～0.3mm 时，钢筋应力只能达到 150～200N/mm²。所以，普通钢筋混凝土中高强钢筋得不到充分利用，采用高强钢筋是不经济的；而提高混凝土的强度等级对提高构件的抗裂性能和控制裂缝宽度的作用极其有限。为了避免普通钢筋混凝土结构过早出现裂缝，减小正常使用荷载作用下的裂缝宽度，充分利用高强度材料以适应大跨度承重结构的需要，采用预应力是最有效的方法。

预应力混凝土构件在承受外荷载作用之前，预先对混凝土施加压力，使其在构件截面上产生的预压应力能抵消外荷载引起的部分或全部拉应力，使构件延缓开裂或限制裂缝的开展。由此可见，预应力混凝土的实质是利用混凝土良好的抗压性能来弥补其抗拉能力的不足，通过采用预先加压的方法间接地提高构件受拉区混凝土的抗拉能力。改善混凝土的受拉性能，满足使用要求。

预应力混凝土的原理可以用图 10－1 进一步说明。简支梁在外荷载作用下，梁下部产生拉应力 σ_3，如图 10－1（b）所示。如果在荷载作用之前，先给梁施加一个偏心压力 N，使梁的下部产生预压应力 σ_1，如图 10－1（a）所示。那么，在外荷载作用后，截面上的应力分布将是两者的叠加，如图 10－1（c）所示。梁的下部应力可以是压应力（$\sigma_1-\sigma_3>0$），也可以是数值较小的拉应力（$\sigma_1-\sigma_3<0$）。

预应力混凝土与普通混凝土相比具有以下优点：

（1）抗裂性和耐久性好。由于混凝土中存在预压应力，可以避免开裂和限制裂缝的开展，减少外界有害因素对钢筋的侵蚀，提高构件的抗渗性、抗腐蚀性和耐久性，这对水工结构的意义尤为重大。

（2）刚度大，变形小。因为混凝土不开裂或裂缝很小，提高了构件的刚度。预加偏心

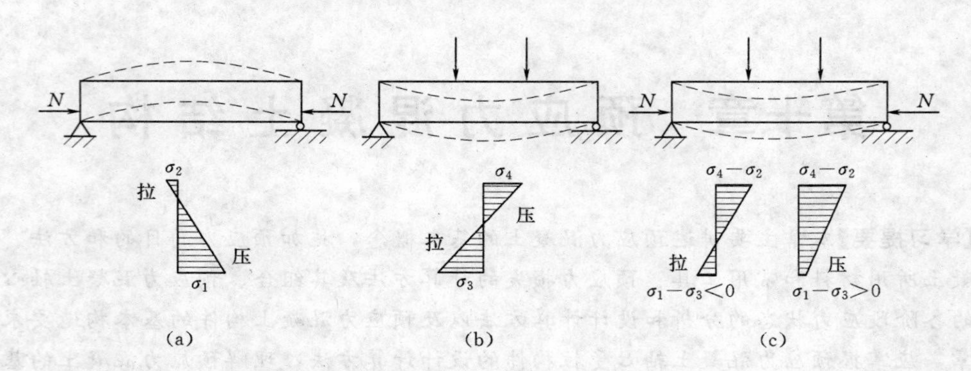

图 10-1　预应力简支梁的基本受力原理

(a) 预应力作用；(b) 外荷载作用；(c) 预应力与外荷载共同作用

压力使受弯构件产生反拱，从而减少构件在荷载作用下的挠度。

(3) 节省材料，减轻自重。由于预应力构件合理有效地利用高强钢筋和高强混凝土，截面尺寸相对减小，结构自重减轻，节省材料并降低了工程造价。预应力混凝土与普通混凝土相比一般可减轻自重20%～30%左右，特别适合建造大跨度承重结构。

(4) 提高构件的抗疲劳性能。

预应力混凝土构件也存在不足之处，如施工工序复杂，工期较长，施工制作所要求的机械设备与技术条件较高等，有待今后在实践中完善。

预应力混凝土目前已广泛应用于渡槽、压力水管、水池、大型闸墩、水电站厂房吊车梁、门机轨道梁等水利工程中，也可用预加应力的方法来加固基岩、衬砌隧洞等。

二、施加预应力的方法

在构件上建立预应力，一般是通过张拉钢筋，利用钢筋的弹性回缩压缩混凝土来实现。根据张拉钢筋和浇筑混凝土的先后次序，可分为先张法和后张法。

(一) 先张法

先张法是指首先在台座上或钢模内张拉钢筋，然后浇筑混凝土的一种施工方法。具体过程是：先在专门的台座上张拉钢筋，然后用锚具将钢筋临时固定在台座上，再浇筑构件混凝土；待混凝土达到足够的强度（一般不低于混凝土设计强度的75%）后，从台座上截断或放松钢筋（简称放张）。在预应力钢筋弹性回缩时，利用钢筋与混凝土之间的黏结力，使混凝土受到压力作用，使构件产生预压应力，如图10-2所示。

先张法的特点：施工工序少，工艺简单，效率高，质量易保证，构件上不需要设永久性锚具，生产成本低。但需要有专门的张拉台座，不适于现场施工。主要用于生产大批量的小型预应力构件和直线形配筋构件。

(二) 后张法

后张法是指先浇筑混凝土构件，然后直接在构件上张拉预应力钢筋的一种施工方法。具体过程是：先浇捣混凝土构件，并在预应力钢筋设计位置上预留孔道；待混凝土达到足够强度（一般不低于混凝土设计强度的75%）后，将预应力钢筋穿入孔道，利用构件本身作为承力台座张拉钢筋；随着钢筋的张拉，构件混凝土同时受到压缩，张拉完毕后用锚具将预应力钢筋锚固在构件上，如图10-3所示。在后张法构件中，预应力是靠构件两端

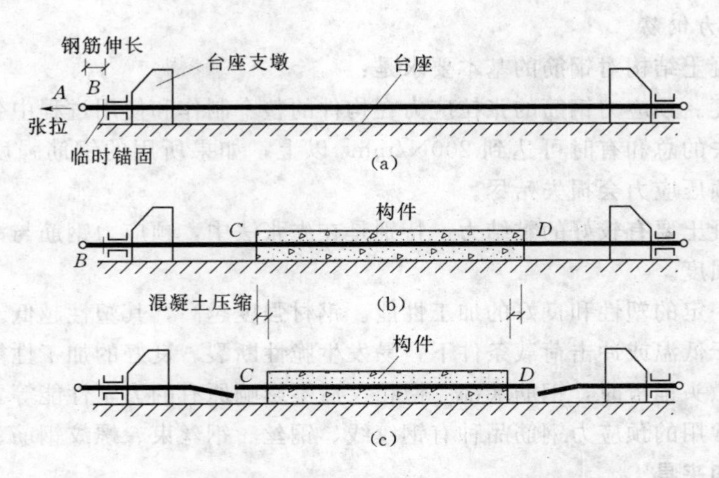

图 10－2　先张法构件施工工序示意图

的工作锚具传给混凝土。

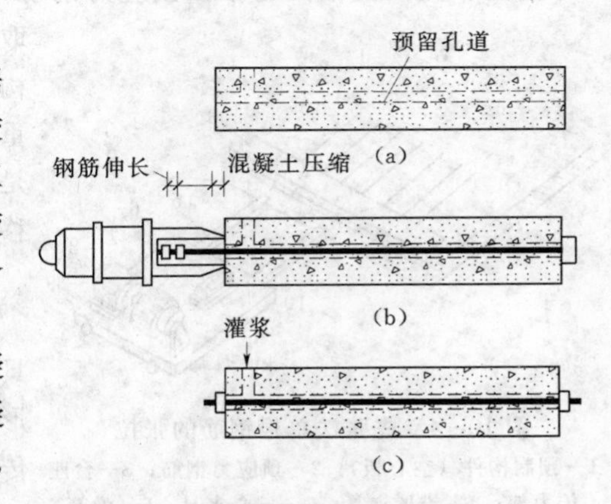

图 10－3　后张法构件施工工序示意图

后张法的特点：不需要专门台座，可根据设计要求现场制作成曲线或折线形，应用比较灵活。但增加了预留孔道、灌浆等工序，施工比较复杂；所用锚具要留在构件内，成本较高。主要用于现场施工制作大型构件以至整个结构。

随着科学技术的发展，无黏结预应力混凝土逐渐应用于生产实际中。无黏结预应力混凝土是在预应力钢筋表面上涂防腐和润滑的材料，通过塑料套管与混凝土隔离，预应力钢筋沿全长与周围混凝土不相黏结，但能发生相对滑动，所以在制作构件时不需预留孔道和灌浆，只要将它同普通钢筋一样放入模板即可浇筑混凝土，而且张拉工序简单，施工方便。试验表明，无黏结预应力混凝土比较适合于混合配筋（同时配有非预应力钢筋和预应力钢筋）的部分预应力混凝土构件。

三、预应力混凝土的材料

（一）混凝土

预应力混凝土结构对混凝土的基本要求是：

(1) 高强度。采用高强度的混凝土以适应高强钢筋的需要，保证钢筋充分发挥作用，有效减小构件的截面尺寸和自重。在预应力混凝土构件中，混凝土的强度等级不宜低于C30；采用钢丝、钢绞线时，则不宜低于C40。

(2) 收缩、徐变小。采用收缩、徐变小的混凝土，以减小预应力损失。

(3) 快硬、早强。为了尽早施加预应力，加快施工进度，提高设备利用率，宜采用早期强度较高的混凝土。

（二）预应力钢筋

预应力混凝土结构对钢筋的基本要求是：

（1）高强度。预应力钢筋的张拉应力在构件的整个制作和使用过程中会出现各种应力损失。这些损失的总和有时可达到 $200N/mm^2$ 以上，如果所用的钢筋强度不高，那么张拉时所建立的预压应力会损失殆尽。

（2）与混凝土要有较好的黏结力。特别是在先张法中，预应力钢筋与混凝土之间必须有较高的黏结强度。

（3）具有一定的塑性和良好的加工性能。钢材强度越高，其塑性越低。钢筋塑性太低时，特别是处于低温或冲击荷载条件下，易发生脆性断裂。良好的加工性能是指焊接性能好，以及采用镦头锚板时，钢筋端部"镦粗"后不影响原有的力学性能等。

目前我国常用的预应力钢筋品种有钢绞线、钢丝、钢丝束、螺纹钢筋、钢棒等。

四、锚具和夹具

锚具和夹具是锚固与张拉预应力钢筋时所用的工具。先张法中，构件制作完毕后，可取下来重复使用的称为夹具；后张法中，锚固在构件端部，与构件连成一体共同受力，不能取下重复使用的称为锚具。对锚具、夹具的一般要求是：锚固性能可靠，具有足够的强度和刚度，滑移小，构造简单，节约钢材等。

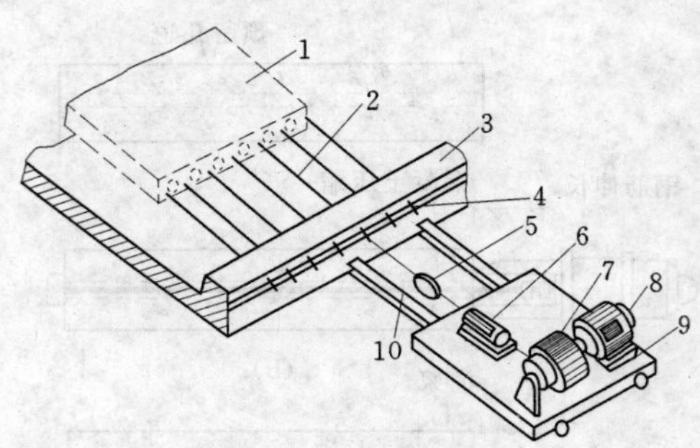

图 10-4　先张法单根钢筋的张拉

1—预制构件（空心板）；2—预应力钢筋；3—台座传力架；4—锥形夹具；5—偏心夹具；6—弹簧秤（控制张拉力）；7—卷扬机；8—电动机；9—张拉车；10—撑杆

1. 先张法的夹具

如果张拉单根预应力钢筋，则可利用偏心夹具夹住钢筋用卷扬机张拉（见图 10-4），再用锥形锚固夹具或楔形夹具将钢筋临时锚固在台座的传力架上（见图 10-5），锥销（或楔块）可用人工锤入套筒（或锚板）内。这种夹具只能锚固单根钢筋。

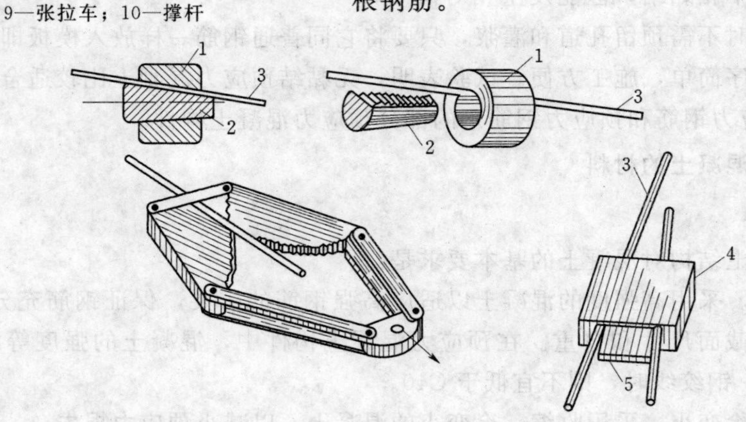

图 10-5　锥形夹具、偏心夹具和楔形夹具

1—套筒；2—锥销；3—预应力钢筋；4—锚板；5—楔块

如果在钢模上张拉多根预应力钢丝，可用梳子板夹具（见图 10-6）。钢丝两端用镦头（冷镦）锚定，利用安装在普通千斤顶内活塞上的爪子钩住梳子板上两个孔洞施力于梳子板，张拉完毕后立即拧紧螺母，钢丝就临时锚固在钢横梁上。

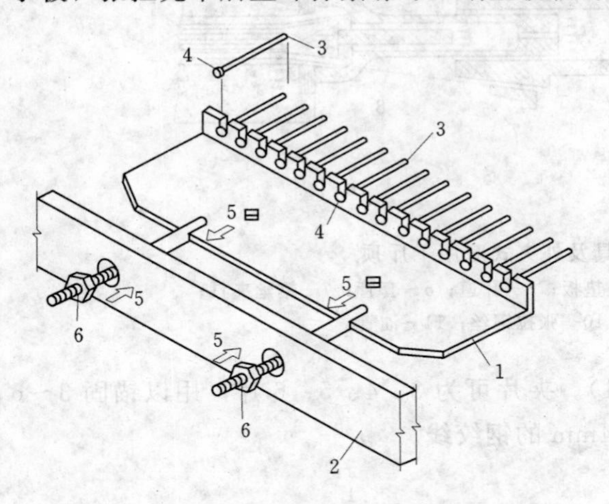

图 10-6　梳子板夹具

1—梳子板；2—钢模横梁；3—钢丝；4—镦头（冷镦）；5—千斤顶张拉时爪钩孔及支撑位置示意；6—固定用螺母

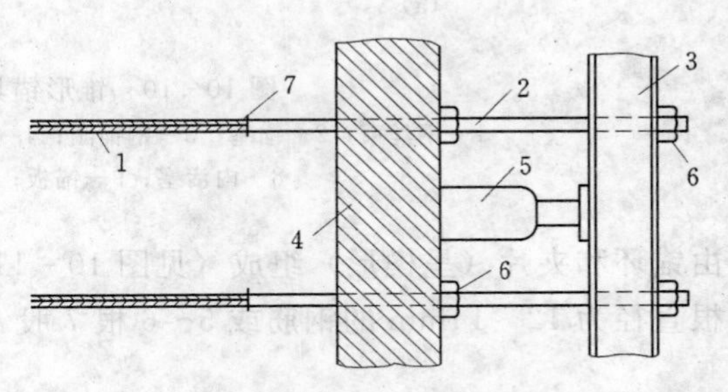

图 10-7　先张法利用工具式螺杆张拉

1—预应力钢筋；2—工具式螺杆；3—活动钢横梁；4—台座传力架；5—千斤顶；6—螺母；7—焊接接头

如果采用粗钢筋作为预应力钢筋，对于单根钢筋最常用的方法是在钢筋端头连接一个工具式螺杆。螺杆穿过台座的活动横梁后用螺母固定，利用普通千斤顶推动活动钢横梁就可张拉钢筋（见图 10-7）。

对于多根钢筋，可采用螺杆镦粗夹具（见图 10-8）或锥形锚块夹具（见图 10-9）。

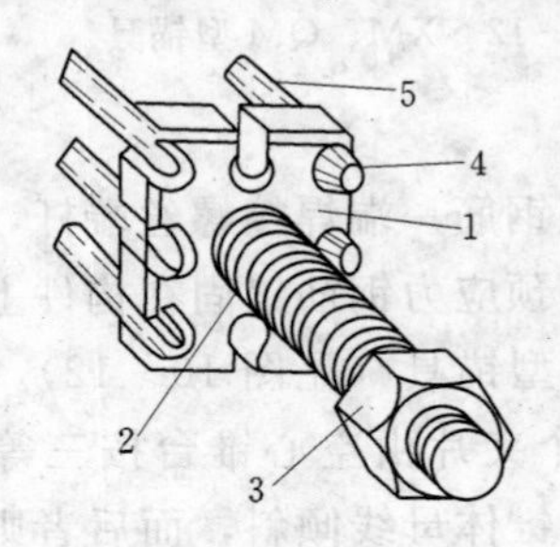

图 10-8　螺杆镦粗夹具

1—锚板；2—螺杆；3—螺帽；4—镦粗头；5—预应力钢筋

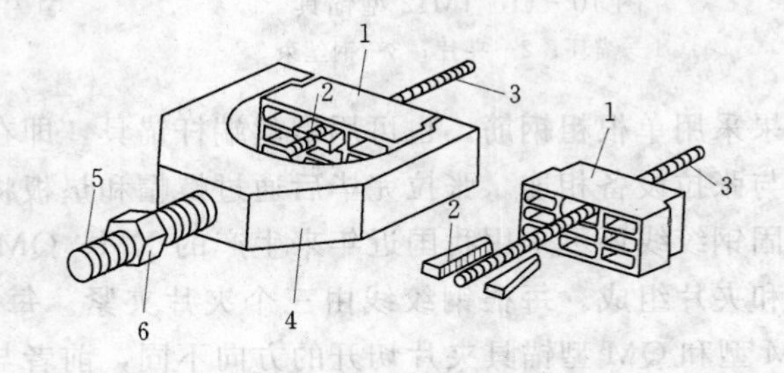

图 10-9　锥形锚块夹具

1—锥形锚块；2—锥形夹片；3—预应力钢筋；4—张拉连接器；5—张拉螺杆；6—固定用螺母

2. 后张法的锚具

钢丝束常采用锥形锚具配用外夹式双作用千斤顶进行张拉（见图 10-10）。锥形锚具由锚圈及带齿的圆锥体锚塞组成。锚塞中间有作锚固后灌浆用的小孔。由双作用千斤顶张拉钢筋后将锚塞顶压入锚圈内，利用钢丝在锚塞与锚圈之间的摩擦力锚固钢丝。锥形锚具可张拉 12～24 根直径为 5mm 的碳素钢丝组成的钢丝束。

张拉钢丝束和钢绞线束时，可采用 JM12 型锚具配以穿心式千斤顶。JM12 型锚具是

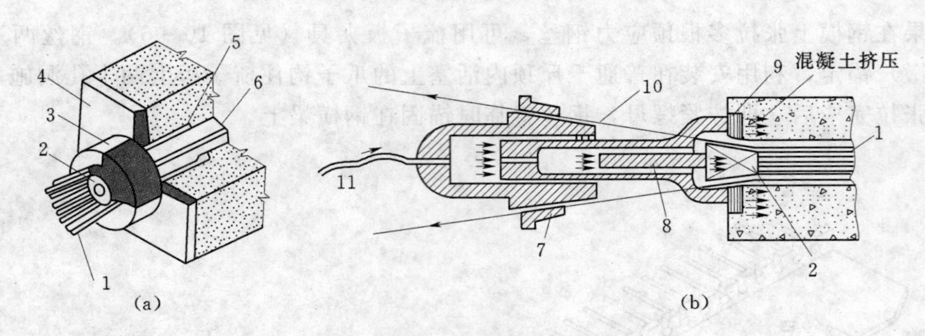

图 10-10 锥形锚具及外夹式双用千斤顶

1—钢丝束；2—锚塞；3—钢锚圈；4—垫板；5—孔道；6—套管；7—钢丝夹具；8—内活塞；9—锚板；10—张拉钢丝；11—油管

由锚环和夹片（呈楔形）组成（见图 10-11）。夹片可为 3、4、5、6 片，用以锚固 3～6 根直径为 12～14mm 的钢筋或 5～6 根 7 股 4mm 的钢绞线。

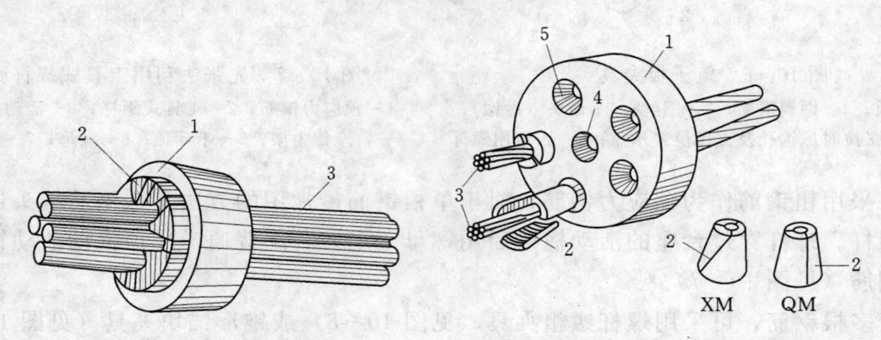

图 10-11 JM12 型锚具

1—锚环；2—夹片；3—钢丝束

图 10-12 XM、QM 型锚具

如果采用单根粗钢筋，也可用螺丝端杆锚具，即在钢筋一端焊接螺丝端杆，螺丝端杆另一端与张拉设备相连。张拉完毕后通过螺帽和垫板将预应力钢筋锚固在构件上。

锚固钢绞线还可采用我国近年来生产的 XM、QM 型锚具（见图 10-12）。此类锚具由锚环和夹片组成。每根钢绞线由三个夹片夹紧。每个夹片由空心锥台按三等分切割而成。XM 型和 QM 型锚具夹片切开的方向不同，前者与锥体母线倾斜，而后者则是与锥体母线平行。一个锚具可夹 3～10 根钢绞线（或钢丝束）。因其对下料长度无严格要求，故施工方便。现已大量应用于铁路、公路及城市交通的预应力桥梁等大型结构构件。

第二节 预应力钢筋张拉控制应力及预应力损失

一、预应力钢筋张拉控制应力 σ_{con}

张拉控制应力是指张拉时预应力钢筋达到的最大应力值，也就是张拉设备（如千斤顶）所控制的张拉力除以预应力钢筋面积所得的应力值，以 σ_{con} 表示。

《规范》规定，预应力钢筋的张拉控制应力值 σ_{con} 不宜超过表 10-1 规定的张拉控制应力限值，且不小于 $0.4f_{ptk}$。

表 10-1 张拉控制应力限值 [σ_{con}]

预应力钢筋种类	张拉方法	
	先张法	后张法
消除应力钢丝、钢绞线	$0.75f_{ptk}$	$0.75f_{ptk}$
螺纹钢筋	$0.75f_{ptk}$	$0.70f_{ptk}$
钢棒	$0.70f_{ptk}$	$0.65f_{ptk}$

注 f_{ptk}为预应力钢筋抗拉强度标准值，按附表 2-6 确定。

在下列情况下，表 10-1 中 [σ_{con}] 值可提高 $0.05f_{ptk}$：①要求提高构件在施工阶段的抗裂性能而在使用阶段受压区设置的预应力钢筋；②要求部分抵消由于应力松弛、摩擦、钢筋分批张拉以及预应力钢筋与台座之间的温差等因素产生的预应力损失。

张拉控制应力 σ_{con}的取值与下列因素有关：

(1) 张拉控制应力应定得高一些。σ_{con}值越高，混凝土建立的预压应力就越大，从而提高构件的抗裂性能。σ_{con}值取得过低，会因各种预应力损失使钢筋的回弹力减小，不能充分利用钢筋的强度。

(2) 张拉控制应力不能过高。σ_{con}值定得过高也有不利的方面：①钢筋强度具有一定的离散性，在张拉操作过程中还要进行超张拉，如果将 σ_{con}定得过高，张拉时可能使钢筋应力进入钢材的屈服阶段，产生塑性变形，反而达不到预期的预应力效果；②考虑到张拉时的拉力不够准确，焊接质量可能不好等因素，σ_{con}定得过高易发生安全事故。

从表 10-1 中可以看出，螺纹钢筋和钢棒的张拉控制应力限值 [σ_{con}]，先张法较后张法高。这是因为在先张法中，张拉钢筋达到控制应力时，构件混凝土尚未浇筑，当从台座上放松钢筋使混凝土受到预压时，钢筋会随着混凝土的压缩而回缩，这时钢筋的预拉应力已经小于 σ_{con}。而对于后张法来说，在张拉钢筋的同时，混凝土即受到挤压，当钢筋应力达到控制应力 σ_{con}时，混凝土的压缩已经完成，没有混凝土的弹性回缩而引起的钢筋应力的降低。所以，当 σ_{con}相等时，后张法建立的预应力值比先张法大。这就是在后张法中控制应力值定得比先张法小的原因。消除应力钢丝、钢绞线的张拉控制应力限值 [σ_{con}]，先张法和后张法取值相同，是因为钢丝材质稳定，且张拉时高应力一经锚固后，应力降低很快，一般不会产生拉断事故。

二、预应力损失

由于张拉工艺和材料特性等原因，预应力钢筋在张拉时所建立的拉应力，在构件制作和使用过程中会受到损失。产生预应力损失的原因很多，下面分别讨论引起预应力损失的原因、损失值的计算及减小预应力损失的措施。

1. 张拉端锚具变形和钢筋内缩引起的损失 σ_{l1}

构件在张拉预应力钢筋达到控制应力 σ_{con}后，便把预应力钢筋锚固在台座或构件上。由于预应力回弹方向与张拉时拉伸方向相反，当锚具、垫板与构件之间的缝隙被压紧，预应力钢筋在锚具中的内缩会造成钢筋应力降低，由此形成的预应力损失称为 σ_{l1}。对预应力直线形钢筋，σ_{l1} (N/mm^2) 按下式计算：

$$\sigma_{l1}=\frac{a}{l}E_s \tag{10-1}$$

式中　a——张拉端锚具变形和钢筋内缩值，mm，按表10-2取用；

l——张拉端至锚固端之间的距离，mm；

E_s——预应力钢筋的弹性模量，N/mm^2。

表10-2　**锚具变形和钢筋内缩值 a**　单位：mm

锚具类别		a
支承式锚具（钢丝束镦头锚具等）	螺帽缝隙	1
	每块后加垫块的缝隙	1
锥塞式锚具（钢丝束的钢制锥形锚具等）		5
夹片式锚具	有顶压时	5
	无顶压时	6~8
单根螺纹钢筋的锥形锚具夹具		5

注　1. 表中的锚具变形和钢筋内缩值也可根据实测数据确定。
2. 其他类型的锚具变形和钢筋内缩值应根据实测数据确定。

由于锚固端的锚具在张拉过程中已经被挤紧，所以，式（10-1）中的 a 值只考虑张拉端。由式（10-1）可以看出，增加 l 可减小 σ_{l1}，因此，用先张法生产构件的台座长度大于100m时，σ_{l1} 可忽略不计。

后张法构件预应力曲线钢筋或折线钢筋由于锚具变形和预应力钢筋内缩引起的预应力损失值 σ_{l1}，应根据预应力曲线钢筋或折线钢筋与孔道壁之间反向摩擦影响长度 l_f 范围内的预应力钢筋变形值等于锚具变形和钢筋内缩值的条件确定。当预应力钢筋为圆弧曲线，且其对应的圆心角 θ 不大于30°时（见图10-13），其预应力损失值可按下式计算：

$$\sigma_{l1}=2\sigma_{con}l_f(\mu/r_c+\kappa)(1-x/l_f) \tag{10-2}$$

反向摩擦影响长度 l_f(m) 按下式计算：

$$l_f=\sqrt{\frac{aE_s}{1000\sigma_{con}(\mu/r_c+\kappa)}} \tag{10-3}$$

式中　r_c——圆弧形曲线预应力钢筋的曲率半径，m；

x——张拉端至计算截面的距离，m，且应符合 $x\leqslant l_f$ 的规定；

μ——预应力钢筋与孔道壁之间的摩擦系数，按表10-3采用；

κ——考虑孔道每米长度局部偏差的摩擦系数，按表10-3采用。

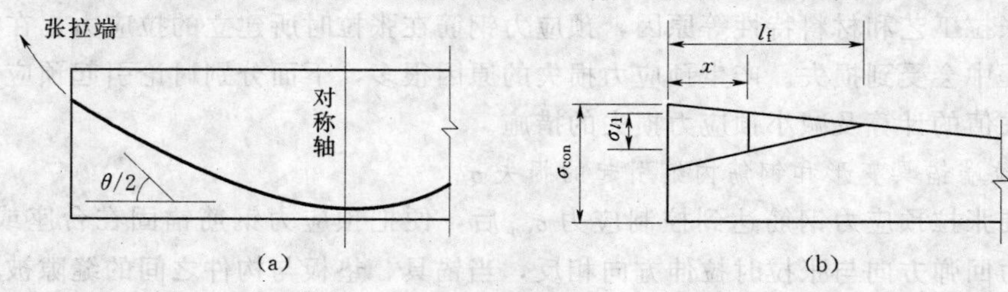

图10-13　圆弧形曲线预应力钢筋因锚具变形和钢筋内缩引起的损失示意图

(a) 圆弧形曲线预应力钢筋；(b) σ_{l1} 分布图

为减小锚具变形引起预应力损失，除认真按照施工程序操作外，还可以采用如下减小损失的方法：

（1）选择变形小或预应力钢筋滑移小的锚具，减少垫板的块数。

（2）对于先张法选择长的台座。

表 10-3　　摩擦系数 μ、κ

孔道成型方式	κ	μ	
		钢绞线、钢丝束	螺纹钢筋、钢棒
预埋金属波纹管	0.0015	0.20～0.25	0.50
预埋塑料波纹管	0.0015	0.14～0.17	—
预埋铁皮管	0.0030	0.35	0.40
预埋钢管	0.0010	0.25～0.30	—
抽芯成型	0.0015	0.55	0.60

注　1. 表中系数也可以根据实测数据确定。
2. 当采用钢丝束的钢质锥形锚具及类似形式锚具时，尚应考虑锚环口处的附加摩擦损失，其值可根据实测数据确定。

2. 预应力钢筋与孔道壁之间的摩擦引起的损失 σ_{l2}

后张法构件张拉时，预应力钢筋与孔道壁之间的摩擦力引起的预应力损失 σ_{l2}（N/mm²）可按下列公式计算（见图 10-14）：

$$\sigma_{l2}=\sigma_{con}\left(1-\frac{1}{e^{\kappa x+\mu\theta}}\right) \tag{10-4a}$$

当$(\kappa x+\mu\theta)\leqslant 0.2$时，$\sigma_{l2}$可按以下近似公式计算：

$$\sigma_{l2}=(\mu\theta+\kappa x)\sigma_{con} \tag{10-4b}$$

式中　x——从张拉端至计算截面的孔道长度，m，可近似取该段孔道在纵轴上的投影长度；

θ——从张拉端至计算截面曲线孔道部分切线的夹角，rad，见图 10-14。

减小摩擦损失的方法有：

（1）采用两端张拉。两端张拉比一端张拉可减少 1/2 摩擦损失值。

（2）采用“超张拉”工艺。所谓超张拉即第一次张拉至 $1.1\sigma_{con}$，持荷 2min，再卸荷至 $0.85\sigma_{con}$，持荷 2min，最后张拉至 σ_{con}。

这样可使摩擦损失减小，比一次张拉得到的预应力分布更均匀。

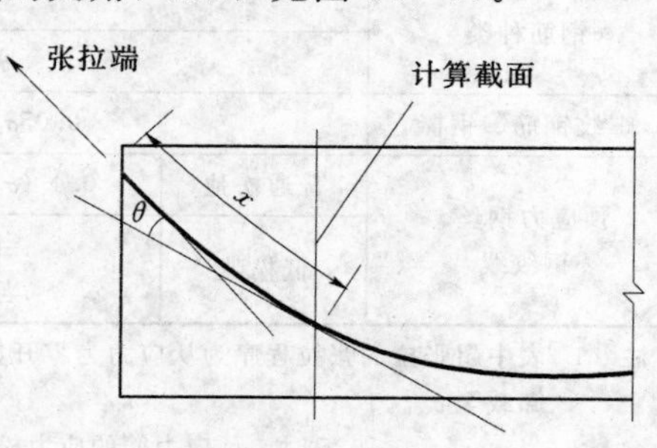

图 10-14　预应力摩擦损失计算图

3. 混凝土采用蒸汽养护时预应力钢筋与张拉台座之间的温差引起的损失 σ_{l3}

对于先张法预应力混凝土构件，当进行蒸汽养护升温时，新浇筑的混凝土尚未硬化，由于钢筋温度高于台座温度，于是钢筋产生相对伸长，预应力钢筋中的应力将降低，造成预应力损失；当降温时，混凝土已经硬化，混凝土与钢筋之间已建立起黏结力，两者将一

起回缩，故钢筋应力将不能恢复到原来的张拉应力值。σ_{l3}仅在先张法中存在。

当预应力钢筋与台座之间的温差为 Δt 时，钢筋的线膨胀系数 $\alpha=0.00001/℃$，则预应力筋与台座之间的温差引起的预应力损失 σ_{l3}（N/mm^2）为

$$\sigma_{l3}=\alpha E_s\Delta t=0.00001\times2.0\times10^5\times\Delta t=2\Delta t \tag{10-5}$$

为了减少此项损失可采取下列措施：

（1）在构件进行蒸汽养护时采用“二次升温制度”，即第一次一般升温 20℃，然后恒温。当混凝土强度达到（7～10）N/mm^2 时，预应力钢筋与混凝土黏结在一起。第二次再升温至规定养护温度。这时，预应力钢筋与混凝土同时伸长，故不会再产生预应力损失。因此，采用“二次升温制度”，养护后应力损失降低值为

$$\sigma_{l3}=2\Delta t=2\times20=40N/mm^2$$

（2）采用钢模制作构件，并将钢模与构件一起整体放入蒸汽室养护，则不存在温差引起的预应力损失。

4. 预应力钢筋的应力松弛引起的损失 σ_{l4}

钢筋应力松弛是指钢筋在高应力作用下，在钢筋长度不变的条件下，钢筋应力随时间增长而降低的现象。钢筋应力松弛使预应力值降低，造成的预应力损失称为 σ_{l4}。试验表明，松弛损失与下列因素有关：

（1）初始应力。张拉控制应力高，松弛损失就大，损失的速度也快。

（2）钢筋种类。松弛损失按下列钢筋种类依次减小：钢丝、钢绞线、螺纹钢筋。

（3）时间。1h 及 24h 的松弛损失分别约占总松弛损失（以 1000h 计）的 50% 和 80%。

（4）温度。温度越高，松弛损失越大。

（5）张拉方式。采用超张拉可比一次张拉的松弛损失减小（2%～10%）σ_{con}。

预应力钢筋的应力松弛损失 σ_{l4}的计算见表 10－4。

表 10－4　　预应力钢筋的应力松弛损失 σ_{l4}　　单位：N/mm^2

钢筋种类		张拉方式	
		一次张拉	超张拉
螺纹钢筋、钢棒		$0.05\sigma_{con}$	$0.035\sigma_{con}$
预应力钢丝、钢绞线	普通松弛	$0.4(\sigma_{con}/f_{ptk}-0.5)\sigma_{con}$	$0.36(\sigma_{con}/f_{ptk}-0.5)\sigma_{con}$
	低松弛	当 $\sigma_{con}\leqslant0.7f_{ptk}$时　$0.125(\sigma_{con}/f_{ptk}-0.5)\sigma_{con}$ 当 $0.7f_{ptk}<\sigma_{con}\leqslant0.8f_{ptk}$时　$0.20(\sigma_{con}/f_{ptk}-0.575)\sigma_{con}$	

注 1. 表中超张拉的张拉程序为从应力为零开始张拉至 $1.03\sigma_{con}$；从应力为零开始张拉至 $1.05\sigma_{con}$，持荷 2min 后，卸载至 σ_{con}。
2. 当 $\sigma_{con}/f_{ptk}\leqslant0.5$ 时，预应力筋的应力松弛损失值可取为零。

减少松弛损失的措施：

（1）采用超张拉工艺。

（2）采用低松弛损失的钢材。

5. 混凝土收缩和徐变引起的损失 σ_{l5}

混凝土在空气中结硬时发生体积收缩，而在预应力作用下，混凝土将沿压力作用方向

产生徐变。收缩和徐变都使构件缩短，预应力钢筋随之回缩，因而造成预应力损失 σ_{l5}。

由混凝土收缩和徐变引起的受拉区、受压区纵向预应力钢筋的预应力损失值 σ_{l5}、σ'_{l5}（N/mm^2）可按下列公式计算：

（1）先张法构件：

$$\sigma_{l5}=\frac{45+\dfrac{280\sigma_{pc}}{f'_{cu}}}{1+15\rho}\quad（受拉区）\tag{10-6}$$

$$\sigma'_{l5}=\frac{45+\dfrac{280\sigma'_{pc}}{f'_{cu}}}{1+15\rho'}\quad（受压区）\tag{10-7}$$

（2）后张法构件：

$$\sigma_{l5}=\frac{35+\dfrac{280\sigma_{pc}}{f'_{cu}}}{1+15\rho}\quad（受拉区）\tag{10-8}$$

$$\sigma'_{l5}=\frac{35+\dfrac{280\sigma'_{pc}}{f'_{cu}}}{1+15\rho'}\quad（受压区）\tag{10-9}$$

式中　σ_{pc}、σ'_{pc}——在受拉区、受压区预应力钢筋合力点处的混凝土法向压应力，N/mm^2；

f'_{cu}——施加预应力时的混凝土立方体抗压强度，N/mm^2；

ρ、ρ'——受拉区、受压区预应力钢筋和非预应力钢筋的配筋率，对先张法构件，$\rho=(A_p+A_s)/A_0$，$\rho'=(A'_p+A'_s)/A_0$；对后张法构件：$\rho=(A_p+A_s)/A_n$，$\rho'=(A'_p+A'_s)/A_n$。

需要说明的是，σ_{l5}、σ'_{l5}的公式是根据一般湿度条件下建立的。对处于年平均湿度低于40%环境下的结构，σ_{l5}及σ'_{l5}值应增加30%。

由于混凝土收缩和徐变引起的预应力损失是各项损失中最大的一项，在直线形预应力配筋构件中约占总损失的50%，而在曲线形预应力配筋构件中占总损失的30%左右。因此，应当重视采取各种有效措施减小混凝土的收缩和徐变。通常采用高标号水泥、减少水泥用量、降低水灰比、振捣密实、加强养护、控制混凝土预压应力值σ_{pc}、σ'_{pc}不超过$0.5f'_{cu}$等措施。

6. 螺旋式预应力钢筋（或钢丝）挤压混凝土引起的损失 σ_{l6}

环形结构构件的混凝土被螺旋式预应力钢筋箍紧，混凝土受预应力钢筋的挤压会发生局部压陷，构件直径减小 2δ，使得预应力钢筋回缩引起预应力损失 σ_{l6}。σ_{l6}的大小与构件的直径有关，构件直径越小，压陷变形的影响越大，预应力损失就越大。当构件直径大于3m时，损失值可忽略不计；当构件直径小于或等于3m时，取 $\sigma_{l6}=30N/mm^2$。

对于大体积水工混凝土构件，各项预应力损失值应由专门研究或试验确定。

上述各项预应力损失并非同时发生，而是按不同张拉方式分阶段发生。通常把在混凝土预压前产生的损失称为第一批应力损失 $\sigma_{l\,\mathrm{I}}$（先张法指放张前的损失，后张法指卸去千斤顶前的损失），在混凝土预压后产生的损失称为第二批应力损失 $\sigma_{l\,\mathrm{II}}$。总损失值为 $\sigma_l=$

$\sigma_{l\mathrm{I}}+\sigma_{l\mathrm{II}}$。各批预应力损失的组合见表 10-5。

表 10-5 各阶段预应力损失值的组合

项 次	预应力损失值的组合	先张法构件	后张法构件
1	混凝土预压前（第一批）的损失 $\sigma_{l\mathrm{I}}$	$\sigma_{l1}+\sigma_{l2}+\sigma_{l3}+\sigma_{l4}$	$\sigma_{l1}+\sigma_{l2}$
2	混凝土预压后（第二批）的损失 $\sigma_{l\mathrm{II}}$	σ_{l5}	$\sigma_{l4}+\sigma_{l5}+\sigma_{l6}$

注 先张法构件第一批损失值计入 σ_{l2} 是指有折线式配筋的情况。

预应力损失的计算值与实际值之间可能有误差，为了确保构件安全，当按上述各项损失计算得出的总损失值 σ_l 小于下列数值时，则按下列数值采用：

先张法构件　100N/mm²

后张法构件　80 N/mm²

【例 10-1】 某后张法预应力混凝土轴心受拉构件长 18m，属 3 级水工建筑物，采用 C60 级混凝土，预应力钢筋为两束普通钢绞线，每束 4 $\phi^{s}1\times7$（$A_p=1112\text{mm}^2$），非预应力钢筋为 HRB400 钢筋 4 Φ 12（$A_s=452\text{mm}^2$），拉杆截面如图 10-15 所示，孔洞直径为 55mm，采用 JM12 锚具（夹片式锚具）进行后张法一端张拉，孔道为充压橡皮管抽芯成型。试求跨中截面处预应力钢筋应力的总损失值 σ_l（设张拉钢筋时混凝土已达到设计要求强度）。

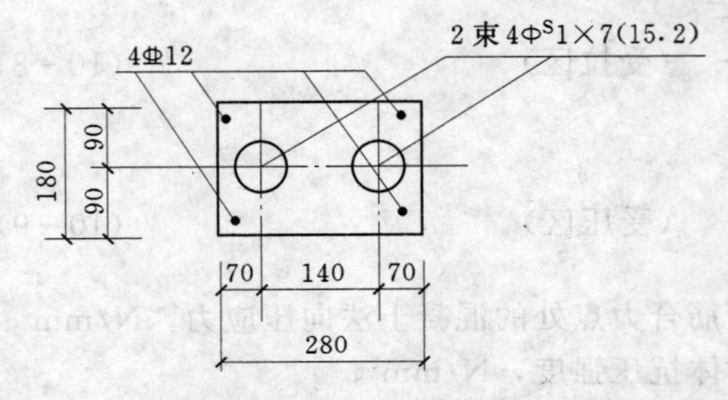

图 10-15 预应力拉杆截面及配筋

解：

（1）基本资料

C60 混凝土，$f_c=27.5\text{N/mm}^2$，$f_{ck}=38.5\text{N/mm}^2$，$E_c=3.60\times10^4\text{N/mm}^2$，$f_{tk}=2.85\text{N/mm}^2$，假设施工时混凝土实际立方体强度 $f'_{cu}=60\text{N/mm}^2$；预应力钢筋为钢绞线，$f_{py}=1220\text{N/mm}^2$，$f_{ptk}=1720\text{N/mm}^2$，$E_s=1.95\times10^5\text{N/mm}^2$；非预应力钢筋为 HRB400 钢筋，$f_y=360\text{N/mm}^2$，$E_s=2.0\times10^5\text{N/mm}^2$。

（2）截面特征及参数计算

非预应力钢筋与混凝土的弹性模量之比为

$$\alpha_{Es}=E_s/E_c=(2.0\times10^5)/(3.60\times10^4)=5.56$$

预应力钢筋与混凝土的弹性模量之比为

$$\alpha_{Ep}=E_s/E_c=(1.95\times10^5)/(3.60\times10^4)=5.42$$

$$A=280\times180=50400\text{mm}^2$$

$$A_c=A-2\times\pi\times55^2/4-A_s=50400-2\times3.14\times55^2/4-452=45199\text{mm}^2$$

$$A_n=A_c+\alpha_{Es}A_s=45199+5.56\times452=47712\text{mm}^2$$

$$A_0=A_n+\alpha_{Ep}A_p=47712+5.42\times1112=53739\text{mm}^2$$

（3）确定张拉控制应力 σ_{con}

$$\sigma_{con}=0.75f_{ptk}=0.75\times1720=1290\text{N/mm}^2$$

（4）计算预应力损失值

1）锚具变形损失 σ_{l1}：

张拉端滑移量由表 10-2 查得 $a=5$mm，$l=18000$mm。

$$\sigma_{l1}=E_s a/l=1.95\times10^5\times5/18000=54.17\text{N/mm}^2$$

2）孔道摩擦损失 σ_{l2}：

由表 10-3 查得 $\kappa=0.0015$，$x=18$m，$\theta=0$。

$$\kappa x+\mu\theta=0.0015\times18=0.027<0.2$$

$$\sigma_{l2}=(\kappa x+\mu\theta)\sigma_{con}=0.027\times1290=34.83\text{N/mm}^2$$

第一批预应力损失值为

$$\sigma_{l\text{I}}=\sigma_{l1}+\sigma_{l2}=54.17+34.83=89.0\text{N/mm}^2$$

3）预应力钢筋应力松弛损失 σ_{l4}：

$$\sigma_{l4}=0.36(\sigma_{con}/f_{ptk}-0.5)\sigma_{con}=0.36\times(1290/1720-0.5)\times1290=116.1\text{N/mm}^2$$

4）混凝土收缩徐变损失 σ_{l5}：

σ_{pc}可按式（10-31）计算，预应力损失值仅考虑第一批应力损失，可得

$$\sigma_{pc}=\sigma_{pc\text{I}}=\frac{(\sigma_{con}-\sigma_{l\text{I}})A_p}{A_n}=\frac{(1290-89)\times1112}{47712}=27.99\text{N/mm}^2$$

$$\frac{\sigma_{pc\text{I}}}{f'_{cu}}=\frac{27.99}{60}=0.467<0.5$$

$$\rho=\frac{A_p+A_s}{A_n}=\frac{1112+452}{47712}=0.0328$$

$$\sigma_{l5}=\frac{35+280\sigma_{pc}/f'_{cu}}{1+15\rho}=\frac{35+280\times27.99/60}{1+15\times0.0328}=111.01\text{N/mm}^2$$

第二批预应力损失值为

$$\sigma_{l\text{II}}=\sigma_{l4}+\sigma_{l5}=116.1+111.01=227.11\text{N/mm}^2$$

总损失值 σ_l 为

$$\sigma_l=\sigma_{l\text{I}}+\sigma_{l\text{II}}=89+227.11=316.11\text{N/mm}^2>80\ \text{N/mm}^2$$

第三节　预应力混凝土轴心受拉构件的应力分析

为了解预应力混凝土构件在不同阶段的应力特点，本节以轴心受拉构件为例，分别对

先张法和后张法构件的施工阶段、使用阶段和破坏阶段进行应力分析。

一、先张法预应力混凝土轴心受拉构件的应力分析

先张法构件各阶段钢筋和混凝土的应力变化过程见表 10－6。

表 10－6　　先张法预应力轴心受拉构件的应力分析

阶段		应力状态			应力图形
施工阶段	1	刚张拉好预应力钢筋，浇捣混凝土并进行养护，第一批预应力损失出现	(a) (b)	σ_{con}	$\sigma_c=0$ $(\sigma_{con}-\sigma_{l1})A_p$ $\sigma_s=0$
	2	从台座上放松预应力钢筋，混凝土受到预压	(c)		$\sigma_{pcⅠ}=(\sigma_{con}-\sigma_{l1})A_p/A_0$ $(\sigma_{con}-\sigma_{l1}-\alpha_E\sigma_{pcⅠ})A_p$ $\alpha_E\sigma_{pcⅠ}A_s$
	3	预应力损失全部出现	(d)		$\sigma_{pcⅡ}=[(\sigma_{con}-\sigma_l)A_p-\sigma_{ls}A_s]/A_0$ $(\sigma_{con}-\sigma_l-\alpha_E\sigma_{peⅡ})A_p$ $(\alpha_E\sigma_{pcⅡ}+\sigma_{l5})A_s$
使用阶段	4	荷载作用（加载至混凝土应力为零）	(e)	$N_0=N_{p0Ⅱ}$	$\sigma-\sigma_{pcⅡ}=0$ $\sigma=\frac{N_{p0Ⅱ}}{A_0}$ $(\sigma_{con}-\sigma_l)A_p$ $\sigma_{l5}A_s$
	5	裂缝即将出现	(f)	$N=N_{cr}$	$\sigma-\sigma_{pcⅡ}=f_{tk}$ $(\sigma_{con}-\sigma_l+\alpha_E f_{tk})A_p$ $(\sigma_{l5}-\alpha_E f_{tk})A_s$
		荷载作用（开裂后）	(g)	$N_{cr}<N<N_u$	$\sigma_c=0$ $N_{p0Ⅱ}=(\sigma_{con}-\sigma_l)A_p-\sigma_{l5}A_s$ $\left(\sigma_{con}-\sigma_l+\frac{N-N_{p0Ⅱ}}{A_p+A_s}\right)A_p$ $[(\sigma_{l5}-(N-N_{p0Ⅱ})/(A_p+A_s)]/A_s$
破坏阶段	6	破坏时	(h)	$N=N_u$	$f_{py}A_p$ f_yA_s

（一）施工阶段

1. 应力状态 1

张拉预应力钢筋并将其固定在台座（或钢模）上，浇筑混凝土并养护，但混凝土并未受到压缩的状态。通常称为“预压前”状态。

钢筋刚张拉完毕时，预应力钢筋的应力为张拉控制应力 σ_{con} ［见表 10－6 图（a）］。然后，由于锚具变形、钢筋内缩、养护温差、钢筋松弛等原因产生了第一批应力损失 $\sigma_{lⅠ}$ =

$\sigma_{l1}+\sigma_{l2}+\sigma_{l3}+\sigma_{l4}$，预应力钢筋的预拉应力将减少 $\sigma_{l\mathrm{I}}$。因此，预应力钢筋的应力降低为 $\sigma_{\mathrm{p0\,I}}$ [见表 10-6 图（b）]：

$$\sigma_{\mathrm{p0\,I}}=\sigma_{\mathrm{con}}-\sigma_{l\mathrm{I}} \tag{10-10}$$

预应力钢筋与非预应力钢筋的合力为

$$N_{\mathrm{p0\,I}}=\sigma_{\mathrm{p0\,I}}A_{\mathrm{p}}=(\sigma_{\mathrm{con}}-\sigma_{l\mathrm{I}})A_{\mathrm{p}} \tag{10-11}$$

式中　A_{p}——预应力钢筋的截面面积，mm^2。

由于预应力钢筋仍然固定在台座（或钢模）上，预应力钢筋的总预拉力由台座（或钢模）承受，所以，混凝土 σ_{c} 和非预应力钢筋 σ_{s} 的应力均为零。

2. 应力状态 2

当混凝土达到其设计强度的 75%以上时，即可截断预应力钢筋。混凝土受到预应力钢筋回弹力的挤压而产生预压应力。此状态是混凝土受到预压应力的状态。混凝土的预压应力为 $\sigma_{\mathrm{pc\,I}}$，混凝土受压后产生压缩变形 $\varepsilon_{\mathrm{c}}=\sigma_{\mathrm{pc\,I}}/E_{\mathrm{c}}$。钢筋因与混凝土黏结在一起也随之回缩同样数值。由应变协调关系可得非预应力钢筋和预应力钢筋产生的压应力均为 $\alpha_{\mathrm{E}}\sigma_{\mathrm{pc\,I}}$ ($\varepsilon_{\mathrm{s}}E_{\mathrm{s}}=\varepsilon_{\mathrm{c}}E_{\mathrm{s}}=\sigma_{\mathrm{pc\,I}}E_{\mathrm{s}}/E_{\mathrm{c}}=\alpha_{\mathrm{E}}\sigma_{\mathrm{pc\,I}}$，$\alpha_{\mathrm{E}}=E_{\mathrm{s}}/E_{\mathrm{c}}$)。所以，预应力钢筋的应力将减少 $\alpha_{\mathrm{E}}\sigma_{\mathrm{pc\,I}}$，有效预拉应力为 $\sigma_{\mathrm{pe\,I}}$ [见表 10-6 图（c）]：

$$\sigma_{\mathrm{pe\,I}}=\sigma_{\mathrm{p0\,I}}-\alpha_{\mathrm{E}}\sigma_{\mathrm{pc\,I}}=\sigma_{\mathrm{con}}-\sigma_{l\mathrm{I}}-\alpha_{\mathrm{E}}\sigma_{\mathrm{pc\,I}} \tag{10-12}$$

非预应力钢筋受到的压应力为

$$\sigma_{\mathrm{s\,I}}=\alpha_{\mathrm{E}}\sigma_{\mathrm{pc\,I}} \tag{10-13}$$

混凝土的预压应力 $\sigma_{\mathrm{pc\,I}}$ 可由截面内力平衡条件求得

$$\sigma_{\mathrm{pe\,I}}A_{\mathrm{p}}=\sigma_{\mathrm{pc\,I}}A_{\mathrm{c}}+\sigma_{\mathrm{pc\,I}}\alpha_{\mathrm{E}}A_{\mathrm{s}}$$

则

$$\sigma_{\mathrm{pc\,I}}=\frac{(\sigma_{\mathrm{con}}-\sigma_{l\mathrm{I}})A_{\mathrm{p}}}{A_{\mathrm{c}}+\alpha_{\mathrm{E}}A_{\mathrm{s}}+\alpha_{\mathrm{E}}A_{\mathrm{p}}}=\frac{(\sigma_{\mathrm{con}}-\sigma_{l\mathrm{I}})A_{\mathrm{p}}}{A_0} \tag{10-14a}$$

也可写成

$$\sigma_{\mathrm{pcI}}=\frac{N_{\mathrm{p0I}}}{A_0} \tag{10-14b}$$

式中　A_{s}、A_{p}——非预应力钢筋和预应力钢筋的截面面积，mm^2；

A_{c}——构件混凝土的截面面积，mm^2，$A_{\mathrm{c}}=A-A_{\mathrm{s}}-A_{\mathrm{p}}$，$A$ 为构件截面面积；

A_0——换算截面面积，mm^2，$A_0=A_{\mathrm{c}}+\alpha_{\mathrm{E}}A_{\mathrm{s}}+\alpha_{\mathrm{E}}A_{\mathrm{p}}$。

式（10-14b）可理解为当放松预应力钢筋使混凝土受压时，将钢筋回弹力 $N_{\mathrm{p0\,I}}$ 看作外力（轴向压力）作用在整个构件的换算截面 A_0 上，由此产生的压应力为 $\sigma_{\mathrm{pc\,I}}$。

3. 应力状态 3

混凝土受到压缩后，随着时间的增长又发生收缩和徐变，使预应力钢筋产生第二批应力损失 $\sigma_{l\mathrm{II}}=\sigma_{l5}$。此时，总的应力损失值为 $\sigma_l=\sigma_{l\mathrm{I}}+\sigma_{l\mathrm{II}}$。在预应力损失全部出现后，预应力钢筋的有效拉应力为 $\sigma_{\mathrm{pe\,II}}$，相应混凝土的有效预压应力为 $\sigma_{\mathrm{pc\,II}}$ [见表 10-6 图（d）]。它们之间的关系由下列公式表示：

$$\sigma_{pe\text{Ⅱ}}=\sigma_{p0\text{Ⅱ}}-\alpha_E\sigma_{pc\text{Ⅱ}}=\sigma_{con}-\sigma_l-\alpha_E\sigma_{pc\text{Ⅱ}} \tag{10-15}$$

$$\sigma_{p0\text{Ⅱ}}=\sigma_{con}-\sigma_l \tag{10-16}$$

非预应力钢筋的压应力为

$$\sigma_{s\text{Ⅱ}}=\alpha_E\sigma_{pc\text{Ⅱ}}+\sigma_{l5} \tag{10-17}$$

式中　σ_{l5}——非预应力钢筋因混凝土收缩和徐变所增加的压应力。

由截面内力平衡条件得

$$\sigma_{pe\text{Ⅱ}}A_p=\sigma_{pc\text{Ⅱ}}A_c+(\alpha_E\sigma_{pc\text{Ⅱ}}+\sigma_{l5})A_s \tag{10-18}$$

则式中 $N_{p0\text{Ⅱ}}$ 为预应力损失全部出现后，混凝土预压应力为零时（预应力钢筋合力点处），预应力钢筋和非预应力钢筋的合力，即

$$N_{p0\text{Ⅱ}}=(\sigma_{con}-\sigma_l)A_p-\sigma_{l5}A_s \tag{10-19}$$

$$\sigma_{pc\text{Ⅱ}}=\frac{(\sigma_{con}-\sigma_l)A_p-\sigma_{l5}A_s}{A_0}=\frac{N_{P0\text{Ⅱ}}}{A_0}$$

$\sigma_{pe\text{Ⅱ}}$ 为全部应力损失完成后预应力钢筋的有效预拉应力，$\sigma_{pc\text{Ⅱ}}$ 为预应力混凝土中所建立的“有效预压应力”。由上可知，在外荷载作用以前，预应力构件中钢筋及混凝土的应力都不为零，混凝土受到很大的压应力，钢筋受到很大的拉应力，这是它与非预应力构件质的差别。

（二）使用阶段

1. 应力状态 4

构件受到外荷载（轴向拉力 N）作用后，截面上要叠加由于 N 产生的拉应力。当外荷载 $N=N_{p0\text{Ⅱ}}$ 时，它对截面产生的拉应力 N/A_0 刚好全部抵消混凝土的有效预压应力 $\sigma_{pc\text{Ⅱ}}$。因此，截面上混凝土的应力由 $\sigma_{pc\text{Ⅱ}}$ 降为零［见表 10－6 图（e）］。该情况称为消压状态，在消压轴向拉力 $N_0=N_{p0\text{Ⅱ}}$ 作用下，预应力钢筋的拉应力由 $\sigma_{pe\text{Ⅱ}}$ 增加 $\alpha_E\sigma_{pc\text{Ⅱ}}$，所以为 $\sigma_{p0\text{Ⅱ}}$，见式（10－16）。非预应力钢筋的压应力由 $\sigma_{s\text{Ⅱ}}$ 减少 $\alpha_E\sigma_{pc\text{Ⅱ}}$，即降低为 σ_{s0}。

$$\sigma_{s0}=\sigma_{l5} \tag{10-20}$$

应力状态 4 是轴心受拉构件受力由压应力转为拉应力的一个重要标志。如果 $N<N_0$，混凝土始终处于受压状态；若 $N>N_0$，则混凝土将出现拉应力，以后拉应力的增量就同普通钢筋混凝土轴心受拉构件一样。

2. 应力状态 5

（1）即将开裂时。当混凝土拉应力达到混凝土轴心抗拉强度标准值 f_{tk} 时，裂缝就将出现［见表 10－6 图（f）］。所以，构件的开裂荷载 N_{cr} 将在 $N_{p0\text{Ⅱ}}$ 的基础上增加 $f_{tk}A_0$，即

$$N_{cr}=N_{p0\text{Ⅱ}}+f_{tk}A_0=(\sigma_{pc\text{Ⅱ}}+f_{tk})A_0 \tag{10-21a}$$

也可写成

$$N_{cr}=N_{p0\text{Ⅱ}}+N'_{cr} \tag{10-21b}$$

式中　N'_{cr}——$f_{tk}A_0$，即为普通钢筋混凝土轴心受拉构件的开裂荷载。

由上式可见，预应力构件的开裂能力由于多了 $N_{p0\text{Ⅱ}}$ 一项而比非预应力构件而大大提高。

在裂缝即将出现时，预应力钢筋与非预应力钢筋的应力分别增加了 $\alpha_E f_{tk}$ 的拉应力，即

预应力钢筋

$$\sigma_p=\sigma_{p0\text{Ⅱ}}+\alpha_E f_{tk}=\sigma_{con}-\sigma_l+\alpha_E f_{tk} \tag{10-22}$$

非预应力钢筋

$$\sigma_s = \sigma_{l5} - \alpha_E f_{tk} \tag{10-23}$$

(2) 开裂后。在开裂瞬间，由于裂缝截面的混凝土应力 $\sigma_c = 0$，原来由混凝土承担的拉力 $f_{tk}A_c$ 转由钢筋承担。所以，预应力钢筋和非预应力钢筋的拉应力增量较开裂前的应力增加 $f_{tk}A_c/(A_p+A_s)$。此时，预应力钢筋和非预应力钢筋的应力分别为

$$\sigma_p = \sigma_{p0\text{II}} + \alpha_E f_{tk} + \frac{f_{tk}A_c}{A_p+A_s} = \sigma_{p0\text{II}} + \frac{f_{tk}A_0}{A_p+A_s} = \sigma_{p0\text{II}} + \frac{N_{cr}-N_{p0\text{II}}}{A_p+A_s} \tag{10-24}$$

$$\sigma_s = \sigma_{l5} - \alpha_E f_{tk} - \frac{f_{tk}A_c}{A_p+A_s} = \sigma_{l5} - \frac{f_{tk}A_0}{A_p+A_s} = \sigma_{l5} - \frac{N_{cr}-N_{p0\text{II}}}{A_p+A_s} \tag{10-25}$$

开裂后，在外荷载作用 N 下，增加的轴向拉力 $N-N_{cr}$ 将全部由钢筋承担［见表 10-6 图 (g)］，预应力钢筋和非预应力钢筋的拉应力增量均为 $(N-N_{cr})/(A_p+A_s)$。这时，预应力钢筋和非预应力钢筋的应力分别为

预应力钢筋

$$\begin{aligned}\sigma_p &= \sigma_{p0\text{II}} + \frac{N_{cr}-N_{p0\text{II}}}{A_p+A_s} + \frac{N-N_{cr}}{A_p+A_s} \\ &= \sigma_{p0\text{II}} + \frac{N-N_{p0\text{II}}}{A_p+A_s} \\ &= \sigma_{con} - \sigma_l + \frac{N-N_{p0\text{II}}}{A_p+A_s}\end{aligned} \tag{10-26}$$

非预应力钢筋

$$\sigma = \sigma_{l5} - \frac{N-N_{p0\text{II}}}{A_p+A_s} \tag{10-27}$$

式 (10-26) 与式 (10-27) 为使用阶段计算裂缝宽度的应力表达式。

(三) 破坏阶段

应力状态 6。当预应力钢筋或非预应力钢筋的应力达到各自的抗拉强度时，构件就发生破坏［见表 10-6 图 (g)］。此时的外荷载为构件的极限承载力 N_u，即

$$N_u = f_{py}A_p + f_y A_s \tag{10-28}$$

二、后张法预应力混凝土轴心受拉构件的工作特点及应力分析

后张法构件的应力分布，除施工阶段因张拉工艺与先张法不同而有所区别外，使用阶段、破坏阶段的应力分布均与先张法相同，后张法的工作特点见表 10-7。

表 10-7　　后张法预应力混凝土轴心受拉构件的应力分析

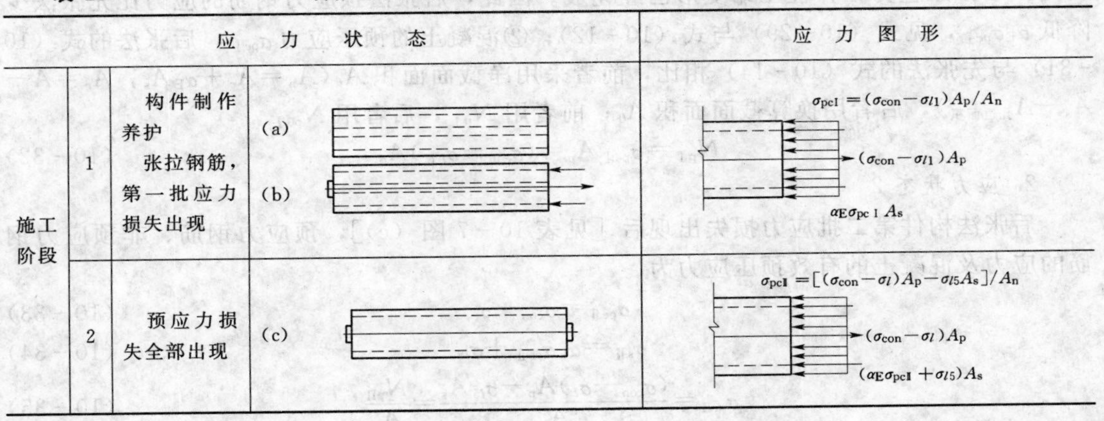

应力状态					应力图形
施工阶段	1	构件制作养护	(a)		
		张拉钢筋，第一批应力损失出现	(b)		$\sigma_{pc\text{I}} = (\sigma_{con} - \sigma_{l1})A_p/A_n$；$(\sigma_{con} - \sigma_{l1})A_p$；$\alpha_E \sigma_{pc\text{I}} A_s$
	2	预应力损失全部出现	(c)		$\sigma_{pc\text{II}} = [(\sigma_{con} - \sigma_l)A_p - \sigma_{l5}A_s]/A_n$；$(\sigma_{con} - \sigma_l)A_p$；$(\alpha_E \sigma_{pc\text{II}} + \sigma_{l5})A_s$

续表

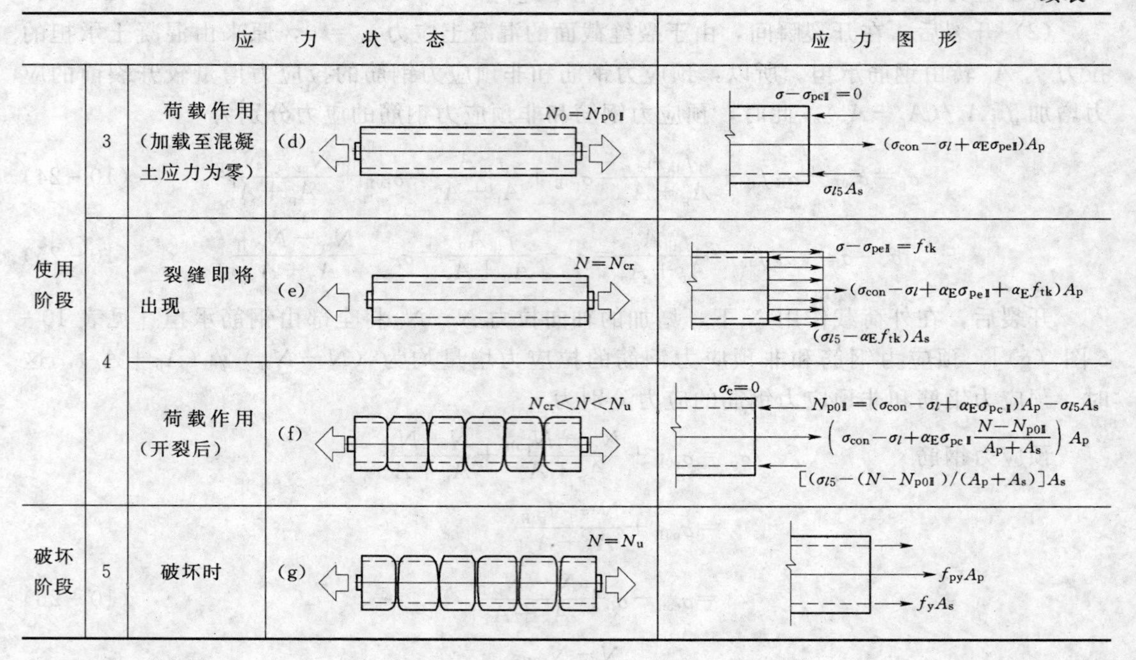

阶段	序号	应力状态		应力图形
	3	荷载作用（加载至混凝土应力为零）	(d) $N_0=N_{p0\mathrm{II}}$	$\sigma-\sigma_{pc\mathrm{II}}=0$；$(\sigma_{con}-\sigma_l+\alpha_E\sigma_{pe\mathrm{II}})A_p$；$\sigma_{l5}A_s$
使用阶段	4	裂缝即将出现	(e) $N=N_{cr}$	$\sigma-\sigma_{pe\mathrm{II}}=f_{tk}$；$(\sigma_{con}-\sigma_l+\alpha_E\sigma_{pe\mathrm{II}}+\alpha_E f_{tk})A_p$；$(\sigma_{l5}-\alpha_E f_{tk})A_s$
		荷载作用（开裂后）	(f) $N_{cr}<N<N_u$	$\sigma_c=0$；$N_{p0\mathrm{II}}=(\sigma_{con}-\sigma_l+\alpha_E\sigma_{pc\mathrm{II}})A_p-\sigma_{l5}A_s$；$\left(\sigma_{con}-\sigma_l+\alpha_E\sigma_{pc\mathrm{II}}+\frac{N-N_{p0\mathrm{II}}}{A_p+A_s}\right)A_p$；$[(\sigma_{l5}-(N-N_{p0\mathrm{II}})/(A_p+A_s)]A_s$
破坏阶段	5	破坏时	(g) $N=N_u$	$f_{py}A_p$；f_yA_s

（一）施工阶段

1. 应力状态 1

后张法构件第一批应力损失出现后［表 10－7 图（b）］，非预应力钢筋的应力及混凝土的预压应力为

$$\sigma_{pe\mathrm{I}}=\sigma_{con}-\sigma_{l\mathrm{I}} \tag{10-29}$$

$$\sigma_{s\mathrm{I}}=\alpha_E\sigma_{pc\mathrm{I}} \tag{10-30}$$

$$\sigma_{pc\mathrm{I}}=\frac{(\sigma_{con}-\sigma_{l\mathrm{I}})A_p}{A_n}=\frac{N_{p\mathrm{I}}}{A_n} \tag{10-31}$$

与先张法放张后相应公式相比，除了非预应力钢筋应力计算公式（10－30）与式（10－13）相同外，其他两式都不同，这是因为：①后张法在张拉预应力钢筋的同时，混凝土就受到了预压应力，弹性压缩变形已经完成。因此，后张法预应力钢筋的应力比先张法少降低 $\alpha_E\sigma_{pc\mathrm{I}}$，见式（10－29）与式（10－12）；②混凝土的预压应力 $\sigma_{pc\mathrm{I}}$，后张法的式（10－31）与先张法的式（10－14）相比，前者采用净截面面积 A_n（$A_n=A_c+\alpha_E A_s$，$A_c=A-A_s-A_{孔道面积}$），后者用换算截面面积 A_0；前者用 $N_{p\mathrm{I}}$，后者用 $N_{p0\mathrm{I}}$。

$$N_{p\mathrm{I}}=\sigma_{pe\mathrm{I}}A_p=(\sigma_{con}-\sigma_{l\mathrm{I}})A_p \tag{10-32}$$

2. 应力状态 2

后张法构件第二批应力损失出现后［见表 10－7 图（c）］，预应力钢筋、非预应力钢筋的应力及混凝土的有效预压应力为

$$\sigma_{pe\mathrm{II}}=\sigma_{con}-\sigma_l \tag{10-33}$$

$$\sigma_{s\mathrm{II}}=\alpha_E\sigma_{pc\mathrm{II}}+\sigma_{l5} \tag{10-34}$$

$$\sigma_{pc\mathrm{II}}=\frac{(\sigma_{con}-\sigma_l)A_p-\sigma_{l5}A_s}{A_n}=\frac{N_{p\mathrm{II}}}{A_n} \tag{10-35}$$

与先张法相应的公式相比，除了非预应力钢筋的应力计算公式（10-34）与式（10-17）相同外，其他都不相同。预应力钢筋的应力，后张法比先张法少降低 $\alpha_E\sigma_{pcⅡ}$，见式（10-33）与式（10-15）。混凝土的有效预压应力 $\sigma_{pcⅡ}$，后张法采用 A_n，先张法采用 A_0。预应力钢筋和非预应力钢筋的合力，先张法用 $N_{p0Ⅱ}$，后张法用 $N_{pⅡ}$。

$$N_{pⅡ}=\sigma_{peⅡ}A_p-\sigma_{l5}A_p=(\sigma_{con}-\sigma_l)A_p-\sigma_{l5}A_p \tag{10-36}$$

先张法预应力钢筋和非预应力钢筋的合力是指混凝土预压应力为零时的情况，后张法是指混凝土已有预压应力的情况。由于先张法预应力钢筋有弹性压缩引起的应力降低，故两者相应的公式不同，前者用 N_{p0}、σ_{p0}、A_0，后者用 N_p、σ_p、A_n。在同样情况下，后张法建立的混凝土有效预压应力比先张法要高。

后张法中的预应力钢筋常有几根或几束，必须分批张拉。这时要考虑后批张拉钢筋所产生的混凝土弹性压缩（或伸长），使先张拉并已锚固好的钢筋的应力又发生变化，也就相当于先张拉的钢筋又进一步产生了应力降低（或增加）。这种应力变化的数值为 $\alpha_E\sigma_{pcⅠ}$，$\sigma_{pcⅠ}$ 为后批张拉钢筋时在先批张拉钢筋重心位置所引起的混凝土法向应力。考虑这种应力变化的影响，对先张拉的那些钢筋，常根据 $\alpha_E\sigma_{pcⅠ}$ 值增大（或减小）其张拉控制应力 σ_{con}。

（二）使用阶段

1. 应力状态3

后张法应力状态3与先张法应力状态4的应力计算公式和消压内力计算公式的形式及符号完全相同，但预应力钢筋应力 $\sigma_{p0Ⅱ}$ 的具体数值不同，后张法比先张法多了一项 $\alpha_E\sigma_{pcⅡ}$ [见表10-7图（d)]。计算后张法构件外荷载产生的应力时，由于孔道已经灌满，预应力钢筋与混凝土共同变形，所以与先张法相同，即截面应取换算截面面积 A_0。当截面上混凝土应力 $\sigma_c=N/A_0-\sigma_{pcⅡ}=0$ 时，为消压状态，消压轴向拉力 $N_0=N_{p0Ⅱ}=\sigma_{p0Ⅱ}A_p-\sigma_{l5}A_s$。

2. 应力状态4

后张法应力状态4与先张法应力状态5的应力、内力计算公式形式及符号都完全相同，只是 $\sigma_{p0Ⅱ}$ 的具体数值相差 $\alpha_E\sigma_{pcⅡ}$ [见表10-7图（e)、(f)]。

（三）破坏阶段

应力状态5。后张法应力状态5与先张法应力状态6的应力、内力计算公式形式及符号也完全相同 [见表10-7图（g)]。若两者钢筋用量相同，其极限承载力也相同。

三、预应力构件与非预应力构件的比较及特点

为进一步说明预应力轴心受拉构件的受力特点，现将后张法预应力轴心受拉构件与非预应力轴心受拉构件进行分析比较，两者采用相同的截面尺寸、材料及配筋数量。

图10-16为上述两类构件在施工阶段、使用阶段和破坏阶段预应力钢筋、非预应力钢筋和混凝土的应力及荷载变化示意图。横坐标代表荷载，原点0左边为施工阶段预应力钢筋的回弹力，右边为使用阶段和破坏阶段作用的外力。纵坐标0上、下方各代表预应力钢筋、非预应力钢筋和混凝土的拉、压应力。实线为预应力构件，虚线为非预应力构件。由图10-16中曲线对比可以看出：

(1) 预应力钢筋从张拉至破坏一直处于高拉应力状态，混凝土在荷载作用前一直处于受压状态，这样，高强钢筋和混凝土就充分发挥了各自特长。

(2) 预应力构件的开裂荷载 N_{cr} 远远大于非预应力构件的开裂荷载 N'_{cr}，较大幅度地

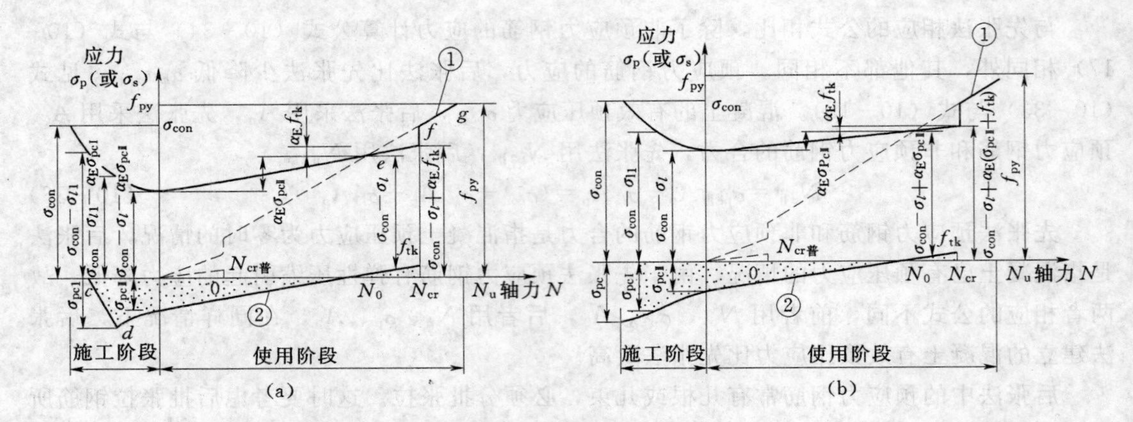

图 10-16　轴心受拉构件各阶段钢筋和混凝土应力变化曲线示意图

(a) 先张法构件；(b) 后张法构件

①—预应力钢筋；②—混凝土；--- —非预应力钢筋

提高了预应力构件的抗裂能力。

(3) 当预应力混凝土构件与普通钢筋混凝土构件的截面尺寸和强度相同时，两者的承载能力相等。

第四节　预应力混凝土轴心受拉构件的计算

一、轴心受拉构件正截面受拉承载力公式

$$KN \leqslant f_y A_s + f_{py} A_p \tag{10-37}$$

式中　N——轴向力设计值，N；

A_s、A_p——纵向非预应力钢筋、预应力钢筋的全部截面面积，mm²。

二、抗裂验算

预应力混凝土轴心受拉构件抗裂验算应分别按下列规定进行。

1. 一级——严格要求不出现裂缝的构件

在荷载效应标准组合下，正截面混凝土法向应力应符合下列规定：

$$\sigma_{ck} - \sigma_{pc\,\text{II}} \leqslant 0 \tag{10-38}$$

2. 二级——一般要求不出现裂缝的构件

在荷载效应标准组合下，正截面混凝土法向应力应符合下列规定：

$$\sigma_{ck} - \sigma_{pc\,\text{II}} \leqslant 0.7\gamma f_{tk} \tag{10-39}$$

式中　σ_{ck}——在荷载标准值作用下，构件抗裂验算边缘的混凝土法向应力，N/mm²，$\sigma_{ck} = N_k / A_0$；

$\sigma_{pc\,\text{II}}$——扣除全部混凝土预应力损失后在抗裂验算边缘的混凝土预压应力，N/mm²；

f_{tk}——混凝土轴心抗拉强度标准值，N/mm²；

γ——受拉区混凝土塑性影响系数，对轴心受拉构件，$\gamma = 1.0$。

三、裂缝宽度验算

使用阶段允许出现裂缝的预应力混凝土构件（裂缝控制等级为三级），应按下列公式

进行裂缝宽度计算：

$$w_{max}=\alpha\alpha_1\frac{\sigma_{sk}}{E_s}\left(30+c+\frac{0.07d}{\rho_{te}}\right) \tag{10-40}$$

$$\sigma_{sk}=\frac{N_{sk}-N_{p0}}{A_s+A_p} \tag{10-41}$$

$$\rho_{te}=\frac{A_s+A_p}{A_{te}} \tag{10-42}$$

上三式中　α——考虑构件受力特征和荷载长期作用下的综合影响系数，对于预应力混凝土轴心受拉构件，$\alpha=2.7$；

α_1——考虑钢筋表面形状和预应力张拉方法的系数，按表 10-8 取值。

表 10-8　考虑钢筋表面形状和预应力张拉方法的系数 α_1

钢筋种类	非预应力带肋钢筋	先张法预应力钢筋		后张法预应力钢筋	
		螺旋肋钢棒	钢绞线、钢丝螺旋槽钢棒	螺旋肋钢棒	钢绞线、钢丝螺旋槽钢棒
α_1	1.0	1.0	1.2	1.1	1.4

注　1. 螺纹钢筋的系数 α_1 取为 1.0。
2. 当采用不同种类的钢筋时，系数 α_1 按钢筋面积加权平均取值。

四、施工阶段验算

施工阶段不允许出现裂缝的构件，应力验算应满足下列条件：

$$\sigma_{ct}\leqslant f'_{tk} \tag{10-43}$$

$$\sigma_{cc}\leqslant 0.8f'_{ck} \tag{10-44}$$

上二式中　σ_{ct}、σ_{cc}——相应施工阶段计算截面边缘纤维的混凝土拉应力、压应力，N/mm²，对先张法按第一批预应力损失出现后计算，$\sigma_{cc}=(\sigma_{con}-\sigma_{l\text{I}})A_p/A_0$，对后张法按未施加锚具前的张拉端计算，即不考虑锚具和摩擦损失，$\sigma_{cc}=\sigma_{con}A_p/A_n$；

f'_{tk}、f'_{ck}——与施工阶段混凝土立方体抗压强度 f'_{cu} 相应的轴心抗拉、轴心抗压强度标准值，N/mm²。

【例 10-2】 例 10-1 所示的拉杆为一屋架下弦（露天环境）2 级水工建筑物，承受轴向拉力，永久荷载标准值和可变荷载标准值分别为 650kN 和 300kN，构件严格要求不出现裂缝。试验算该拉杆的承载力，验算使用阶段正截面的抗裂度，验算施工阶段混凝土的抗压能力。

解：

（1）承载力验算

$$N=1.05\times650+1.2\times300=1042.5\text{kN}$$

$$f_{py}A_p+f_yA_s=1220\times1112+360\times452=1519360\text{N}=1519.36\text{kN}$$

$$>KN=1.2\times1042.5=1251\text{kN}$$

满足要求。

（2）抗裂验算

混凝土的预压应力为

$$\sigma_{pcII}=\frac{(\sigma_{con}-\sigma_l)A_p-\sigma_{l5}A_s}{A_n}=\frac{(1290-316.11)\times1112-111.01\times452}{47712}=21.65\text{N/mm}^2$$

在荷载效应的标准组合下，有

$$N_k=650+300=950\text{kN}$$

$$\sigma_{ck}=N_k/A_0=950\times10^3/53739=17.68\text{N/mm}^2$$

$$\sigma_{ck}-\sigma_{pcII}=17.68-21.65=-3.97<0$$

满足要求。

(3) 施工阶段验算

$$\sigma_{cc}=\sigma_{con}A_p/A_n=1290\times1112/47712=30.07\text{N/mm}^2$$

$$0.8f'_{ck}=0.8\times38.5=30.8\text{N/mm}^2$$

$$\sigma_{cc}<0.8f'_{ck}$$

满足要求。

复习指导

1. 对混凝土构件施加预应力，是克服混凝土构件自重大、易开裂的最有效途径之一。与普通钢筋混凝土结构相比，预应力混凝土结构具有许多显著的优点，因而在目前的工程中正得到越来越广泛的应用。

2. 预应力损失是预应力混凝土结构中特有的现象。预应力混凝土构件中，引起预应力损失的因素较多，不同预应力损失出现的时刻和延续的时间受许多因素制约，给计算工作增添了复杂性。深刻认识预应力损失现象，把握其变化规律，对于理解预应力混凝土构件的设计计算十分重要。

3. 在施工阶段，预应力混凝土构件的计算分析是基于工程力学的分析方法，先张法构件和后张法构件采用不同的截面几何特征；在使用阶段，构件开裂前，工程力学的方法仍适用于预应力混凝土构件的分析，且先张法构件和后张法构件都采用换算截面进行。

4. 预应力混凝土轴心受拉构件的应力分析是预应力混凝土受弯构件应力分析的基础。预应力混凝土构件的承载力计算和正常使用极限状态验算都与钢筋混凝土构件有着密切的联系。

5. 与普通钢筋混凝土构件相比，预应力混凝土构件的计算较麻烦，构造较复杂，施工制作要求一定的机械设备与技术条件，这给预应力混凝土结构的广泛应用带来一定的限制。但随着高强度材料、现代设计方法和施工工艺的不断改进与完善，新型、高效预应力结构体系将在我国基本建设中发挥越来越大的作用。

习　题

一、思考题

1. 为什么在普通钢筋混凝土构件中一般不采用高强度钢筋?

2. 简述预应力混凝土的工作原理。

3. 什么是先张法？什么是后张法？它们各有哪些优缺点？

4. 预应力混凝土结构构件对钢筋和混凝土有什么要求？

5. 预应力钢筋分为哪几类？它们各有什么优点？

6. 什么是张拉控制应力？其数值大小的确定应注意哪些问题？

7. 什么是预应力损失？预应力损失有哪几种？怎样划分它们的损失阶段？

8. 什么是预应力混凝土的换算截面面积和净截面面积？

9. 简述先张法预应力混凝土轴心受拉构件各阶段混凝土及钢筋的应力状态。

10. 简述后张法预应力混凝土轴心受拉构件各阶段混凝土及钢筋的应力状态。

二、选择题

1. 普通钢筋混凝土结构不能充分发挥高强钢筋的作用，主要原因是（　　）。

A 受压混凝土先破坏　　B 未配高强混凝土

C 不易满足正常使用极限状态　　D 受拉混凝土先破坏

2. 对构件施加预应力的主要目的是（　　）。

A 提高构件的承载力　　B 提高构件的承载力和刚度

C 提高构件抗裂度及刚度　　D 对构件强度进行检验

3. 条件相同的先张法和后张法轴心受拉构件，当 σ_{con} 及 σ_l 相同时，预应力钢筋中应力 $\sigma_{pe\text{II}}$（　　）。

A 两者相等　　B 后张法大于先张法　　C 后张法小于先张法　　D 无法判断

4. 后张法轴拉构件完成全部预应力损失后，预应力筋的总预拉力 $N_{p\text{II}}=50\text{kN}$，若加载至混凝土应力为零，外载 N_0（　　）。

A $=50\text{kN}$　　B $>50\text{kN}$　　C $<50\text{kN}$　　D 等于 0

5. 先张法和后张法预应力混凝土构件两者相比，下述论点不正确的是（　　）。

A 先张法工艺简单，只需临时性锚具

B 先张法适用于工厂预制中、小型构件，后张法适用于施工现场制作的大、中型构件

C 后张法需有台座或钢模张拉钢筋

D 先张法一般常采用直线钢筋作为预应力钢筋

6. 预应力钢筋的张拉控制应力，先张法比后张法取值略高的原因是（　　）。

A 后张法在张拉钢筋的同时，混凝土同时产生弹性压缩，张拉设备上所显示的经换算得出的张拉控制应力为已扣除混凝土弹性压缩后的钢筋应力

B 先张法临时锚具的变形损失大

C 先张法的混凝土收缩、徐变较后张法大

D 先张法有温差损失，后张法无此项损失

三、计算题

1. 后张法预应力混凝土轴心受拉构件长 18m，3 级水工建筑物，采用 C40 混凝土，预应力钢筋为 PSB785 螺纹钢筋 2Φ^{PS}25（$A_p=982\text{mm}^2$），非预应力钢筋为 HRB335 级钢筋 4Φ10（$A_s=314\text{mm}^2$），拉杆截面如图 10－17 所示，孔洞直径为 48mm，采用一端张拉，张拉时采用螺丝端杆锚具，孔道为充气橡皮管抽芯成型。求构件跨中截面处预应力钢筋应力的总损失值 σ_l（设张拉钢筋时混凝土已达到设计要求强度）。

2. 如图 10－17 所示的拉杆为一屋架下弦（室内正常环境），承受轴向拉力，永久荷载标准值和可变荷载标准值分别为 350kN 和 100kN，严格要求不出现裂缝的构件。试验算该拉杆的承载力；验算使用阶段正截面是否满足抗裂要求；验算施工阶段混凝土的抗压能力。

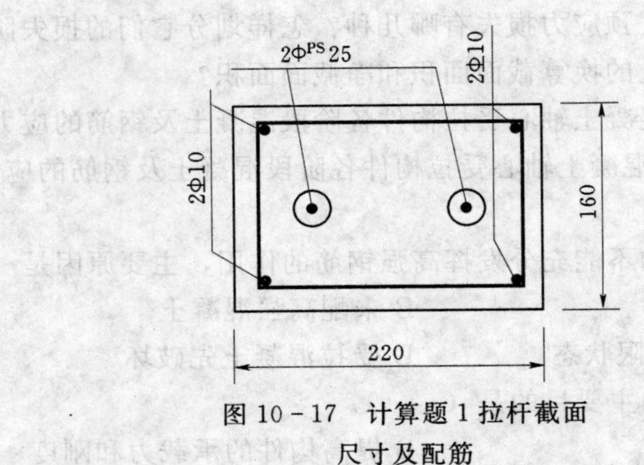

图 10－17　计算题 1 拉杆截面尺寸及配筋

第十一章　砌　体　结　构

【学习提要】 本章主要讲述砌体材料砖、砌块、石材和砂浆的分类、特点以及强度分级，砖砌体、砌块砌体和石砌体及其力学性能，无筋砌体受压构件的承载力计算等。学习本章，应重点掌握无筋砖体受压构件的承载力计算方法，理解砌体材料的特性和影响砌体抗压强度的因素等。

砌体结构是由块体和砂浆砌筑而成的以墙、柱作为建筑物主要受力构件的结构。是砖砌体、砌块砌体和石砌体结构的统称。本章内容根据 GB 50003—2001《砌体结构设计规范》(以下简称《砌体规范》) 编写而成。

第一节　砌　体　材　料

一、砌体块材

目前我国常用的砌体块材可分为以下几类。

(一) 砖

1. 烧结普通砖

由黏土、页岩、煤矸石或粉煤灰为主要原料，经过焙烧而成的实心或孔洞率不大于规定值且外形尺寸符合规定的砖，称为烧结普通砖。其分为烧结黏土砖、烧结页岩砖、烧结煤矸石砖、烧结粉煤灰砖等。

目前应用较多的是黏土砖，它具有一定的强度并有隔热、隔声、耐久及价格低廉等特点，但因其施工机械化程度低，生产时要占用农田，能耗大，不利于环保。所以，国家正逐步限制或取消黏土砖。其他非黏土原料制成的砖的生产和推广应用，既可充分利用工业废料，又可保护农田，是墙体材料发展的方向，如烧结页岩砖、烧结煤矸石砖、烧结粉煤灰砖等。

我国烧结普通“标准砖”的统一规格尺寸为 240mm×115mm×53mm，重度为(18～19) kN/m^3。

烧结普通砖的强度等级分为 MU30、MU25、MU20、MU15、MU10 五个强度等级。

2. 非烧结硅酸盐砖

由硅质材料和石灰为主要原料压制成坯并经高压蒸汽养护而成的实心砖，统称为硅酸盐砖。常用的有蒸压灰砂砖、蒸压粉煤灰砖等。

蒸压灰砂砖是以石灰和砂为主要原料，经坯料制备、压制成型、蒸压养护而成的实心砖，简称灰砂砖。不能用于温度超过 200℃，受急冷急热或酸性介质侵蚀的部位。

蒸压粉煤灰砖是以粉煤灰、石灰为主要原料，掺加适量石膏和集料，经坯料制备、压制成型、高压蒸汽养护而成的实心砖，简称粉煤灰砖。

硅酸盐砖规格尺寸与实心黏土砖相同，其抗冻性、长期强度稳定性以及防水性能等均不及黏土砖。

蒸压灰砂砖、蒸压粉煤灰砖的强度等级为MU25、MU20、MU15、MU10四个强度等级。

3. 空心砖

空心砖分为烧结多孔砖和烧结空心砖两大类。

(1) 烧结多孔砖。以黏土、页岩、煤矸石或粉煤灰为主要原料，经焙烧而成，孔洞率不小于25%，孔的尺寸小而数量多，主要用于承重部位的砖称为烧结多孔砖，简称多孔砖。

多孔砖的优点是减轻墙体自重，改善保温隔热性能，节约原料和能源。与实心砖相比，多孔砖厚度较大，故除了略微提高块体的抗弯、抗剪强度外，还节省砌筑砂浆量。目前多孔砖分为M型和P型，有以下三种型号：

KM1：规格尺寸为190mm×190mm×90mm［见图11-1 (a)］。

配砖尺寸为190mm×90mm ×90mm［见图11-1 (b)］。

KP1：规格尺寸为240mm×115mm×90mm［见图11-1 (c)］。

KP2：规格尺寸为240mm×180mm×115mm［见图11-1 (d)］。

烧结多孔砖的强度等级与烧结普通砖相同。

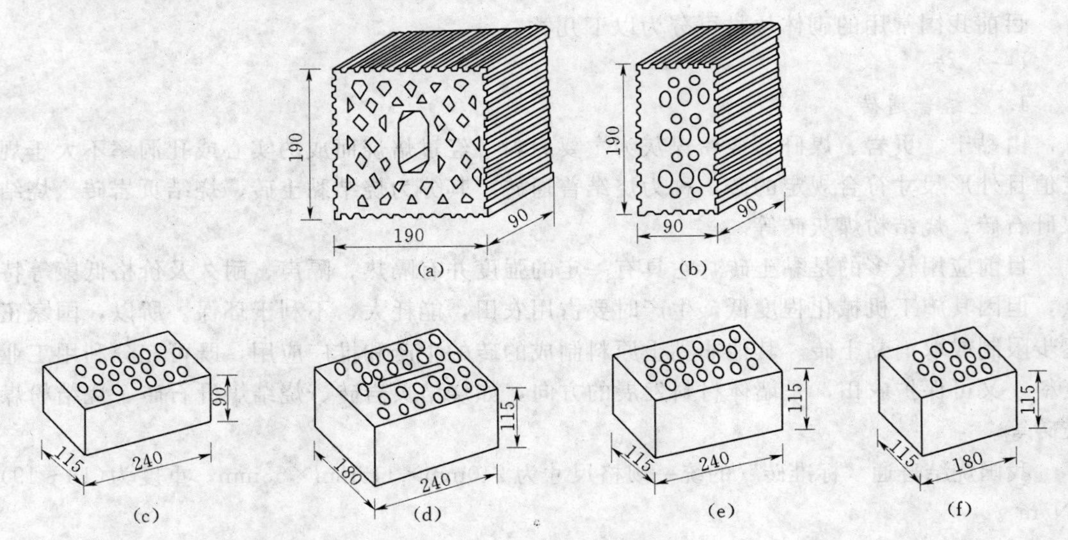

图11-1 烧结多孔砖的规格和孔洞形式

(2) 烧结空心砖。以黏土、页岩、煤矸石为主要原料，经焙烧而成，孔洞率一般在35%以上，孔洞的尺寸大而数量少，孔洞采用矩形条孔或其他孔形的水平孔，且平行于大面和条面的砖称为烧结室心砖，其规格和形状如图11-2所示。这种空心砖具有良好的隔热性能，自重较轻，主要用于框架填充墙或非承重隔墙。

(二) 石材

石材是指无明显风化的天然岩石经过人工开采和加工后的外形规则的建筑用材。重度

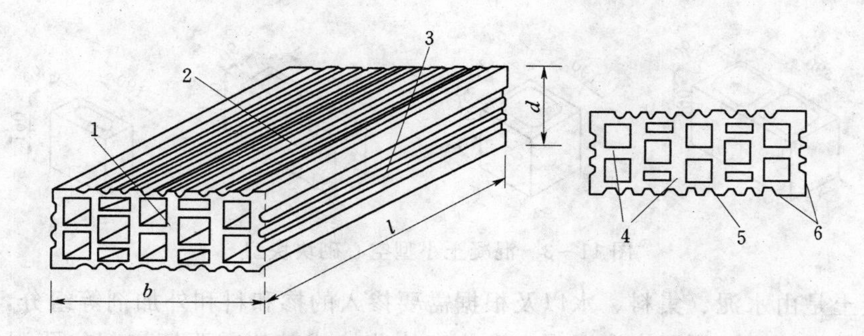

图 11-2　烧结空心砖的外形示意图

1—顶面；2—大面；3—条面；4—肋；5—凹线槽；6—外壁

l—长度；b—宽度；d—高度

大于 18kN/m³ 的石材称为重石材，如花岗岩、砂岩、石灰石等，由于其强度、抗冻性、抗气性、抗水性好，常用于砌筑基础、挡土墙、承重墙等。石材分为料石和毛石两种。

1. 料石

料石又分为细料石、半细料石、粗料石和毛料石。

(1) 细料石：通过细加工，外表规则，叠砌面凹入深度不应大于 10mm，截面的宽度、高度不宜小于 200mm，且不宜小于长度的 1/4。

(2) 半细料石：规格尺寸同上，但叠砌面凹入深度不应大于 15mm。

(3) 粗料石：规格尺寸同上，但叠砌面凹入深度不应大于 20mm。

(4) 毛料石：外形大致方正，一般不加工或仅稍加修整，高度不应小于 200mm，叠砌面凹入深度不应大于 25mm。

2. 毛石

毛石形状不规则，中部厚度不应小于 200mm。

石材的强度等级分为 MU100、MU80、MU60、MU50、MU40、MU30 和 MU20。石砌体中的石材要选择无明显风化的天然石材。

(三) 砌块

实心砖、空心砖和石材以外的块体统称为砌块。砌块一般是指采用普通混凝土及硅酸盐材料制作的实心或空心块材。砌块砌体可加快施工进度及减轻劳动量，既能保温又能承重，是比较理想的节能墙体材料。常用砌块有普通混凝土空心砌块、轻集料混凝土空心砌块、粉煤灰砌块、煤矸石砌块和炉渣混凝土砌块等。

按尺寸大小可将砌块分为小型砌块、中型砌块和大型砌块三种。通常把高度为 180～350mm 的砌块称为小型砌块；高度为 360～900mm 的砌块称为中型砌块；高度大于 900mm 的砌块称为大型砌块。

混凝土小型空心砌块是由普通混凝土或轻集料混凝土制成，主规格尺寸为 390mm×190mm×190mm，空心率在 25%～50%，简称混凝土砌块或砌块，在我国承重墙体材料中使用最为普遍，如图 11-3 所示。

砌块的强度等级分为 MU20、MU15、MU10、MU7.5 和 MU5。

在砌块竖向孔洞中设置钢筋并浇注灌孔混凝土，使其形成钢筋混凝土芯柱。混凝土砌

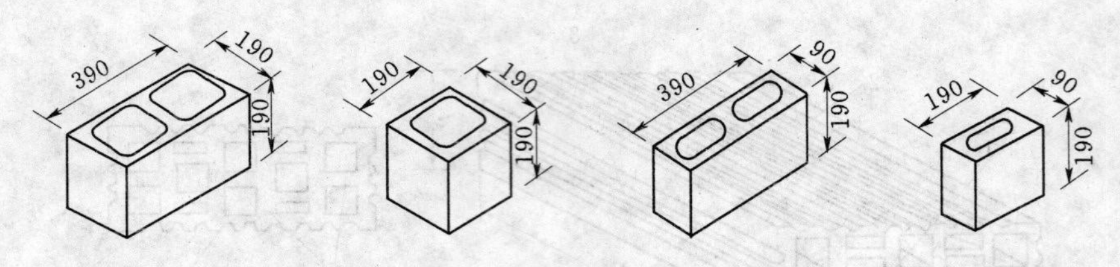

图 11-3 混凝土小型空心砌块块型

块灌孔混凝土是由水泥、集料、水以及根据需要掺入的掺和料和外加剂等组分，按一定比例，采用机械搅拌后，用于浇注混凝土砌块砌体芯柱或其他需要填实部位孔洞的混凝土，简称砌块灌孔混凝土。其强度等级用“Cb”表示。

二、砂浆

砂浆是由胶凝材料、细集料、掺和料和水按适当比例配制而成的。

（一）砂浆的作用和基本要求

1. 砂浆的作用

砂浆的作用如下：

（1）通过与块体接触面的黏结和摩擦使块体黏结成砌体。

（2）抹平块体表面而使砌体应力分布较均匀。

（3）填满块体间的缝隙而减少砌体透气性，提高砌体的防水、隔热能力和砌体的抗冻性。

2. 砂浆的性能要求

为了满足工程质量和施工要求，砌体对砂浆的基本要求如下：

（1）具有足够的强度。

（2）具有一定的耐久性。

（3）具有较好的和易性和保水性。

（二）砂浆的分类

1. 水泥砂浆

水泥砂浆是指由水泥与砂加水按一定配合比拌和而成的不加塑性掺和料的纯水泥砂浆。其可塑性和保水性较差，影响砌筑质量，但耐久性较好，一般多用于含水量较大的地下砌体。

2. 混合砂浆

混合砂浆包括水泥石灰砂浆、水泥黏土砂浆等，是加有塑性掺和料的水泥砂浆。这种砂浆具有较高的强度，较好的耐久性、和易性、保水性，施工方便，质量容易保证，是一般墙体中常用的砂浆。

3. 石灰砂浆

石灰砂浆是由石灰与砂和水按一定的配合比拌和而成。这种砂浆强度不高，耐久性差，不能用于地面以下或防潮层以下的砌体，一般只能用在受力不大的简易建筑或临时建筑中。

4. 混凝土砌块砌筑砂浆

混凝土砌块砌筑砂浆是由水泥、砂、水以及根据需要掺入的掺和料和外加剂等组分，按一定比例，采用机械拌和制成，专门用于砌筑混凝土砌块的砌筑砂浆，简称砌块专用砂浆。

（三）砂浆的强度等级

砂浆的强度等级是采用 6 块边长为 70.7mm 的标准立方体试块，在标准条件下养护 28 天，采用标准试验方法测得的抗压强度的平均值。

砂浆的强度等级分为 M15、M10、M7.5、M5 和 M2.5。混凝土砌块砌筑砂浆的强度等级用“Mb”表示。

另外，施工阶段尚未凝结或用冻结法施工解冻阶段的砂浆强度为零。

三、砌体材料的选择

砌体所用块材和砂浆，主要应依据承载能力、耐久性以及隔热、保温等要求选择。因地制宜，就地取材，按技术经济指标较好和符合施工队伍技术水平的原则确定。

《砌体规范》规定如下：

（1）五层及五层以上房屋的墙，以及受振动或层高大于 6m 的墙、柱所用材料的最低强度等级为：砖为 MU10；石材为 MU30；砌块为 MU7.5；砂浆为 M5。

（2）对地面以下或防潮层以下的砌体，所用材料的最低强度等级应符合表 11-1 的规定。

表 11-1　地面以下或防潮层以下的块体、潮湿房间墙所用材料的最低强度等级

基土的潮湿程度	烧结普通砖、蒸压灰砂砖		混凝土砌块	石材	水泥砂浆
	严寒地区	一般地区			
稍潮湿的	MU10	MU10	MU7.5	MU30	MU5
很潮湿的	MU15	MU10	MU7.5	MU30	MU7.5
含水饱和的	MU20	MU15	MU10	MU40	MU10

（3）在冻胀地区，地面以下或防潮层以下的砌体，不宜采用多孔砖。当采用混凝土砌块砌体时，其孔洞应采用强度等级不低于 Cb20 的混凝土灌实。

第二节　砌体的种类及力学性能

一、砌体的种类

砌体分为无筋砌体和配筋砌体两大类。无筋砌体有砖砌体、砌块砌体和石砌体。配筋砌体是指配有钢筋或钢筋混凝土的砌体。

（一）砖砌体

由砖（包括空心砖）和砂浆砌筑而成的整体称为砖砌体。通常用作承重外墙、内墙、砖柱、围护墙及隔墙。墙体厚度是根据强度和稳定要求确定的。

砖砌体的搭砌方式有一顺一丁、梅花丁、三顺一丁等砌法，如图 11-4 所示。

烧结普通砖和硅酸盐砖实心砌体的墙厚度可分为 240 mm（一砖）、370mm（一砖半）、490mm（两砖）等。有些砖必须侧砌而构成墙厚为 180mm、300mm、420mm 等。

试验表明，在上述范围内，用同样的砖和砂浆砌成的砌体，其抗压强度没有明显的差

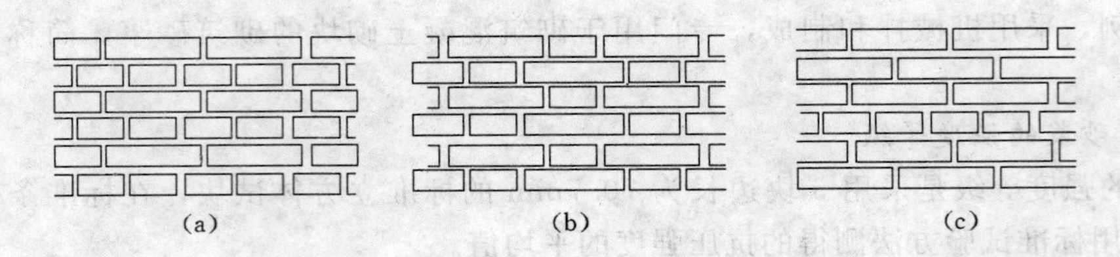

图 11-4 砖墙砌合法

(a) 一顺一丁；(b) 梅花丁；(c) 三顺一丁

异。但当顺砖层数超过五层时，则砌体的抗压强度明显下降。

空斗墙是将部分或全部砖在墙的两侧立砌，而在中间留有空斗的墙体，如图 11-5 所示。

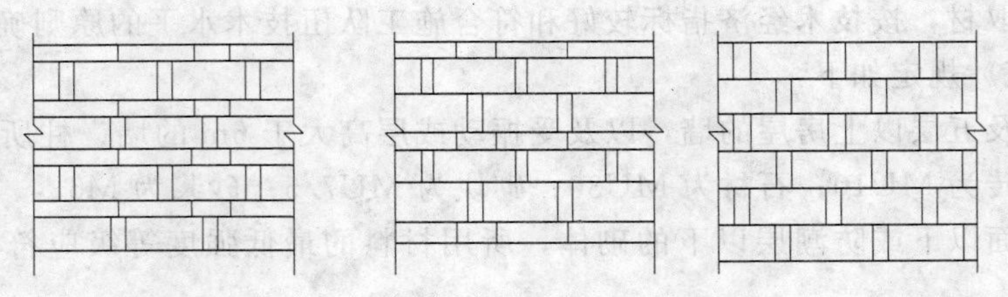

图 11-5 空斗墙

（二）*砌块砌体*

目前我国的砌块砌体主要是混凝土小型空心砌块砌体。混凝土小型空心砌块便于手工砌筑，在使用上比较灵活，而且可以利用其孔洞做成配筋芯柱，满足抗震要求，应用较多。

砌块砌体砌筑时应分皮错缝搭砌。排列砌块是设计工作中的一个重要环节，要求砌块类型最少，排列规律整齐，避免通缝。小型砌块上、下皮搭砌长度不得小于 90mm。砌筑空心砌块时，应对孔，使上、下皮砌块的肋对齐以利于传力，如图 11-6 所示。

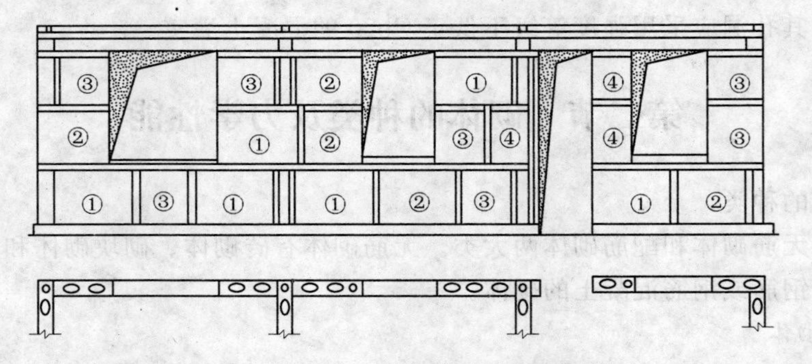

图 11-6 混凝土中型空心砌块砌筑的外墙及其平面示意图

（三）*石砌体*

石砌体是由石材和砂浆或由石材和混凝土砌筑而成。它可分为料石砌体、毛石砌体和毛石混凝土砌体，如图 11-7 所示。料石砌体和毛石砌体用砂浆砌筑，毛石混凝土由混凝土和毛石交替铺砌而成。石砌体可用于一般民用房屋的承重墙、柱和基础，还可用于建造拱桥、坝和涵洞等。毛石混凝土砌体常用于基础。

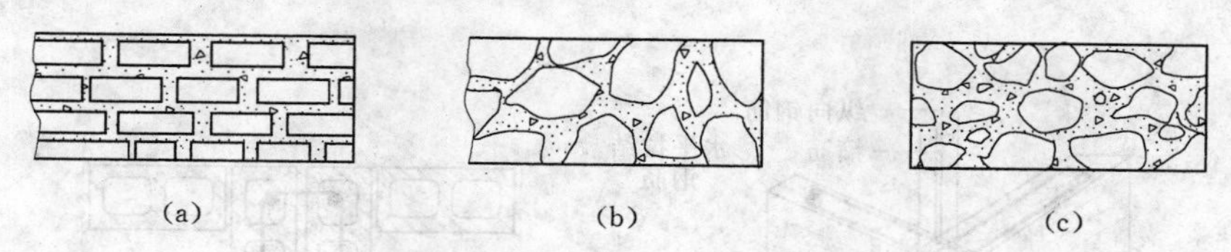

图 11－7　石砌体的几种类型

(a) 料石砌体；(b) 毛石砌体；(c) 毛石混凝土砌体

（四）配筋砌体

为提高砌体强度，减小构件截面尺寸，可在砌体的水平灰缝中每隔几皮砖放置一层钢筋网，称为网状配筋砌体（也称横向配筋砌体），目前常用的配筋砖砌体主要有两种类型，即横向配筋砖砌体和组合砖砌体。

1. 横向配筋砖砌体

横向配筋砖砌体是指在砖砌体的水平灰缝内配置钢筋网片或水平钢筋形成的砌体（见图 11－8）。这种砌体一般在轴心受压或偏心受压构件中应用。

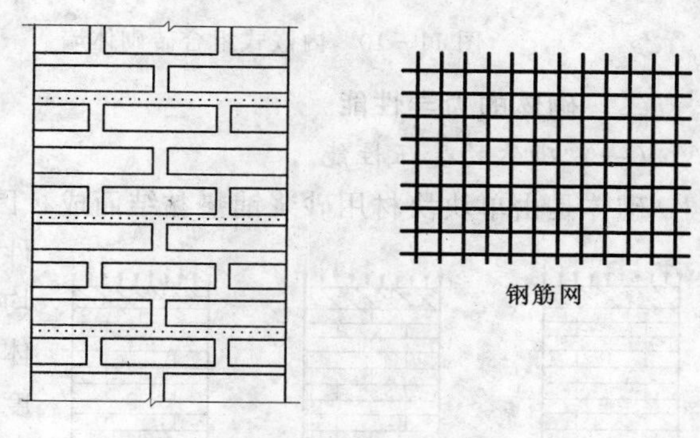

图 11－8　横向配筋砖砌体柱

2. 组合砖砌体

目前在我国应用较多的组合砖砌体有两种：

(1) 外包式组合砖砌体：外包式组合砖砌体指在砖砌体墙或柱外侧配有一定厚度的钢筋混凝土面层或钢筋砂浆面层，以提高砌体的抗压、抗弯和抗剪能力（见图 11－9）。

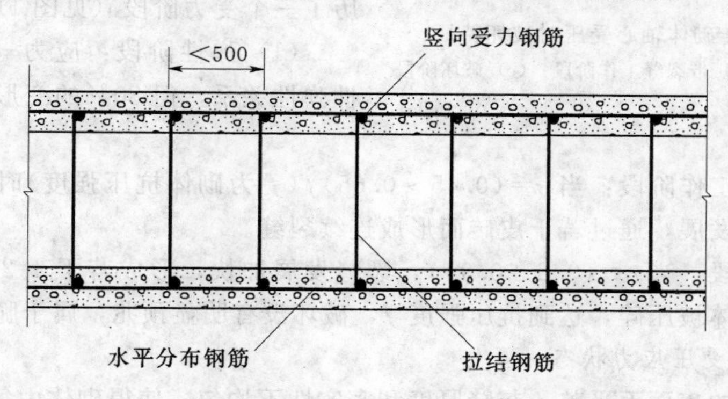

图 11－9　外包式组合砖砌体墙

(2) 内嵌式组合砖砌体：砖砌体和钢筋混凝土构造柱组合墙是一种常用的内嵌式组合砖砌体（见图 11－10）。这种墙体施工必须先砌墙，后浇注钢筋混凝土构造柱。

3. 配筋混凝土空心砌块砌体

在混凝土空心砌块竖向孔中配置钢筋、浇注灌孔混凝土，在横肋凹槽中配置水平钢筋并浇注灌孔混凝土或在水平灰缝配置水平钢筋，所形成的砌体称为配筋混凝土空心砌块砌体（见图 11－11）。这种配筋砌体自重轻，抗震性能好，可用于中高层房屋中起剪力墙作用。

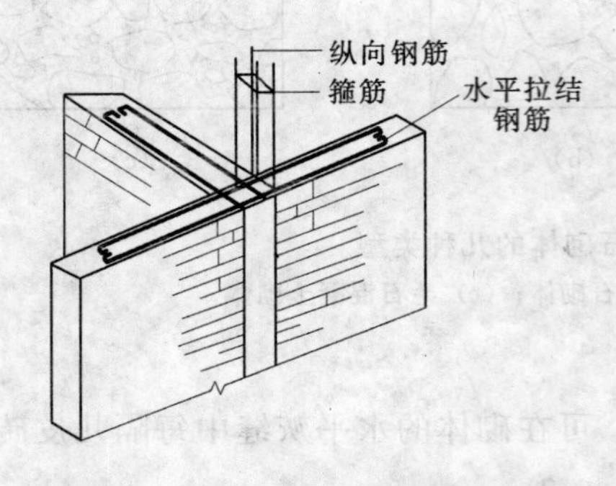

图 11－10 内嵌式组合砖砌体墙

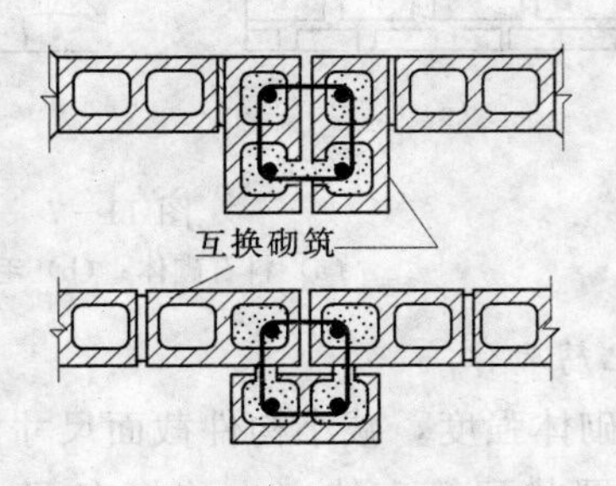

图 11－11 横向配筋砖砌体柱

二、砌体的力学性能

（一）砌体的受压性能

砌体是由单块块材用砂浆铺垫黏结而成，因而它的受压工作性能和均质的整体结构构件有很大差别。由于灰缝厚度和密实性的不均匀，块体的抗压强度不能充分发挥，使砌体的抗压强度一般低于单个块体的抗压强度。现以标准砖砌体为例，研究砌体受压性能。

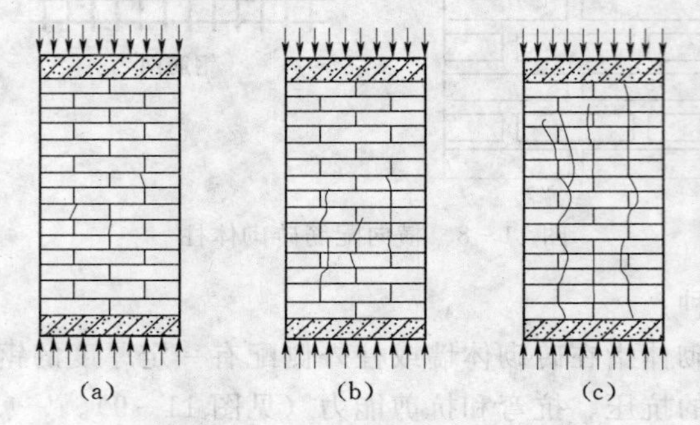

图 11－12 砖砌体轴心受压时破坏特征

(a) 弹性阶段；(b) 带裂缝工作阶段；(c) 破坏阶段

1. 受力阶段和破坏特征

砖砌体的标准受压试件尺寸为 240mm×370mm×720mm。砌体在均匀压力作用下经历了三个受力阶段（见图 11－12）：

（1）弹性阶段：应力-应变曲线接近线性弹性关系，但 80%的变形集中在水平灰缝砂浆中。

（2）带裂缝工作阶段：当 $\sigma=(0.45\sim0.65)f$（f 为砌体抗压强度）时，出现第一条竖向裂缝，并迅速发展，通过若干皮砖而形成连续裂缝。

（3）破坏阶段：当 $\sigma=(0.8\sim0.9)f$，裂缝发展加快，形成若干 1/2 砖的短柱，并向外鼓凸失稳，砌体被压碎，达到抗压强度 f，破坏没有明显预兆，属于脆性破坏。

2. 砌体轴心受压应力状态

（1）由于砖的表面不平整，灰缝厚度和密实性不均匀，使得砌体中每一块砖不是均匀受压，而是同时受弯曲和剪切的作用，如图 11－13 所示。由于砖的抗剪、抗弯强度远小于其抗压强度，因此，砌体的抗压强度总是比单块砖的抗压强度小。

（2）由于砖和砂浆的弹性模量和横向应变系数不同，砂浆的横向变形大于砖，因而使砖受到砂浆层的拉剪作用处于一向受压双向受拉的应力状态，而砂浆受到砖的压剪作用处于三向受压的应力状态。

（3）砌体的竖向灰缝不饱满，易引起应力集中。

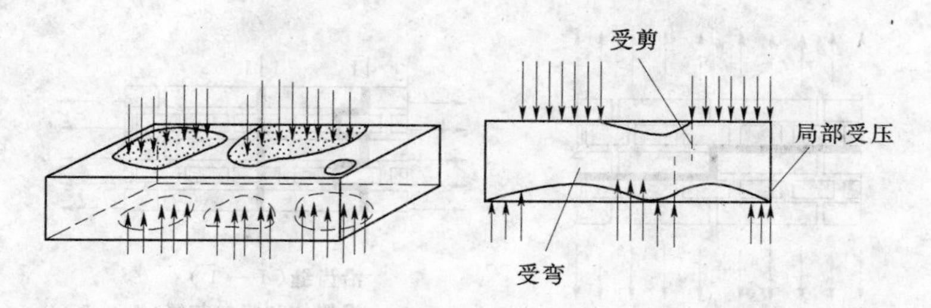

图 11－13　砌体中块材的不均匀受力情况

3. 影响砌体抗压强度的因素

砖砌体轴心受压的受力分析及试验结果表明，影响砌体抗压强度的主要因素如下：

（1）块体和砂浆强度。块体和砂浆强度是影响砌体抗压强度的最主要因素，提高块材的强度可以增加砌体的强度，而提高砂浆的强度可减小它与块材的横向应变的变异，从而改善砌体的受力状态。砌体抗压强度随块体和砂浆强度的提高而提高，提高块材的强度等级比提高砂浆强度等级更有效。

（2）块体的形状、尺寸及灰缝厚度。

1）块体的形状规则与否显著影响砌体的抗压强度。块体的外形比较规则、平整，则块体受弯矩、剪力的不利影响相对较小，从而使砌体强度相对较高。砌体强度还随块体厚度增加而增大。

2）砌体中灰缝越厚，越不易保证均匀与密实。灰缝过厚会降低砌体强度。即当块体表面平整时，灰缝宜尽量减薄。对砖和小型砌块砌体，灰缝厚度应控制在 8～12mm。对料石砌体，一般不宜大于 20 mm。

（3）砂浆铺砌时的流动性。砂浆的流动性大，保水性好，容易铺砌成厚度和密实性都较均匀的水平灰缝，可提高砌体强度。但流动性过大，砂浆在硬化后的变形率也越大，反而会降低砌体的强度。混合砂浆的可塑性和保水性较好，流动性好于水泥砂浆，可减少块体在砌体中不均匀受压产生的弯剪应力，故水泥砂浆砌体比同级混合砂浆砌体的抗压强度降低 5%～15%。

（4）砌筑质量。砌筑质量的影响因素很多，如砂浆饱满度、砌筑时块体的含水率、操作人员水平等。其中砂浆水平灰缝的饱满度影响很大。一般要求水平灰缝的砂浆饱满度不得低于 80%。砌筑时砖的含水率控制也很重要。砌体强度随含水率的增大而提高，但含水率过大时会产生墙面流浆，抗剪强度将降低。烧结普通砖和多孔砖含水率宜控制在 10%～15%。现场检验砖含水率的简易方法采用断砖法，当砖截面四周融水深度为 15～20mm 时，视为符合要求的适宜含水率。

（二）砌体的轴心抗拉、弯曲抗拉、抗剪性能

在实际工程中，砌体除受压外，还有轴心受拉、弯曲受拉、受剪等情况。

1. 砌体的轴心受拉性能

当轴心拉力与砌体的水平灰缝垂直时，砌体发生沿通缝截面破坏；当轴心拉力与砌体的水平灰缝平行时，可能沿灰缝截面产生齿缝破坏（Ⅰ—Ⅰ）或产生沿块体和竖向灰缝截面的破坏（Ⅱ—Ⅱ），如图 11－14 所示。

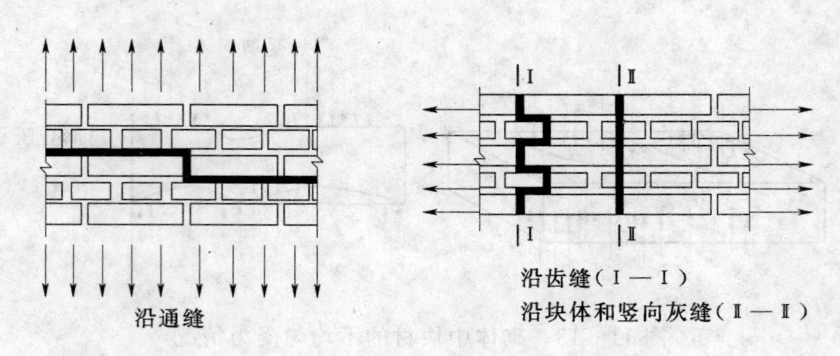

图 11-14　砌体轴心受拉破坏形态

2. 砌体的弯曲受拉性能

砌体受弯时，总是在受拉区发生破坏。砌体的抗弯能力由砌体的弯曲抗拉强度确定。砌体在水平方向弯曲时，可能沿齿缝截面破坏；或沿块体和竖向灰缝破坏。砌体在竖向弯曲时，沿通缝截面破坏，如图 11-15 所示。

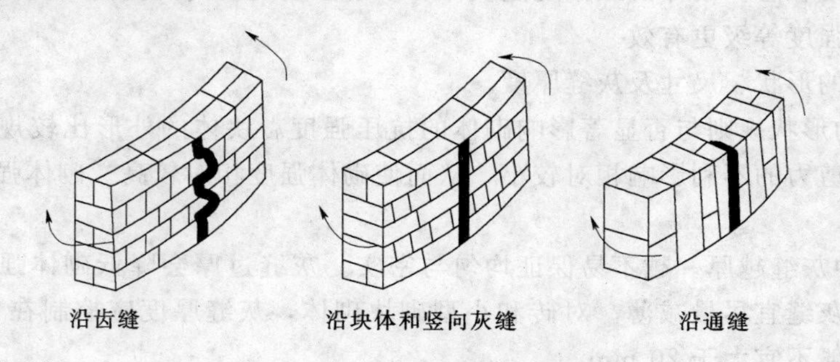

图 11-15　砌体弯曲受拉破坏形态

3. 砌体的受剪性能

砌体剪切破坏形态包括沿通缝剪切破坏、沿齿缝剪切破坏和沿阶梯形缝剪切破坏，如图 11-16 所示。

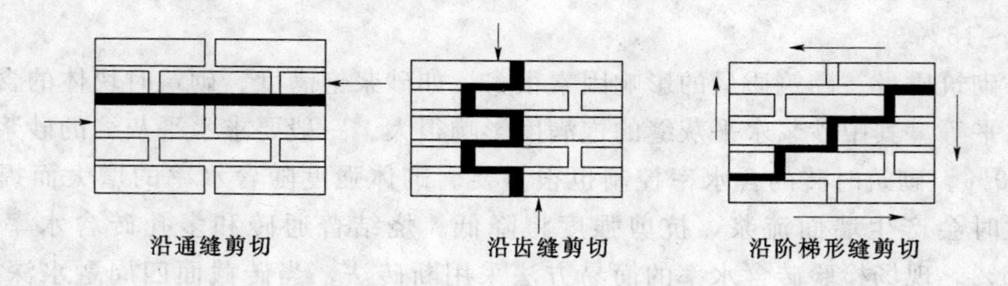

图 11-16　砌体剪切破坏形态

三、砌体的计算指标

（一）砌体的强度标准值、设计值

1. 砌体强度标准值

砌体强度是随机变量，并具有较大的离散性，《砌体规范》对各类砌体统一取其强度概率分布的 0.05 分位值作为它的强度标准值，即具有 95%保证率时的砌体强度值。

$$f_k = f_m - 1.645\sigma_f \tag{11-1}$$

式中　f_k——砌体的强度标准值，N/mm^2；

f_m——砌体的强度平均值，N/mm^2；

σ_f——砌体强度的标准差。

各类砌体的强度的标准值可查《砌体规范》。

2. 砌体的强度设计值

砌体的强度设计值 f 是按承载能力极限状态设计时所采用的砌体强度代表值，它是考虑了影响构件可靠因素后的材料强度指标，由其标准值 f_k 除以材料性能分项系数 γ_f 而得：

$$f=f_k/\gamma_f \tag{11-2}$$

式中　γ_f——砌体结构的材料性能分项系数，按施工质量控制等级考虑，一般情况取 $\gamma_f=1.6$。

（二）砌体抗压强度设计值

龄期为 28 天的以毛截面计算的各类砌体抗压强度设计值，应根据块体和砂浆的强度等级分别按附表 9－1～附表 9－6 采用。

（三）砌体的轴心抗拉、弯曲抗拉和抗剪强度设计值

龄期为 28 天的以毛截面计算的各类砌体的轴心抗拉、弯曲抗拉和抗剪强度设计值，可按附表 9－7 采用。

（四）砌体强度设计值的调整

下列情况的各类砌体的强度设计值应乘以调整系数 γ_a：

（1）有吊车房屋砌体、跨度不小于 9m 的梁下烧结普通砖砌体，跨度不小于 7.5m 的梁下烧结多孔砖、蒸压灰砂砖、蒸压粉煤灰砖砌体，混凝土和轻骨料混凝土砌块砌体，γ_a 为 0.9。

（2）对于无筋砌体构件，其截面面积小于 $0.3m^2$ 时，γ_a 为其截面面积加 0.7，即 $\gamma_a=0.7+A$。对配筋砌体构件，当其中砌体截面面积小于 $0.2m^2$ 时，γ_a 为其截面面积加 0.8，即 $\gamma_a=0.8+A$。

（3）当砌体用水泥砂浆砌筑时，对附表 9－1～附表 9－6 中的数值，γ_a 为 0.9；对附表 9－7 中的数值，γ_a 为 0.8。

（4）当验算施工中房屋的构件时，γ_a 为 1.1。

（五）砌体的弹性模量

《砌体规范》规定：砌体的弹性模量按附表 9－8 采用；砌体的剪变模量可取砌体弹性模量的 0.4 倍。

第三节　无筋砌体构件的承载力计算

一、计算公式

砌体结构应按承载能力极限状态设计，并满足正常使用极限状态的要求。根据砌体结构的特点，砌体结构正常使用极限状态的要求一般可由相应的构造措施来保证。

砌体结构承载能力极限状态设计表达式，应按下列公式中最不利组合进行计算：

$$\gamma_0(1.2S_{Gk}+1.4S_{Q1k}+\sum_{i=2}^{n}\gamma_{Qi}\psi_{ci}S_{Qik})\leqslant R(f,a_k,\cdots) \quad (11-3)$$

$$\gamma_0(1.35S_{Gk}+1.4\sum_{i=1}^{n}\psi_{ci}S_{Qik})\leqslant R(f,a_k,\cdots) \quad (11-4)$$

上二式中 γ_0——结构重要性系数，对安全等级为一级或设计使用年限为50年以上的结构构件，不应小于1.1；对安全等级为二级或设计使用年限为50年的结构构件，不应小于1.0；对安全等级为三级或设计使用年限为1～5年的结构构件，不应小于0.9；

S_{Gk}——永久荷载标准值的效应；

S_{Q1k}——在基本组合中起控制作用的一个可变荷载标准值的效应；

S_{Qik}——第i个可变荷载标准值的效应；

$R(\cdot)$——结构构件的抗力函数；

γ_{Qi}——第i个可变荷载的分项系数；

ψ_{ci}——第i个可变荷载的组合值系数，一般情况下应取0.7；

f——砌体的强度设计值；

a_k——几何参数标准值。

当只有一个可变荷载时，可按下列公式中最不利组合进行计算：

$$\gamma_0(1.2S_{Gk}+1.4S_{Qk})\leqslant R(f,a_k,\cdots) \quad (11-5)$$

$$\gamma_0(1.35S_{Gk}+1.0S_{Qk})\leqslant R(f,a_k,\cdots) \quad (11-6)$$

二、受压构件的计算

砌体结构的特点是抗压能力大大超过抗拉能力，一般适用于轴心受压或偏心受压构件。在实际工程上常作为承重墙体、柱及基础。用于建造小型拦河坝、挡土墙、渡槽、拱桥、涵洞、溢洪道、水闸以及渠道护面等水工建筑。

（一）受压构件的受力状态

砌体结构承受轴心压力时，截面中的应力均匀分布，构件承受外力达到极限值时，截面中的应力达到砌体的抗压强度f，如图11-17（a）所示。随着荷载偏心距的增大，截面受力特性发生明显变化。当偏心距较小时，截面中的应力呈曲线分布，但仍全截面受压，破坏将从压应力较大一侧开始，截面靠近轴向力一侧边缘的压应力σ_b大于砌体的抗压强度f，如图11-17（b）所示。随着偏心距增大，截面远离轴向力一侧边缘的压应力减小，并由受压逐步过渡到受拉，受压边缘的压应力将有所提高，当受拉边缘的应力大于砌体沿通缝截面的弯曲抗拉强度，将产生水平裂缝，随着裂缝的开展，受压面积逐渐减

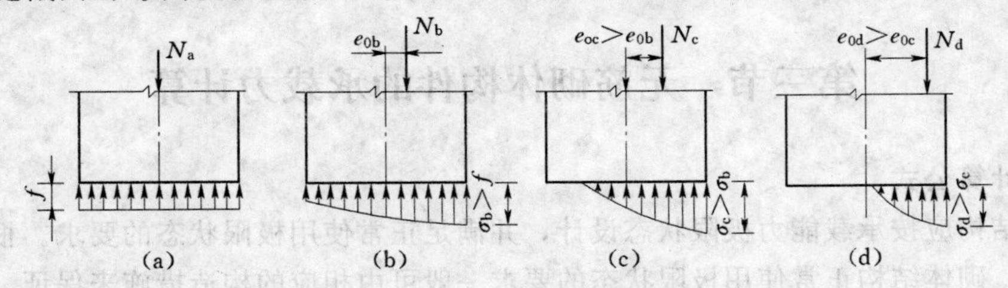

图11-17 砌体受压时截面应力变化

小，如图 11 - 17（c）、（d）所示。从上述试验可知：砌体结构偏心受压构件随着轴向力偏心距增大，受压部分的压应力分布愈加不均匀，构件所能承担的轴向力明显降低。因此，砌体截面破坏时的极限荷载与偏心距大小有密切关系。《砌体规范》在试验研究的基础上，采用影响系数 φ 来反映偏心距和构件的高厚比对截面承载力的影响。同时，轴心受压构件可视为偏心受压构件的特例。

（二）受压构件的计算公式

无筋砌体受压构件的承载力计算公式：

$$N \leqslant \varphi f A \tag{11-7}$$

式中　N——荷载设计值产生的轴向力，N/mm^2；

φ——高厚比 β 和轴向力的偏心距 e 对受压构件承载力的影响系数，按附表 9 - 9 采用；

f——砌体的抗压强度设计值，N/mm^2，按附表 9 - 1～附表 9 - 6 采用；

A——截面面积，mm^2，对各类砌体，均应按毛截面计算。

在应用公式计算中，需注意下列问题：

（1）高厚比 β。构件高厚比 β 的计算公式：

矩形截面

$$\beta = \gamma_\beta \frac{H_0}{h} \tag{11-8}$$

T 形截面

$$\beta = \gamma_\beta \frac{H_0}{h_T} \tag{11-9}$$

式中　γ_β——不同砌体材料的构件高厚比修正系数，按附表 9 - 10 采用；

H_0——受压构件的计算高度，mm，按《砌体规范》规定采用；

h——矩形截面轴向力偏心方向的边长，当轴心受压时为截面较小边长，mm；

h_T——T 形截面的折算厚度，mm，可近似按 $3.5i$ 计算；

i——截面回转半径，mm，$i=\sqrt{\dfrac{I}{A}}$。

（2）偏心距 e。轴向力的偏心距 e 按内力设计值计算，并不应超过 $0.6y$。y 为截面重心到轴向力所在偏心方向截面边缘的距离。偏心受压构件的偏心距过大，构件承载力明显下降。并且偏心距过大可能使截面受拉边出现过大的水平裂缝。

（3）矩形截面短边验算。对矩形截面构件，当轴向力偏心方向的截面边长大于另一方向的边长时，除按偏心受压计算外，还应对较小边长方向，按轴心受压进行验算。

【例 11 - 1】　截面尺寸为 490mm×620mm 的砖柱，黏土砖的强度等级为 MU10，水泥砂浆强度等级为 M5，柱高 3.9m，两端为不动铰支座。柱顶承受轴向压力标准值 N_k = 260kN（其中永久荷载 200kN，可变荷载 60kN，不包括砖柱自重），砖的重度 $\gamma_{砖}$ = 18kN/ m^3。试验算该柱截面承载力。

解：

（1）高厚比

$$\beta = H_0/h = 3.9/0.49 = 7.96,\ e/h = 0$$

查附表 9－9 得：影响系数 φ=0.91。

(2) 柱截面面积

$$A=0.49\times0.62=0.304\text{m}^2>0.3\text{m}^2$$

(3) 承载力验算

取压力最大的柱底截面为控制截面。

$N=1.2S_{Gk}+1.4S_{Qk}=1.2\times(18\times0.49\times0.62\times3.9+200)+1.4\times60=349.59\text{kN}$

$N=1.35S_{GK}+1.0S_{QK}=1.35\times(18\times0.49\times0.62\times3.9+200)+1.0\times60$

$=358.79\text{ kN}$

根据砖和砂浆的强度等级，查附表 9-1 得砖砌体轴心抗压强度 $f=1.5\text{N/mm}^2$。

砂浆采用水泥砂浆，取砌体强度设计值的调整系数 $\gamma_a=0.9$，则

$\varphi\gamma_a fA=0.91\times0.9\times1.5\times0.304\times10^6=373.46\times10^3\text{N}=373.46\text{kN}>358.79\text{kN}$

所以，此柱是安全的。

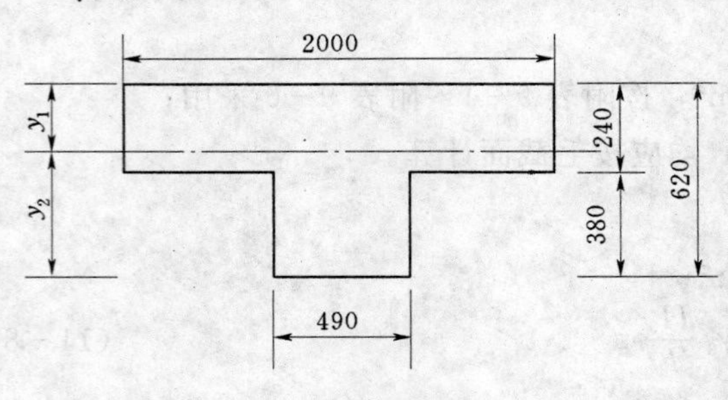

图 11-18　窗间墙截面尺寸

【例 11-2】 某带壁柱的窗间墙，截面尺寸如图 11-18 所示。壁柱计算高度为 5.0m，采用 MU10 黏土砖及 M5 混合砂浆砌筑。承受竖向力设计值 $N=350\text{kN}$，弯矩设计值 $M=39.69\text{kN}\cdot\text{m}$，(弯矩方向是墙体外侧受压，壁柱受拉)。试验算该墙体的承载力是否满足要求。

解：

(1) 截面几何特征

截面面积　　$A=2000\times240+380\times490=666200\text{mm}^2$

截面重心位置　　$y_1=\dfrac{2000\times240\times120+490\times380\times(240+190)}{666200}=207\text{mm}$

$y_2=620-207=413\text{mm}$

截面惯性矩

$$I=\frac{2000\times240^3}{12}+\left(207-\frac{240}{2}\right)^2\times2000\times240+\frac{490\times380^3}{12}+\left(413-\frac{380}{2}\right)^2\times490\times380$$

$$=1.74\times10^{10}\text{mm}^4$$

回转半径　　$i=\sqrt{\dfrac{I}{A}}=\sqrt{\dfrac{1.74\times10^{10}}{666200}}=162\text{mm}$

截面折算厚度　　$h_T=3.5i=3.5\times162=567\text{mm}$

(2) 偏心距

$$e=M/N=39690/350=113.4\text{mm}$$

(3) 承载力验算

$$e/h_T=113.4/567=0.2$$

$$\beta=H_0/h_T=5.0/0.567=8.82$$

查附表 9-9、附表 9-1 得：$\varphi=0.484$，$f=1.50\text{N/mm}^2$，则

$$\varphi f A=0.484\times1.50\times666200=483.661\times10^3\text{N}\approx483.7\text{kN}>N=350\text{kN}$$

所以，该窗间墙是安全的。

三、局部受压的计算

局部受压是砌体结构中常见的受力形式，其特点是外力仅作用于砌体的部分截面上。例如砖柱支承在基础上，钢筋混凝土梁支承在砖墙上等。当砌体局部受压面积上的压应力呈均布分布时，称为砌体局部均匀受压；当砌体局部受压面积上的压应力呈非均布分布时，称为砌体局部非均匀受压。

（一）砌体局部均匀受压

局部均匀受压按其相对位置不同可分为：中心局部均匀受压、中部或边缘局部受压、角部局部受压和端部局部受压。

由试验可知，砌体在局部受压情况下的强度大于砌体本身的抗压强度，一般可用局部受压强度提高系数 γ 来表示。

（1）砌体截面中局部均匀受压时的承载力计算公式：

$$N_l \leqslant \gamma f A_l \tag{11-10}$$

式中　N_l——局部受压面积上的轴向力设计值，N；

γ——砌体局部抗压强度提高系数；

f——砌体的抗压强度设计值，N/mm^2，可不考虑强度调整系数 γ_a 的影响；

A_l——局部受压面积，mm^2。

（2）砌体局部抗压强度提高系数 γ：

$$\gamma = 1 + 0.35\sqrt{\left(\frac{A_0}{A_l} - 1\right)} \tag{11-11}$$

式中　A_0——影响砌体局部抗压强度的计算面积，mm^2，可按图 11-19 确定。

（3）A_0 的确定。在图 11-19 中，局部抗压强度的计算面积 A_0，代入式（11-11）后，可得砌体局部抗压强度提高系数 γ，尚应符合下列规定：

1）图 11-19（a）：$A_0 = (a+c+h)h$；$\gamma \leqslant 2.5$

2）图 11-19（b）：$A_0 = (b+2h)h$；　$\gamma \leqslant 2.0$

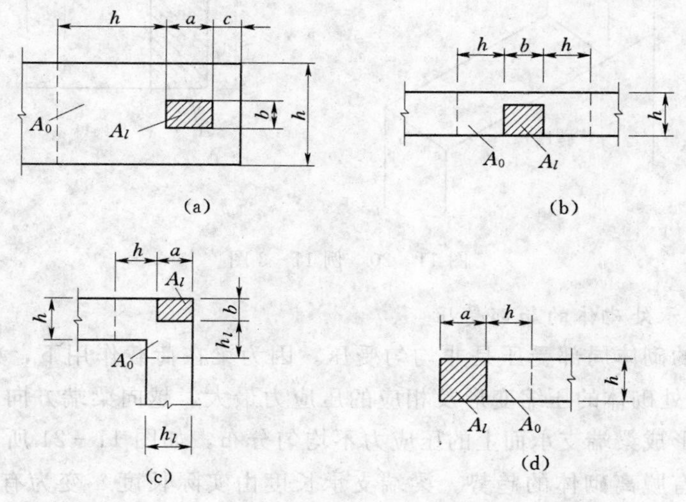

图 11-19　影响局部抗压强度的面积 A_0

3）图 11-19（c）：$A_0=(a+h)h+(b+h_1-h)h_1$；$\gamma\leqslant1.5$

4）图 11-19（d）：$A_0=(a+h)h$；$\gamma\leqslant1.25$

5）对于空心砖砌体，局部抗压强度提高系数，$\gamma\leqslant1.5$；对于未灌孔的混凝土砌块砌体，$\gamma=1.0$。

式中 a、b——矩形局部受压面积 A_l 的边长，mm；

h、h_1——墙厚或柱的较小边长、墙厚，mm；

c——矩形局部受压面积的外边缘至构件边缘的较小距离，mm，当大于 h 时，取 h。

【例 11-3】 截面尺寸为 180mm×240mm 的钢筋混凝土柱，支承在 240mm 厚的砖墙上，如图 11-20 所示。墙用黏土砖 MU15 及混合砂浆 M5 砌筑。柱传至墙的轴向力设计值为 90kN。试验算砌体的局部受压承载力。

解：

（1）砌体局部抗压强度提高系数 γ

$$A_0=(a+h)h=(0.18+0.24)\times0.24=0.10\text{m}^2$$

$$\gamma=1+0.35\sqrt{\left(\frac{A_0}{A_l}-1\right)}=1+0.35\sqrt{\left(\frac{0.10}{0.18\times0.24}-1\right)}=1.40$$

在此情况下应满足 $\gamma\leqslant1.25$，故取 $\gamma=1.25$。

（2）承载力验算

查附表 9-1 得 $f=1.83\text{N/mm}^2$，则

$$\gamma fA_l=1.25\times1.83\times0.18\times0.24\times10^6=98820\text{N}\approx98.8\text{kN}>N_l=90\text{kN}$$

所以，砌体局部受压是安全的。

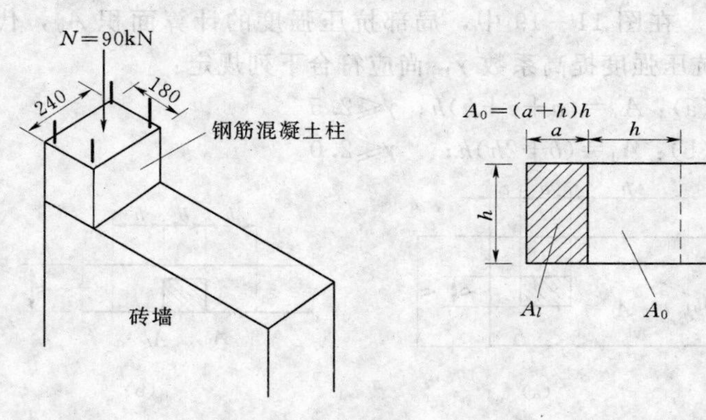

图 11-20 例 11-3 图

（二）梁端支承处砌体的局部受压

梁端支承处的砌体局部受压是非均匀受压。因为梁在荷载作用下，梁端将产生转角 θ，使支座内边缘处砌体的压缩变形及相应的压应力最大，越向梁端方向，压缩变形和压应力逐渐减小，形成梁端支承面上的压应力不均匀分布，如图 11-21 所示。因为梁的弯曲，使梁的末端有脱离砌体的趋势。梁端支承长度由实际长度 a 变为有效支承长度 a_0，梁的高度越大，a_0 越接近于 a。

梁端支承处砌体局部受压计算中，除考虑由梁传来的荷载外，还应考虑局部受压面积上由上部荷载设计值产生的轴向力，但由于支座下砌体发生压缩变形，使梁端顶部与上部砌体脱离开，形成内拱作用，计算时，要对上部传下的荷载作适当折减。

梁端支承处砌体的局部受压承载力计算公式：

$$\psi N_0+N_l \leqslant \eta\gamma f A_l \tag{11-12}$$

$$\psi=1.5-0.5A_0/A_l \tag{11-13}$$

$$N_0=\sigma_0 A_l \tag{11-14}$$

$$A_l=a_0 b \tag{11-15}$$

$$a_0=10\sqrt{\frac{h_c}{f}} \tag{11-16}$$

上五式中　ψ——上部荷载折减系数；当 $A_0/A_l \geqslant 3$ 时，应取 $\psi=0$；

N_0——局部受压面积内的上部轴向力设计值，N；

N_l——梁端支承压力设计值，N；

σ_0——上部平均压应力设计值，N/mm^2；

η——梁端底面压应力图形的完整系数，可取 0.7，对于过梁和墙梁，可取 1.0；

a_0——梁端有效支承长度，mm，当 a_0 大于 a 时，应取 $a_0=a$；

a——梁端实际支承长度，mm；

b——梁的截面宽度，mm；

h_c——梁的截面高度，mm；

f——砌体的抗压强度设计值，MPa。

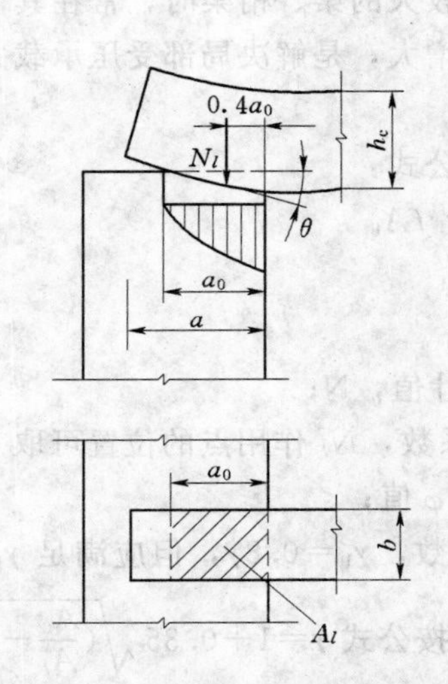

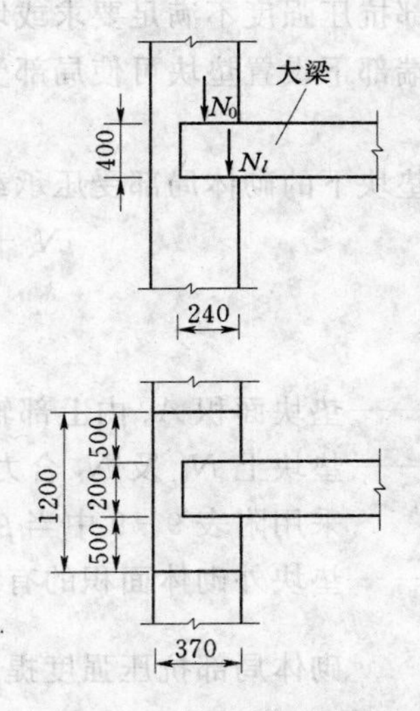

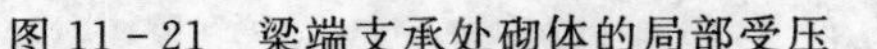

图 11-21　梁端支承处砌体的局部受压　　　　图 11-22　窗间墙平面图

【例 11-4】　已知外墙上大梁跨度 6.0m，梁的截面尺寸 $b\times h=250\text{mm}\times 500\text{mm}$，支承长度 $a=240\text{mm}$，荷载设计值产生的支座反力 $N_l=80\text{kN}$，墙体的上部荷载 $N_u=280\text{kN}$，窗间墙截面 1200mm×370mm，如图 11-22 所示。采用 MU10 多孔砖、M5 混合砂浆砌筑。试验算梁端支承处砌体的局部受压承载力。

解：

(1) 砌体局部抗压强度提高系数 γ

查附表 9－1 得：MU10 多孔砖和 M5 混合砂浆砌体的抗压强度设计值为 $f=1.50\text{N/mm}^2$。

$$a_0=10\sqrt{\frac{h_c}{f}}=10\sqrt{\frac{500}{1.5}}=182.57\text{mm}$$

$$A_l=a_0b=182.57\times250=45643\text{mm}^2$$

$$A_0=(b+2h)h=(250+2\times370)\times370=366300\text{mm}^2$$

$$\gamma=1+0.35\sqrt{(\frac{A_0}{A_l}-1)}=1+0.35\sqrt{(\frac{366300}{45643}-1)}=1.93$$

(2) 上部荷载折减系数 ψ

因为上部荷载 N_u 作用在整个窗间墙上，则

$$\sigma_0=\frac{N_u}{370\times1200}=\frac{280000}{370\times1200}=0.631\text{N/mm}^2$$

$$N_0=\sigma_0A_l=0.631\times45643=28801\text{N}\approx28.80\text{kN}$$

由于 $A_0/A_l=366300/45643=8.0>3$，故取 $\psi=0$。

(3) 承载力验算

$$\psi N_0+N_l=N_l=80\text{kN}<\eta\gamma fA_l=0.7\times1.93\times1.50\times45643=92496\text{N}\approx92.5\text{kN}$$

所以，梁端下砌体局部受压是安全的。

（三）梁端下设刚性垫块的局部受压的计算

当梁端局部抗压强度不满足要求或墙上搁置较大的梁、桁架时，常在其下设置刚性垫块。梁或屋架端部下设置垫块可使局部受压面积增大，是解决局部受压承载力不足的一项有效措施。

(1) 刚性垫块下的砌体局部受压承载力计算公式：

$$N_0+N_l\leqslant\varphi\gamma_1fA_b \quad (11-17)$$

$$N_0=\sigma_0A_b \quad (11-18)$$

$$A_b=a_bb_b \quad (11-19)$$

上三式中 N_0——垫块面积 A_b 内上部轴向力设计值，N；

φ——垫块上 N_0 及 N_l 合力的影响系数，N_l 作用点的位置可取 $0.4a_0$ 处，应采用附表 9－9 中当 $\beta\leqslant3$ 时的 φ 值；

γ_1——垫块外砌体面积的有利影响系数，$\gamma_1=0.8\gamma$，但应满足 $\gamma_1\geqslant1.0$，γ 为砌体局部抗压强度提高系数，按公式 $\gamma=1+0.35\sqrt{(\frac{A_0}{A_l}-1)}$ 以 A_b 代替 A_l 计算；

A_b——垫块面积，mm^2；

a_b——垫块伸入墙内的长度，mm；

b_b——垫块的宽度，mm。

(2) 刚性垫块的构造规定：

1）刚性垫块的高度不宜小于 180 mm，自梁边算起的垫块挑出长度不宜大于垫块高度 t_b。

2）在带壁柱墙的壁柱内设刚性垫块时（见图 11-23），其计算面积应取壁柱范围内的面积，而不应计算翼缘部分，同时，壁柱上垫块伸入翼墙内的长度不应小于 120mm。

3）当现浇垫块与梁端整体浇筑时，垫块可在梁高范围内设置，其计算可与设置刚性预制垫块相同。

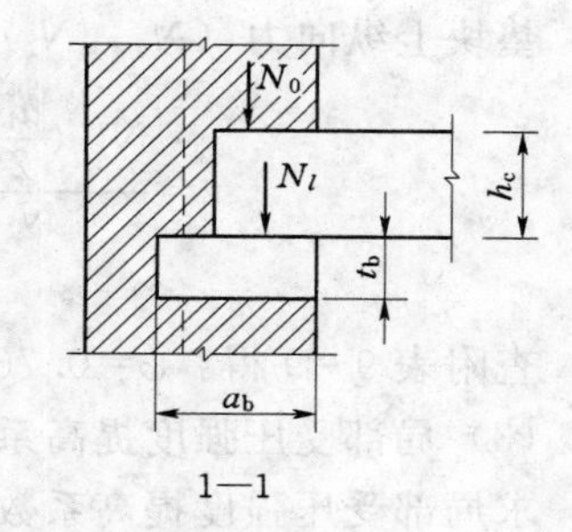

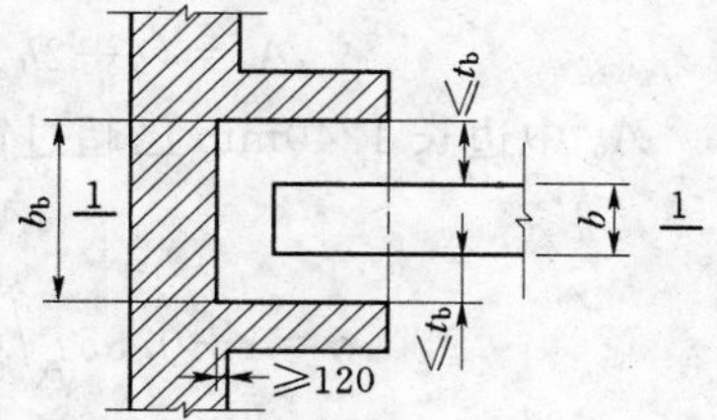

图 11-23　壁柱上设有垫块时梁端局部受压

（3）梁端设有刚性垫块时，梁端有效支承长度 a_0 的计算公式：

$$a_0=\delta_1\sqrt{\frac{h}{f}} \qquad (11-20)$$

式中　δ_1——刚性垫块的影响系数，按表 11-2 采用。

现浇钢筋混凝土梁也可以采用与梁端现浇成整体的垫块，由于垫块与梁端现浇成整体，受力时垫块将与梁端一起变形，此时，梁垫实际上就是放大了的梁端，因此，梁端支承处砌体的局部受压承载力仍按式（11-12）计算，但公式中的 $A_l=a_0b_b$。

表 11-2　　系数 δ_1 值表

σ_0/f	0	0.2	0.4	0.6	0.8
δ_1	5.4	5.7	6.0	6.9	7.8

注　表中其间的数值可采用插入法求得。

【例 11-5】 已知条件同例 11-4，若 $N_l=95$kN，其他条件不变。试验算局部受压承载力。

解：

由例 11-4 可知，若梁端下不设垫块，梁端下砌体的局部受压强度是不满足要求的。为满足强度要求，在梁端底部设置刚性垫块，其尺寸为 $a_b=240$mm，$b_b=600$mm，厚度 $t_b=180$mm。

（1）梁端有效支承长度 a_0

$$A_b=a_b\times b_b=240\times600=144000\text{mm}^2$$

$$N_0=\sigma_0A_b=0.631\times144000=90864\approx90.86\text{kN}$$

$$\sigma_0/f=0.631/1.50=0.42$$

查表 11-2 得：$\delta_1=6.09$，则

$$a_0=\delta_1\sqrt{\frac{h}{f}}=6.09\times\sqrt{\frac{500}{1.5}}=111.2\text{mm}$$

（2）影响系数 φ

N_l 作用点位于距墙内表面 $0.4a_0$ 处。

$$0.4a_0=0.4\times111.2=44.5\text{mm}$$

垫块上纵向力（N_0，N_l）的偏心距：

$$e=\frac{N_l\left(\frac{a_b}{2}-0.4a_0\right)}{N_l+N_0}=\frac{95\times\left(\frac{240}{2}-44.5\right)}{95+90.86}=38.6\text{mm}$$

$$e/h=e/a_b=38.6/240=0.161$$

查附表 9－9 得：$\varphi=0.764$。

（3）局部受压强度提高系数 γ

求局部受压强度提高系数 γ 时，应以 A_b 代替 A_l：

$$A_0=(b+2h)h=(600+2\times370)\times370=495800\text{mm}^2$$

A_0 中边长 1240mm 已超过窗间墙实际宽度 1200mm，所以取

$$A_0=370\times1200=444000\text{mm}^2$$

$$\gamma=1+0.35\sqrt{\left(\frac{A_0}{A_b}-1\right)}=1+0.35\sqrt{\left(\frac{444000}{144000}-1\right)}=1.50$$

$$\gamma_1=0.8\gamma=0.8\times1.50=1.2>1.0$$

（4）承载力验算

$$N_0+N_l=90.86+95=185.86\text{kN}$$

$$\varphi\gamma_1 fA_b=0.764\times1.2\times1.5\times144000=198029\text{N}\approx198.03\text{kN}$$

故
$$N_0+N_l=185.86\text{kN}<\varphi\gamma_1 fA_b=198.03\text{kN}$$

所以，梁端下砌体局部受压是安全的。

（四）梁端下设垫梁的砌体局部受压的计算

当梁端支承处的砖墙上设有连续的钢筋混凝土梁（如圈梁）时，可利用钢筋混凝土梁作为垫梁，把大梁传来的集中荷载分布到一定宽度的砖墙上，如图 11－24 所示。

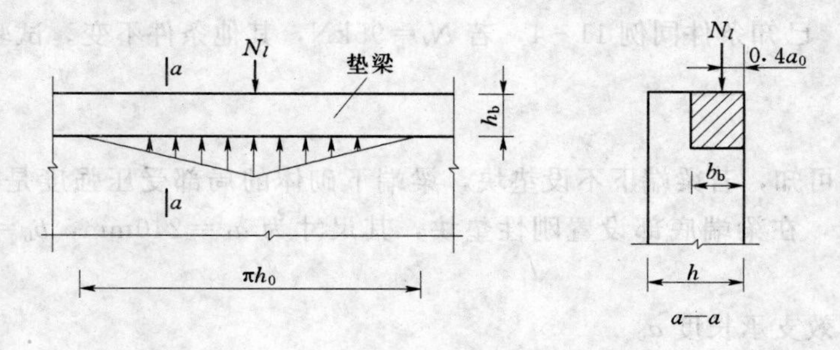

图 11－24　垫梁局部受压

当垫梁长度大于 πh_0 时，垫梁下砌体局部受压承载力计算公式为

$$N_0+N_l\leqslant2.4\delta_2 f b_b h_0 \tag{11-21}$$

$$N_0=\pi b_b h_0\sigma_0/2 \tag{11-22}$$

$$h_0=2\sqrt[3]{\frac{E_bI_b}{Eh}} \tag{11-23}$$

上三式中　N_0——垫梁上部轴向力设计值，N；

b_b——垫梁在墙厚方向的宽度，mm；

δ_2——当荷载沿墙厚方向均匀分布时 $\delta_2=1.0$，不均匀时 $\delta_2=0.8$；

h_0——垫梁折算高度，mm；

E_b、I_b——垫梁的混凝土弹性模量和截面惯性矩；

h_b——垫梁的高度，mm；

E——砌体的弹性模量；

h——墙厚，mm。

垫梁上梁端的有效支承长度 a_0，可按式（11－20）计算。

四、轴心受拉、受弯、受剪构件的承载力计算

（一）轴心受拉构件

由于砌体的抗拉强度很低，工程上很少采用砌体轴心受拉构件。对于容积较小的圆形砌体结构的水池，在侧向水压力作用下，砌体结构的池壁内只产生环向拉力，属于轴心受拉构件，如图 11－25 所示。

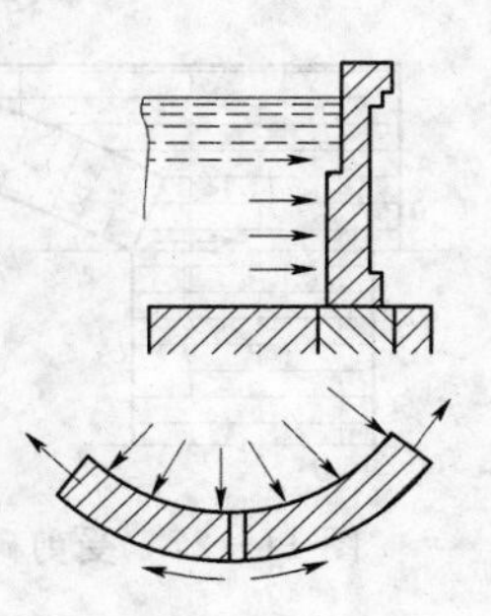

图 11－25　轴心受拉砌体构件

轴心受拉构件的承载力计算公式：

$$N_t \leqslant f_t A \qquad (11-24)$$

式中　N_t——轴心拉力设计值，N/mm²；

f_t——砌体的轴心抗拉强度设计值，N/mm²，按附表 9－7 采用。

（二）受弯构件

图 11－26 所示的挡土墙属于受弯构件，在弯矩作用下砌体可能沿齿缝截面或沿砖的竖向灰缝截面或沿通缝截面因弯曲受拉而破坏。另外，受弯构件在支座处还存在较大剪力，所以还应对其受剪承载力进行验算。

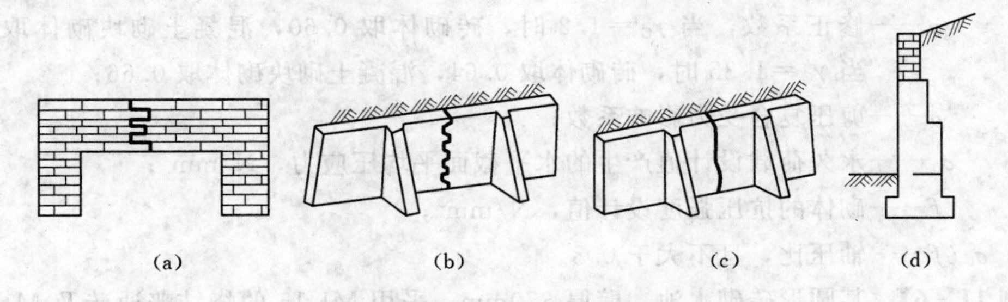

图 11－26　受弯砌体构件

（1）受弯构件受弯承载力计算公式为

$$M \leqslant f_{tm} W \qquad (11-25)$$

式中　M——弯矩设计值，N·mm；

f_{tm}——砌体弯曲抗拉强度设计值，N/mm²，应按附表 9－7 采用；

W——截面抵抗矩，mm³。

（2）受弯构件受剪承载力计算公式为

$$V \leqslant f_v b z \qquad (11-26)$$

$$z = I/S \qquad (11-27)$$

上二式中　V——剪力设计值，N；

f_v——砌体的抗剪强度设计值，应按附表 9－7 采用；

b——截面宽度，mm；

z——内力臂，当截面为矩形时取 $z=2h/3$；

I——截面惯性矩，mm^4；

S——截面面积矩，mm^3；

h——截面高度，mm。

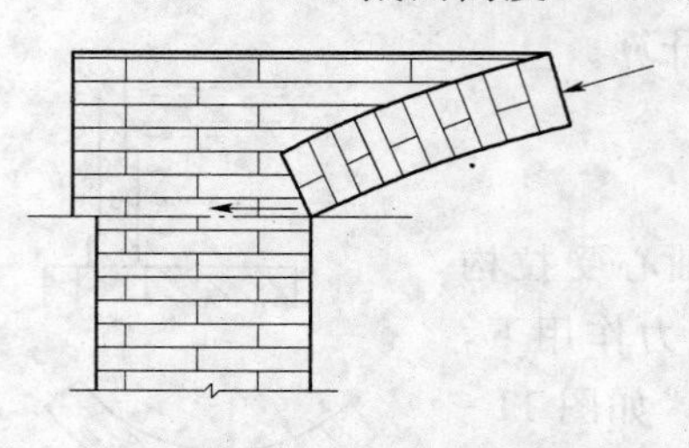

图 11-27 受剪砌体构件

（三）受剪构件

砌体结构单纯受剪的情况很少，一般是在受弯构件（如挡土墙）中存在受剪情况。另外，在水平地震力或风荷载作用下或无拉杆的拱支座处水平截面的砌体是受剪的，如图 11-27 所示。

沿通缝或沿阶梯形截面破坏时，受剪构件的承载力计算公式为

$$V \leqslant (f_v + \alpha\mu\sigma_0) A \tag{11-28}$$

当 $\gamma_G=1.2$ 时

$$\mu = 0.26 - 0.082\frac{\sigma_0}{f} \tag{11-29}$$

当 $\gamma_G=1.35$ 时

$$\mu = 0.23 - 0.065\frac{\sigma_0}{f} \tag{11-30}$$

上三式中 V——截面剪力设计值，N；

A——水平截面面积，mm，当有孔洞时，取净截面面积；

f_v——砌体的抗剪强度设计值，N/mm^2，对灌孔的混凝土砌块砌体取 f_{vG}；

α——修正系数，当 $\gamma_G=1.2$ 时，砖砌体取 0.60，混凝土砌块砌体取 0.64；当 $\gamma_G=1.35$ 时，砖砌体取 0.64，混凝土砌块砌体取 0.66；

μ——剪压复合受力影响系数；

σ_0——永久荷载设计值产生的水平截面平均压应力，N/mm^2；

f——砌体的抗压强度设计值，N/mm^2；

σ_0/f——轴压比，且不大于 0.8。

【例 11-6】 某圆形砖砌水池，壁厚 370mm，采用 MU15 的烧结普通砖及 M10 的水泥砂浆砌筑，壁厚承受 N=50kN/m 的环向拉力。试验算池壁的受拉承载力。

解：

取 1m 高池壁计算：

$$A = 1 \times 0.37 = 0.37m^2$$

查附表 9-7 得：$f_t=0.19N/mm^2$。

水泥砂浆调整系数：$\gamma_a=0.8$。

$$\gamma_a f_t A = 0.8 \times 0.19 \times 0.37 \times 10^6 = 56240N = 56.24kN > N = 50kN$$

满足受拉承载力要求。

【例 11-7】 某悬臂式水池（见图 11-28），池壁高 $H=1.2m$，采用 MU10 的烧结普通砖及 M7.5 的水泥砂浆砌筑。试验算池壁下端的承载力。

解：

沿竖向截取 1m 宽的池壁为计算单元。忽略池壁自重产生的垂直压力，该池壁为悬臂构件。

（1）受弯承载力计算

池壁底端弯矩　$M=\gamma_G\gamma_水 H^3/6=1.2\times10\times1.2^3/6=3.46\text{kN}\cdot\text{m}$

$$W=1000\times620^2/6=64.07\times10^6\text{mm}^3$$

查附表 9－7 得：弯曲抗拉沿通缝破坏时，$f_{tm}=0.14\text{N/mm}^2$，调整系数 $\gamma_a=0.8$。

$$\gamma_a f_{tm}W=0.8\times0.14\times64.07\times10^6=7.18\text{kN}\cdot\text{m}>M=3.46\text{kN}\cdot\text{m}$$

所以，池壁受弯承载力满足要求。

（2）受剪承载力计算

池壁底端剪力

$$V=\gamma_G\gamma_水 H^2/2=1.2\times10\times1.2^2/2=8.64\text{kN}$$

查附表 9－7 得：$f_v=0.14\text{N/mm}^2$，且调整系数 $\gamma_a=0.8$。

$$\gamma_a f_v bz=0.8\times0.14\times1000\times620\times2/3=46.29\text{kN}>V=8.64\text{kN}$$

所以，池壁受剪承载力满足要求。

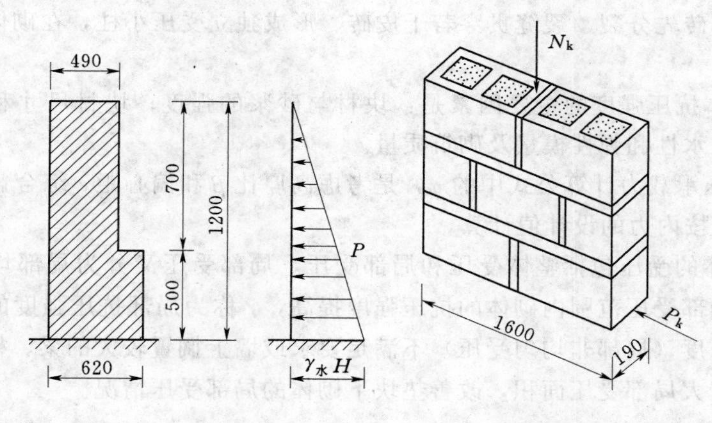

图 11－28　例 11－7 图　　　　图 11－29　例 11－8 图

【例 11－8】　某混凝土小型空心砌块墙长 1600mm，厚 190mm，其上作用有压力标准值 $N_k=60\text{kN}$（其中永久荷载包括自重产生的压力为 40kN），在水平推力标准值 $P_k=22\text{kN}$（其中可变荷载产生的推力 12kN）作用下，墙体采用 MU10 砌块和 Mb7.5 混合砂浆砌筑，如图 11－29 所示。试求该墙段的抗剪承载力。

解：

（1）当 $\gamma_G=1.2$，$\gamma_Q=1.4$ 时（主要考虑可变荷载），有

$$\sigma_0=\frac{N}{A}=\frac{1.2\times40\times10^3}{1600\times190}=0.158\text{N/mm}^2$$

由 MU10 砌块和 Mb7.5 砂浆，查附表 9－3 得：$f=2.5\text{N/mm}^2$，$f_v=0.08\text{N/mm}^2$，且取 $\alpha=0.64$。

$$\mu=0.26-0.082\sigma_0/f=0.26-0.082\times0.159/2.5=0.255$$

$$(f_v+\alpha\mu\sigma_0)A=(0.08+0.64\times0.255\times0.158)\times1600\times190=32159\text{N}$$

$$V=1.2\times10\times10^3+1.4\times12\times10^3=28800\text{N}<32159\text{N}$$

所以，满足抗剪要求。

(2) 当 $\gamma_G=1.35$，$\gamma_Q=1.0$ 时（主要考虑永久荷载），有

$$\sigma_0=\frac{N}{A}=\frac{1.35\times40\times10^3}{1600\times190}=0.178\text{N/mm}^2$$

且取 $\alpha=0.66$。

$$\mu=0.23-0.065\sigma_0/f=0.23-0.065\times0.178/2.5=0.225$$

$$(f_v+\alpha\mu\sigma_0)A=(0.08+0.66\times0.225\times0.178)\times1600\times190=32356\text{N}$$

$$V=1.35\times10\times10^3+1.0\times12\times10^3=25500\text{N}<32356\text{N}$$

所以，满足抗剪要求。

复习指导

1. 由块体和砂浆砌筑而成的砌体，统称为砌体结构，主要用于承受压力。按材料一般可分为砖砌体、石砌体和砌块砌体。

2. 砌体最基本的力学指标是轴心抗压强度。砌体从加载到受压破坏的三个特征阶段大体可分为单块砖先分裂、裂缝贯穿若干皮砖、形成独立受压小柱，在砌体中砖的抗压强度并未充分发挥。

3. 影响砌体抗压强度的主要因素是：块材与砂浆的强度；块材尺寸和几何形状；砂浆的流动性、保水性和弹性模量及砌筑质量。

4. 砌体受压承载力计算公式中的 φ，是考虑高厚比 β 和偏心距 e 综合影响的系数，偏心距 $e=M/N$，按内力的设计值计算。

5. 无筋砌体的受压包括整体受压和局部受压，局部受压又分为局部均匀受压和局部非均匀受压。局部受压范围内砌体的抗压强度提高，γ 称为局部抗压强度的提高系数。当梁端局部抗压强度（局部非均匀受压）不满足要求或墙上搁置较大的梁、桁架时，可设置刚性垫块，以扩大局部受压面积，改善垫块下砌体的局部受压情况。

习　题

一、思考题

1. 砌体结构材料中的块材和砂浆各有哪些种类？砌体结构设计中对块体和砂浆有何要求？

2. 砖砌体中砖和砂浆的强度等级是如何确定的？

3. 为什么普通烧结砖砌体的抗压强度低于普通烧结砖的普通烧结砖？

4. 砌体在弯曲受拉时有哪几种破坏形态？

5. 砌体的强度设计值在哪些情况下应进行调整？

6. 影响砌体抗压强度的主要因素有哪些？

7. 配筋砖砌体常用哪些形式，各自适用范围如何？

8. 简述砌体结构承载能力极限状态设计表达式的意义？

9. 砌体结构受压承载力计算在确定影响系数 φ 时，应先对构件的高厚比进行修正，如何修正？

10. 试说明砌体局部抗压强度提高的原因。

11. 在局部受压计算中，梁端有效支承长度 a_0 与哪些因素有关？

12. 什么是砌体的高厚比？

13. 轴心受拉构件应怎样计算？

14. 砌体在何种情况下受拉、受弯、受剪？

二、选择题

1. 砂浆的性能要求不包括（　　）。

A 和易性　　B 保水性

C 足够的强度　　D 透气性

2. （　　）不是影响砌体抗压强度的主要因素。

A 块体和砂浆强度　　B 砂浆的性能

C 块材形状和灰缝厚度　　D 块材的层数

3. （　　）不是常用的砌体材料。

A 砖　　B 石材　　C 砌块　　D 水泥

4. （　　）不是砌体结构的优点。

A 施工方便　　B 就地取材　　C 耐火性好　　D 强度高

5. （　　）不是砌体结构的缺点。

A 自重大　　B 劳动量大　　C 占用耕地　　D 修补困难

6. 当采用水泥砂浆时，砌体的抗压强度调整系数应为（　　）。

A 0.85　　B 0.9　　C 0.95　　D 0.8

三、计算题

1. 砖柱截面尺寸为 370 mm×490mm，采用强度等级 MU10 黏土砖，M5 的混合砂浆，柱的计算高度 $H_0=5$m，柱顶承受轴向压力标准值 $N_k=140$kN（其中永久荷载 110kN，不包括柱自重），试验算柱的承载力。

2. 某带壁柱窗间墙如图 11－30 所示。计算高度 $H_0=9.72$m，采用 MU10 的砖及 M5 的混合砂浆砌筑。柱底截面作用有内力设计值 $N=70$kN，$M=15$kN·m，偏心压力偏向截面肋部一侧。试对柱底进行验算。

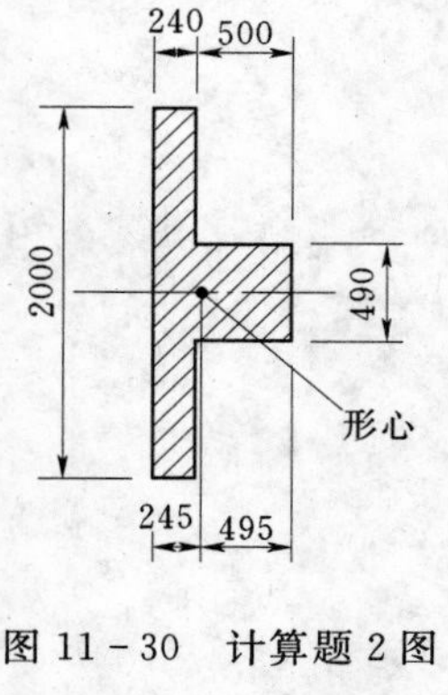

图 11－30　计算题 2 图

3. 某钢筋混凝土柱，截面尺寸为 200mm×240mm，支承于砖墙上，墙厚 240mm，采用 MU10 的黏土砖及 M5 的混合砂浆砌筑，柱传至墙的轴向力设计值 $N=100$kN。试进行局部受压验算。

4. 某钢筋混凝土梁支承在窗间墙上，如图 11－31 所示。梁的截面尺寸为 200mm×550mm，梁端荷载设计值产生的支承压力为 40kN，上部荷载设计值产生的轴向力为 150kN。墙截面尺寸为 1200mm×240mm，采用 MU10 的黏土砖及 M5 的混合砂浆砌筑。试验算梁端支承处砌体的局部受压承载力。

5. 钢筋混凝土大梁截面尺寸 $b\times h=200\text{mm}\times550\text{mm}$，$l_0=6$m，支承在 370mm×1200mm 窗间墙上，如图 11－32 所示。$N_u=240$kN，$N_l=100$kN，墙体采用 MU10 的黏土

砖、M2.5 的混合砂浆。试验算该梁端下砌体局部受压承载力能否满足要求。

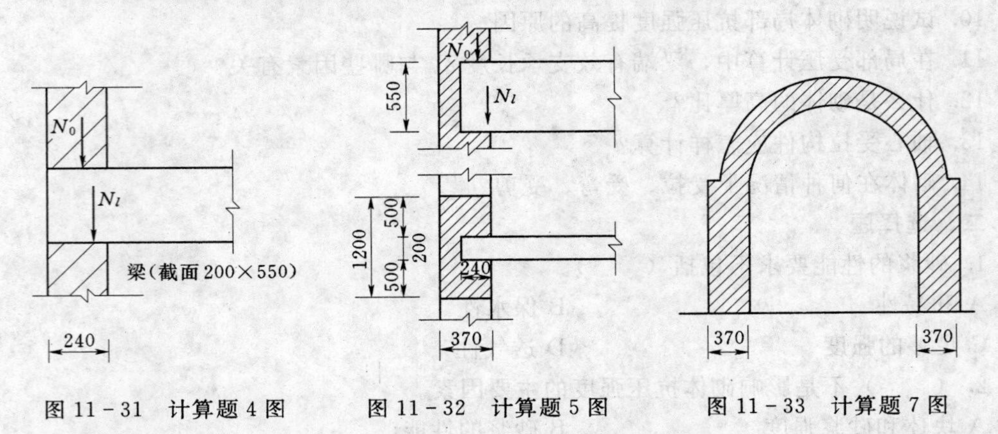

图 11-31 计算题 4 图　　图 11-32 计算题 5 图　　图 11-33 计算题 7 图

6. 某圆形水池，采用 MU15 的黏土砖及 M10 的水泥砂浆砌筑，池壁的环向拉力为 73kN/m。试选择池壁厚度并进行验算。

7. 某砖砌圆拱，采用 MU10 的黏土砖及 M10 的水泥砂浆砌筑，如图 11-33 所示。沿纵向取 1m 的筒拱来计算，拱支座处由荷载标准值产生的水平力为 45kN（其中可变荷载产生的推力 15kN），垂直压力为 50kN（其中永久荷载产生的压力为 35kN）。试验算拱支座处的抗剪承载力。

附录一　结构环境类别和承载力安全系数

附表 1-1　　水工混凝土结构所处的环境类别

环境类别	环境条件
一	室内正常环境
二	室内潮湿环境；露天环境；长期处于水下或地下的环境
三	淡水水位变化区；有轻度化学侵蚀性地下水的地下环境；海水水下区
四	海上大气区；轻度盐雾作用区；海水水位变化区；中度化学侵蚀性环境
五	使用除冰盐的环境；海水浪溅区；重度盐雾作用区；严重化学侵蚀性环境

注　1. 海上大气区与浪溅区的分界线为设计最高水位加 1.5m；浪溅区与水位变化区的分界线为设计最高水位减 1.0m；水位变化区与水下区的分界线为设计最低水位减 1.0m；重度盐雾作用区为离涨潮岸线 50m 内的陆上室外环境；轻度盐雾作用区为离涨潮岸线 50～500m 内的陆上室外环境。

2. 冻融比较严重的二类、三类环境条件下的建筑物，可将其环境类别分别提高为三类、四类。

3. 化学侵蚀性程度的分类见《规范》表 3.3.9。

附表 1-2　　混凝土结构构件的承载力安全系数 K

水工建筑物级别		1		2、3		4、5	
荷载效应组合		基本组合	偶然组合	基本组合	偶然组合	基本组合	偶然组合
钢筋混凝土、预应力混凝土		1.35	1.15	1.20	1.00	1.15	1.00
素混凝土	按受压承载力计算的受压构件、局部承压	1.45	1.25	1.30	1.10	1.25	1.05
	按受拉承载力计算的受压、受弯构件	2.20	1.90	2.00	1.70	1.90	1.60

注　1. 水工建筑物的级别应根据 SL 252—2000《水利水电工程等级划分及洪水标准》确定。

2. 结构在使用、施工、检修期的承载力计算，安全系数 K 应按表中基本组合取值；对地震及校核洪水位的承载力计算，安全系数 K 应按表中偶然组合取值。

3. 当荷载效应组合由永久荷载控制时，表列安全系数 K 应增加 0.05。

4. 当结构的受力情况较为复杂、施工特别困难、荷载不能准确计算、缺乏成熟的设计方法或结构有特殊要求时，承载力安全系数 K 宜适当提高。

附录二 材料强度标准值、设计值及材料的弹性模量

附表 2-1 **混凝土强度标准值** 单位：N/mm^2

强度种类	符号	混凝土强度等级									
		C15	C20	C25	C30	C35	C40	C45	C50	C55	C60
轴心抗压	f_{ck}	10.0	13.4	16.7	20.1	23.4	26.8	29.6	32.4	35.5	38.5
轴心抗拉	f_{tk}	1.27	1.54	1.78	2.01	2.20	2.39	2.51	2.64	2.74	2.85

附表 2-2 **混凝土强度设计值** 单位：N/mm^2

强度种类	符号	混凝土强度等级									
		C15	C20	C25	C30	C35	C40	C45	C50	C55	C60
轴心抗压	f_c	7.2	9.6	11.9	14.3	16.7	19.1	21.1	23.1	25.3	27.5
轴心抗拉	f_t	0.91	1.10	1.27	1.43	1.57	1.71	1.80	1.89	1.96	2.04

注 计算现浇钢筋混凝土轴心受压和偏心受压构件时，如截面的长边或直径小于 300mm，则表中的混凝土强度设计值应乘以系数 0.8；当构件质量（如混凝土成型、截面和轴线尺寸等）确有保证时，可不受此限制。

附表 2-3 **混凝土弹性模量** 单位：$\times 10^4 N/mm^2$

混凝土强度等级	C15	C20	C25	C30	C35	C40	C45	C50	C55	C60
E_c	2.20	2.55	2.80	3.00	3.15	3.25	3.35	3.45	3.55	3.60

附表 2-4 **普通钢筋强度标准值** 单位：N/mm^2

种类		符号	d (mm)	f_{yk} (N/mm^2)
热轧钢筋	HPB235	Φ	8～20	235
	HRB335	Φ	6～50	335
	HRB400	Φ	6～50	400
	RRB400	$Φ^R$	8～40	400

注 1. 热轧钢筋直径 d 系指公称直径。

2. 当采用直径大于 40mm 的钢筋时，应有可靠的工程经验。

附表 2-5 **普通钢筋强度设计值** 单位：N/mm^2

种类		符号	f_y	f'_y
热轧钢筋	HPB235	Φ	210	210
	HRB335	Φ	300	300
	HRB400	Φ	360	360
	RRB400	$Φ^R$	360	360

注 在钢筋混凝土结构中，轴心受拉和小偏心受拉构件的钢筋抗拉强度设计值大于 $300N/mm^2$ 时，仍应按 $300N/mm^2$ 取用。

附表 2-6　　**预应力钢筋强度标准值**

种　类		符号	公称直径 d (mm)	f_{ptk} (N/mm^2)
钢绞线	1×2	Φ^{S}	5、5.8	1570、1720、1860、1960
			8、10	1470、1570、1720、1860、1960
			12	1470、1570、1720、1860
	1×3		6.2、6.5	1570、1720、1860、1960
			8.6	1470、1570、1720、1860、1960
			8.74	1570、1670、1860
			10.8、12.9	1470、1570、1720、1860、1960
	1×3I		8.74	1570、1670、1860
	1×7		9.5、11.1、12.7	1720、1860、1960
			15.2	1470、1570、1670、1720、1860、1960
			15.7	1770、1860
			17.8	1720、1860
	(1×7) C		12.7	1860
			15.2	1820
			18.0	1720
消除应力钢丝	光圆螺旋肋	Φ^{P} Φ^{H}	4、4.8、5	1470、1570、1670、1770、1860
			6、6.25、7	1470、1570、1670、1770
			8、9	1470、1570
			10、12	1470
	刻痕	Φ^{I}	≤5	1470、1570、1670、1770、1860
			>5	1470、1570、1670、1770
钢棒	螺旋槽	Φ^{HG}	7.1、9、10.7、12.6	1080、1230、1420、1570
	螺旋肋	Φ^{HR}	6、7、8、10、12、14	
螺纹钢筋	PSB785	Φ^{PS}	18、25、32、40、50	980
	PSB830			1030
	PSB930			1080
	PSB1080			1230

注　1. 钢绞线直径 d 系指钢绞线外接圆直径，即 GB/T 5224—2003《预应力混凝土用钢绞线》中的公称直径 D_n；钢丝、螺纹钢筋及钢棒的直径 d 均指公称直径。

2. 1×31 为三根刻痕钢丝捻制的钢绞线；(1×7) C 为七根钢丝捻制又经模拔的钢绞线。

3. 根据国家标准，同一规格的钢丝（钢绞线、钢棒）有不同的强度级别，因此表中对同一规格的钢丝（钢绞线、钢棒）列出了相应的 f_{ptk} 值，在设计中可自行选用。

附表 2-7　　**预应力钢筋强度设计值**　　单位：N/mm²

种类		符号	f_{ptk}	f_{py}	f'_{py}
钢绞线	1×2 1×3 1×3I 1×7 (1×7) C	ϕ^S	1470	1040	390
			1570	1110	
			1670	1180	
			1720	1220	
			1770	1250	
			1820	1290	
			1860	1320	
			1960	1380	
消除应力钢丝	光圆 螺旋肋 刻痕	ϕ^P ϕ^H ϕ^I	1470	1040	410
			1570	1110	
			1670	1180	
			1770	1250	
			1860	1320	
钢棒	螺旋槽 螺旋肋	ϕ^{HG} ϕ^{HR}	1080	760	400
			1230	870	
			1420	1005	
			1570	1110	
螺纹钢筋	PSB785	ϕ^{PS}	980	650	400
	PSB830		1030	685	
	PSB930		1080	720	
	PSB1080		1230	820	

注　当预应力钢绞线、钢丝的强度标准值不符合附表 2-6 的规定时，其强度设计值应进行换算。

附表 2-8　　**钢筋弹性模量 E_s**　　单位：N/mm²

钢筋种类	E_s
HPB235 级钢筋	2.1×10^5
HRB335 级钢筋、HRB400 级钢筋、RRB400 级钢筋	2.0×10^5
消除应力钢丝（光圆钢丝、螺旋肋钢丝、刻痕钢丝）	2.05×10^5
钢绞线	1.95×10^5
螺纹钢筋、钢棒（螺旋槽钢棒、螺旋肋钢棒）	2.0×10^5

注　必要时钢绞线可采用实测的弹性模量。

附录三　钢筋的截面面积及公称质量

附表 3－1　　钢筋的公称直径、公称截面面积及公称质量

公称直径（mm）	不同根数钢筋的公称截面面积（mm²）									单根钢筋公称质量（kg/m）
	1	2	3	4	5	6	7	8	9	
6	28.3	57	85	113	142	170	198	226	255	0.222
6.5	33.2	66	100	133	166	199	232	265	299	0.260
8	50.3	101	151	201	252	302	352	402	453	0.395
10	78.5	157	236	314	393	471	550	628	707	0.617
12	113.1	226	339	452	565	678	791	904	1017	0.888
14	153.9	308	461	615	769	923	1077	1231	1385	1.21
16	201.1	402	603	804	1005	1206	1407	1608	1809	1.58
18	254.5	509	763	1017	1272	1527	1781	2036	2290	2.00
20	314.2	628	942	1256	1570	1884	2199	2513	2827	2.47
22	380.1	760	1140	1520	1900	2281	2661	3041	3421	2.98
25	490.9	982	1473	1964	2454	2945	3436	3927	4418	3.85
28	615.8	1232	1847	2463	3079	3695	4310	4926	5542	4.83
32	804.2	1609	2413	3217	4021	4826	5630	6434	7238	6.31
36	1017.9	2036	3054	4072	5089	6107	7125	8143	9161	7.99
40	1256.6	2513	3770	5027	6283	7540	8796	10053	11310	9.87
50	1964	3928	5892	7856	9820	11784	13748	15712	17676	15.42

附表 3－2　　每米板宽各种钢筋间距时的钢筋截面面积

钢筋间距（mm）	钢筋直径（mm）为下列数值时的钢筋截面面积															
	6	6/8	8	8/10	10	10/12	12	12/14	14	14/16	16	16/18	18	20	22	25
70	404	561	718	920	1122	1369	1616	1907	2199	2536	2872	3254	3635	4488	5430	7012
75	377	524	670	859	1047	1278	1508	1708	2053	2367	2681	3037	3393	4189	5068	6545
80	353	491	628	805	982	1198	1414	1669	1924	2218	2513	2847	3181	3927	4752	6136
85	333	462	591	758	924	1127	1331	1571	1811	2088	2365	2680	2994	3696	4472	5775
90	314	436	559	716	873	1065	1257	1484	1710	1972	2234	2531	2827	3491	4224	5454
95	298	413	529	678	827	1009	1190	1405	1620	1868	2116	2398	2679	3307	4001	5167
100	283	393	503	644	785	958	1131	1335	1539	1775	2011	2278	2545	3142	3801	4909
110	257	357	457	585	714	871	1028	1214	1399	1614	1828	2071	2313	2856	3456	4462

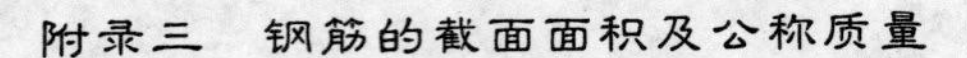

续表

钢筋间距（mm）	钢筋直径（mm）为下列数值时的钢筋截面面积															
	6	6/8	8	8/10	10	10/12	12	12/14	14	14/16	16	16/18	18	20	22	25
120	236	327	419	537	654	798	942	1113	1283	1480	1676	1899	2121	2618	3168	4091
125	226	314	402	515	628	767	905	1068	1232	1420	1608	1822	2036	2513	3041	3927
130	217	302	387	495	604	737	870	1027	1184	1366	1547	1752	1957	2417	2924	3776
140	202	280	359	460	561	684	808	954	1100	1268	1436	1627	1818	2244	2715	3506
150	188	262	335	429	524	639	754	890	1026	1183	1340	1518	1696	2094	2534	3272
160	177	245	314	403	491	599	707	834	962	1110	1257	1424	1590	1963	2376	3068
170	166	231	296	379	462	564	665	785	906	1044	1183	1340	1497	1848	2236	2887
180	157	218	279	358	436	532	628	742	855	985	1117	1266	1414	1745	2112	2727
190	149	207	265	339	413	504	595	703	810	934	1058	1199	1339	1653	2001	2584
200	141	196	251	322	393	479	565	668	770	888	1005	1139	1272	1571	1901	2454
220	129	178	228	293	357	436	514	607	700	807	914	1036	1157	1428	1728	2231
240	118	164	209	268	327	399	471	556	641	740	838	949	1060	1309	1584	2045
250	113	157	201	258	314	383	452	534	616	710	804	911	1018	1257	1521	1963
260	109	151	193	248	302	369	435	514	592	682	773	858	979	1208	1462	1888
280	101	140	180	230	280	342	404	477	550	634	718	814	909	1122	1358	1753
300	94	131	168	215	262	319	377	445	513	592	670	759	848	1047	1267	1636
320	88	123	157	201	245	299	353	417	481	554	630	713	795	982	1188	1534
330	86	119	152	195	238	290	343	405	466	538	609	690	771	952	1152	1487

附录四 钢筋混凝土结构常用构造规定

附表 4-1　　混凝土保护层最小厚度　　单位：mm

项次	构件类别	环境类别				
		一	二	三	四	五
1	板、墙	20	25	30	45	50
2	梁、柱、墩	30	35	45	55	60
3	截面厚度不小于 2.5m 的底板及墩墙	—	40	50	60	65

注 1. 直接与地基接触的结构底层钢筋或无检修条件的结构，保护层厚度应适当增大。
2. 有抗冲耐磨要求的结构面层钢筋，保护层厚度应适当增大。
3. 混凝土强度等级不低于 C30 且浇筑质量有保证的预制构件或薄板，保护层厚度可按表中数值减小 5mm。
4. 钢筋表面涂塑或结构外表面敷设永久性涂料或面层时，保护层厚度可适当减小。
5. 严寒和寒冷地区受冰冻的部位，保护层厚度还应符合 SL 211—2006《水工建筑物抗冰冻设计规范》的规定。

附表 4-2　　钢筋混凝土构件纵向受力钢筋的最小配筋率 ρ_{min}　　%

项次	分类	钢筋种类		
		HPB235 级	HRB335 级	HRB400 级、RRB400 级
1	受弯构件、偏心受拉构件的受拉钢筋 梁 板	 0.25 0.20	 0.20 0.15	 0.20 0.15
2	轴心受压柱的全部纵向钢筋	0.60	0.60	0.55
3	偏心受压构件的受拉或受压钢筋 柱、拱 墩墙	 0.25 0.20	 0.20 0.15	 0.20 0.15

注 1. 项次 1、3 中的配筋率是指钢筋截面面积与构件肋宽乘以有效高度的混凝土截面面积的比值，即 $\rho=\frac{A_s}{bh_0}$ 或 $\rho'=\frac{A'_s}{bh_0}$；项次 2 中的配筋率是指全部纵向钢筋截面面积与柱截面面积的比值。
2. 温度、收缩等因素对结构产生的影响较大时，纵向受拉钢筋的最小配筋率应适应增大。
3. 当结构有抗震设防要求时，钢筋混凝土框架结构构件的最小配筋率应按《规范》第 13 章的规定取值。

附表 4-3　　结构构件的裂缝控制等级及最大裂缝宽度限值 w_{lim}

环境类别	钢筋混凝土结构	预应力混凝土结构	
	w_{lim}（mm）	裂缝控制等级	w_{lim}（mm）
一	0.40	三	0.20
二	0.30	二	—
三	0.25	一	—

续表

环境类别	钢筋混凝土结构	预应力混凝土结构	
	w_{lim}（mm）	裂缝控制等级	w_{lim}（mm）
四	0.20	—	—
五	0.15	—	—

注　1. 表中的规定适用于采用热轧钢筋的钢筋混凝土结构和采用预应力钢丝、钢绞线、螺纹钢筋及钢棒的预应力混凝土结构；当采用其他类别的钢筋时，其裂缝控制要求可按专门标准确定。

2. 结构构件的混凝土保护层厚度大于 50mm 时，表列裂缝宽度限值可增加 0.05。

3. 当结构构件不具备检修维护条件时，表列最大裂缝宽度限值宜适当减小。

4. 当结构构件承受水压且水力梯度 $i>20$ 时，表列最大裂缝宽度限值宜减小 0.05。

5. 结构构件表面设有专门可靠的防渗面层等防护措施时，最大裂缝宽度限值可适当加大。

6. 对严寒地区，当年冻融循环次数大于 100 时，表列最大裂缝宽度限值宜适当减小。

附表 4-4　　截面抵抗矩的塑性系数 γ_m 值

项次	截面特征		γ_m	截面图形
1	矩形截面		1.55	
2	翼缘位于受压区的 T 形截面		1.50	
3	对称 I 形或箱形截面	$b_f/b\leqslant2$，h_f/h 为任意值	1.45	
		$b_f/b>2$，$h_f/h\geqslant0.2$	1.40	
		$b_f/b>2$，$h_f/h<0.2$	1.35	
4	翼缘位于受拉区的倒 T 形截面	$b_f/b\leqslant2$，h_f/h 为任意值	1.50	
		$b_f/b>2$，$h_f/h\geqslant0.2$	1.55	
		$b_f/b>2$，$h_f/h<0.2$	1.40	
5	圆形或环形截面		$1.6-0.24d_1/d$	$d_1=0$
6	U 形截面		1.35	

注　1. 对 $b'_f>b_f$ 的 I 形截面，可按项次 2 与项次 3 之间的数值采用，对 $b'_f<b_f$ 的 I 形截面，可按项次 3 与项次 4 之间的数值采用。

2. 根据 h 值的不同，表内数值尚应乘以 $(0.7+300/h)$，其值应不大于 1.1，式中 h 以 mm 计，当 $h>3000$mm 时，取 $h=3000$mm，对圆形和环形截面，h 即外径 d。

3. 对于箱形截面，表中 b 值系指各肋宽度的总和。

附表 4-5　　受弯构件的挠度限值

项次	构件类型	挠度限值
1	吊车梁：手动吊车 电动吊车	$l_0/500$ $l_0/600$
2	渡槽槽身、架空管道： 当 $l_0 \leqslant 10$m 时 当 $l_0 > 10$m 时	 $l_0/400$ $l_0/500$ ($l_0/600$)
3	工作桥及启闭机下大梁	$l_0/400$ ($l_0/500$)
4	屋盖、楼盖： 当 $l_0 \leqslant 6$m 时 当 6m$< l_0 \leqslant 12$m 时 当 $l_0 > 12$m 时	 $l_0/200$ ($l_0/250$) $l_0/300$ ($l_0/350$) $l_0/400$ ($l_0/450$)

注　1. 表中 l_0 为构件的计算跨度。

2. 表中括号内的数字适用于使用上对挠度有较高要求的构件。

3. 若构件制作时预先起拱，则在验算最大挠度值时，可将计算所得的挠度减去起拱值；对预应力混凝土构件尚可减去预加应力所产生的反拱值。

4. 悬臂构件的挠度限值按表中相应数值乘 2 取用。

附表 4-6　　受拉钢筋的最小锚固长度 l_a

项次	钢筋种类	混凝土强度等级					
		C15	C20	C25	C30	C35	≥C40
1	HPB235 级	$40d$	$35d$	$30d$	$25d$	$25d$	$20d$
2	HRB335 级		$40d$	$35d$	$30d$	$30d$	$25d$
3	HRB400 级、RRB400 级		$50d$	$40d$	$35d$	$35d$	$30d$

注　1. d 为钢筋直径。

2. HPB235 级钢筋的最小锚固长度 l_a 值不包括弯钩长度。

附录五　均布荷载和集中荷载作用下等跨连续梁的内力系数表

计算公式　均布荷载　$M=\alpha_1 g l_0^2+\alpha_2 q l_0^2$　　$V=\beta_1 g l_n+\beta_2 q l_n$

　　　　　集中荷载　$M=\alpha_1 G l_0+\alpha_2 Q l_0$　　$V=\beta_1 G+\beta_2 Q$

两　跨　梁

序号	荷载简图	跨中最大弯矩		支座弯矩	横向剪力			
		M_1	M_2	M_B	V_A	V_B^l	V_B^r	V_C
1	g; M_1 M_2	0.070	0.070	−0.125	0.375	−0.625	0.625	−0.375
2	q; l_0 l_0	0.096	−0.025	−0.063	0.437	−0.563	0.063	0.063
3	G G; A B C	0.156	0.156	−0.188	0.312	−0.688	0.688	−0.312
4	Q	0.203	−0.047	−0.094	0.406	−0.594	0.094	0.094
5	G G G G	0.222	0.222	−0.333	0.667	−1.334	1.334	−0.667
6	Q Q	0.278	−0.056	−0.167	0.833	−1.167	0.167	0.167
7	G G G G G G	0.266	0.266	−0.469	1.042	−1.958	1.958	−1.042
8	Q Q Q	0.383	−0.117	−0.234	1.266	−1.734	0.234	0.234

三　跨　梁

序号	荷载简图	跨中最大弯矩		支座弯矩		横向剪力					
		M_1	M_2	M_B	M_C	V_A	V_B^l	V_B^r	V_C^l	V_C^r	V_D
1	g; M_1 M_2 M_1	0.080	0.025	−0.100	−0.100	0.400	−0.600	0.500	−0.500	0.600	−0.400
2	q q; l l l	0.101	−0.050	−0.050	−0.050	0.450	−0.550	0.000	0.000	0.500	−0.450
3	q	−0.025	0.075	−0.050	−0.050	−0.050	−0.050	0.500	−0.500	0.500	0.050

续表

序号	荷载简图	跨中最大弯矩		支座弯矩		横向剪力					
		M_1	M_2	M_B	M_C	V_A	V_B^l	V_B^r	V_C^l	V_C^r	V_D
4	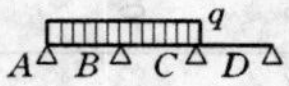 q; A B C D	0.073	0.054	−0.117	−0.033	0.383	−0.617	0.583	−0.417	0.033	0.033
5	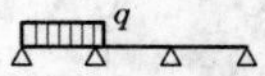 q	0.094	—	−0.067	0.017	0.433	−0.567	0.083	0.083	−0.017	−0.017
6	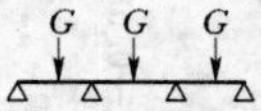 G G G	0.175	0.100	−0.150	−0.150	0.350	−0.650	0.500	−0.500	0.650	−0.350
7	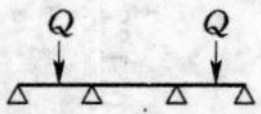 Q Q	0.213	−0.075	−0.075	−0.075	0.425	−0.575	0.000	0.000	0.575	−0.425
8	 Q	−0.038	−0.175	−0.075	−0.075	−0.075	−0.075	0.500	−0.500	0.075	0.075
9	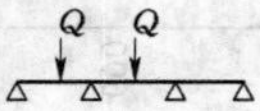 Q Q	0.162	0.137	−0.175	−0.050	0.325	−0.675	0.625	−0.375	0.050	0.050
10	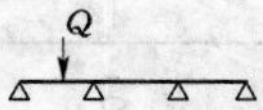 Q	0.200	—	−0.100	0.025	0.400	−0.600	0.125	0.125	−0.025	−0.025
11	 GG GG GG	0.244	0.067	−0.267	−0.267	0.733	−1.267	1.000	−1.000	1.267	−0.733
12	 QQ QQ	0.289	−0.133	−0.133	−0.133	0.866	−1.133	0.000	0.000	1.134	−0.866
13	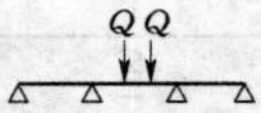 QQ	−0.044	0.200	−0.133	−0.133	−0.133	−0.133	1.000	−1.000	0.133	0.133
14	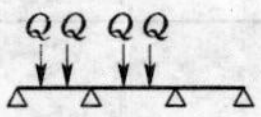 QQ QQ	0.229	0.170	−0.311	−0.089	0.689	−1.311	1.222	−0.778	0.089	0.089
15	 QQ	0.274	—	−0.178	0.044	0.822	−1.178	0.222	0.222	−0.044	−0.044
16	 GGG GGG GGG	0.313	0.125	−0.375	−0.375	1.125	−1.875	1.500	−1.500	1.875	−1.125
17	 QQQ QQQ	0.406	−0.188	−0.188	−0.188	1.313	−1.688	0.000	0.000	1.688	−1.313
18	 QQQ	−0.094	0.313	−0.188	−0.188	−0.188	−0.188	1.500	−1.500	0.188	0.188
19	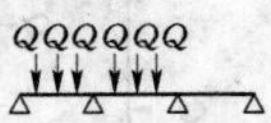 QQQQQQ	—	—	−0.437	−0.125	1.063	−1.938	1.812	−1.188	0.125	0.125
20	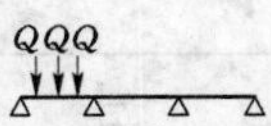 QQQ	—	—	−0.250	0.062	1.250	−1.750	0.312	0.312	−0.062	−0.062

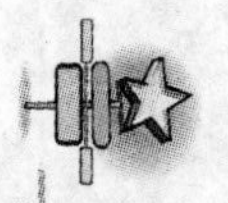

四 跨 梁

序号	荷载简图	跨中最大弯矩				支座弯矩			横向剪力								
		M_1	M_2	M_3	M_4	M_B	M_C	M_D	V_A	V_B^l	V_B^r	V_C^l	V_C^r	V_D^l	V_D^r	V_E
1	g; M_1 M_2 M_3 M_4; l l l l	0.077	0.036	0.036	0.077	−0.107	−0.071	−0.107	0.393	−0.607	0.536	−0.464	0.464	−0.536	0.607	−0.393
2	q q; A B C D E	0.100	−0.045	0.081	−0.023	−0.054	−0.036	−0.054	0.446	−0.554	0.018	0.018	0.482	−0.518	0.054	0.054
3	q q	0.072	0.061	—	0.098	−0.121	−0.018	−0.058	0.380	−0.620	0.603	−0.397	−0.040	−0.040	0.558	−0.442
4	q	—	0.056	0.056	—	−0.036	−0.107	−0.036	−0.036	−0.036	0.429	−0.571	0.571	−0.429	0.036	0.036
5	q	0.094	—	—	—	−0.067	0.018	−0.004	0.433	−0.567	0.085	0.085	−0.022	−0.022	0.004	0.004
6	q	—	0.074	—	—	−0.049	−0.054	0.013	−0.049	−0.049	0.496	−0.504	0.067	0.067	−0.013	−0.013
7	G G G G	0.169	0.116	0.116	0.169	−0.161	−0.107	−0.161	0.339	−0.661	0.553	−0.446	0.446	−0.553	0.661	−0.339
8	Q Q	0.210	−0.067	0.183	−0.040	−0.080	−0.054	−0.080	0.420	−0.580	0.027	0.027	0.473	−0.527	0.080	0.080
9	Q Q Q	0.159	0.146	—	0.206	−0.181	−0.027	−0.087	0.319	−0.681	0.654	−0.346	−0.060	−0.060	0.587	−0.413
10	Q Q	—	0.142	0.142	—	−0.054	−0.161	−0.054	−0.054	−0.054	0.393	−0.607	0.607	−0.393	0.054	0.054
11	Q	0.202	—	—	—	−0.100	0.027	−0.007	0.400	−0.600	0.127	0.127	−0.033	−0.033	0.007	0.007
12	Q	—	0.173	—	—	−0.074	−0.080	0.020	−0.074	−0.074	0.493	−0.507	0.100	0.100	−0.020	−0.020

续表

序号	荷载简图	跨中最大弯矩				支座弯矩			横向剪力								
		M_1	M_2	M_3	M_4	M_B	M_C	M_D	V_A	V_B^l	V_B^r	V_C^l	V_C^r	V_D^l	V_D^r	V_E
13	GG GGGG GG	0.238	0.111	0.111	0.238	−0.286	−0.191	−0.286	0.714	−1.286	1.095	−0.905	0.905	−1.095	1.286	−0.714
14	QQ QQ QQ	0.226	0.194	—	0.282	−0.321	−0.048	−0.155	0.679	−1.321	1.274	−0.726	−0.107	−0.107	1.155	−0.845
15	QQ QQ	0.286	−0.111	−0.222	−0.048	−0.143	−0.095	−0.143	0.857	−1.143	0.048	0.048	0.952	−1.048	0.143	0.143
16	QQ QQ	—	0.175	0.175	—	−0.095	−0.286	−0.095	−0.095	−0.095	0.810	−1.190	1.190	−0.810	0.095	0.095
17	QQ	0.274	—	—	—	−0.178	0.048	−0.012	0.821	−1.178	0.226	0.226	−0.060	−0.060	0.012	0.012
18	QQ	—	0.198	—	—	−0.131	−0.143	0.036	−0.131	−0.131	0.988	−1.012	0.178	0.178	−0.036	−0.036
19	GGGGGGGGGGGG	0.299	0.165	0.165	0.299	−0.402	−0.268	−0.402	1.098	−1.902	1.634	−1.336	1.336	−1.634	1.902	−1.098
20	QQQ QQQ	0.400	−0.167	0.333	−0.101	−0.201	−0.134	−0.201	1.299	−1.701	0.067	0.067	1.433	−1.567	0.201	−0.201
21	QQQQQQ QQQ	—	—	—	—	−0.452	−0.067	−0.218	1.048	−1.952	1.885	−1.115	−0.151	−0.151	1.718	1.282
22	QQQQQQ	—	—	—	—	−0.134	−0.402	−0.134	−0.134	−0.134	1.232	−1.768	1.768	−1.232	0.134	0.134
23	QQQ	—	—	—	—	−0.251	0.067	−0.017	1.249	−1.751	0.318	0.318	−0.084	−0.084	0.017	0.017
24	QQQ	—	—	—	—	−0.184	−0.201	0.050	−0.184	−0.184	1.483	−1.517	0.251	0.251	−0.050	−0.050

五 跨 梁

序号	荷载简图	跨中最大弯矩			支座弯矩				横向剪力										
		M_1	M_2	M_3	M_B	M_C	M_D	M_E	V_A	V_B^l	V_B^r	V_C^l	V_C^r	V_D^l	V_D^r	V_E^l	V_E^r	V_F
1	g; M_1 M_2 M_3 M_2 M_1; l l l l l	0.0781	0.0331	0.0462	−0.105	−0.079	−0.079	−0.105	0.395	−0.606	0.526	−0.474	0.500	−0.500	0.474	−0.526	0.606	−0.395
2	q q q; A B C D E F	0.100	−0.0461	0.0855	−0.053	−0.040	−0.040	−0.053	0.447	−0.553	0.013	0.013	0.500	−0.500	−0.013	−0.013	0.553	−0.447
3	q q	−0.0263	0.0787	−0.0395	−0.053	−0.040	−0.040	−0.053	−0.053	−0.053	0.513	−0.487	0.000	0.000	0.487	−0.513	0.053	0.053
4	q q	0.073	0.059	—	−0.119	−0.022	−0.044	−0.051	0.380	−0.620	0.598	−0.402	−0.023	−0.023	0.493	−0.507	0.052	0.052
5	q q	—	0.055	0.064	−0.035	−0.111	−0.020	−0.057	−0.035	−0.035	0.424	−0.576	0.591	−0.409	−0.037	−0.037	0.557	−0.443
6	q	0.094	—	—	−0.067	−0.018	−0.005	0.001	0.433	−0.567	0.085	0.085	−0.023	−0.023	0.006	0.006	−0.001	−0.001
7	q	—	0.074	—	−0.049	−0.054	−0.014	−0.004	−0.049	−0.049	0.495	−0.505	0.068	0.068	−0.018	−0.018	0.004	0.004
8	q	—	—	0.072	0.013	−0.053	−0.053	0.013	0.013	0.013	−0.066	−0.066	0.500	−0.500	0.066	0.066	−0.013	−0.013
9	G G G G G	0.171	0.112	0.132	−0.158	−0.118	−0.118	−0.158	0.342	−0.658	0.540	−0.460	0.500	−0.500	0.460	−0.540	0.658	−0.342
10	Q Q Q	0.211	−0.069	0.191	−0.079	−0.059	−0.059	−0.079	0.421	−0.579	0.020	0.020	0.500	−0.500	−0.020	−0.020	0.579	−0.421
11	Q Q	−0.039	0.181	−0.059	−0.079	−0.059	−0.059	−0.079	−0.079	−0.079	0.520	−0.480	0.000	0.000	0.480	−0.520	0.079	0.079

续表

序号	荷载简图	跨中最大弯矩			支座弯矩				横向剪力										
		M_1	M_2	M_3	M_B	M_C	M_D	M_E	V_A	V_B^l	V_B^r	V_C^l	V_C^r	V_D^l	V_D^r	V_E^l	V_E^r	V_F
12		0.160	0.144	—	−0.179	−0.032	−0.066	−0.077	0.321	−0.679	0.647	−0.353	−0.034	−0.034	0.489	−0.511	0.077	0.077
13	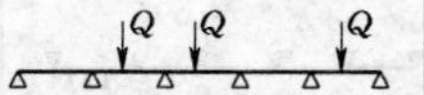	—	0.140	0.151	−0.052	−0.167	−0.031	−0.086	−0.052	−0.052	0.385	−0.615	0.637	−0.363	−0.056	−0.056	0.586	−0.414
14	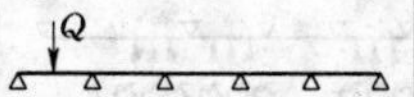	0.200	—	—	−0.100	0.027	−0.007	0.002	0.400	−0.600	0.127	0.127	−0.034	−0.034	0.009	0.009	−0.002	−0.002
15		—	0.173	—	−0.073	−0.081	0.022	−0.005	−0.073	−0.073	0.493	−0.507	0.102	0.102	−0.027	−0.027	0.005	0.005
16		—	—	0.171	0.020	−0.079	−0.079	0.020	0.020	0.020	−0.099	−0.099	0.500	−0.500	0.099	0.099	−0.020	−0.020
17		0.240	0.100	0.122	−0.281	−0.211	−0.211	−0.281	0.719	−1.281	1.070	−0.930	1.000	−1.000	0.930	−1.070	1.281	−0.719
18		0.287	−0.117	0.228	−0.140	−0.105	−0.105	−0.140	0.860	−1.140	0.035	0.035	1.000	−1.000	−0.035	−0.035	1.140	−0.860
19	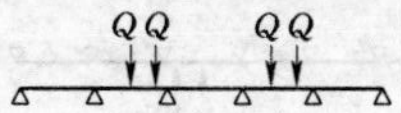	−0.047	0.216	−0.105	−0.140	−0.105	−0.105	−0.140	−0.140	0.140	1.035	−0.965	0.000	0.000	0.965	−1.035	0.140	0.140
20		0.227	0.189	—	−0.319	−0.057	−0.118	−0.137	0.681	−1.319	1.262	−0.738	−0.061	−0.061	0.981	−1.019	0.137	0.137
21	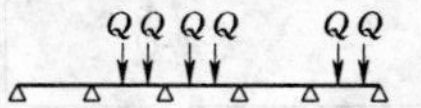	—	0.172	0.198	−0.093	−0.297	−0.054	−0.153	−0.093	−0.093	0.766	−1.204	1.243	−0.757	−0.099	−0.099	1.153	−0.847
22	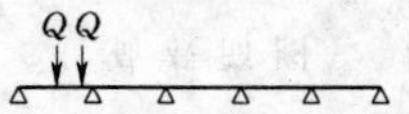	0.274	—	—	−0.179	0.048	−0.013	0.003	0.821	−1.179	0.227	0.227	−0.061	−0.061	0.016	0.016	−0.003	−0.003

续表

序号	荷载简图	跨中最大弯矩			支座弯矩				横向剪力									
		M_1	M_2	M_3	M_B	M_C	M_D	M_E	V_A	V_B^l	V_B^r	V_C^l	V_C^r	V_D^l	V_D^r	V_E^l	V_E^r	V_F
23	QQ	—	0.198	—	−0.131	−0.144	0.038	−0.010	−0.131	−0.131	0.987	−1.013	0.182	0.182	−0.048	−0.048	0.010	0.010
24	QQ	—	—	0.193	0.035	−0.140	−0.140	0.035	0.035	0.035	−0.175	−0.175	1.000	−1.000	0.175	0.175	−0.035	−0.035
25	GGG GGG GGG GGG GGG	0.302	0.155	0.204	−0.395	−0.296	−0.296	−0.395	1.105	−1.895	1.599	1.401	1.500	−1.500	1.401	−1.599	1.895	−1.105
26	QQQ QQQ QQQ	0.401	−0.173	0.352	−0.198	−0.148	−0.148	−0.198	1.302	−1.697	0.050	0.050	1.500	−1.500	−0.050	−0.050	1.697	−1.302
27	QQQ QQQ	−0.099	0.327	−0.148	−0.198	−0.148	−0.148	−0.198	−0.197	−0.197	1.550	−1.450	0.000	0.000	1.450	−1.550	0.197	0.197
28	QQQ QQQ QQQ	—	—	—	−0.449	−0.081	−0.166	−0.193	1.051	−1.949	1.867	−1.133	−0.085	−0.085	1.473	−1.527	0.193	0.193
29	QQQ QQQ QQQ	—	—	—	−0.130	−0.417	−0.076	−0.215	−0.130	−0.130	1.213	−1.787	1.841	−1.159	−0.139	−0.139	1.715	−1.285
30	QQQ	—	—	—	−0.251	0.067	−0.018	0.004	1.249	−1.751	0.318	0.318	−0.085	−0.085	0.022	0.022	−0.004	−0.004
31	QQQ	—	—	—	−0.184	−0.202	0.054	−0.013	−0.184	−0.184	1.482	−1.518	0.256	0.256	−0.067	−0.067	0.013	0.013
32	QQQ	—	—	—	−0.049	−0.197	−0.197	0.049	0.049	0.049	−0.247	−0.247	1.500	−1.500	0.247	0.247	−0.049	−0.049

附录六　承受均布荷载的等跨连续梁各截面最大及最小弯矩（弯矩包络图）的计算系数表

计算公式　　$M_{max}=\alpha g l_0^2+\alpha_1 q l_0^2$

$M_{min}=\alpha g l_0^2+\alpha_2 q l_0^2$

双跨（三支座）

（荷载位置由影响线决定）

$\frac{x}{l_0}$	弯矩		
	g 的影响	q 的影响	
	α	α_1	α_2
		（+）	（−）
0	0	0	0
0.1	+0.0325	0.0387	0.0062
0.2	+0.0550	0.0675	0.0125
0.3	+0.0675	0.0862	0.0187
0.4	+0.0700	0.0950	0.0250
0.5	+0.0625	0.0937	0.0312
0.6	+0.0450	0.0825	0.0375
0.7	+0.0175	0.0612	0.0437
0.8	−0.0200	0.0300	0.0500
0.85	−0.0425	0.0152	0.0577
0.9	−0.0675	0.0061	0.0736
0.95	−0.0950	0.0014	0.0964
1.0	−0.1250	0	0.1250
	gl_0^2	ql_0^2	ql_0^2

三跨（四支座）

	$\frac{x}{l_0}$	弯矩		
		g 的影响	q 的影响	
		α	α_1	α_2
			（+）	（−）
第一跨	0.1	+0.035	0.040	0.005
	0.2	+0.060	0.070	0.010
	0.3	+0.075	0.090	0.015
	0.4	+0.080	0.100	0.020
	0.5	+0.075	0.100	0.025
	0.6	+0.060	0.090	0.030
	0.7	+0.035	0.070	0.035
	0.8	0	0.0402	0.0402
	0.85	−0.0212	0.0277	0.0490
	0.9	−0.0450	0.0204	0.0654
	0.95	−0.0712	0.0171	0.0883
	1.00	−0.1000	0.0167	0.1167
第二跨	1.05	−0.0762	0.0141	0.0903
	1.1	−0.0550	0.0151	0.0701
	1.15	−0.0362	0.0205	0.0568
	1.2	−0.0200	0.030	0.050
	1.3	+0.005	0.055	0.050
	1.4	+0.020	0.070	0.050
	1.5	+0.025	0.075	0.050
		gl_0^2	ql_0^2	ql_0^2

四跨（五支座）

跨	$\frac{x}{l_0}$	弯矩：g 的影响 α	弯矩：q 的影响 α_1	弯矩：q 的影响 α_2
			+	−
第一跨	0.1	+0.0343	0.0396	0.0054
	0.2	+0.0586	0.0693	0.0107
	0.3	+0.0729	0.0889	0.0161
	0.4	+0.0771	0.0986	0.0214
	0.5	+0.0714	0.0982	0.0268
	0.6	+0.0557	0.0879	0.0321
	0.7	+0.0300	0.0675	0.0375
	0.786	0	0.0421	0.0421
	0.8	−0.0057	0.0374	0.0431
	0.85	−0.0273	0.0248	0.0522
	0.9	−0.0514	0.0163	0.0677
	0.95	−0.0780	0.0139	0.0920
	1.0	−0.1071	0.0134	0.1205
第二跨	1.05	−0.0816	0.0116	0.0932
	1.1	−0.0586	0.0145	0.0721
	1.15	−0.0380	0.0198	0.0578
	1.20	−0.0200	0.0300	0.0500
	1.266	0	0.0488	0.0488
	1.3	+0.0086	0.0568	0.0482
	1.4	+0.0271	0.0736	0.0464
	1.5	+0.0357	0.0804	0.0446
	1.6	+0.0343	0.0771	0.0429
	1.7	+0.0229	0.0639	0.0411
	1.8	+0.0014	0.0417	0.0403
	1.805	0	0.0409	0.0409
	1.85	−0.0130	0.0345	0.0475
	1.9	−0.0300	0.0310	0.0610
	1.95	−0.0495	0.0317	0.0812
	2.0	−0.0714	0.0357	0.1071
		gl_0^2	ql_0^2	ql_0^2

五跨（六支座）

跨	$\frac{x}{l_0}$	弯矩：g 的影响 α	弯矩：q 的影响 α_1	弯矩：q 的影响 α_2
			+	−
第一跨	0.1	+0.0345	0.0397	0.0053
	0.2	+0.0589	0.0695	0.0105
	0.3	+0.0734	0.0892	0.0158
	0.4	+0.0779	0.0989	0.0211
	0.5	+0.0724	0.0987	0.0263
	0.6	+0.0568	0.0884	0.0316
	0.7	+0.0313	0.0682	0.0368
	0.8	−0.0042	0.0381	0.0423
	0.9	−0.0497	0.0183	0.0680
	0.95	−0.0775	—	0.0938
	1.0	−0.1053	0.0144	0.1196
第二跨	1.05	−0.0815	—	0.0957
	1.1	−0.0576	0.0140	0.0717
	1.2	−0.0200	0.0300	0.0500
	1.3	+0.0076	0.0563	0.0487
	1.4	+0.0253	0.0726	0.0474
	1.5	+0.0329	0.0789	0.0461
	1.6	+0.0305	0.0753	0.0447
	1.7	+0.0182	0.0616	0.0434
	1.8	−0.0042	0.0389	0.0432
	1.9	−0.0366	0.0280	0.0646
	1.95	−0.0578	—	0.0879
	2.0	−0.0790	0.0323	0.1112
第三跨	2.05	−0.0564	—	0.0873
	2.1	−0.0339	0.0293	0.0633
	2.2	+0.0011	0.0416	0.0405
	2.3	+0.0261	0.0655	0.0395
	2.4	+0.0411	0.0805	0.0395
	2.5	+0.0461	0.0855	0.0395
		gl_0^2	ql_0^2	ql_0^2

注 x 为自左边支座至计算截面处的距离。

附录七　移动的集中荷载作用下等跨连续梁各截面的弯矩系数及支座截面剪力系数表

计算公式　$M=\alpha Q l_0$

$V=\beta Q$

双　跨　梁

力所在的截面	系数 α										系数 β		
	所要计算弯矩的截面										支座截面的剪力		
	1	2	3	4	5	6	7	8	9	B	V_A	V_B^l	V_B^r
A	0	0	0	0	0	0	0	0	0	0	1.000	0	0
1	0.0875	0.0751	0.0626	0.0501	0.0376	0.0252	0.0127	0.0002	−0.0123	−0.0248	0.8753	−0.1247	0.0248
2	0.0752	0.1504	0.1256	0.1008	0.0760	0.0512	0.0264	0.0016	−0.0232	−0.0480	0.7520	−0.2480	0.0480
3	0.0632	0.1264	0.1895	0.1527	0.1159	0.0791	0.0422	0.0054	−0.0314	−0.0683	0.6318	−0.3682	0.0683
4	0.0516	0.1032	0.1548	0.2064	0.1580	0.1096	0.0612	0.0128	−0.0356	−0.0840	0.5160	−0.4840	0.0840
5	0.0406	0.0812	0.1219	0.1625	0.2031	0.1438	0.0844	0.0250	−0.0344	−0.0938	0.4063	−0.5937	0.0938
6	0.0304	0.0608	0.0912	0.1216	0.1520	0.1824	0.1128	0.0432	−0.0264	−0.0960	0.3040	−0.6960	0.0960
7	0.0211	0.0422	0.0632	0.0843	0.1054	0.1265	0.1475	0.0686	−0.0103	−0.0893	0.2108	−0.7892	0.0893
8	0.0128	0.0256	0.0384	0.0512	0.0640	0.0768	0.0896	0.1024	0.0152	−0.0720	0.1280	−0.8720	0.0720
9	0.0057	0.0115	0.0172	0.0229	0.0286	0.0344	0.0401	0.0458	0.0515	−0.0428	0.0573	−0.9427	0.0428
B	0	0	0	0	0	0	0	0	0	0	0	{−1.0000 0	{0 +1.0000
11	−0.0043	−0.0086	−0.0128	−0.0171	−0.0214	−0.0257	−0.0299	−0.0342	−0.0385	−0.0428	−0.0428	−0.0428	0.9428
12	−0.0072	−0.0144	−0.0216	−0.0288	−0.0360	−0.0432	−0.0504	−0.0576	−0.0648	−0.0720	−0.0720	−0.0720	0.8720
13	−0.0089	−0.0179	−0.0268	−0.0357	−0.0466	−0.0536	−0.0625	−0.0714	−0.0803	−0.0893	−0.0893	−0.0893	0.7893
14	−0.0096	−0.0192	−0.0288	−0.0384	−0.0480	−0.0576	−0.0672	−0.0768	−0.0864	−0.0960	−0.0960	−0.0960	0.6960
15	−0.0094	−0.0188	−0.0281	−0.0375	−0.0469	−0.0563	−0.0656	−0.0750	−0.0844	−0.0938	−0.0938	−0.0938	0.5938
16	−0.0084	−0.0168	−0.0252	−0.0336	−0.0420	−0.0504	−0.0588	−0.0672	−0.0756	−0.0840	−0.0840	−0.0840	0.4840
17	−0.0068	−0.0137	−0.0205	−0.0273	−0.0341	−0.0410	−0.0478	−0.0546	−0.0614	−0.0683	−0.0683	−0.0683	0.3683
18	−0.0048	−0.0096	−0.0144	−0.0192	−0.0240	−0.0288	−0.0336	−0.0384	−0.0432	−0.0480	−0.0480	−0.0480	0.2480
19	−0.0025	−0.0050	−0.0074	−0.0099	−0.0124	−0.0149	−0.0173	−0.0198	−0.0223	−0.0248	−0.0248	−0.0248	0.1248
C	0	0	0	0	0	0	0	0	0	0	0	0	0

三　跨　梁

力所在的截面	系数 α 所要计算弯矩的截面															系数 β 支座截面的剪力		
	1	2	3	4	5	6	7	8	9	B	11	12	13	14	15	V_A	V_B^l	V_B^r
A	0	0	0	0	0	0	0	0	0	0	0	0	0	0	0	1.0000	0	0
1	0.0874	0.0747	0.0621	0.0494	0.0368	0.0242	0.0115	−0.0011	−0.0138	−0.0264	−0.0231	−0.0198	−0.0165	−0.0132	−0.0099	0.8736	−0.1264	0.0330
2	0.0749	0.1498	0.1246	0.0995	0.0744	0.0493	0.0242	−0.0010	−0.0261	−0.0512	−0.0448	−0.0384	−0.0320	−0.0256	−0.0192	0.7488	−0.2512	0.0640
3	0.0627	0.1254	0.1882	0.1509	0.1136	0.0763	0.0390	0.0018	−0.0355	−0.0728	−0.0637	−0.0546	−0.0455	−0.0364	−0.0273	0.6272	−0.3728	0.0910
4	0.0510	0.1021	0.1531	0.2042	0.1552	0.1062	0.0573	0.0083	−0.0406	−0.0896	−0.0784	−0.0672	−0.0560	−0.0448	−0.0336	0.5104	−0.4896	0.1120
5	0.0400	0.0800	0.1200	0.1600	0.2000	0.1400	0.0800	0.0200	−0.0400	−0.1000	−0.0875	−0.0750	−0.0625	−0.0500	−0.0375	0.4000	−0.6000	0.1250
6	0.0298	0.0595	0.0893	0.1190	0.1488	0.1786	0.1083	0.0381	−0.0322	−0.1024	−0.0896	−0.0768	−0.0640	−0.0512	−0.0384	0.2976	−0.7024	0.1280
7	0.0205	0.0410	0.0614	0.0819	0.1024	0.1229	0.1434	0.0638	−0.0157	−0.0952	−0.0833	−0.0714	−0.0595	−0.0476	−0.0357	0.2048	−0.7952	0.1190
8	0.0123	0.0246	0.0370	0.0493	0.0616	0.0739	0.0862	0.0986	0.0109	−0.0768	−0.0672	−0.0576	−0.0480	−0.0384	−0.0288	0.1232	−0.8768	0.0960
9	0.0054	0.0109	0.0163	0.0218	0.0272	0.0326	0.0381	0.0435	0.0490	−0.0456	−0.0399	−0.0342	−0.0285	−0.0228	−0.0171	0.0544	−0.9456	0.0570
B	0	0	0	0	0	0	0	0	0	0	0	0	0	0	0	0	−1.0000 0	0 +1.0000
11	−0.0039	−0.0078	−0.0117	−0.0156	−0.0195	−0.0234	−0.0273	−0.0312	−0.0351	−0.0390	0.0534	0.0458	0.0382	0.0306	0.0230	−0.0390	−0.0390	0.9240
12	−0.0064	−0.0128	−0.0192	−0.0256	−0.0320	−0.0384	−0.0448	−0.0512	−0.0576	−0.0640	0.0192	0.1024	0.0856	0.0688	0.0520	−0.0640	−0.0640	0.8320
13	−0.0077	−0.0154	−0.0231	−0.0308	−0.0385	−0.0462	−0.0539	−0.0616	−0.0693	−0.0770	−0.0042	0.0686	0.1414	0.1142	0.0870	−0.0770	−0.0770	0.7280
14	−0.0080	−0.0160	−0.0240	−0.0320	−0.0400	−0.0480	−0.0560	−0.0640	−0.0720	−0.0800	−0.0184	0.0432	0.1048	0.1664	0.1280	−0.0800	−0.0800	0.6160
15	−0.0075	−0.0150	−0.0225	−0.0300	−0.0375	−0.0450	−0.0525	−0.0600	−0.0675	−0.0750	−0.0250	0.0250	0.0750	0.1250	0.1750	−0.0750	−0.0750	0.5000
16	−0.0064	−0.0128	−0.0192	−0.0256	−0.0320	−0.0384	−0.0448	−0.0512	−0.0576	−0.0640	−0.0256	0.0128	0.0512	0.0896	0.1280	−0.0640	−0.0640	0.3840
17	−0.0049	−0.0098	−0.0147	−0.0196	−0.0245	−0.0294	−0.0343	−0.0392	−0.0441	−0.0490	−0.0218	0.0054	0.0326	0.0598	0.0870	−0.0490	−0.0490	0.2720
18	−0.0032	−0.0064	−0.0096	−0.0128	−0.0160	−0.0192	−0.0224	−0.0256	−0.0288	−0.0320	−0.0152	0.0016	0.0184	0.0352	0.0520	−0.0320	−0.0320	0.1680
19	−0.0015	−0.0030	−0.0045	−0.0060	−0.0075	−0.0090	−0.0105	−0.0102	−0.0135	−0.0150	−0.0074	0.0002	0.0078	0.0154	0.0230	−0.0150	−0.0150	0.0760
C	0	0	0	0	0	0	0	0	0	0	0	0	0	0	0	0	0	0
21	0.0011	0.0023	0.0034	0.0046	0.0057	0.0068	0.0080	0.0091	0.0103	0.0114	0.0057	0.0000	−0.0057	−0.0114	−0.0171	0.0114	0.0114	−0.0570
22	0.0019	0.0038	0.0058	0.0077	0.0096	0.0115	0.0134	0.0154	0.0173	0.0192	0.0096	0.0000	−0.0096	−0.0192	−0.0288	0.0192	0.0192	−0.0960
23	0.0024	0.0048	0.0071	0.0095	0.0119	0.0143	0.0167	0.0190	0.0214	0.0238	0.0119	0.0000	−0.0119	−0.0238	−0.0357	0.0238	0.0238	−0.1190
24	0.0026	0.0051	0.0077	0.0102	0.0128	0.0154	0.0179	0.0205	0.0230	0.0256	0.0128	0.0000	−0.0128	−0.0256	−0.0384	0.0256	0.0256	−0.1280
25	0.0025	0.0050	0.0075	0.0100	0.0125	0.0150	0.0175	0.0200	0.0225	0.0250	0.0125	0.0000	−0.0125	−0.0250	−0.0375	0.0250	0.0250	−0.1250
26	0.0022	0.0045	0.0067	0.0090	0.0112	0.0134	0.0157	0.0179	0.0202	0.0224	0.0112	0.0000	−0.0112	−0.0224	−0.0336	0.0224	0.0224	−0.1120
27	0.0018	0.0036	0.0055	0.0073	0.0091	0.0109	0.0127	0.0146	0.0164	0.0182	0.0091	0.0000	−0.0091	−0.0182	−0.0273	0.0182	0.0182	−0.0910
28	0.0013	0.0026	0.0038	0.0051	0.0064	0.0077	0.0090	0.0102	0.0115	0.0128	0.0064	0.0000	−0.0064	−0.0128	−0.0192	0.0128	0.0128	−0.0640
29	0.0007	0.0013	0.0020	0.0026	0.0033	0.0040	0.0046	0.0053	0.0059	0.0066	0.0033	0.0000	−0.0033	−0.0066	−0.0099	0.0066	0.0066	0.0330
D	0	0	0	0	0	0	0	0	0	0	0	0	0	0	0	0	0	0

附录八　按弹性理论计算在均布荷载作用下矩形双向板的弯矩系数表

弯矩系数表

边界条件	(1) 四边简支		(2) 三边简支、一边固定									
l_x/l_y	M_x	M_y	M_x	$M_{x\max}$	M_y	$M_{y\max}$	M_y^0	M_x	$M_{x\max}$	M_y	$M_{y\max}$	M_x^0
0.50	0.0994	0.0335	0.0914	0.0930	0.0352	0.0397	−0.1215	0.0593	0.0657	0.0157	0.0171	−0.1212
0.55	0.0927	0.0359	0.0832	0.0846	0.0371	0.0405	−0.1193	0.0577	0.0633	0.0175	0.0190	−0.1187
0.60	0.0860	0.0379	0.0752	0.0765	0.0386	0.0409	−0.1166	0.0556	0.0608	0.0194	0.0209	−0.1158
0.65	0.0795	0.0396	0.0676	0.0688	0.0396	0.0412	−0.1133	0.0534	0.0581	0.0212	0.0226	−0.1124
0.70	0.0732	0.0410	0.0604	0.0616	0.0400	0.0417	−0.1096	0.0510	0.0555	0.0229	0.0242	−0.1087
0.75	0.0673	0.0420	0.0538	0.0549	0.0400	0.0417	−0.1056	0.0485	0.0525	0.0244	0.0257	−0.1048
0.80	0.0617	0.0428	0.0478	0.0490	0.0397	0.0415	−0.1014	0.0459	0.0495	0.0258	0.0270	−0.1007
0.85	0.0564	0.0432	0.0425	0.0436	0.0391	0.0410	−0.0970	0.0434	0.0466	0.0271	0.0283	−0.0965
0.90	0.0516	0.0434	0.0377	0.0388	0.0382	0.0402	−0.0926	0.0409	0.0438	0.0281	0.0293	−0.0922
0.95	0.0471	0.0432	0.0334	0.0345	0.0371	0.0393	−0.0882	0.0384	0.0409	0.0290	0.0301	−0.0880
1.00	0.0429	0.0429	0.0296	0.0306	0.0360	0.0388	−0.0839	0.0360	0.0388	0.0296	0.0306	−0.0839

边界条件	(3) 两对边简支、两对边固定						(4) 两邻边简支、两邻边固定					
l_x/l_y	M_x	M_y	M_y^0	M_x	M_y	M_x^0	M_x	$M_{x\max}$	M_y	$M_{y\max}$	M_x^0	M_y^0
0.50	0.0837	0.0367	−0.1191	0.0419	0.0086	−0.0843	0.0572	0.0584	0.0172	0.0229	−0.1179	−0.0786
0.55	0.0743	0.0383	−0.1156	0.0415	0.0096	−0.0840	0.0546	0.0556	0.0192	0.0241	−0.1140	−0.0785
0.60	0.0653	0.0393	−0.1114	0.0409	0.0109	−0.0834	0.0518	0.0526	0.0212	0.0252	−0.1095	−0.0782
0.65	0.0569	0.0394	−0.1066	0.0402	0.0122	−0.0826	0.0486	0.0496	0.0228	0.0261	−0.1045	−0.0777
0.70	0.0494	0.0392	−0.1013	0.0391	0.0135	−0.0814	0.0455	0.0465	0.0243	0.0267	−0.0992	−0.0770
0.75	0.0428	0.0383	−0.0959	0.0381	0.0149	−0.0799	0.0422	0.0430	0.0254	0.0272	−0.0938	−0.0760
0.80	0.0369	0.0372	−0.0904	0.0368	0.0162	−0.0782	0.0390	0.0397	0.0263	0.0278	−0.0883	−0.0748
0.85	0.0318	0.0358	−0.0850	0.0355	0.0174	−0.0763	0.0358	0.0366	0.0269	0.0284	−0.0829	−0.0733
0.90	0.0275	0.0343	−0.0767	0.0341	0.0186	−0.0743	0.0328	0.0337	0.0273	0.0288	−0.0776	−0.0716
0.95	0.0238	0.0328	−0.0746	0.0326	0.0196	−0.0721	0.0299	0.0308	0.0273	0.0289	−0.0726	−0.0698
1.00	0.0206	0.0311	−0.0698	0.0311	0.0206	−0.0689	0.0273	0.0281	0.0273	0.0289	−0.0677	−0.0677

续表

边界条件	(5) 一边简支、三边固定					
l_x/l_y	M_x	$M_{x\max}$	M_y	$M_{y\max}$	M_x^0	M_y^0
0.50	0.0413	0.0424	0.0096	0.0157	−0.0836	−0.0569
0.55	0.0405	0.0415	0.0108	0.0160	−0.0827	−0.0570
0.60	0.0394	0.0404	0.0123	0.0169	−0.0814	−0.0571
0.65	0.0381	0.0390	0.0137	0.0178	−0.0796	−0.0572
0.70	0.0366	0.0375	0.0151	0.0186	−0.0774	−0.0572
0.75	0.0349	0.0358	0.0164	0.0193	−0.0750	−0.0572
0.80	0.0331	0.0339	0.0176	0.0199	−0.0722	−0.0570
0.85	0.0312	0.0319	0.0186	0.0204	−0.0693	−0.0567
0.90	0.0295	0.0300	0.0201	0.0209	−0.0663	−0.0563
0.95	0.0274	0.0281	0.0204	0.0214	−0.0631	−0.0558
1.00	0.0255	0.0261	0.0206	0.0219	−0.0600	−0.0500

边界条件	(5) 一边简支、三边固定						(6) 四边固定			
l_x/l_y	M_x	$M_{x\max}$	M_y	$M_{y\max}$	M_y^0	M_x^0	M_x	M_y	M_x^0	M_y^0
0.50	0.0551	0.0605	0.0188	0.0201	−0.0784	−0.1146	0.0406	0.0105	−0.0829	−0.0570
0.55	0.0517	0.0563	0.0210	0.0223	−0.0780	−0.1093	0.0394	0.0120	−0.0814	−0.0571
0.60	0.0480	0.0520	0.0229	0.0242	−0.0773	−0.1033	0.0380	0.0137	−0.0793	−0.0571
0.65	0.0441	0.0476	0.0244	0.0256	−0.0762	−0.0970	0.0361	0.0152	−0.0766	−0.0571
0.70	0.0402	0.0433	0.0256	0.0267	−0.0748	−0.0903	0.0340	0.0167	−0.0735	−0.0569
0.75	0.0364	0.0390	0.0263	0.0273	−0.0729	−0.0837	0.0318	0.0179	−0.0701	−0.0565
0.80	0.0327	0.0348	0.0267	0.0276	−0.0707	−0.0772	0.0295	0.0189	−0.0664	−0.0559
0.85	0.0293	0.0312	0.0268	0.0277	−0.0683	−0.0711	0.0272	0.0197	−0.0626	−0.0551
0.90	0.0261	0.0277	0.0265	0.0273	−0.0656	−0.0653	0.0249	0.0202	−0.0588	−0.0541
0.95	0.0232	0.0246	0.0261	0.0269	−0.0629	−0.0599	0.0227	0.0205	−0.0550	−0.0528
1.00	0.0206	0.0219	0.0255	0.0261	−0.0600	−0.0550	0.0205	0.0205	−0.0513	−0.0513

续表

边界条件	(7) 三边固定、一边自由											
l_x/l_y	M_x	M_y	M_x^0	M_y^0	M_{0x}	M_{0x}^0	l_y/l_x	M_x	M_y	M_x^0	M_y^0	M_{0x}	M_{0x}^0
0.30	0.0018	−0.0039	−0.0135	−0.0344	0.0068	−0.0345	0.85	0.0262	0.0125	−0.0558	−0.0562	0.0409	−0.0651
0.35	0.0039	−0.0026	−0.0179	−0.0406	0.0112	−0.0432	0.90	0.0277	0.0129	−0.0615	−0.0563	0.0417	−0.0644
0.40	0.0063	−0.0008	−0.0227	−0.0454	0.0160	−0.0506	0.95	0.0291	0.01312	−0.0639	−0.0564	0.0422	−0.0638
0.45	0.0090	0.0014	−0.0275	−0.0489	0.0207	−0.0564	1.00	0.0304	0.0133	−0.0662	−0.0565	0.0427	−0.0632
0.50	0.0116	0.0034	−0.0322	−0.0513	0.0250	−0.0607	1.10	0.0327	0.0133	−0.0701	−0.0566	0.0431	−0.0623
0.55	0.0142	0.0054	−0.0368	−0.0530	0.0288	−0.0635	1.20	0.0345	0.0130	−0.0732	−0.0567	0.0433	−0.0617
0.60	0.0166	0.0072	−0.0412	−0.0541	0.0320	−0.0652	1.30	0.0368	0.0125	−0.0758	−0.0568	0.0434	−0.0614
0.65	0.0188	0.0087	−0.0453	−0.0548	0.0347	−0.0661	1.40	0.0380	0.0119	−0.0778	−0.0568	0.0433	−0.0614
0.70	0.0209	0.0100	−0.0490	−0.0553	0.0368	−0.0663	1.50	0.0390	0.0113	−0.0794	−0.0569	0.0433	−0.0616
0.75	0.0228	0.0111	−0.0526	−0.0557	0.0385	−0.0661	1.75	0.0405	0.0099	−0.0819	−0.0569	0.0431	−0.0625
0.80	0.0246	0.0119	−0.0558	−0.0560	0.0399	−0.0656	2.00	0.0413	0.0087	−0.0832	−0.0569	0.0431	−0.0637

注 M_x、$M_{x\max}$为平行于 l_x 方向板中心点弯矩和板跨内的最大弯矩；
M_y、$M_{y\max}$为平行于 l_y 方向板中心点弯矩和板跨内的最大弯矩；
M_x^0 为固定边中点沿 l_x 方向的弯矩；
M_y^0 为固定边中点沿 l_y 方向的弯矩；
M_{0x}为平行于 l_x 方向自由边的中点弯矩；
M_{0x}^0为平行于 l_x 方向自由边上固定端的支座弯矩。

代表固定边　代表简支边　代表自由边

附录九　砌体结构有关表格

附表 9-1　烧结普通砖和烧结多孔砖砌体的抗压强度设计值　单位：MPa

砖强度等级	砂浆强度等级					砂浆强度
	M15	M10	M7.5	M5	M2.5	0
MU30	3.94	3.27	2.93	2.59	2.26	1.15
MU25	3.60	2.98	2.68	2.37	2.06	1.05
MU20	3.22	2.67	2.39	2.12	1.84	0.94
MU15	2.79	2.31	2.07	1.83	1.60	0.82
MU10	—	1.89	1.69	1.50	1.30	0.67

附表 9-2　蒸压灰砂砖和蒸压粉煤灰砖砌体的抗压强度设计值　单位：MPa

砖强度等级	砂浆强度等级				砂浆强度
	M15	M10	M7.5	M5	0
MU25	3.60	2.98	2.68	2.37	1.05
MU20	3.22	2.67	2.39	2.12	0.94
MU15	2.79	2.31	2.07	1.83	0.82
MU10	—	1.89	1.69	1.50	0.67

附表 9-3　单排孔混凝土和轻骨料混凝土砌块砌体的抗压强度设计值　单位：MPa

砌块强度等级	砂浆强度等级				砂浆强度
	Mb15	Mb10	Mb7.5	Mb5	0
MU20	5.68	4.95	4.44	3.94	2.33
MU15	4.61	4.02	3.61	3.20	1.89
MU10	—	2.79	2.50	2.22	1.31
MU7.5	—	—	1.93	1.71	1.01
MU5	—	—	—	1.19	0.70

注　1. 对错孔砌筑的砌体，应按表中数值乘以0.8。
2. 对独立柱或厚度为双排组砌的砌块砌体，应按表中数值乘以0.7。
3. 对T形截面砌体，应按表中数值乘以0.85。
4. 表中轻骨料混凝土砌块为煤矸石和水泥煤渣混凝土砌块。

附表 9-4　　轻骨料混凝土砌块砌体的抗压强度设计值　　单位：MPa

砌块强度等级	砂浆强度等级			砂浆强度
	Mb10	Mb7.5	Mb5	0
MU10	3.08	2.76	2.45	1.44
MU7.5	—	2.13	1.88	1.12
MU5	—	—	1.31	0.78

注　1. 表中的砌块为火山渣、浮石和陶粒轻骨料混凝土砌块。
2. 对厚度方向为双排组砌的轻骨料混凝土砌块砌体的抗压强度设计值，应按表中数值乘以 0.8。

附表 9-5　　毛料石砌体的抗压强度设计值　　单位：MPa

毛料石强度等级	砂浆强度等级			砂浆强度
	M7.5	M5	M2.5	0
MU100	5.42	4.80	4.18	2.13
MU80	4.85	4.29	3.73	1.91
MU60	4.20	3.71	3.23	1.65
MU50	3.83	3.39	2.95	1.51
MU40	3.43	3.04	2.64	1.35
MU30	2.97	2.63	2.29	1.17
MU20	2.42	2.15	1.87	0.95

注　对下列各类料石砌体，应按表中数值分别乘以系数：

细料石砌体　1.5
半细料石砌体　1.3
粗料石砌体　1.2
干砌勾缝石砌体　0.8

附表 9-6　　毛石砌体的抗压强度设计值　　单位：MPa

毛石强度等级	砂浆强度等级			砂浆强度
	M7.5	M5	M2.5	0
MU100	1.27	1.12	0.98	0.34
MU80	1.13	1.00	0.87	0.30
MU60	0.98	0.87	0.76	0.26
MU50	0.90	0.80	0.69	0.23
MU40	0.80	0.71	0.62	0.21
MU30	0.69	0.61	0.53	0.18
MU20	0.56	0.51	0.44	0.15

附表 9-7　　沿砌体灰缝截面破坏时砌体的轴心抗拉强度设计值、弯曲抗拉强度设计值和抗剪强度设计值　　单位：N/mm^2

强度类别	破坏特征及砌体种类		砂浆强度等级			
			≥M10	M7.5	M5	M2.5
轴心抗拉	沿齿缝	烧结普通砖、烧结多孔砖	0.19	0.16	0.13	0.09
		蒸压灰砂砖、蒸压粉煤灰砖	0.12	0.10	0.08	0.06
		混凝土砌块	0.09	0.08	0.07	—
		毛石	0.08	0.07	0.06	0.04

续表

强度类别	破坏特征	砌体种类	砂浆强度等级 ≥M10	M7.5	M5	M2.5
弯曲抗拉	沿齿缝	烧结普通砖、烧结多孔砖	0.33	0.29	0.23	0.17
		蒸压灰砂砖、蒸压粉煤灰砖	0.24	0.20	0.16	0.12
		混凝土砌块	0.11	0.09	0.08	—
		毛石	0.13	0.11	0.09	0.07
	沿通缝	烧结普通砖、烧结多孔砖	0.17	0.14	0.11	0.08
		蒸压灰砂砖、蒸压粉煤灰砖	0.12	0.10	0.08	0.06
		混凝土砌块	0.08	0.06	0.05	—
抗剪		烧结普通砖、烧结多孔砖	0.17	0.14	0.11	0.08
		蒸压灰砂砖、蒸压粉煤灰砖	0.12	0.10	0.08	0.06
		混凝土和轻集料混凝土砌块	0.09	0.08	0.06	—
		毛石	0.21	0.19	0.16	0.11

注 1. 对于用形状规则的块体砌筑的砌体，当搭接长度与块体高度的比值小于1时，其轴心抗拉强度设计值 f_t 和弯曲抗拉强度设计值 f_{tm} 应按表中数值乘以搭接长度与块体高度的比值后采用。

2. 对孔洞率不大于35%的双排孔或多排孔轻集料混凝土砌块砌体的抗剪强度设计值，可按表中混凝土砌块砌体抗剪强度设计值乘以1.1。

附表 9-8　砌体的弹性模量　单位：N/mm²

砌体种类	砂浆强度等级 ≥M10	M7.5	M5	M2.5
烧结普通砖、烧结多孔砖砌体	1600f	1600f	1600f	1390f
蒸压灰砂砖、蒸压粉煤灰砖砌体	1060f	1060f	1060f	960f
混凝土砌块砌体	1700f	1600f	1500f	—
粗料石、毛料石、毛石砌体	7300	5650	4000	2250
细料石、半细料石砌体	22000	17000	12000	6750

注 轻集料混凝土砌块砌体的弹性模量，可按表中混凝土砌块砌体的弹性模量采用。

附表 9-9 (a)　影响系数 φ（砂浆强度等级≥M5）

β	e/h 或 e/h_T: 0	0.025	0.05	0.075	0.1	0.125	0.15	0.175	0.2	0.225	0.25	0.275	0.3
≤3	1.00	0.99	0.97	0.94	0.89	0.84	0.79	0.73	0.68	0.62	0.57	0.52	0.48
4	0.98	0.95	0.90	0.85	0.80	0.74	0.69	0.64	0.58	0.53	0.49	0.45	0.41
6	0.95	0.91	0.86	0.81	0.75	0.69	0.64	0.59	0.54	0.49	0.45	0.42	0.38
8	0.91	0.86	0.81	0.76	0.70	0.64	0.59	0.54	0.50	0.46	0.42	0.39	0.36
10	0.87	0.82	0.76	0.71	0.65	0.60	0.55	0.50	0.46	0.42	0.39	0.36	0.33
12	0.82	0.77	0.71	0.66	0.60	0.55	0.51	0.47	0.43	0.39	0.36	0.33	0.31
14	0.77	0.72	0.66	0.61	0.56	0.51	0.47	0.43	0.40	0.36	0.34	0.31	0.29
16	0.72	0.67	0.61	0.56	0.52	0.47	0.44	0.40	0.37	0.34	0.31	0.29	0.27
18	0.67	0.62	0.57	0.52	0.48	0.44	0.40	0.37	0.34	0.31	0.29	0.27	0.25
20	0.62	0.57	0.53	0.48	0.44	0.40	0.37	0.34	0.32	0.29	0.27	0.25	0.23
22	0.58	0.53	0.49	0.45	0.41	0.38	0.35	0.32	0.30	0.27	0.25	0.24	0.22
24	0.54	0.49	0.45	0.41	0.38	0.35	0.32	0.30	0.28	0.26	0.24	0.22	0.21
26	0.50	0.46	0.42	0.38	0.35	0.33	0.30	0.28	0.26	0.24	0.22	0.21	0.19
28	0.46	0.42	0.39	0.36	0.33	0.30	0.28	0.26	0.24	0.22	0.21	0.19	0.18
30	0.42	0.39	0.36	0.33	0.31	0.28	0.26	0.24	0.22	0.21	0.20	0.18	0.17

附表 9-9（b）　　影响系数 φ（砂浆强度等级 M2.5）

β	e/h 或 e/h_T												
	0	0.025	0.05	0.075	0.1	0.125	0.15	0.175	0.2	0.225	0.25	0.275	0.3
≤3	1.00	0.99	0.97	0.94	0.89	0.84	0.79	0.73	0.68	0.62	0.57	0.52	0.48
4	0.97	0.94	0.89	0.84	0.78	0.73	0.67	0.62	0.57	0.52	0.48	0.44	0.40
6	0.93	0.89	0.84	0.78	0.73	0.67	0.62	0.57	0.52	0.48	0.44	0.40	0.37
8	0.89	0.84	0.78	0.72	0.67	0.62	0.57	0.52	0.48	0.44	0.40	0.37	0.34
10	0.83	0.78	0.72	0.67	0.61	0.56	0.52	0.47	0.43	0.40	0.37	0.34	0.31
12	0.78	0.72	0.67	0.61	0.56	0.52	0.47	0.43	0.40	0.37	0.34	0.31	0.29
14	0.72	0.66	0.61	0.56	0.51	0.47	0.43	0.40	0.36	0.34	0.31	0.29	0.27
16	0.66	0.61	0.56	0.51	0.47	0.43	0.40	0.36	0.34	0.31	0.29	0.26	0.25
18	0.61	0.56	0.51	0.47	0.43	0.40	0.36	0.33	0.31	0.29	0.26	0.24	0.23
20	0.56	0.51	0.47	0.43	0.39	0.36	0.33	0.31	0.28	0.26	0.24	0.23	0.21
22	0.51	0.47	0.43	0.39	0.36	0.33	0.31	0.28	0.26	0.24	0.23	0.21	0.20
24	0.46	0.43	0.39	0.36	0.33	0.31	0.28	0.26	0.24	0.23	0.21	0.20	0.18
26	0.42	0.39	0.36	0.33	0.31	0.28	0.26	0.24	0.22	0.21	0.20	0.18	0.17
28	0.39	0.36	0.33	0.30	0.28	0.26	0.24	0.22	0.21	0.20	0.18	0.17	0.16
30	0.36	0.33	0.30	0.28	0.26	0.24	0.22	0.21	0.20	0.18	0.17	0.16	0.15

附表 9-9（c）　　影响系数 φ（砂浆强度 0）

β	e/h 或 e/h_T												
	0	0.025	0.05	0.075	0.1	0.125	0.15	0.175	0.2	0.225	0.25	0.275	0.3
≤3	1.00	0.99	0.97	0.94	0.89	0.84	0.79	0.73	0.68	0.62	0.57	0.52	0.48
4	0.87	0.82	0.77	0.71	0.66	0.60	0.55	0.51	0.46	0.43	0.39	0.36	0.33
6	0.76	0.70	0.65	0.59	0.54	0.50	0.46	0.42	0.39	0.36	0.33	0.30	0.28
8	0.63	0.58	0.54	0.49	0.45	0.41	0.38	0.35	0.32	0.30	0.28	0.25	0.24
10	0.53	0.48	0.44	0.41	0.37	0.34	0.32	0.29	0.27	0.25	0.23	0.22	0.20
12	0.44	0.40	0.37	0.34	0.31	0.29	0.27	0.25	0.23	0.21	0.20	0.19	0.17
14	0.36	0.33	0.31	0.28	0.26	0.24	0.23	0.21	0.20	0.18	0.17	0.16	0.15
16	0.30	0.28	0.26	0.24	0.22	0.21	0.19	0.18	0.17	0.16	0.15	0.14	0.13
18	0.26	0.24	0.22	0.21	0.19	0.18	0.17	0.16	0.15	0.14	0.13	0.12	0.12
20	0.22	0.20	0.19	0.18	0.17	0.16	0.15	0.14	0.13	0.12	0.12	0.11	0.10
22	0.19	0.18	0.16	0.15	0.14	0.14	0.13	0.12	0.12	0.11	0.10	0.10	0.09
24	0.16	0.15	0.14	0.13	0.13	0.12	0.11	0.11	0.10	0.10	0.09	0.09	0.08
26	0.14	0.13	0.13	0.12	0.11	0.11	0.10	0.10	0.09	0.09	0.08	0.08	0.07
28	0.12	0.12	0.11	0.11	0.10	0.10	0.09	0.09	0.08	0.08	0.08	0.07	0.07
30	0.11	0.10	0.10	0.09	0.09	0.09	0.08	0.08	0.07	0.07	0.07	0.07	0.06

附表 9-10　　高厚比修正系数 γ_β

砌体材料类别	γ_β
烧结普通砖、烧结多孔砖	1.0
混凝土及轻集料混凝土砌块	1.1
蒸压灰砂砖、蒸压粉煤灰砖、细料石、半细料石	1.2
粗料石、毛石	1.5

参 考 文 献

[1] SL 191—2008 水工混凝土结构设计规范 [S]. 北京：中国水利水电出版社，2009.
[2] GB 50010—2002 混凝土结构设计规范 [S]. 北京：中国建筑工业出版社，2002.
[3] DL 5077—1997 水工建筑物荷载设计规范 [S]. 北京：中国电力出版社，2002.
[4] SL 252—2000 水利水电工程等级划分及洪水标准 [S]. 北京：中国水利水电出版社，2001.
[5] GB 50068—2001 建筑结构可靠度设计统一标准 [S]. 北京：中国建筑工业出版社，2002.
[6] GB 50199—94 水利水电工程结构可靠度设计统一标准 [S]. 北京：中国计划出版社，1994.
[7] GB 50003—2001 砌体结构设计规范 [S]. 北京：中国建筑工业出版社，2002.
[8] GB 1499.2—2008 钢筋混凝土用钢 第 2 部分：热轧带肋钢筋 [S]. 北京：中国标准出版社，2008.
[9] GB 1499.1—2008 钢筋混凝土用钢 第 1 部分：热轧光圆钢筋 [S]. 北京：中国标准出版社，2008.
[10] GB 13014—1991 钢筋混凝土用余热处理钢筋 [S]. 北京：中国标准出版社，1994.
[11] 河海大学，等. 水工混凝土结构学 [M]. 第 4 版. 北京：中国水利水电出版社，2009.
[12] 蓝宗建，朱万福. 混凝土结构与砌体结构 [M]. 第 2 版. 南京：东南大学出版社，2007.
[13] 赵瑜. 水工钢筋混凝土结构 [M]. 北京：中央广播电视大学出版社，2001.
[14] 袁建力. 建筑结构 [M]. 北京：中国水利水电出版社，1998.
[15] 赵积华. 建筑结构设计原理 [M]. 南京：河海大学出版社，1999.
[16] 杨鼎久. 建筑结构 [M]. 北京：机械工业出版社，2006.
[17] 翟爱良，郑晓燕. 钢筋混凝土结构计算与设计. 北京：中国水利水电出版社，1999.
[18] 陈礼和. 水工钢筋混凝土结构 [M]. 南京：河海大学出版社，2005.
[19] 彭明，王建伟. 建筑结构 [M]. 郑州：黄河水利出版社，2009.
[20] 龚绍熙. 新编注册结构师专业考试教程 [M]. 北京：中国建材工业出版社，2006.